简明金属材料手册

JIANMING
JINSHU CAILIAO
SHOUCE

● 朱中平　主编

化学工业出版社

·北京·

金属材料是第一大材料，广泛应用于各行各业，发挥着不可替代的作用。本书汇集最新的资料，通过表格的是形式将铸铁、铸钢、铁合金、型材、板材、棒材、钢丝绳以及铝合金、镁合金等有色金属材料的性能展现在读者面前，数据准确，查阅方便。

　　本书适宜金属材料选用以及相关贸易的专业人士使用。

图书在版编目（CIP）数据

　　简明金属材料手册/朱中平主编．—北京：化学
工业出版社，2019.3
　　ISBN 978-7-122-33850-1

　　Ⅰ.①简⋯　Ⅱ.①朱⋯　Ⅲ.①金属材料-手册
Ⅳ.①TG14-62

　　中国版本图书馆 CIP 数据核字（2019）第 024707 号

责任编辑：邢　涛　　　　　　　　装帧设计：韩　飞
责任校对：张雨彤

出版发行　化学工业出版社
　　　　　（北京市东城区青年湖南街 13 号　邮政编码 100011）
印　　刷　北京京华铭诚工贸有限公司
装　　订　三河市振勇印装有限公司
850mm×1168mm　1/32　印张 17¾　字数 509 千字
2019 年 5 月北京第 1 版第 1 次印刷

购书咨询：010-64518888　　　　　售后服务：010-64518899
网　　址：http://www.cip.com.cn
凡购买本书，如有缺损质量问题，本社销售中心负责调换。

定　　价：78.00 元

前 言

　　金属材料是一种用途广泛的重要材料，任何一个行业，任何一种产品，乃至人们的日常生活都离不开金属材料。每一种金属材料产品都有相对应的标准加以规范。近年来，金属材料产品标准变化很大：一是首次颁布的新标准非常多；二是原有标准修订的数量非常多。为了方便读者查阅，我们搜集了大量的新标准资料，特别是2016年、2017年、2018年的标准资料，编写了这本手册。

　　本书分为十三章：介绍生铁、铁合金；铸铁、铸钢；型钢；钢板及钢带；钢管；钢丝、钢丝绳；铁路、汽车、桥梁、船舶及海洋工程、建筑用钢；高温合金、耐蚀合金；铝及铝合金；铜及铜合金；镁及镁合金；铅及铅合金；锌及锌合金。每种产品都按品种规格、力学性能两部分介绍，内容简明扼要，查阅快捷方便。附录收入了中外金属材料牌号对照表。

　　本书可供金属材料贸易、机械、冶金、有色金属、石油、化工、铁路、汽车、桥梁、船舶及海洋工程、建筑、能源、电子、通信等有关部门的技术人员和业务人员使用。

　　本书由朱中平主编，参加编写的人员有朱中平、朱晨曦、盛菊珍、陈浩坤、朱霞星。

　　由于编者水平有限，书中不妥之处，请广大读者指正。

朱中平

2018 年 12 月 28 日

目　录

第三章 型钢 34

第五章　钢管　166

第八章　高温合金、耐蚀合金　315

第九章　铝及铝合金　333

第十章　铜及铜合金　　412

第十一章　镁及镁合金 488

第一章 生铁、铁合金

一、炼钢用生铁（YB/T 5296—2011）

本标准适用于炼钢用生铁。

各牌号生铁可铸成两种块度的铁块。

小块生铁 每块生铁的质量为 2～7kg。每批中大于 7kg 及小于 2kg 两者之和所占质量比，由供需双方协商确定。

大块生铁 每块生铁的质量应不大于 40kg，并有两个凹口，凹口处厚度不大于 45mm。每批中小于 4kg 的碎铁块所占质量比，由供需双方协商确定。

表 1-1 牌号及化学成分

牌号			L04	L08	L10
化学成分（质量分数）/%	C		≥3.50		
	Si		≤0.35	>0.35～0.70	>0.70～1.25
	Mn	一组	≤0.40		
		二组	>0.40～1.00		
		三组	>1.00～2.00		
	P	特级	≤0.100		
		一级	>0.100～0.150		
		二级	>0.150～0.250		
		三级	>0.250～0.400		
	S	一类	≤0.030		
		二类	>0.030～0.050		
		三类	>0.050～0.070		

二、铸造用生铁（GB/T 718—2005）

本标准适用于铸造用生铁。

各牌号生铁应以铁块或铁水形态供应。

当生铁铸成块状时，各牌号生铁应铸成单重 2～7kg 小块，而大于 7kg 与小于 2kg 的铁块之和，每批中应不超过总重量的 10%。根据需方要求，可供应单重不大于 40kg 的铁块。同时铁块上应有 1～2 道深度不小于铁块厚度 2/3 的凹槽。

表 1-2　牌号及化学成分

牌号			Z14	Z18	Z22	Z26	Z30	Z34
化学成分（质量分数）/%	C		≥3.30					
	Si		≥1.25～1.60	>1.60～2.00	>2.00～2.40	>2.40～2.80	>2.80～3.20	>3.20～3.60
	Mn	1组	≤0.50					
		2组	>0.50～0.90					
		3组	>0.90～1.30					
	P	1级	≤0.060					
		2级	>0.060～0.100					
		3级	>0.100～0.200					
		4级	>0.200～0.400					
		5级	>0.400～0.900					
	S	1类	≤0.030					
		2类	≤0.040					
		3类	≤0.050					

三、球墨铸铁用生铁（GB/T 1412—2005）

本标准适用于球墨铸铁用生铁。

各牌号生铁应以铁块或铁水形态供应。

当生铁铸成块状时，各牌号生铁应铸成单重 2～7kg 的小块，而大于 7kg 与小于 2kg 的铁块之和，每批中应不超过总重量的 10%。根据需方要求，可供应单重不大于 40kg 的铁块。同时铁块上应有 1～2 道深度不小于铁锭厚度 2/3 的凹槽。

表 1-3　牌号及化学成分

牌号			Q_{10}	Q_{12}
化学成分（质量分数）/%	C		≥3.40	
	Si		0.50～1.00	>1.00～1.40
	Ti	1 档	≤0.050	
		2 档	>0.050～0.080	
	Mn	1 组	≤0.20	
		2 组	>0.20～0.50	
		3 组	>0.50～0.80	
	P	1 级	≤0.050	
		2 级	>0.050～0.060	
		3 级	>0.060～0.080	
	S	1 类	≤0.020	
		2 类	>0.020～0.030	
		3 类	>0.030～0.040	
		4 类	≤0.045	

四、铸造用高纯生铁（JB/T 11994—2014）

铸造用高纯生铁分为 C1 和 C2 两级。

各级别铸造用高纯生铁以铁块形态供应。如需要以铁液形态供货，由供需双方商定。

生铁块的单重在 2～9kg 之间，而每批中大于 9kg 与小于 2kg 的生铁块之和应不超过总重量的 5%。需方对生铁块单重有特殊要求时，由供需双方商定。

表 1-4　化学成分

级别	化学成分/%					
	C	Si	Ti	Mn	P	S
C1	≥3.3	≤0.40	≤0.010	≤0.05	≤0.020	≤0.015
C2	≥3.3	≤0.70	≤0.030	≤0.15	≤0.030	≤0.020

　　铸造用高纯生铁中的铬、钒、钼、锡、锑、铅、铋、碲、砷、硼、铝等十一种微量元素的含量总和：C1 级≤0.05%，C2 级≤0.07%。

五、含镍生铁（GB/T 28296—2012）

　　本标准适用于炼钢、铸造或合金材料中作为镍元素添加剂的含镍生铁。

　　含镍生铁应呈块状，每块尺寸不应大于 400mm×400mm。需方对粒度有特殊要求时，由供需双方另行商定。

表 1-5　牌号及化学成分

牌号	化学成分（质量分数）/%								
	Ni	Si		C		P		S	
		Ⅰ	Ⅱ	Ⅰ	Ⅱ	Ⅰ	Ⅱ	Ⅰ	Ⅱ
		不大于							
FeNi4.5	4.0~<5.0								
FeNi5.5	5.0~<6.0								
FeNi6.5	6.0~<7.0								
FeNi7.5	7.0~<8.0								
FeNi8.5	8.0~<9.0								
FeNi9.5	9.0~<10.0	2.5	4.5	3.0	5.0	0.03	0.08	0.25	0.35
FeNi10.5	10.0~<11.0								
FeNi11.5	11.0~<12.0								
FeNi12.5	12.0~<13.0								
FeNi13.5	13.0~<14.0								
FeNi14.5	14.0~<15.0								
FeNi15	≥15.0								

六、硅铁（GB/T 2272—2009）

　　本标准适用于炼钢和铸造作脱氧剂或合金元素加入剂及金属镁等

表1-6　牌号及化学成分

牌号	Si	Al	Ca	Mn	Cr	化学成分（质量分数）/% 不大于							
						P	S	C	Ti	Mg	Cu	V	Ni
FeSi90Al1.5	87.0~95.0	1.5	1.5	0.4	0.2	0.040	0.020	0.20	—	—	—	—	—
FeSi90Al3.0	87.0~95.0	3.0	1.5	0.4	0.2	0.040	0.020	0.20	—	—	—	—	—
FeSi75Al0.5-A	74.0~80.0	0.5	1.0	0.4	0.3	0.035	0.020	0.10	—	—	—	—	—
FeSi75Al0.5-B	72.0~80.0	0.5	1.0	0.5	0.5	0.040	0.020	0.20	—	—	—	—	—
FeSi75Al1.0-A	74.0~80.0	1.0	1.0	0.4	0.3	0.035	0.020	0.10	—	—	—	—	—
FeSi75Al1.0-B	72.0~80.0	1.0	1.0	0.5	0.5	0.040	0.020	0.20	—	—	—	—	—
FeSi75Al1.5-A	74.0~80.0	1.5	1.0	0.4	0.3	0.035	0.020	0.10	—	—	—	—	—
FeSi75Al1.5-B	72.0~80.0	1.5	1.0	0.5	0.5	0.040	0.020	0.20	—	—	—	—	—
FeSi75Al2.0-A	74.0~80.0	2.0	1.0	0.4	0.3	0.035	0.020	0.10	—	—	—	—	—
FeSi75Al2.0-B	72.0~80.0	2.0	1.0	0.5	0.5	0.040	0.020	0.20	—	—	—	—	—
FeSi75-A	74.0~80.0	—	—	0.4	0.3	0.035	0.020	0.10	—	—	—	—	—
FeSi75-B	72.0~80.0	—	—	0.5	0.5	0.040	0.020	0.20	—	—	—	—	—
FeSi65	65.0~72.0	—	—	0.6	0.5	0.040	0.020	—	—	—	—	—	—
FeSi45	40.0~47.0	—	—	0.7	0.5	0.040	0.020	—	—	—	—	—	—
TFeSi75-A	74.0~80.0	0.03	0.03	0.10	0.10	0.020	0.004	0.020	0.015	—	—	—	—
TFeSi75-B	74.0~80.0	0.10	0.05	0.10	0.05	0.030	0.004	0.020	0.04	—	—	—	—
TFeSi75-C	74.0~80.0	0.10	0.10	0.10	0.10	0.040	0.005	0.030	0.05	0.10	0.10	0.05	0.40
TFeSi75-D	74.0~80.0	0.20	0.05	0.20	0.10	0.040	0.010	0.020	0.04	0.02	0.10	0.01	0.04
TFeSi75-E	74.0~80.0	0.50	0.50	0.40	0.10	0.040	0.020	0.050	0.06	—	—	—	—
TFeSi75-F	74.0~80.0	0.50	0.50	0.40	0.10	0.030	0.005	0.010	0.02	—	0.10	—	0.10
TFeSi75-G	74.0~80.0	1.00	0.05	0.15	0.10	0.040	0.003	0.015	0.04	—	—	—	—

行业使用的硅铁。

硅铁分为普通硅铁和特种硅铁（特种硅铁是指采用炉外精炼法生产的硅铁）两类。牌号分别以"FeSiXX—X"（普通硅铁）和"TFeSiXX—X"（特种硅铁）表示。其中"XX"表示主元素的质量百分数，"—X"用 A、B 区分表示杂质含量的不同。

硅铁按硅及其杂质含量不同，分为 21 个牌号。

七、锰铁（GB/T 3795—2014）

本标准适用于炼钢、铸造用脱氧剂和合金元素添加剂的锰铁。

表 1-7　电炉锰铁化学成分

类别	牌号	化学成分(质量分数)/%						
		Mn	C	Si		P		S
				I	II	I	II	
				≤				
微碳锰铁	FeMn90C0.05	87.0~93.5	0.05	0.5	1.0	0.03	0.04	0.02
	FeMn84C0.05	80.0~87.0	0.05	0.5	1.0	0.03	0.04	0.02
	FeMn90C0.10	87.0~93.5	0.10	1.0	2.0	0.05	0.10	0.02
	FeMn84C0.10	80.0~87.0	0.10	1.0	2.0	0.05	0.10	0.02
	FeMn90C0.15	87.0~93.5	0.15	1.0	2.0	0.05	0.10	0.02
	FeMn84C0.15	80.0~87.0	0.15	1.0	2.0	0.08	0.10	0.02
低碳锰铁	FeMn88C0.2	85.0~92.0	0.2	1.0	2.0	0.10	0.30	0.02
	FeMn84C0.4	80.0~87.0	0.4	1.0	2.0	0.15	0.30	0.02
	FeMn84C0.07	80.0~87.0	0.7	1.0	2.0	0.20	0.30	0.02
中碳锰铁	FeMn82C1.0	78.0~85.0	1.0	1.0	2.5	0.20	0.35	0.03
	FeMn82C1.5	78.0~85.0	1.5	1.5	2.5	0.20	0.35	0.03
	FeMn78C2.0	75.0~82.0	2.0	1.5	2.5	0.20	0.40	0.03
高碳锰铁	FeMn78C8.0	75.0~82.0	8.0	1.5	2.0	0.20	0.33	0.03
	FeMn74C7.5	70.0~77.0	7.5	2.0	3.0	0.25	0.38	0.03
	FeMn68C7.0	65.0~72.0	7.0	2.5	4.5	0.25	0.40	0.03

锰铁的牌号表示方法按 GB/T 7738—2008 的规定，由含铁元素的铁合金产品（以化学符号"Fe"表示），主元素 Mn 及其百分含量，主要碳含量及其最高百分含量或组别表示，如 FeMn90C0.05。

表 1-8 高炉锰铁化学成分

类别	牌号	化学成分(质量分数)/%						
		Mn	C	Si		P		S
				I	II	I	II	
			≤					
高碳锰铁	FeMn78	75.0~82.0	7.5	1.0	2.0	0.20	0.30	0.03
	FeMn73	70.0~75.0	7.5	1.0	2.0	0.20	0.30	0.03
	FeMn68	65.0~70.0	7.0	1.0	2.0	0.20	0.30	0.03
	FeMn63	60.0~65.0	7.0	1.0	2.0	0.20	0.30	0.03

八、钼铁（GB/T 3649—2008）

本标准适用于炼钢、铸造或合金材料中作为钼元素添加剂的钼铁。

钼铁按钼和杂质含量不同，分为六个牌号。

表 1-9 牌号和化学成分

牌号	化学成分(质量分数)/%							
	Mo	Si	S	P	C	Cu	Sb	Sn
		不大于						
FeMo70	65.0~75.0	2.0	0.08	0.05	0.10	0.5		
FeMo60-A	60.0~65.0	1.0	0.08	0.04	0.10	0.5	0.04	0.04
FeMo60-B	60.0~65.0	1.5	0.10	0.05	0.10	0.5	0.05	0.06
FeMo60-C	60.0~65.0	2.0	0.15	0.05	0.15	1.0	0.08	0.08
FeMo55-A	55.0~60.0	1.0	0.10	0.08	0.15	0.5	0.05	0.06
FeMo55-B	55.0~60.0	1.5	0.15	0.10	0.20	0.5	0.08	0.08

钼铁以块状或粒状交货，其粒度要求应符合表 1-10 的规定。

表 1-10　粒度要求

粒度组别	粒度/mm	粒度偏差（质量分数）/%	
		筛上物	筛下物
1	10～150	≤5	≤5
2	10～100		
3	10～50		
4	3～10		—

九、铌铁（GB/T 7737—2007）

本标准适用于以五氧化二铌及铌精矿为原料生产的供炼钢或铸造作添加剂、电焊条作合金剂、磁性材料等其他用途的铌铁。

铌铁按铌和杂质含量的不同，分为 7 个牌号。

铌铁以块状或粉状供货。块状铌铁最大不超过 8kg，小于 10mm×10mm 碎块的数量不允许超过总重量的 5%。粉状铌铁以 −0.45mm 供货，其中 −0.098mm 的不允许超过总重量的 30%。

十、钒铁（GB/T 4139—2012）

本标准适用于钢铁或合金材料中作为钒元素添加剂的钒铁。

钒铁按钒和杂质含量分为 9 个牌号。

钒铁以块状或粒状交货，其粒度要求应符合表 1-13 的规定。

十一、高氮铬铁（YB/T 4135—2016）

本标准适用于炼钢、铸造等作为氮、铬元素添加剂的高氮铬铁。

高氮铬铁按氮含量的不同，分为 3 个牌号。

表 1-11　铌铁的化学成分

| 牌号 | Nb+Ta | 化学成分(质量分数)/% | | | | | | | | | | | | | |
---	---	Ta	Al	Si	C	S	P	W	Mn	Sn	Pb	As	Sb	Bi	Ti
								不大于							
FeNb70	70~80	0.3	3.8	1.0	0.03	0.03	0.04	0.3	0.8	0.02	0.02	0.01	0.01	0.01	0.30
FeNb60-A	60~70	0.3	2.5	2.0	0.04	0.03	0.04	0.2	1.0	0.02	0.02	—	—	—	—
FeNb60-B	60~70	2.5	3.0	3.0	0.30	0.10	0.30	1.0	—	—	—	—	—	—	—
FeNb50-A	50~60	0.2	2.0	1.0	0.03	0.03	0.04	0.1	—	—	—	—	—	—	—
FeNb50-B	50~60	0.3	2.0	2.5	0.04	0.03	0.04	0.2	—	—	—	—	—	—	—
FeNb50-C	50~60	2.5	3.0	4.0	0.30	0.10	0.40	1.0	—	—	—	—	—	—	—
FeNb20	15~25	2.0	3.0	11.0	0.30	0.10	0.30	1.0	—	—	—	—	—	—	—

注：FeNb60-B、FeNb50-C、FeNb20三个牌号是以铌精矿为原料生产的。

表 1-12　牌号和化学成分

牌号	化学成分(质量分数)/%						
	V	C	Si	P	S	Al	Mn
		不大于					
FeV50-A	48.0～55.0	0.40	2.0	0.06	0.04	1.5	—
FeV50-B	48.0～55.0	0.60	3.0	0.10	0.06	2.5	—
FeV50-C	48.0～55.0	5.0	3.0	0.10	0.06	0.5	—
FeV60-A	58.0～65.0	0.40	2.0	0.06	0.04	1.5	—
FeV60-B	58.0～65.0	0.60	2.5	0.10	0.06	2.5	—
FeV60-C	58.0～65.0	3.0	1.5	0.10	0.06	0.5	—
FeV80-A	78.0～82.0	0.15	1.5	0.05	0.04	1.5	0.50
FeV80-B	78.0～82.0	0.30	1.5	0.08	0.06	2.0	0.50
FeV80-C	75.0～80.0	0.30	1.5	0.08	0.06	2.0	0.50

表 1-13　粒度要求

粒度组别	粒度/mm	小于下限粒度/%	大于上限粒度/%
		不大于	
1	5～15	5	5
2	10～50	5	5
3	10～100	5	5

表 1-14　牌号和化学成分

牌号	化学成分(质量分数)/%								
	Cr	N	Si		C		P		S
			I	II	I	II	I	II	
	不小于		不大于						
FeCrN8	60.0	8.0	1.0	2.0	0.05	0.10	0.025	0.035	0.040
FeCrN9	60.0	9.0	1.0	2.0	0.05	0.10	0.025	0.035	0.040
FeCrN10	60.0	10.0	1.0	2.0	0.05	0.10	0.025	0.035	0.040

高氮铬铁以 50％铬含量为基准量。

高氮铬铁以烧结团或块状交货，每块重量不大于 15kg，尺寸小于 10mm×10mm 的高氮铬铁不允许超过总重量的 10％。

十二、钛铁（GB/T 3282—2012）

本标准适用于钢铁或合金材料中作为钛元素添加剂和电焊条涂料用的钛铁。

钛铁按钛和杂质含量不同分为 15 个牌号。

表 1-15　牌号和化学成分

牌号	化学成分（质量分数）/％							
	Ti	C	Si	P	S	Al	Mn	Cu
		不大于						
FeTi30-A	25.0～35.0	0.10	4.5	0.05	0.03	8.0	2.5	0.10
FeTi30-B	25.0～35.0	0.20	5.0	0.07	0.04	8.5	2.5	0.20
FeTi40-A	>35.0～45.0	0.10	3.5	0.05	0.03	9.0	2.5	0.20
FeTi40-B	>35.0～45.0	0.20	4.0	0.08	0.04	9.5	3.0	0.40
FeTi50-A	>45.0～55.0	0.10	3.5	0.05	0.03	8.0	2.5	0.20
FeTi50-B	>45.0～55.0	0.20	4.0	0.06	0.04	9.5	3.0	0.40
FeTi60-A	>55.0～65.0	0.10	3.0	0.04	0.03	7.0	1.0	0.20
FeTi60-B	>55.0～65.0	0.20	4.0	0.06	0.04	8.0	1.5	0.20
FeTi60-C	>55.0～65.0	0.30	5.0	0.08	0.04	8.5	2.0	0.20
FeTi70-A	>65.0～75.0	0.10	0.50	0.04	0.03	3.0	1.0	0.20
FeTi70-B	>65.0～75.0	0.20	3.5	0.06	0.04	6.0	1.0	0.20
FeTi70-C	>65.0～75.0	0.40	4.0	0.08	0.04	8.0	1.0	0.20
FeTi80-A	>75.0	0.10	0.50	0.04	0.03	3.0	1.0	0.20
FeTi80-B	>75.0	0.20	3.5	0.06	0.04	6.0	1.0	0.20
FeTi80-C	>75.0	0.40	4.0	0.08	0.04	7.0	1.0	0.20

钛铁分块状、粒状或粉状等 5 个粒度组别交货，其粒度要求应符合表 1-16 的规定。

表 1-16　粒度要求

粒度组别	粒度/mm	小于下限粒度/%	大于上限粒度/%
		不大于	
1	5～100	5	5
2	5～70	5	5
3	5～40	5	5
4	＜20	—	3
5	＜2	—	5

第二章 铸铁、铸钢

一、灰铸铁件（GB/T 9439—2010）

1. 品种规格

本标准依据直径 ϕ30mm 单铸试棒加工的标准拉伸试样所测得的最小抗拉强度值，将灰铸铁分为 HT100、HT150、HT200、HT225、HT250、HT275、HT300、HT350 等八个牌号。

铸件的主要壁厚是指用以确定铸件材料力学性能的铸件断面厚度，由供需双方商定。

2. 力学性能

在单铸试棒上还是在铸件本体上测定力学性能，以抗拉强度还是以硬度作为性能验收指标，均必须在订货协议或需方技术要求中明确规定。铸件的力学性能验收指标应在订货协议中明确规定。

表 2-1　灰铸铁的牌号和力学性能

牌号	铸件壁厚/mm		最小抗拉强度 R_m（强制性值）		铸件本体预期抗拉强度 R_m /MPa（最小）
	>	≤	单铸试棒 /MPa	附铸试棒或试块 /MPa	
HT100	5	40	100	—	—
HT150	5	10	150	—	155
	10	20		—	130
	20	40		120	110
	40	80		110	95
	80	150		100	80
	150	300		*90*	—

续表

牌号	铸件壁厚/mm		最小抗拉强度 R_m（强制性值）		铸件本体预期抗拉强度 R_m /MPa（最小）
	>	≤	单铸试棒 /MPa	附铸试棒或试块 /MPa	
HT200	5	10	200	—	205
	10	20		—	180
	20	40		170	155
	40	80		150	130
	80	150		140	115
	150	300		*130*	—
HT225	5	10	225	—	230
	10	20		—	200
	20	40		190	170
	40	80		170	150
	80	150		155	135
	150	300		*145*	—
HT250	5	10	250	—	250
	10	20		—	225
	20	40		210	195
	40	80		190	170
	80	150		170	155
	150	300		*160*	—
HT275	10	20	275	—	250
	20	40		230	220
	40	80		205	190
	80	150		190	175
	150	300		*175*	—

牌号	铸件壁厚/mm		最小抗拉强度 R_m（强制性值）		铸件本体预期抗拉强度 R_m/MPa（最小）
	>	≤	单铸试棒/MPa	附铸试棒或试块/MPa	
HT300	10	20	300	—	270
	20	40		250	240
	40	80		220	210
	80	150		210	195
	150	300		*190*	—
HT350	10	20	350	—	315
	20	40		290	280
	40	80		260	250
	80	150		230	225
	150	300		*210*	—

注：1. 当铸件壁厚超过 300mm 时，其力学性能由供需双方商定。

2. 当某牌号的铁液浇注壁厚均匀、形状简单的铸件时，壁厚变化引起抗拉强度的变化，可从本表查出参考数据。当铸件壁厚不均匀，或有型芯时，此表只能给出不同壁厚处大致的抗拉强度值，铸件的设计应根据关键部位的实测值进行。

3. 表中斜体字数值表示指导值，其余抗拉强度值均为强制性值，铸件本体预期抗拉强度值不作为强制性值。

二、球墨铸铁件（GB/T 1348—2009）

1. 品种规格

铸件材料牌号是依照从单铸试样、附铸试样或本体试样测出力学性能而定义的。

球墨铸铁的牌号表示方法按 GB/T 5612—2008 的规定，并分为单铸和附铸试块两类。按单铸试块的力学性能分为 14 个牌号；按附铸试块的力学性能分为 14 个牌号。

铸件的几何形状及其尺寸应符合图样的规定。

2. 力学性能

表 2-2　单铸试样的力学性能

材料牌号	抗拉强度 R_m/MPa（最小）	屈服强度 $R_{P0.2}$/MPa（最小）	伸长率 A/%（最小）	布氏硬度（HBW）	主要基体组织
QT350-22L	350	220	22	≤160	铁素体
QT350-22R	350	220	22	≤160	铁素体
QT350-22	350	220	22	≤160	铁素体
QT400-18L	400	240	18	120～175	铁素体
QT400-18R	400	250	18	120～175	铁素体
QT400-18	400	250	18	120～175	铁素体
QT400-15	400	250	15	120～180	铁素体
QT450-10	450	310	10	160～210	铁素体
QT500-7	500	320	7	170～230	铁素体＋珠光体
QT550-5	550	350	5	180～250	铁素体＋珠光体
QT600-3	600	370	3	190～270	珠光体＋铁素体
QT700-2	700	420	2	225～305	珠光体
QT800-2	800	480	2	245～335	珠光体或索氏体
QT900-2	900	600	2	280～360	回火马氏体或屈氏体＋索氏体

注：1. 字母"L"表示该牌号有低温（−20℃或−40℃）下的冲击性能要求；字母"R"表示该牌号有室温（23℃）下的冲击性能要求。

2. 伸长率是从原始标距 $L_0=5d$ 上测得的，d 是试样上原始标距处的直径。

球墨铸铁件的力学性能以抗拉强度和伸长率两个指标为验收指标。除特殊情况外，一般不做屈服强度试验。但当需方对屈服强度有要求时，经供需双方商定，屈服强度也可作为验收指标。

抗拉强度和硬度是相互关联的，当需方认为硬度性能对使用很重要时，硬度指标也可作为检验项目。

表 2-3　V 形缺口单铸试样的冲击功

牌号	最小冲击功/J					
	室温(23±5)℃		低温(−20±2)℃		低温(−40±2)℃	
	三个试样平均值	个别值	三个试样平均值	个别值	三个试样平均值	个别值
QT350-22L	—	—	—	—	12	9
QT350-22R	17	14	—	—	—	—
QT400-18L	—	—	12	9	—	—
QT400-18R	14	11	—	—	—	—

注：1. 冲击功是从砂型铸造的铸件或者导热性与砂型相当的铸型中铸造的铸块上测得的。用其他方法生产的铸件的冲击功应满足经双方协商的修正值。

2. 这些材料牌号也可用于压力容器；其断裂韧性见本标准附录 D。

表 2-4　附铸试样力学性能

材料牌号	铸件壁厚/mm	抗拉强度R_m/MPa（最小）	屈服强度$R_{P0.2}$/MPa（最小）	伸长率 A/%（最小）	布氏硬度（HBW）	主要基体组织
QT350-22AL	≤30	350	220	22	≤160	铁素体
	>30~60	330	210	18		
	>60~200	320	200	15		
QT350-22AR	≤30	350	220	22	≤160	铁素体
	>30~60	330	220	18		
	>60~200	320	210	15		
QT350-22A	≤30	350	220	22	≤160	铁素体
	>30~60	330	210	18		
	>60~200	320	200	15		
QT400-18AL	≤30	380	240	18	120~175	铁素体
	>30~60	370	230	15		
	>60~200	360	220	12		
QT400-18AR	≤30	400	250	18	120~175	铁素体
	>30~60	390	250	15		
	>60~200	370	240	12		

材料牌号	铸件壁厚 /mm	抗拉强度 R_m/MPa （最小）	屈服强度 $R_{p0.2}$/MPa （最小）	伸长率 A /% （最小）	布氏硬度 （HBW）	主要基体组织
QT400-18A	≤30	400	250	18	120～175	铁素体
	>30～60	390	250	15		
	>60～200	370	240	12		
QT400-15A	≤30	400	250	15	120～180	铁素体
	>30～60	390	250	14		
	>60～200	370	240	11		
QT450-10A	≤30	450	310	10	160～210	铁素体
	>30～60	420	280	9		
	>60～200	390	260	8		
QT500-7A	≤30	500	320	7	170～230	铁素体 ＋ 珠光体
	>30～60	450	300	7		
	>60～200	420	290	5		
QT550-5A	≤30	550	350	5	180～250	铁素体 ＋ 珠光体
	>30～60	520	330	4		
	>60～200	500	320	3		
QT600-3A	≤30	600	370	3	190～270	珠光体 ＋ 铁素体
	>30～60	600	360	2		
	>60～200	550	340	1		
QT700-2A	≤30	700	420	2	225～305	珠光体
	>30～60	700	400	2		
	>60～200	650	380	1		
QT800-2A	≤30	800	480	2	245～335	珠光体 或 索氏体
	>30～60	由供需双方商定				
	>60～200					

续表

材料牌号	铸件壁厚 /mm	抗拉强度 R_m/MPa （最小）	屈服强度 $R_{P0.2}$/MPa （最小）	伸长率 A /% （最小）	布氏硬度 （HBW）	主要基体组织
QT900-2A	≤30	900	600	2	280～360	回火马氏体或索氏体＋屈氏体
	>30～60		由供需双方商定			
	>60～200					

注：1. 从附铸试样测得的力学性能并不能准确地反映铸件本体的力学性能，但与单铸试棒上测得的值相比更接近于铸件的实际性能值。

2. 伸长率在原始标距 $L_0=5d$ 上测得，d 是试样上原始标距处的直径，其他规格的标距，见本标准9.1及附录B。

表2-5 V形缺口附铸试样的冲击功

牌号	铸件壁厚 /mm	最小冲击功/J					
		室温(23±5)℃		低温(−20±2)℃		低温(−40±2)℃	
		三个试样平均值	个别值	三个试样平均值	个别值	三个试样平均值	个别值
QT350-22AR	≤60	17	14	—	—	—	—
	>60～200	15	12	—	—	—	—
QT350-22AL	≤60	—	—	—	—	12	9
	>60～200	—	—	—	—	10	7
QT400-18AR	≤60	14	11	—	—	—	—
	>60～200	12	9	—	—	—	—
QT400-18AL	≤60	—	—	12	9	—	—
	>60～200	—	—	10	7	—	—

注：从附铸试样测得的力学性能并不能准确地反映铸件本体的力学性能，但与单铸试棒上测得的值相比更接近于铸件的实际性能值。

三、蠕墨铸铁件（GB/T 26655—2011）

1. 品种规格

本标准按单铸或附铸试块加工的试样测定的力学性能分级，将蠕墨铸铁分为 5 个牌号。

铸件的几何形状及其尺寸应符合图样的规定。

2. 力学性能

表 2-6　单铸试样力学性能

牌号	抗拉强度 R_m/MPa（最小）	0.2%屈服强度 $R_{P0.2}$/MPa（最小）	伸长率 A /%（最小）	典型的布氏硬度范围（HBW）	主要基体组织
RuT300	300	210	2.0	140～210	铁素体
RuT350	350	245	1.5	160～220	铁素体+珠光体
RuT400	400	280	1.0	180～240	珠光体+铁素体
RuT450	450	315	1.0	200～250	珠光体
RuT500	500	350	0.5	220～260	珠光体

注：布氏硬度（指导值）仅供参考。$R_{P0.2}$一般不作为验收依据。

表 2-7　铸块的力学性能

牌号	主要壁厚 t/mm	抗拉强度 R_m/MPa（最小）	0.2%屈服强度 $R_{P0.2}$/MPa（最小）	伸长率 A /%（最小）	典型布氏硬度范围（HBW）	主要基体组织
RuT300A	$t \leqslant 12.5$	300	210	2.0	140～210	铁素体
	$12.5 < t \leqslant 30$	300	210	2.0	140～210	
	$30 < t \leqslant 60$	275	195	2.0	140～210	
	$60 < t \leqslant 120$	250	175	2.0	140～210	
RuT350A	$t \leqslant 12.5$	350	245	1.5	160～220	铁素体+珠光体
	$12.5 < t \leqslant 30$	350	245	1.5	160～220	
	$30 < t \leqslant 60$	325	230	1.5	160～220	
	$60 < t \leqslant 120$	300	210	1.5	160～220	
RuT400A	$t \leqslant 12.5$	400	280	1.0	180～240	珠光体+铁素体
	$12.5 < t \leqslant 30$	400	280	1.0	180～240	
	$30 < t \leqslant 60$	375	260	1.0	180～240	
	$60 < t \leqslant 120$	325	230	1.0	180～240	

续表

牌号	主要壁厚 t/mm	抗拉强度 R_m/MPa（最小）	0.2%屈服强度 $R_{P0.2}$/MPa（最小）	伸长率 A/%（最小）	典型布氏硬度范围（HBW）	主要基体组织
RuT450A	$t\leqslant12.5$	450	315	1.0	200~250	—
	$12.5<t\leqslant30$	450	315	1.0	200~250	
	$30<t\leqslant60$	400	280	1.0	200~250	
	$60<t\leqslant120$	375	260	1.0	200~250	
RuT500A	$t\leqslant12.5$	500	350	0.5	220~260	—
	$12.5<t\leqslant30$	500	350	0.5	220~260	
	$30<t\leqslant60$	450	315	0.5	220~260	
	$60<t\leqslant120$	400	280	0.5	220~260	

注：1. 采用附铸试块时，牌号后加字母"A"。

2. 从附铸试样测得的力学性能并不能准确地反映铸件本体的力学性能，但与单铸试棒上测得的值相比，更接近于铸件的实际性能值。

3. 力学性能随铸件结构（形状）和冷却条件而变化，随铸件断面厚度增加而相应降低。

4. 布氏硬度值仅供参考。

四、耐热铸铁件（GB/T 9431—2009）

1. 品种规格

本标准适用于砂型铸造或导热性与砂型相仿的铸型中浇注而成的且工作在1100℃以下的耐热铸铁。

耐热铸铁的牌号表示方法符合 GB/T 5612—2008 的规定，共分为 11 个牌号。

铸件的几何形状与尺寸应符合图样的要求。

2. 力学性能

表 2-8　耐热铸铁的室温力学性能

铸铁牌号	最小抗拉强度 R_m/MPa	硬度（HBW）	（参考）高温短时抗拉强度 R_m/MPa				
			500℃	600℃	700℃	800℃	900℃
HTRCr	200	189～288	225	144	—	—	—
HTRCr2	150	207～288	243	166	—	—	—
HTRCr16	340	400～450	—	—	—	144	88
HTRSi5	140	160～270	—	—	41	27	—
QTRSi4	420	143～187	—	—	75	35	—
QTRSi4Mo	520	188～241	—	—	101	46	—
QTRSi4Mo1	550	200～240	—	—	101	46	—
QTRSi5	370	228～302	—	—	67	30	—
QTRAl4Si4	250	285～341	—	—	—	82	32
QTRAl5Si5	200	302～363	—	—	—	167	75
QTRAl22	300	241～364	—	—	—	130	77

注：允许用热处理方法达到上述性能。

五、高硅耐蚀铸铁件（GB/T 8491—2009）

1. 品种规格

本标准适用于含硅 10.00%～15.00% 的高硅耐蚀铸铁件。

高硅耐蚀铸铁是一种较脆的金属材料，在其铸件的结构设计上不应有锐角和急剧的截面过渡。铸件的几何形状、尺寸应符合需方图样或技术要求。

2. 力学性能

表 2-9　高硅耐蚀铸铁的力学性能

牌号	最小抗弯强度 σ_{dB}/MPa	最小挠度 f/mm
HTSSi11Cu2CrR	190	0.80
HTSSi15R	118	0.66
HTSSi15Cr4MoR	118	0.66
HTSSi15Cr4R	118	0.66

注：高硅耐蚀铸铁的力学性能一般不作为验收依据，而是以化学成分作为验收依据。

高硅耐蚀铸铁通常在热处理状态（消除残余应力）下应用。

六、奥氏体铸铁件（GB/T 26648—2011）

1. 品种规格

奥氏体铸铁牌号符合 GB/T 5612—2008 的规定，分为 12 个牌号。

铸件的几何形状及尺寸应符合图样的要求。

2. 力学性能

表 2-10　奥氏体铸铁的力学性能（一般工程用牌号）

材料牌号	抗拉强度 R_m/MPa（≥）	屈服强度 $R_{P0.2}$/MPa（≥）	伸长率 A/%（≥）	冲击功（V 形缺口）/J（≥）	布氏硬度（HBW）
HTANi15Cu6Cr2	170	—	—	—	120～215
QTANi20Cr2	370	210	7	13[a]	140～255
QTANi20Cr2N6	370	210	7	13[a]	140～200
QTANi22	370	170	20	20	130～170
QTANi23Mn4	440	210	25	24	150～180
QTANi35	370	210	20	—	130～180
QTANi35Si5Cr2	370	200	10	—	130～170

a. 非强制要求。

表 2-11　奥氏体铸铁的力学性能（特殊用途牌号）

材料牌号	抗拉强度 R_m/MPa（≥）	屈服强度 $R_{P0.2}$/MPa（≥）	伸长率 A/%（≥）	冲击功（V 形缺口）/J（≥）	布氏硬度（HBW）
HTANi13Mn7	140	—	—	—	120～150
QTANi13Mn7	390	210	15	16	120～150
QTANi30Cr3	370	210	7	—	140～200
QTANi30Si5Cr5	390	240	—	—	170～250
QTANi35Cr3	370	210	7	—	140～190

七、一般工程用铸造碳钢件（GB/T 11352—2009）

1. 品种规格

按 GB/T 5613—2014 的规定一般工程用铸造碳钢件牌号分为：ZG200—400、ZG230—450、ZG270—500、ZG310—570、ZG340—640。

铸件几何形状、尺寸、尺寸公差和加工余量应符合图样或订货协定，如无图样或订货协定，铸件应符合 GB/T 6414—2017 的规定。

2. 力学性能

表 2-12　铸钢件的力学性能

牌号	屈服强度 $R_{eH}(R_{P0.2})$ /MPa(≥)	抗拉强度 R_m/MPa (≥)	伸长率 A_5/% (≥)	根据合同选择		
				断面收缩率 Z/% (≥)	冲击吸收功 A_{KV}/J (≥)	冲击吸收功 A_{KU}/J (≥)
ZG200-400	200	400	25	40	30	47
ZG230-450	230	450	22	32	25	35
ZG270-500	270	500	18	25	22	27
ZG310-570	310	570	15	21	15	24
ZG340-640	340	640	10	18	10	16

注：1. 表中所列的各牌号性能，适应于厚度为 100mm 以下的铸件。当铸件厚度超过 100mm 时，表中规定的 R_{eH}（$R_{P0.2}$）屈服强度仅供设计使用。

2. 表中冲击吸收功 A_{KU} 的试样缺口为 2mm。

八、奥氏体锰钢铸件（GB/T 5680—2010）

1. 品种规格

本标准适用于冶金、建材、电力、建筑、铁路、固防、煤炭、化工和机械等行业的受不同程度冲击负荷的耐磨损铸件。其他类型的耐磨损奥氏体锰钢铸件也可参照执行。

奥氏体锰钢共分为 10 个牌号：ZG120Mn7Mo1、ZG110Mn13Mo1、ZG100Mn13、ZG120Mn13、ZG120Mn13Cr2、ZG120Mn13W1、ZG120Mn13Ni3、

ZG90Mn14Mo1、ZG120Mn17、ZG120Mn17Cr2。

铸件的几何形状、尺寸、形位和重量偏差应符合图样或订货合同规定。

2. 力学性能

经供需双方商定，室温条件下可对锰钢铸件、试块和试样做金相组织、力学性能（下屈服强度、抗拉强度、断后伸长率、冲击吸收能）、弯曲性能和无损探伤检验，可选择其中一项或多项作为产品验收的必检项目，而未规定的条款不作为验收依据。

表 2-13 奥氏体锰钢及其铸件的力学性能

牌号	下屈服强度 R_{eL} /MPa	抗拉强度 R_m/MPa	断后伸长率 A/%	冲击吸收能 A_{KU_2}/J
ZG120Mn13	—	≥685	≥25	≥118
ZG120Mn13Cr2	≥390	≥735	≥20	—

九、一般用途耐热钢和合金铸件（GB/T 8492—2014）

1. 品种规格

一般用途耐热钢和合金牌号表示方法符合 GB/T 5613—2014 和 GB/T 8063—2017 的规定，共 26 个牌号。

铸件的几何形状与尺寸应符合订货图样、模样或合同规定。

2. 力学性能

表 2-14 力学性能

牌号	屈服强度 $R_{P0.2}$ /MPa （≥）	抗拉强度 R_m/MPa （≥）	断后伸长率 A/% （≥）	布氏硬度 （HBW）	最高使用温度[①] /℃
ZG30Cr7Si2					750
ZG40Cr13Si2				300[②]	850
ZG40Cr17Si2				300[②]	900
ZG40Cr24Si2				300[②]	1050

续表

牌号	屈服强度 $R_{P0.2}$ /MPa ($\geqslant$)	抗拉强度 R_m/MPa ($\geqslant$)	断后伸长率 A/% ($\geqslant$)	布氏硬度 (HBW)	最高使用温度[①] /℃
ZG40Cr28Si2				320[②]	1100
ZGCr29Si2				400[②]	1100
ZG25Cr18Ni9Si2	230	450	15		900
ZG25Cr20Ni14Si2	230	450	10		900
ZG40Cr22Ni10Si2	230	450	8		950
ZG40Cr24Ni24Si2Nb1	220	400	4		1050
ZG40Cr25Ni12Si2	220	450	6		1050
ZG40Cr25Ni20Si2	220	450	6		1100
ZG45Cr27Ni4Si2	250	400	3	400[③]	1100
ZG45Cr20Co20Ni20Mo3W3	320	400	6		1150
ZG10Ni31Cr20Nb1	170	440	20		1000
ZG40Ni35Cr17Si2	220	420	6		980
ZG40Ni35Cr26Si2	220	440	6		1050
ZG40Ni35Cr26Si2Nb1	220	440	4		1050
ZG40Ni38Cr19Si2	220	420	6		1050
ZG40Ni38Cr19Si2Nb1	220	420	4		1100
ZNiCr28Fe17W5Si2C0.4	220	400	3		1200
ZNiCr50Nb1C0.1	230	540	8		1050
ZNiCr19Fe18Si1C0.5	220	440	5		1100
ZNiFe18Cr15Si1C0.5	200	400	3		1100
ZNiCr25Fe20Co15W5Si1C0.46	270	480	5		1200
ZCoCr28Fe18C0.3	—[④]	—[④]	—[④]	—[④]	1200

① 最高使用温度取决于实际使用条件,所列数据仅供用户参考,这些数据适用于氧化气氛,实际的合金成分对其他也有影响。

② 退火态最大布氏硬度值,铸件也可以铸态提供,此时硬度限制就不适用。

③ 最大布氏硬度值。

④ 由供需双方协商确定。

十、通用耐蚀钢铸件（GB/T 2100—2017）

1. 品种规格

本标准适用于各种腐蚀工况的通用耐蚀钢铸件。

铸件的几何公差、尺寸公差应符合图样或订货合同规定。如图样和订货合同中无规定，铸件几何公差、尺寸公差按 GB/T 6414—2017 选定。

除订货合同中规定不允许焊补或重大焊补外，供方可进行焊补。如铸件需要重大焊补时，应经需方同意后才能进行焊补，并做焊补记录，记录内容包括焊补位置图、补焊工艺参数、补焊人员、设备及焊材批号。

铸件如产业变形，允许在热处理后进行矫正。

2. 力学性能

表 2-15 室温力学性能

牌号	厚度 t/mm （≤）	$R_{P0.2}$/MPa（≥）	R_m/MPa（≥）	A/% （≥）	冲击吸收能量 A_{KV_2}/J（≥）
ZG15Cr13	150	450	620	15	20
ZG20Cr13	150	390	590	15	20
ZG10Cr13Ni2Mo	300	440	590	15	27
ZG06Cr13Ni4Mo	300	550	760	15	50
ZG06Cr13Ni4	300	550	750	15	50
ZG06Cr16Ni5Mo	300	540	760	15	60
ZG10Cr12Ni1	150	355	540	18	45
ZG03Cr19Ni11	150	185	440	30	80
ZG03Cr19Ni11N	150	230	510	30	80
ZG07Cr19Ni10	150	175	440	30	60
ZG07Cr19Ni11Nb	150	175	440	25	40
ZG03Cr19Ni11Mo2	150	195	440	30	80
ZG03Cr19Ni11Mo2N	150	230	510	30	80
ZG05Cr26Ni6Mo2N	150	420	600	20	30

续表

牌号	厚度 t/mm ($\leqslant$)	$R_{P0.2}$/MPa($\geqslant$)	R_m/MPa ($\geqslant$)	A/% ($\geqslant$)	冲击吸收能量 A_{KV_2}/J($\geqslant$)
ZG07Cr19Ni11Mo2	150	185	440	30	60
ZG07Cr19Ni11Mo2Nb	150	185	440	25	40
ZG03Cr19Ni11Mo3	150	180	440	30	80
ZG03Cr19Ni11Mo3N	150	230	510	30	80
ZG03Cr22Ni6Mo3N	150	420	600	20	30
ZG03Cr25Ni7Mo4WCuN	150	480	650	22	50
ZG03Cr26Ni7Mo4CuN	150	480	650	22	50
ZG07Cr19Ni12Mo3	150	205	440	30	60
ZG025Cr20Ni25Mo7Cu1N	50	210	480	30	60
ZG025Cr20Ni19Mo7CuN	50	260	500	35	50
ZG03Cr26Ni6Mo3Cu3N	150	480	650	22	50
ZG03Cr26Ni6Mo3Cu1N	200	480	650	22	60
ZG03Cr26Ni6Mo3N	150	480	650	22	50

十一、大型耐热钢铸件技术条件（JB/T 6403—2017）

1. 品种规格

本标准适用于砂型铸造的普通工程用耐热钢铸件，不包括特殊用途的耐热钢铸件。

需方应提供经供需双方认可的订货图样和技术要求。

表 2-16　各材料牌号最高使用温度、特性及用途举例

材料牌号	最高使用温度/℃	特性及用途举例
ZG40Cr9Si3 （ZG40Cr9Si2）	800	高温强度低，抗氧化温度最高至800℃，长期工作的受载件的工作温度低于700℃，用于坩埚、炉门、底板等构件
ZG40Cr13Si2	850	一般用途

材料牌号	最高使用温度/℃	特性及用途举例
ZG40Cr18Si2 （ZG40Cr17Si2）	900	一般用途
ZG30Cr21Ni10 （ZG30Cr20Ni10）	900	基本不形成σ相，可用于炼油厂加热炉、水泥干燥窑、矿石焙烧炉和热处理炉构件
ZG30Cr19Mn12Si2N （ZG30Cr18Mn12Si2N）	950	高温强度和抗热疲劳性较好，用于炉罐、炉底板、料筐、传送带导轨、支承架、吊架等炉用构件
ZG35Cr24Ni8Si2N （ZG35Cr24Ni7SiN）	1100	抗氧化性能好，用于炉罐、炉辊、通风机叶片、热滑轨、炉底板、玻璃、水泥窑及搪瓷窑等构件
ZG20Cr26Ni5	1050	承载情况下使用温度可达650℃，轻负荷时可达1050℃，在650～870℃范围内易析出σ相，可用于矿石焙烧炉，也可用于不需要高温强度的在高硫环境下工作的炉用构件
ZG35Cr26Ni13 （ZG35Cr26Ni12）	1100	高温强度高，抗氧化性能好。在规格范围内调整其成分，可使组织内含有一些铁素体，也可为单相奥氏体。能广泛地用于多种炉子构件，但不宜用于温度急变的场合
ZG35Cr28Ni16	1150	具有较高温度下的抗氧化性能。用途同ZG40Cr25Ni21
ZG40Cr25Ni21 （ZG40Cr25Ni20）	1150	具有较高的蠕变和持久强度，抗高温气体腐蚀能力强，常用作炉罐、辐射管、钢坯滑板、热处理炉炉辊、管支架、制氢转化管、乙烯裂介管
ZG40Cr30Ni20	1150	在高温含硫气体中耐蚀性好，用于气体分离装置、焙烧炉衬板
ZG35Ni25Cr19Si2 （ZG35Ni24Cr18Si2）	1100	用于加热炉传送带、螺杆、紧固件等高温承载构件
ZG30Ni35Cr15	1150	抗热疲劳性好，用于渗碳炉构件、热处理炉板、导轨、轮子、铜焊夹具、蒸馏器、辐射管、玻璃轧辊、搪瓷窑构件以及周期加热的紧固件
ZG45Ni35Cr26	1150	抗氧化及抗渗碳性良好，高温强度高，用于乙烯裂介管、辐射管、弯管、接头、管支架、炉辊及热处理用夹具等

材料牌号	最高使用温度/℃	特性及用途举例
ZG40Cr23Ni4N （ZG40Cr22Ni4N）	—	用于1000℃以上炉用件
ZG30Cr26Ni20 （ZG30Cr25Ni20）	—	用于1000℃以上炉用件
ZG23Cr19Mn10Ni2Si2N （ZG20Cr20Mn9Ni2SiN）	—	用于连铸机吊架等
ZG08Cr18Ni12Mo3Ti （ZG08Cr18Ni12Mo2Ti）	—	用于连铸机零件

注：括号中的牌号为旧牌号。

2. 力学性能

铸件的力学性能一般不作为验收项目。当需方要求时，可采用单铸试块或本体附铸试块取样试验，单铸试块与本体件同炉浇注（需热处理时，与本体件同炉热处理），其值应符合表2-17的规定。

表2-17 力学性能

材料牌号	$R_{eH}/(R_{P0.2})$ /MPa(≥)	R_m/MPa (≥)	A/% (≥)	硬度 (HBW) (≤)	热处理状态
ZG40Cr9Si3	—	550	—	—	950℃退火
ZG40Cr13Si2	—	—	—	300[①]	退火
ZG40Cr18Si2	—	—	—	300[①]	退火
ZG30Cr21Ni10	(235)	490	23	—	—
ZG30Cr19Mn12Si2N	—	490	8	—	1100~1150℃油冷、水冷或空冷
ZG35Cr24Ni8Si2N	(340)	540	12	—	—
ZG20Cr26Ni5	—	590	—	—	—
ZG35Cr26Ni13	(235)	490	8	—	—
ZG35Cr28Ni16	(235)	490	8	—	—
ZG40Cr25Ni21	(235)	440	8	—	—

续表

材料牌号	$R_{eH}/(R_{P0.2})$ /MPa($\geqslant$)	R_m/MPa ($\geqslant$)	$A/\%$ ($\geqslant$)	硬度 (HBW) ($\leqslant$)	热处理状态
ZG40Cr30Ni20	（245）	450	8	—	—
ZG35Ni25Cr19Si2	（195）	390	5	—	—
ZG30Ni35Cr15	（195）	440	13	—	—
ZG45Ni35Cr26	（235）	440	5	—	—
ZG40Cr23Ni4N	450	730	10	—	调质
ZG30Cr26Ni20	240	510	48	—	调质
ZG23Cr19Mn10Ni2Si2N	420	790	40	—	调质
ZG08Cr18Ni12Mo3Ti	210	490	30	—	1150℃水淬

① 退火状态最大布氏硬度值。铸件也可以铸态交货，此时硬度限制就不再适用。

十二、大型高锰钢铸件技术条件（JB/T 6404—2017）

1. 品种规格

本标准适用于普通工程用高锰钢铸件的订货、制造和检验。

需方应提供经供需双方认可的订货图样和技术文件。

需方无特殊要求时，铸造工艺由供方自行确定。经热处理的铸件，其铸造工艺补贴应在热处理前清除。铸件机械加工余量的选取应符合 GB/T 6414—2017 的规定。

铸件均应进行水韧处理。在未完成水韧处理之前，附铸试块不应与铸件本体脱离。铸件应均匀地加热和保温，水韧处理的温度不低于1040℃，确保铸件中的碳化物均匀、固溶。

2. 力学性能

水韧处理后，铸件力学性能应符合表2-18的规定。

表 2-18　力学性能

材料牌号	R_m/MPa	A/%	A_{KU_2}/J	硬度（HBW）
ZG100Mn13	≥735	≥35	≥184	≤229
ZG110Mn13	≥686	≥25	≥184	≤229
ZG120Mn13	≥637	≥20	≥184	≤229
ZG120Mn13Cr	≥690	≥30	—	≤300
ZG120Mn13Cr2	≥735	≥20	—	≤300
ZG110Mn13Mo（ZG110Mn13Mo1）	≥755	≥30	≥147	≤300

注：材料牌号后的括号内注明的是旧版标准 GB/T 5613—1995《铸钢牌号表示方法》规定的牌号。

十三、大型曲轴电渣钢熔铸件（JB/T 11837—2014）

1. 品种规格

本标准适用于主轴颈直径在 160～350mm 的大型曲轴电渣钢熔铸件的订货、制造、检验和验收。

供需双方应在订货合同或技术协议中规定产品名称、采用标准、材料牌号、订货数量和交货状态等。需方应提供图样，并标明产品的尺寸、公差、表面粗糙度以及其他检验项目。

曲轴毛坯是通过曲臂在熔铸过程中与主轴颈、连杆颈、自由端和输出端铸合的方法成形，即是将加工成形的主轴颈、连杆颈、自由端和输出端按照图样形状固定在铜制结晶器内，通过对曲臂按顺序逐次电渣熔铸与之铸合在一起形成完整的曲轴毛坯。

2. 力学性能

表 2-19　纵向力学性能

材料牌号	截面尺寸/mm	R_m/MPa	R_{eL}/MPa（≥）	A/%（≥）	Z/%（≥）	A_{KV_2}/J（≥）	硬度（HBW）
45	160～250	≥640	320	17	34	20	≥210
	>250～350	≥620	300	16	32	20	≥210

续表

材料牌号	截面尺寸/mm	R_m/MPa	R_{eL}/MPa ($\geqslant$)	$A/\%$ ($\geqslant$)	$Z/\%$ ($\geqslant$)	A_{KV_2}/J($\geqslant$)	硬度（HBW）
35CrMoA	160~250	$\geqslant$690	490	15	45	39	241~286
	>250~350	$\geqslant$650	450	15	35	31	228~269
42CrMoA	160~250	800~900	590	14	45	32	269~302
	>250~350	750~900	550	14	45	32	241~286
34CrNi3MoA	160~250	$\geqslant$800	590	14	45	35	269~302
	>250~350	$\geqslant$800	590	14	45	35	241~286

注：在力学性能合格的情况下硬度值为参考值。

第三章　型　钢

一、热轧型钢（GB/T 706—2016）

品种规格

本标准适用于热轧等边角钢、热轧不等边角钢及腿部内侧有斜度的热轧工字钢和热轧槽钢。

规格表示方法

工字钢："I"与高度值(h)×腿宽度值(b)×腰厚度值(d)

如：I 450×150×11.5(简记为 I 45a)。

槽钢："["与高度值(h)×腿宽度值(b)×腰厚度值(d)

如：[200×75×9(简记为[20b)。

等边角钢："∠"与边宽度值(b)×边宽度值(b)×边厚度值(d)

如：∠200×200×24(简记为∠200×24)。

不等边角钢："∠"与长边宽度值(B)×短边宽度值(b)×边厚度值(d)

如：∠160×100×16。

钢的牌号和化学成分(熔炼分析)应符合 GB/T 700—2006 或 GB/T 1591—2018 的有关规定。

型钢以热轧状态交货。

表 3-1　工字钢型号、截面尺寸

型号	截面尺寸/mm			型号	截面尺寸/mm			型号	截面尺寸/mm		
	h	b	d		h	b	d		h	b	d
10	100	68	4.5	16	160	88	6.0	22a	220	110	7.5
12	120	74	5.0	18	180	94	6.5	22b	220	112	9.5
12.6	126	74	5.0	20a	200	100	7.0	24a	240	116	8.0
14	140	80	5.5	20b	200	102	7.0	24b	240	118	10.0

续表

型号	截面尺寸/mm			型号	截面尺寸/mm			型号	截面尺寸/mm		
	h	b	d		h	b	d		h	b	d
25a	250	116	8.0	32c	320	134	13.5	50b	500	160	14.0
25b	250	118	10.0	36a	360	136	10.0	50c	500	162	16.0
27a	270	122	8.5	36b	360	138	12.0	55a	550	166	12.5
27b	270	124	10.5	36c	360	140	14.0	55b	550	168	14.5
28a	280	122	8.5	40a	400	142	10.5	55c	550	170	16.5
28b	280	124	10.5	40b	400	144	12.5	56a	560	166	12.5
30a	300	126	9.0	40c	400	146	14.5	56b	560	168	14.5
30b	300	128	11.0	45a	450	150	11.5	56c	560	170	16.5
30c	300	130	13.0	45b	450	152	13.5	63a	630	176	13.0
32a	320	130	9.5	45c	450	154	15.5	63b	630	178	15.0
32b	320	132	11.5	50a	500	158	12.0	63c	630	180	17.0

表 3-2 槽钢型号、截面尺寸

型号	截面尺寸/mm			型号	截面尺寸/mm			型号	截面尺寸/mm		
	h	b	d		h	b	d		h	b	d
5	50	37	4.5	20b	200	75	9.0	28c	280	86	11.5
6.3	63	40	4.8	22a	220	77	7.0	30a		85	7.5
6.5	65	40	4.3	22b		79	9.0	30b	300	87	9.5
8	80	43	5.0	24a		78	7.0	30c		89	11.5
10	100	48	5.3	24b	240	80	9.0	32a		88	8.0
12	120	53	5.5	24c		82	11.0	32b	320	90	10.0
12.6	126	53	5.5	25a		78	7.0	32c		92	12.0
14a	140	58	6.0	25b	250	80	9.0	36a		96	9.0
14b		60	8.0	25c		82	11.0	36b	360	98	11.0
16a	160	63	6.5	27a		82	7.5	36c		100	13.0
16b		65	8.5	27b	270	84	9.5	40a		100	10.5
18a	180	68	7.0	27c		86	11.5	40b	400	102	12.5
18b		70	9.0	28a		82	7.5	40c		104	14.5
20a	200	73	7.0	28b	280	84	9.5				

表3-3　等边角钢型号、截面尺寸

型号	截面尺寸/mm		型号	截面尺寸/mm	
	b	d		b	d
2	20	3、4	10	100	6、7、8、9、10、12、14、16
2.5	25	3、4			
3.0	30	3、4	11	110	7、8、10、12、14
3.6	36	3、4、5	12.5	125	8、10、12、14、16
4	40	3、4、5	14	140	10、12、14、16
4.5	45	3、4、5、6	15	150	8、10、12、14、15、16
5	50	3、4、5、6	16	160	10、12、14、16
5.6	56	3、4、5、6、7、8	18	180	12、14、16、18
6	60	5、6、7、8	20	200	14、16、18、20、24
6.3	63	4、5、6、7、8、10	22	220	16、18、20、22、24、26
7	70	4、5、6、7、8			
7.5	75	5、6、7、8、9、10	25	250	18、20、24、26、28、30、32、35
8	80	5、6、7、8、9、10			
9	90	6、7、8、9、10、12			

表3-4　不等边角钢型号、截面尺寸

型号	截面尺寸/mm			型号	截面尺寸/mm		
	B	b	d		B	b	d
7.5/5	75	50	5、6、8、10	12.5/8	125	80	7、8、10、12
8/5	80	50	5、6、7、8	14/9	140	90	8、10、12、14
9/5.6	90	56	5、6、7、8	15/9	150	90	8、10、12、14、15、16
10/6.3	100	63	6、7、8、10	16/10	160	100	10、12、14、16
10/8	100	80	6、7、8、10	18/11	180	110	10、12、14、16
11/7	110	70	6、7、8、10	20/12.5	200	125	12、14、16、18

二、热轧 H 型钢和剖分 T 型钢（GB/T 11263—2017）

1. 品种规格

H 型钢分为四类，其代号如下

宽翼缘 H 型钢　HW（W 为 Wide 英文字头）；

中翼缘 H 型钢　HM（M 为 Middle 英文字头）；

窄翼缘 H 型钢　HN（N 为 Narrow 英文字头）；

薄壁 H 型钢　HT（T 为 Thin 英文字头）。

剖分 T 型钢分为三类，其代号如下

宽翼缘剖分 T 型钢　TW（W 为 Wide 英文字头）；

中翼缘剖分 T 型钢　TM（M 为 Middle 英文字头）；

窄翼缘剖分 T 型钢　TN（N 为 Narrow 英文字头）。

H 型钢规格表示方法：H 与高度 H 值×宽度 B 值×腹板厚度 t_1 值×翼缘厚度 t_2 值。例如：H596×199×10×15。

剖分 T 型钢规格表示方法：T 与高度 h 值×宽度 B 值×腹板厚度 t_1 值×翼缘厚度 t_2 值。例如：T207×405×18×28。

表 3-5　H 型钢的类别、型号

类别	型号（高度 H×宽度 B）/mm×mm
HW	100×100(16.9kg/m)、125×125(23.6kg/m)、150×150(31.1kg/m)、175×175(40.4kg/m)、200×200(49.9kg/m)、250×250(71.8kg/m)、300×300(93.0kg/m)、350×350(135kg/m)、400×400(172kg/m)、502×470(259kg/m)
HM	150×100(20.7kg/m)、200×150(29.9kg/m)、250×175(43.6kg/m)、294×200(55.8kg/m)、340×250(78.1kg/m)、390×300(105kg/m)、440×300(121kg/m)、488×300(125kg/m)、550×300(130kg/m)、588×300(147kg/m)
HN	100×50(9.30kg/m)、125×60(13.1kg/m)、150×75(14.0kg/m)、175×90(18.0kg/m)、200×100(20.9kg/m)、250×125(29.0kg/m)、300×150(36.7kg/m)、350×175(49.4kg/m)、400×150(55.2kg/m)、400×200(65.4kg/m)、450×151(60.8kg/m)、450×200(74.9kg/m)、482×153.5(83.5kg/m)、504×153(81.1kg/m)、500×200(88.1kg/m)、550×200(92.0kg/m)、600×200(103kg/m)、630×200(133kg/m)、650×300(159kg/m)、700×300(182kg/m)、750×300(187kg/m)、800×300(207kg/m)、850×300(229kg/m)、900×300(240kg/m)、1000×300(310kg/m)

续表

类别	型号(高度 H×宽度 B)/mm×mm
HT	97×49(7.36kg/m)、96×99(12.7kg/m)、120×59(8.94kg/m)、119×123(15.8kg/m)、147×74(11.1kg/m)、142×99(14.3kg/m)、147×149(26.4kg/m)、171×89(13.8kg/m)、172×175(35.0kg/m)、196×99(15.5kg/m)、188×149(20.7kg/m)、192×198(34.3kg/m)、244×124(20.3kg/m)、238×173(30.7kg/m)、294×148(25.0kg/m)、286×198(38.7kg/m)、340×173(29.0kg/m)、390×148(37.3kg/m)、390×198(43.6kg/m)

注：表中（　）中的值为理论重量。

表 3-6　剖分 T 型钢的类别、型号

类别	型号(高度 h×宽度 B)/mm×mm
TM	50×100(8.47kg/m)、62.5×125(11.8kg/m)、75×150(15.6kg/m)、87.5×175(20.2kg/m)、100×200(24.9kg/m)、125×250(35.9kg/m)、150×300(46.5kg/m)、175×350(67.5kg/m)、200×400(85.8kg/m)、74×100(10.3kg/m)、97×150(15.0kg/m)、122×175(21.8kg/m)、149×201(32.2kg/m)、170×250(39.1kg/m)、195×300(52.3kg/m)、220×300(60.4kg/m)、244×300(62.5kg/m)、275×300(62.2kg/m)、297×302(85.2kg/m)
TN	50×50(4.65kg/m)、62.5×60(6.55kg/m)、75×75(7.00kg/m)、87.5×90(8.98kg/m)、100×100(10.5kg/m)、125×125(14.5kg/m)、150×150(18.4kg/m)、175×175(24.7kg/m)、200×200(32.7kg/m)、225×151(30.4kg/m)、225×200(37.5kg/m)、237.5×151.5(33.8kg/m)、250×152(36.2kg/m)、250×200(44.1kg/m)、275×200(46.0kg/m)、300×200(51.7kg/m)、312.5×198.5(59.1kg/m)、325×300(79.3kg/m)、350×300(90.9kg/m)、400×300(103kg/m)、450×300(120kg/m)

H 型钢以热轧状态交货，剖分 T 型钢由热轧 H 型钢剖分而成。

2. 力学性能

H 型钢和剖分 T 型钢的力学性能应符合 GB/T 700—2006（碳素结构钢）、GB/T 712—2011（船舶及海洋工程用结构钢）、GB/T 714—2015（桥梁用结构钢）、GB/T 1591—2018（低合金高强度结构钢）、GB/T 4171—2008（耐候结构钢）、GB/T 19879—2015（建筑结构用钢板）或其他标准的有关规定。

三、抗震结构用型钢（GB/T 28414—2012）

1. 品种规格

本标准适用于螺栓连接、铆接和焊接的结构用热轧型钢。

钢的牌号由代表屈服强度的汉语拼音首位字母、规定最小屈服强度值、抗震汉语拼音的首字母三个部分组成。型钢分为 Q235KZ、Q345KZ、Q420KZ、Q460KZ 四个牌号。

产品形状、尺寸、重量及允许偏差应符合 GB/T 706—2016（热轧型钢）、GB/T 6728—2017（结构用冷弯空心型钢）、GB/T 11263（热轧 H 型钢和剖分 T 型钢）等标准的规定。

Q460KZ 以热机械轧制状态交货，其他牌号产品一般以热轧态交货。除非另有规定，除热机械轧制状态外其他所有交货状态由生产厂决定。经供需双方协商，任何牌号钢都可进行热机械轧制。

2. 力学性能

表 3-7　力学性能

牌号	屈服强度 R_{eL}/MPa			
	钢材厚度 t/mm			
	$6 \leqslant t$ <12	$12 \leqslant t$ <16	$16 \leqslant t$ $\leqslant 40$	$t > 40$
Q235KZ	235～355	235～355	235～355	215～335
Q345KZ	345～450	345～450	335～440	325～430
Q420KZ	420～530	420～530	400～510	380～490
Q460KZ	460～580	460～580	440～560	420～540

牌号	抗拉强度 /MPa	强屈比				断后伸长率 A/%
		钢材厚度 t/mm				
		$6 \leqslant t$ <12	$12 \leqslant t$ <16	$16 \leqslant t$ $\leqslant 40$	$t > 40$	
Q235KZ	400～510	—	$\geqslant 1.25$	$\geqslant 1.25$	$\geqslant 1.25$	21
Q345KZ	490～610	$\geqslant 1.20$	$\geqslant 1.20$	$\geqslant 1.20$	$\geqslant 1.20$	20
Q420KZ	520～680	$\geqslant 1.18$	$\geqslant 1.18$	$\geqslant 1.18$	$\geqslant 1.18$	20
Q460KZ	550～720	$\geqslant 1.10$	$\geqslant 1.10$	$\geqslant 1.10$	$\geqslant 1.10$	16

注：经供需双方协商，强屈比可采用其他值。

表 3-8　冲击吸收能量

牌号	试验温度/℃	冲击吸收能量/J
Q235KZ		
Q345KZ	0	≥34
Q420KZ		
Q460KZ		

四、电气化铁路接触网支柱用热轧 H 型钢（GB/T 34199—2017）

1. 品种规格

H 型钢按规格型号分为三类，其代号如下：

宽翼缘 H 型钢　HW（W 为 Wide 的英文字头）；

中翼缘 H 型钢　HM（M 为 Middle 的英文字头）；

窄翼缘 H 型钢　HN（N 为 Narrow 的英文字头）。

H 型钢的规格标记采用：字母"H"与高度 H 值×宽度 B 值×腹板厚度 t_1 值×翼缘厚度 t_2 值。如 H300×300×10×15。

表 3-9　H 型钢的类别、型号

类别	型号（高度 H×宽度 B）/（mm×mm）
HW	240×240（83.2kg/m）、250×250（71.8kg/m）、260×260（93.0kg/m）、280×280（103kg/m）、300×300（117kg/m）、350×350（135kg/m）
HM	300×200（55.8kg/m）、350×250（78.1kg/m）、400×300（105kg/m）
HN	250×125（29.0kg/m）、300×150（36.7kg/m）、350×175（49.4kg/m）

H 型钢的交货长度应在合同中注明。

H 型钢以热轧状态交货。

2. 力学性能

表 3-10　力学性能和工艺性能

牌号	质量等级	上屈服强度 R_{eH} 公称厚度/mm		抗拉强度 R_m /MPa	断后伸长率 A /%	夏比冲击试验 试验温度 /℃	冲击吸收能量(纵向) A_{KV_2}/J	180°弯曲试验 公称厚度/mm	
		≤16	>16~40					≤16	>16~40
Q235	B	≥235	≥225	370~510	≥26	20	27	$d=a$	$d=a$
	C					0	27	$d=a$	$d=a$
	D					-20	27	$d=a$	$d=a$
	E					-40	27	$d=a$	$d=a$
Q275	B	≥275	≥265	410~560	≥23	20	27	$d=a$	$d=a$
	C					0	27	$d=a$	$d=a$
	D					-20	27	$d=a$	$d=a$
	E					-40	27	$d=a$	$d=a$
Q355	B	≥355	≥345	470~630	≥22	20	34	$d=2a$	$d=3a$
	C					0	34	$d=2a$	$d=3a$
	D					-20	34	$d=2a$	$d=3a$
	E					-40	34	$d=2a$	$d=3a$
Q390	B	≥390	≥370	490~650	≥20	20	34	$d=2a$	$d=3a$
	C					0	34	$d=2a$	$d=3a$
	D					-20	34	$d=2a$	$d=3a$
	E					-40	34	$d=2a$	$d=3a$
Q420	B	≥420	≥410	520~680	≥19	20	34	$d=2a$	$d=3a$
	C					0	34	$d=2a$	$d=3a$
	D					-20	34	$d=2a$	$d=3a$

注：1. 当屈服不明显时，可测量 $R_{P0.2}$ 代替上屈服强度。

2. d—弯芯直径；a—试样厚度。

五、海洋工程结构用热轧 H 型钢（GB/T 34103—2017）

1. 品种规格

本标准适用于制造海洋工程结构用翼缘厚度不大于 50mm 的热轧 H 型钢。

H 型钢按强度级别分为：一般强度、高强度和超高强度海洋工程结构用钢三类。

当需方对 H 型钢有厚度方向性能要求时，则在牌号后加上要求的厚度方向性能级别，例如 AZ15、DH36Z25、EH420Z35。

表 3-11   H 型钢的牌号、厚度方向性能级别及用途

牌号	厚度方向性能级别	用途
A、B、D、E	Z15、Z25、Z35	一般强度海洋工程结构用钢
AH32、DH32、EH32、FH32、AH36、 DH36、 EH36、 FH36、AH40、DH40、EH40、FH40	Z15、Z25、Z35	高强度海洋工程结构用钢
AH420、 DH420、 EH420、FH420、AH460、DH460、EH460、FH460、AH500、DH500、EH500、FH500、AH550、DH550、EH550、FH550、AH620、DH620、EH620、FH620、AH690、DH690、EH690、FH690	Z15、Z25、Z35	超高强度海洋工程结构用钢

注：1. 牌号中的字母 A、B、D、E、F 表示质量等级，H 表示高强度。

2. 适用于翼缘厚度≥15mm 的 H 型钢。

H 型钢的尺寸、外形、重量及允许偏差应符合 GB/T 11263—2017（热轧 H 型钢和剖分 T 型钢）的规定。

H 型钢以热轧状态交货，经供需双方协商，也可以其他状态交货。

2. 力学性能

表 3-12　力学性能

牌号	拉伸试验			V 形冲击试验		
	R_{eH}/MPa	R_m/MPa	A/%	试验温度/℃	冲击吸收能量 A_{KV_2}/J	
					纵向	横向
A	≥235	400~520		—	≥27	≥20
B				0		
D				−20		
E				−40		
AH32	≥315	450~570		0	≥31	≥22
DH32				−20		
EH32				−40		
FH32				−60		
AH36	≥355	490~630	≥21	0	≥34	≥24
DH36				−20		
EH36				−40		
FH36				−60		
AH40	≥390	510~660	≥20	0	≥41	≥27
DH40				−20		
EH40				−40		
FH40				−60		
AH420	≥420	530~680	≥18	0	≥42	≥28
DH420				−20		
EH420				−40		
FH420				−60		
AH460	≥460	570~720	≥17	0	≥46	≥31
DH460				−20		
EH460				−40		
FH460				−60		

牌号	拉伸试验			V 形冲击试验		
	R_{eH}/MPa	R_m/MPa	A/%	试验温度/℃	冲击吸收能量 A_{KV_2}/J	
					纵向	横向
AH500	≥500	610～770	≥16	0	≥50	≥33
DH500				−20		
EH500				−40		
FH500				−60		
AH550	≥550	670～830	≥16	0	≥55	≥37
DH550				−20		
EH550				−40		
FH550				−60		
AH620	≥620	720～890	≥15	0	≥62	≥41
DH620				−20		
EH620				−40		
FH620				−60		
AH690	≥690	770～940	≥14	0	≥69	≥46
DH690				−20		
EH690				−40		
FH690				−60		

注：1. 拉伸试验取纵向试样。

2. 当屈服不明显时，可采用 $R_{P0.2}$ 代替上屈服强度。

3. 除非双方协议另有规定，冲击试验应取纵向试样。当根据双方协议进行横向冲击试验时，则不需再进行纵向冲击试验。

六、铁塔用热轧角钢（YB/T 4163—2016）

1. 品种规格

角钢的牌号由代表钢材屈服强度的符号"Q"、规定最小屈服强度数值、质量等级、铁塔的"塔"字汉语拼音的首字母"T"共 4 个部分，按顺序组成。如：Q235AT。

表 3-13　边宽度、边厚度的允许偏差

项目		允许偏差/mm
边宽度 (b)	边宽度≤56	±0.8
	>56~90	±1.2
	>90~140	±1.8
	>140~200	±2.5
	>200	±3.5
边厚度 (d)	边宽度≤56	±0.40
	>56~90	±0.60
	>90~140	±0.70
	>140~200	±1.00
	>200	±1.40

表 3-14　边宽度的允许偏差

边宽度/mm	允许偏差/mm	
	边宽度	边厚度
≤56	+0.8 −0.4	+0.4 −0.20
>56~90	+1.2 −0.6	+0.6 −0.30
>90~140	+1.8 −0.9	+0.7 −0.40
>140~200	+2.5 −1.3	+1.0 −0.50
>200~250	+3.5 −1.8	+1.4 −0.70
>250~300	+4.2 −2.1	+2.0 −1.00
>300~360	+5.0 −2.5	+2.0 −1.00

表 3-15　长度

边宽度/mm	长度/mm
40～90	4000～12000
100～140	4000～19000
150～360	6000～19000

角钢以热轧状态交货。

2. 力学性能

表 3-16　角钢的力学性能和工艺性能

牌号	R_{eL}[2]/MPa 厚度/mm ≤16	R_{eL}[2]/MPa 厚度/mm >16～35	R_m/MPa	A/%	冲击吸收能量[1] A_{KV_2}/J +20℃	0℃	−20℃	−40℃	180°弯曲试验[1],[3] d(弯心直径)/mm a(试样厚度)/mm 厚度/mm ≤16	>16～25
	不小于			不小于						
Q235AT	235	225	370～500	26	—	—	—	—	$d=a$	
Q235BT				26	27	—	—	—		
Q235CT				26	—	27	—	—		
Q235DT				26	—	—	27	—		
Q275AT	275	265	410～540	26	—	—	—	—	$d=a$	
Q275BT				26	27	—	—	—		
Q275CT				26	—	27	—	—		
Q275DT				26	—	—	27	—		
Q345AT	345	335	470～630	21	—	—	—	—	$d=2a$	$d=3a$
Q345BT				21	34	—	—	—		
Q345CT				22	—	34	—	—		
Q345DT				22	—	—	34	—		
Q345ET				22	—	—	—	34		

牌号	R_{eL} [②] /MPa 厚度/mm		R_m/MPa	A/%	冲击吸收能量[①] A_{KV_2}/J				180°弯曲试验[①,③] d（弯心直径）/mm a（试样厚度）/mm 厚度/mm	
	≤16	>16 ~35			+20℃	0℃	−20℃	−40℃	≤16	>16~25
	不小于				不小于					
Q420AT	420	400	520~680	20	—	—	—	—	$d=2a$	$d=3a$
Q420BT				20	34	—	—	—		
Q420CT				20	—	34	—	—		
Q420DT				20	—	—	34	—		
Q420ET				20	—	—	—	27		
Q460AT	460	440	550~720	18	—	—	—	—	$d=2a$	$d=3a$
Q460BT				18	34	—	—	—		
Q460CT				18	—	34	—	—		
Q460DT				18	—	—	34	—		
Q460ET				18	—	—	—	27		

① 拉伸和弯曲试验、冲击试验取纵向试样。

② 当屈服现象不明显时，采用 $R_{P0.2}$。

③ 弯曲试验时角钢厚度不大于25mm时，试样厚度为原产品厚度；角钢厚度大于25mm时，试样厚度可以机加工减薄至不小于25mm，并保留一侧轧制面，弯曲试验时试样保留的原表面应位于试验受拉变形一侧。弯曲试验后不使用放大仪器观察，试样弯曲外表面应无可见裂纹。

七、热处理钢，第1部分：非合金钢（GB/T 34484.1—2017）

1. 品种规格

本部分适用于公称直径或厚度不大于310mm的轧制棒材。

钢材的尺寸、外形及其允许偏差应符合 GB/T 702—2017（热轧钢棒尺寸、外形、重量及允许偏差）的有关规定，具体要求应在合同中注明。

钢材应以正火（N）或淬火加回火（QT）状态交货。交货状态应在合同中注明。

2. 力学性能

表 3-17　正火状态交货钢材的纵向力学性能

序号	牌号	公称直径 d 或厚度 t/mm								
		$d \leqslant 20, t \leqslant 20$			$20 < d \leqslant 100$ $20 < t \leqslant 100$			$100 < d \leqslant 310$ $100 < t \leqslant 310$		
		R_{eH} /MPa	R_m /MPa	A/%	R_{eH} /MPa	R_m /MPa	A/%	R_{eH} /MPa	R_m /MPa	A/%
		不小于								
1	25	260	470	22	230	440	23	—	—	—
2	30	280	510	20	250	480	21	230	460	21
3	35	300	550	18	270	520	19	245	500	19
4	40	320	580	16	290	550	17	260	530	17
5	45	340	620	14	305	580	16	275	560	16
6	50	355	650	12	320	610	14	290	590	14
7	55	370	680	11	330	640	12	300	620	12
8	60	380	710	10	340	670	11	310	650	11

注：当屈服现象不明显时，可用 $R_{P0.2}$ 代替 R_{eH}。

表 3-18　淬火加回火状态交货钢材的力学性能

序号	牌号	公称直径 d 或厚度 t/mm											
		$d \leqslant 20$				$20 < d \leqslant 40$				$40 < d \leqslant 100$ $20 < t \leqslant 60$			
		$R_{eH}^{①}$ /MPa	R_m /MPa	A/%	Z/%	$R_{eH}^{①}$ /MPa	R_m /MPa	A/%	Z/%	$R_{eH}^{①}$ /MPa	R_m /MPa	A/%	Z/%
		不小于		不小于		不小于		不小于		不小于		不小于	
1	25	370	550~700	19	—	320	500~650	21					
2	30	400	600~750	18	—	350	550~700	20	—	300②	500~650	21②	—
3	35	430	630~780	17	40	380	600~750	19	45	320	550~700	20	50

续表

序号	牌号	公称直径 d 或厚度 t /mm											
		$d \leqslant 20$				$20 < d \leqslant 40$				$40 < d \leqslant 100$ $20 < t \leqslant 60$			
		$R_{eH}^{①}$ /MPa	R_m /MPa	A /%	Z /%	$R_{eH}^{①}$ /MPa	R_m /MPa	A /%	Z /%	$R_{eH}^{①}$ /MPa	R_m /MPa	A /%	Z /%
		不小于		不小于		不小于		不小于		不小于		不小于	
4	40	460	650～800	16	35	400	630～780	18	40	350	600～750	19	45
5	45	490	700～850	14	35	430	650～800	16	40	370	630～780	17	45
6	50	520	750～900	13	7	460	700～850	15	—	400	650～800	16	—
7	55	550	800～950	12	30	490	750～900	14	35	420	700～850	15	40
8	60	580	850～1000	11	25	520	800～950	13	30	450	750～900	14	35

① 当屈服现象不明显时，可用 $R_{P0.2}$ 代替 R_{eH}。

② 适用于公称直径不大于 63mm 的圆钢。

注：本表适用于公称直径不大于 100mm 或公称厚度不大于 60mm 钢材。公称直径大于 160mm 或公称厚度大于 100mm 钢材的纵向力学性能由供需双方协商确定，并在合同中注明。

表3-19 硫含量为0.020%~0.040%的淬火加回火状态交货钢材的力学性能

序号	牌号	d≤20					20<d≤40					40<d≤100 20<t≤60					100<d≤160 60<t≤100				
		R_{eH}/MPa (不小于)	R_m/MPa	A/%	Z/% (不小于)	A_{KV_2}/J	R_{eH}/MPa (不小于)	R_m/MPa	A/%	Z/% (不小于)	A_{KV_2}/J	R_{eH}/MPa (不小于)	R_m/MPa	A/%	Z/% (不小于)	A_{KV_2}/J	R_{eH}/MPa (不小于)	R_m/MPa	A/%	Z/% (不小于)	A_{KV_2}/J
1	25	370	550~700	19	—	35	320	500~650	21	—	35	—	—	—	—	—	—	—	—	—	—
2	30	400	600~750	18	—	30	350	550~700	20	—	30	300	500~650	21	—	30	—	—	—	—	—
3	35	430	630~780	17	40	25	380	600~750	19	45	25	320	550~700	20	50	25	—	—	—	—	—
4	40	460	650~800	16	35	20	400	630~780	18	40	20	350	600~750	19	45	20	—	—	—	—	—
5	45	490	700~850	14	35	15	430	650~800	16	40	15	370	630~780	17	45	15	—	—	—	—	—
6	50	520	750~900	13	30	—	460	700~850	15	35	—	400	650~800	16	40	—	—	—	—	—	—

续表

公称直径 d 或厚度 t /mm

序号	牌号	d≤20					20<d≤40					40<d≤100 20<t≤60					100<d≤160 60<t≤100				
		R_{eH}/MPa (不小于)	R_m/MPa	A/%	Z/%	A_{KV2}/J	R_{eH}/MPa (不小于)	R_m/MPa	A/%	Z/%	A_{KV2}/J	R_{eH}/MPa (不小于)	R_m/MPa	A/%	Z/%	A_{KV2}/J	R_{eH}/MPa (不小于)	R_m/MPa	A/%	Z/%	A_{KV2}/J
				不小于					不小于					不小于					不小于		
7	55	550	800~950	12	30	—	490	750~900	14	35	—	420	700~850	15	40	—	—	—	—	—	—
8	60	580	850~1000	11	25	—	520	800~950	13	30	—	450	750~900	14	35	—	—	—	—	—	—
9	23Mn	550	700~850	15	—	—	440	650~800	18	—	30	400	600~750	18	—	30	—	—	—	—	—
10	28Mn	590	800~950	13	40	25	490	700~850	15	45	30	440	650~800	16	50	30	—	—	—	—	—
11	36Mn	640	850~1000	12	—	20	540	750~900	14	—	25	460	700~850	15	—	25	410	650~800	16	—	20
12	42Mn	690	900~1050	12	25	25	590	800~950	14	—	30	480	750~900	15	—	30	460	700~850	16	—	30

注：本表适用于公称直径不大于160mm 或公称厚度不大于100mm 的钢材。公称直径大于160mm 或公称厚度大于100mm 钢材的纵向力学性能由供需双方协商确定，并在合同中注明。

八、合金结构钢（GB/T 3077—2015）

1. 品种规格

本标准适用于公称直径或厚度不大于 250mm 的热轧和锻制合金结构钢棒材。本标准所规定牌号及化学成分亦适用于钢锭、钢坯及其制品。

钢棒按冶金质量分为三类：a. 优质钢；b. 高级优质钢（牌号后加"A"）；c. 特级优质钢（牌号后加"E"）。

热轧钢棒的尺寸、外形、重量及其允许偏差应符合 GB/T 702—2017 的有关规定。

热锻钢棒的尺寸、外形、重量及其允许偏差应符合 GB/T 908—2008 的有关规定。

2. 力学性能

表 3-20　力学性能

钢组	序号	牌号	试样毛坯尺寸/mm	推荐的热处理制度							力学性能					供货状态为退火或高温回火钢棒的硬度（HBW）
				淬火				回火			R_m /MPa	R_{eL} /MPa	A /%	Z /%	A_{KU_2} /J	
				加热温度/℃		冷却剂		加热温度/℃	冷却剂				不小于			不大于
				第1次淬火	第2次淬火											
Mn	1	20Mn2	15	850	—	水、油		200	水、空气		785	590	10	40	47	187
	2	30Mn2	25	840	—	水		500	水		785	635	12	45	63	207

续表

钢组	序号	牌号	试样毛坯尺寸/mm	推荐的热处理制度					力学性能					供货状态为退火或高温回火钢棒的硬度(HBW) 不大于
				淬火			回火		R_m/MPa	R_{eL}/MPa	A/%	Z/%	A_{KU_2}/J	
				加热温度/℃		冷却剂	加热温度/℃	冷却剂						
				第1次淬火	第2次淬火				不小于		不小于			
Mn	3	35Mn2	25	840	—	水	500	水	835	685	12	45	55	207
	4	40Mn2	25	840	—	水、油	540	水	885	735	12	45	55	217
	5	45Mn2	25	840	—	油	550	水、油	885	735	10	45	47	217
	6	50Mn2	25	820	—	油	550	水、油	930	785	9	40	39	229
MnV	7	20MnV	15	880	—	水、油	200	水、空气	785	590	10	40	55	187
SiMn	8	27SiMn	25	920	—	水	450	水、油	980	835	12	40	39	217
	9	35SiMn	25	900	—	水	570	水、油	885	735	15	45	47	229
	10	42SiMn	25	880	—	水	590	水	885	735	15	40	47	229
SiMnMoV	11	20SiMn2MoV	试样	900	—	油	200	水、空气	1380	—	10	45	55	269
	12	25SiMn2MoV	试样	900	—	油	200	水、空气	1470	—	10	40	47	269
	13	37SiMn2MoV	25	870	—	水、油	650	水、空气	980	835	12	50	63	269
B	14	40B	25	840	—	水	550	水	785	635	12	45	55	207
	15	45B	25	840	—	水	550	水	835	685	12	45	47	217
	16	50B	20	840	—	油	600	空气	785	540	10	45	39	207
MnB	17	25MnB	25	850	—	油	500	水、油	835	635	10	45	47	207
	18	35MnB	25	850	—	油	500	水、油	930	735	10	45	47	207
	19	40MnB	25	850	—	油	500	水、油	980	785	10	45	47	207
	20	45MnB	25	840	—	油	500	水、油	1030	835	9	40	39	217

续表

钢组	序号	牌号	试样毛坯尺寸/mm	推荐的热处理制度					Rm /MPa	ReL /MPa	A /%	Z /%	AKU2 /J	供货状态为退火或高温回火钢棒的硬度 (HBW)
				淬火 加热温度/℃		冷却剂	回火 加热温度/℃	冷却剂						不大于
				第1次淬火	第2次淬火						不小于			
MnMoB	21	20MnMoB	15	880	—	油	200	油,空气	1080	885	10	50	55	207
MnVB	22	15MnVB	15	860	—	油	200	水,空气	885	635	10	45	55	207
	23	20MnVB	15	860	—	油	200	水,空气	1080	885	10	45	55	207
	24	40MnVB	25	850	—	油	520	水,油	980	785	10	45	47	207
MnTiB	25	20MnTiB	15	860	—	油	200	水,空气	1130	930	10	45	55	187
	26	25MnTiBRE	试样	860	—	油	200	水,空气	1380	—	10	40	47	229
Cr	27	15Cr	15	880	770~820	水,油	180	油,空气	685	490	12	45	55	179
	28	20Cr	15	880	780~820	水,油	200	水,空气	835	540	10	40	47	179
	29	30Cr	25	860	—	油	500	水,油	885	685	11	45	47	187
	30	35Cr	25	860	—	油	500	水,油	930	735	11	45	47	207
	31	40Cr	25	850	—	油	520	水,油	980	785	9	45	47	207
	32	45Cr	25	840	—	油	520	水,油	1030	835	9	40	39	217
	33	50Cr	25	830	—	油	520	水,油	1080	930	9	40	39	229
CrSi	34	38CrSi	25	900	—	油	600	水,油	980	835	12	50	55	255

续表

钢组	序号	牌号	试样毛坯尺寸/mm	推荐的热处理制度					力学性能					供货状态为退火或高温回火钢棒的硬度(HBW)
				淬火			回火		R_m /MPa	R_{eL} /MPa	A /%	Z /%	A_{KU_2} /J	不大于
				加热温度/℃		冷却剂	加热温度/℃	冷却剂	不小于					
				第1次淬火	第2次淬火									
CrMo	35	12CrMo	30	900	—	空气	650	空气	410	265	24	60	110	179
	36	15CrMo	30	900	—	空气	650	空气	440	295	22	60	94	179
	37	20CrMo	15	880	—	水、油	500	水、油	885	685	12	50	78	197
	38	25CrMo	25	870	—	水、油	600	水、油	900	600	14	55	68	229
CrMo	39	30CrMo	15	880	—	油	540	油	930	735	12	50	71	229
	40	35CrMo	25	850	—	油	550	水、油	980	835	12	45	63	229
	41	42CrMo	25	850	—	油	560	水、油	1080	930	12	45	63	229
	42	50CrMo	25	840	—	油	560	水、油	1130	930	11	45	48	248
CrMoV	43	12CrMoV	30	970	—	空气	750	空气	440	225	22	50	78	241
	44	35CrMoV	25	900	—	油	630	油	1080	930	10	50	71	241
	45	12Cr1MoV	30	970	—	空气	750	空气	490	245	22	50	71	179
	46	25Cr2MoV	25	900	—	油	640	空气	930	785	14	55	63	241
	47	25Cr2Mo1V	25	1040	—	空气	700	空气	735	590	16	50	47	241
CrMoAl	48	38CrMoAl	30	940	—	水、油	640	水、油	980	835	14	50	71	229
CrV	49	40CrV	25	880	—	油	650	水、油	885	735	10	50	71	241
	50	50CrV	25	850	—	油	500	油	1280	1130	10	40	—	255

续表

钢组	序号	牌号	试样毛坯尺寸/mm	推荐的热处理制度					力学性能					供货状态为退火或高温回火钢棒的硬度（HBW）不大于
				淬火			回火		R_m/MPa	R_{eL}/MPa	A/%	Z/%	A_{KU_2}/J	
				加热温度/℃		冷却剂	加热温度/℃	冷却剂			不小于			
				第1次淬火	第2次淬火									
CrMn	51	15CrMn	15	880	—	油	200	水、空气	785	590	12	50	47	179
	52	20CrMn	15	850	—	油	200	水、空气	930	735	10	45	47	187
	53	40CrMn	25	840	—	油	550	水、油	980	835	9	45	47	229
CrMnSi	54	20CrMnSi	25	880	—	油	480	水、油	785	635	12	45	55	207
	55	25CrMnSi	25	880	—	油	480	水、油	1080	885	10	40	39	217
	56	30CrMnSi	25	880	—	油	540	水、油	1080	835	10	45	39	229
	57	35CrMnSi	试样	加热到880℃,于280~310℃等温淬火					1620	1280	9	40	31	241
			试样	950	890	油	230	空气、油						
CrMnMo	58	20CrMnMo	15	850	—	油	200	水、空气	1180	885	10	45	55	217
	59	40CrMnMo	25	850	—	油	600	水、油	980	785	10	45	63	217
CrMnTi	60	20CrMnTi	15	880	870	油	200	水、空气	1080	850	10	45	55	217
	61	30CrMnTi	试样	880	850	油	200	水、空气	1470	—	9	40	47	229

续表

钢组	序号	牌号	试样毛坯尺寸/mm	推荐的热处理制度					力学性能					供货状态为退火或高温回火钢棒的硬度(HBW)
				淬火			回火		R_m /MPa	R_{eL} /MPa	A /%	Z /%	A_{KU_2} /J	不大于
				加热温度/℃		冷却剂	加热温度/℃	冷却剂						
				第1次淬火	第2次淬火				不小于					
CrNi	62	20CrNi	25	850	—	水、油	460	水、油	785	590	10	50	63	197
	63	40CrNi	25	820	—	油	500	水、油	980	785	10	45	55	241
	64	45CrNi	25	820	—	油	530	水、油	980	785	10	45	55	255
	65	50CrNi	25	820	—	油	500	水、油	1080	835	8	40	39	255
	66	12CrNi2	15	860	780	水、油	200	水、空气	785	590	12	50	63	207
	67	34CrNi2	25	840	—	水、油	530	水、油	930	735	11	45	71	241
	68	12CrNi3	15	860	780	油	200	水、空气	930	685	11	50	71	217
	69	20CrNi3	25	830	—	水、油	480	水、油	930	735	11	55	78	241
	70	30CrNi3	25	820	—	油	500	水、油	980	785	9	45	63	241
	71	37CrNi3	25	820	—	油	500	水、空气	1130	980	10	50	47	269
	72	12Cr2Ni4	15	860	780	油	200	水、空气	1080	835	10	50	71	269
	73	20Cr2Ni4	15	880	780	油	200	水、空气	1180	1080	10	45	63	269

续表

钢组	序号	牌号	推荐的热处理制度						力学性能					供货状态为退火或高温回火钢棒的硬度(HBW)
			淬火				回火		R_m /MPa	R_{eL} /MPa	A /%	Z /%	A_{KU2} /J	
			试样毛坯尺寸 /mm	加热温度/℃ 第1次淬火	第2次淬火	冷却剂	加热温度 /℃	冷却剂						不大于
									不小于					
	74	15CrNiMo	15	850	—	油	200	空气	930	750	10	40	46	197
	75	20CrNiMo	15	850	—	油	200	空气	980	785	9	40	47	197
	76	30CrNiMo	25	850	—	油	500	水、油	980	785	10	50	63	269
	77	40CrNiMo	25	850	—	油	600	水、油	980	835	12	55	78	269
CrNiMo	78	40CrNi2Mo	25	正火890	850	油	560~580	空气	1050	980	12	45	48	269
			试样	正火890	850	油	220两次回火	空气	1790	1500	6	25	—	
	79	30Cr2Ni2Mo	25	850	—	油	520	水、油	980	835	10	50	71	269
	80	34Cr2Ni2Mo	25	850	—	油	540	水、油	1080	930	10	50	71	269
	81	30Cr2Ni4Mo	25	850	—	油	560	水、油	1080	930	10	50	71	269
	82	35Cr2Ni4Mo	25	850	—	油	560	水、油	1130	980	10	50	71	269
CrMnNiMo	83	18CrMnNiMo	15	830	—	油	200	空气	1180	885	10	45	71	269
CrNiMoV	84	45CrNiMoV	试样	860	—	油	460	油	1470	1330	7	35	31	269
	85	18Cr2Ni4W	15	950	850	空气	200	水、空气	1180	835	10	45	78	269
	86	25Cr2Ni4W	25	850	—	油	550	水、油	1080	930	11	45	71	269

九、尿素级奥氏体不锈钢棒（GB/T 34475—2017）

1. 品种规格

本标准适用于公称尺寸不大于 400mm 的轧制或锻制尿素级奥氏体不锈钢棒。公称尺寸大于 400mm 的钢棒可参照使用。

尿素级奥氏体不锈钢是指用于尿素生产中关键设备的超低碳铬镍钼奥氏体不锈钢。

热轧钢棒的尺寸、外形及允许偏差应符合 GB/T 702—2017 的规定。

锻制钢棒的尺寸、外形及允许偏差应符合 GB/T 908—2008 的规定。

钢棒通常交货长度应为 2000～12000mm。

压力加工用钢棒通常以热轧或锻制状态交货，切削加工用钢棒通常以固溶处理状态交货。

2. 力学性能

表 3-21　经热处理的钢棒或试样的力学性能[②]

牌号	试样毛坯尺寸/mm	推荐热处理制度/℃	$R_{P0.2}$/MPa	R_m/MPa	A/%	Z/%	硬度[①]	
							HBW	HRB
			不小于				不大于	
022Cr18Ni14Mo2	25	1000～1100,快冷	170	485	35	50	217	95
022Cr18Ni14Mo2N	25	1000～1100,快冷	170	485	35	50	217	95
022Cr25Ni22Mo2N	25	1000～1100,快冷	255	540	30	40	217	95

① 任选一种。

② 适用于公称尺寸不大于 150mm 的钢棒，公称尺寸大于 150mm 钢棒的力学性能由供需双方协商确定。

十、核电站用奥氏体不锈钢棒（GB/T 36027—2018）

1. 品种规格

本标准适用于核电站 1 级、2 级、3 级设备用直径 10～260mm 的热轧、锻制奥氏体不锈钢棒。

热轧钢棒的尺寸、外形及允许偏差应符合 GB/T 702—2017 中 2 组的规定。

锻制钢棒的尺寸、外形及允许偏差应符合 GB/T 908—2008 中 2 组的规定。

钢棒以固溶状态交货。推荐固溶处理温度为 1030～1150℃。

2. 力学性能

表 3-22 钢棒室温力学性能

牌号	室温拉伸						室温冲击		350℃拉伸[3]			
	$R_{P0.2}$ /MPa	R_m/MPa		A/%		Z /%	A_{KV_2}[1]/J		$R_{P0.2}$ /MPa	R_m/MPa		Z /%
		直径 ≤150 mm	直径 >150 mm	纵向	横向		纵向	横向[2] 直径 >150 mm		直径 ≤150 mm	直径 >150 mm	
	不小于						不小于		不小于			
06Cr19Ni10	210	520	485	45	40	实测	—	60	125	394	368	实测
022Cr19Ni10	175	490	450	45	40	实测	—	60	105	350	327	实测
022Cr19Ni10N	210	520	485	45	40	实测	—	60	125	394	368	实测
06Cr18Ni11Ti	220	540	490	40	35	实测	100	60	135	425	397	实测
06Cr17Ni12Mo2	210	520	485	45	40	实测	—	60	130	445	416	实测
022Cr17Ni12Mo2	175	490	450	45	40	实测	—	60	105	382	355	实测
022Cr17Ni12Mo2N	220	520	485	45	40	实测	—	60	130	400	380	实测

① 仅当钢棒的室温拉伸试验测量的断后伸长率小于 45% 时，才进行横向冲击试验，其结果为三个试样的平均值，允许有一个试样低于规定值，但不应低于该规定值的 70%。

② 对核电站 1 级设备用钢棒横向冲击吸收能量增加到 100J。

③ 对核电站 1 级设备用钢棒应进行高温拉伸试验；对核电站 2、3 级设备用钢棒，如有此项要求应在合同中注明。

十一、弹簧钢（GB/T 1222—2016）

1. 品种规格

本标准适用于公称直径或边长不大于 120mm 的弹簧钢圆钢和方钢、公称宽度不大于 160mm 且公称厚度不大于 60mm 的弹簧钢扁钢、公称直径不大于 40mm 的弹簧钢盘条。

热轧棒材的尺寸、外形及允许偏差应符合 GB/T 702—2017 中有关规定。

锻制棒材的尺寸、外形及允许偏差应符合 GB/T 908—2008 中有关规定。

热轧盘条的尺寸、外形及允许偏差应符合 GB/T 14981—2009 中有关规定。

热轧扁钢的尺寸、外形及允许偏差应符合本标准附录 A 的有关规定。

冷拉棒材的尺寸、外形及允许偏差应符合 GB/T 905—1994 中有关规定。

银亮钢的尺寸、外形及允许偏差应符合 GB/T 3207—2008 中有关规定。

钢材按实际重量交货。

2. 力学性能

表 3-23　交货硬度

组号	牌号	交货状态	代码	硬度（HBW，不大于）
1	65、70、80	热轧	WHR	285
2	85、65Mn、70Mn、28SiMnB			302
3	60Si2Mn、50CrV、55SiMnVB、55CrMn、60CrMn			321
4	60Si2Cr、60Si2CrV、60CrMnB、55SiCr、30W4Cr2V、40SiMnVBE	热轧	WHR	供需双方协商
		热轧＋去应力退火	WHR＋A	321

续表

组号	牌号	交货状态	代码	硬度(HBW,不大于)
5	38Si2	热轧	WHR	321
		去应力退火	A	280
		软化退火	SA	217
6	56Si2MnCr、51CrMnV、55SiCrV、60Si2MnCrV、52SiCrMnNi、52CrMnMoV、60CrMnMo	热轧	WHR	供需双方协商
		去应力退火	A	280
		软化退火	SA	248
7	所有牌号	冷拉＋去应力退火	WCD＋A	321
8		冷拉	WCD	供需双方协商

表 3-24　力学性能

序号	牌号	热处理制度			力学性能(不小于)				
		淬火温度/℃	淬火介质	回火温度/℃	R_m/MPa	R_{eL}/MPa	A/%	$A_{11.3}$/%	Z/%
1	65	840	油	500	980	785	—	9.0	35
2	70	830	油	480	1030	835	—	8.0	30
3	80	820	油	480	1080	930	—	6.0	30
4	85	820	油	480	1130	980	—	6.0	30
5	65Mn	830	油	540	980	785	—	8.0	30
6	70Mn		—	—	785	450	8.0	—	30
7	28SiMnB	900	水或油	320	1275	1180	—	5.0	25
8	40SiMnVBE	880	油	320	1800	1680	9.0	—	40
9	55SiMnVB	860	油	460	1375	1225	—	5.0	30
10	38Si2	880	水	450	1300	1150	8.0	—	35
11	60Si2Mn	870	油	440	1570	1375	—	5.0	20
12	55CrMn	840	油	485	1225	1080	9.0	—	20
13	60CrMn	840	油	490	1225	1080	9.0	—	20
14	60CrMnB	840	油	490	1225	1080	9.0	—	20
15	60CrMnMo	860	油	450	1450	1300	6.0	—	30

序号	牌号	热处理制度			力学性能(不小于)				
		淬火温度/℃	淬火介质	回火温度/℃	R_m/MPa	R_{eL}/MPa	断后伸长率		Z/%
							A/%	$A_{11.3}$/%	
16	55SiCr	860	油	450	1450	1300	6.0	—	25
17	60Si2Cr	870	油	420	1765	1570	6.0	—	20
18	56Si2MnCr	860	油	450	1500	1350	6.0	—	25
19	52SiCrMnNi	860	油	450	1450	1300	6.0	—	35
20	55SiCrV	860	油	400	1650	1600	5.0	—	35
21	60Si2CrV	850	油	410	1860	1665	6.0	—	20
22	60Si2MnCrV	860	油	400	1700	1650	5.0	—	30
23	50CrV	850	油	500	1275	1130	10.0	—	40
24	51CrMnV	850	油	450	1350	1200	6.0	—	30
25	52CrMnMoV	860	油	450	1450	1300	6.0	—	35
26	30W4Cr2V	1075	油	600	1470	1325	7.0	—	40

表 3-24 所列力学性能适用于直径或边长不大于 80mm 的棒材以及厚度不大于 40mm 的扁钢。直径或边长大于 80mm 的棒材、厚度大于 40mm 的扁钢,允许其断后伸长率、断面收缩率较表中的规定分别降低 1%(绝对值)及 5%(绝对值)。

十二、渗碳轴承钢(GB/T 3203—2016)

1. 品种规格

本标准适用于制作轴承套圈及滚动体用渗碳轴承钢热轧、锻制、冷拉及银亮圆钢。

表 3-25 钢材的直径、长度

钢材种类	公称直径/mm(不大于)	通常长度/mm
热轧圆钢	310	3000～12000
锻制圆钢	400	2000～6000
冷拉圆钢	60	3000～6000
银亮圆钢	120	4000～7000

表 3-26　钢材的交货状态

钢材种类	交货状态	代号	交货硬度(HBW,不大于)	
			G20Cr2Ni4	其余牌号
热轧圆钢	热轧	WHR(或 AR)	—	—
	热轧退火	WHR+SA	241	229
锻制圆钢	热锻	WHF	—	—
	热锻退火	WHF+SA	241	229
冷拉圆钢	冷拉	WCD	241	229
银亮圆钢	剥皮或磨光	SF 或 SP	241	229

2. 力学性能

表 3-27　钢材的纵向力学性能

牌号	毛坯直径/mm	淬火			回火		力学性能			
		温度/℃		冷却剂	温度/℃	冷却剂	R_m/MPa	A/%	Z/%	A_{KU_2}/J
		一次	二次				不小于			
G20CrMo	15	860~900	770~810	油	150~200	空气	880	12	45	63
G20CrNiMo	15	860~900	770~810		150~200		1180	9	45	63
G20CrNi2Mo	25	860~900	780~820		150~200		980	13	45	63
G20Cr2Ni4	15	850~890	770~810		150~200		1180	10	45	63
G10CrNi3Mo	15	860~900	770~810		180~200		1080	9	45	63
G20Cr2Mn2Mo	15	860~900	790~830		180~200		1280	9	40	55
G23Cr2Ni2Si1Mo	15	860~900	790~830		150~200		1180	10	40	55

注：表中所列力学性能适用于公称直径小于或等于80mm的钢材。公称直径81~100mm 的钢材，允许其断后伸长率、断面收缩率及冲击吸收能量较表中的规定分别降低1%（绝对值）、5%（绝对值）及5%；公称直径101~150mm 的钢材，允许其 A、Z 及 A_{KU_2} 较表中的规定分别降低3%（绝对值）、15%（绝对值）及15%；公称直径大于150mm 的钢材，其力学性能指标由供需双方协商。

十三、高碳铬轴承钢大型锻制钢棒（GB/T 32959—2016）

1. 品种规格

本标准适用于制作轴承套圈用公称直径 400～1000mm 高碳铬轴承钢锻制钢棒。牌号有 GCr15、GCr15SiMn、GCr15SiMo、GCr18Mo。

钢材通常交货长度为 1000～6000mm。

钢材以热锻软化退火后经剥皮或磨光状态交货。

2. 力学性能

钢材交货硬度应不大于 245（HBW）。

钢材应进行低倍检查，经酸浸的钢材横截面低倍试片上应无残余缩孔、裂纹、皮下气泡、过烧、白点及有害夹杂物。中心疏松、一般疏松、锭型偏析、中心偏析按 GB/T 18254—2016 附录 A 第 1 级别图～第 4 级别图评定，其合格级别由供需双方协商确定。

钢材应进行非金属夹杂物检验，其检验结果应符合表 3-28 规定。

表 3-28 非金属夹杂物合格级别

A		B		C		D		DS
细系	粗系	细系	粗系	细系	粗系	细系	粗系	
合格级别(不大于)/级								
2.5	1.5	2.0	1.0	0	0	1.0	1.0	2.0

注：电渣重熔钢应不大于 1.5 级。

十四、工模具钢（GB/T 1299—2014）

1. 品种规格

本标准适用于工模具钢热轧、锻制、冷拉、银亮条钢及机加工交货钢材。其化学成分同样适用于锭、坯及其制品。

钢按用途分为八类：a. 刃具模具用非合金钢；b. 量具刃具用钢；c. 耐冲击工具用钢；d. 轧辊用钢；e. 冷作模具用钢；f. 热作模具用钢；g. 塑料模具用钢；h. 特殊用途模具用钢。

2. 力学性能

表 3-29　刃具模具用非合金钢交货状态的硬度值和试样的淬火硬度值

序号	统一数字代号	牌号	退火交货状态的钢材硬度（HBW，不大于）	试样淬火硬度		
				淬火温度/℃	冷却剂	HRC，不小于
1-1	T00070	T7	187	800～820	水	62
1-2	T00080	T8	187	780～800	水	62
1-3	T01080	T8Mn	187	780～800	水	62
1-4	T00090	T9	192	760～780	水	62
1-5	T00100	T10	197	760～780	水	62
1-6	T00110	T11	207	760～780	水	62
1-7	T00120	T12	207	760～780	水	62
1-8	T00130	T13	217	760～780	水	62

非合金工具钢材退火后冷拉交货的布氏硬度应不大于 241（HBW）。

表 3-30　量具刃具用钢交货状态的硬度值和试样的淬火硬度值

序号	统一数字代号	牌号	退火交货状态的钢材硬度（HBW）	试样淬火硬度		
				淬火温度/℃	冷却剂	HRC，不小于
2-1	T31219	9SiCr	197～241①	820～860	油	62
2-2	T30108	8MnSi	≤229	800～820	油	60
2-3	T30200	Cr06	187～241	780～810	水	64
2-4	T31200	Cr2	179～229	830～860	油	62
2-5	T31209	9Cr2	179～217	820～850	油	62
2-6	T30800	W	187～229	800～830	水	62

① 根据需方要求，并在合同中注明，制造螺纹刃具用钢为 187～229（HBW）。

表3-31 耐冲击工具用钢交货状态的硬度值和试样的淬火硬度值

序号	统一数字代号	牌号	退火交货状态的钢材硬度（HBW）	试样淬火硬度		
				淬火温度/℃	冷却剂	HRC,不小于
3-1	T40294	4CrW2Si	179～217	860～900	油	53
3-2	T40295	5CrW2Si	207～255	860～900	油	55
3-3	T40296	6CrW2Si	229～285	860～900	油	57
3-4	T40356	6CrMnSi2Mo1V[①]	≤229	667℃±15℃预热,885℃（盐浴）或900℃（炉控气氛）±6℃加热,保温5～15min 油冷,58～204℃,回火		58
3-5	T40355	5Cr3MnSiMo1V[①]	≤235	667℃±15℃预热,941℃（盐浴）或955℃（炉控气氛）±6℃加热,保温5～15min 油冷,56～204℃回火		56
3-6	T40376	6CrW2SiV	≤225	870～910	油	58

① 试样在盐浴中保持时间为5min,在炉控气氛中保持时间为5～15min。

表3-32 轧辊用钢交货状态的硬度值和试样的淬火硬度值

序号	统一数字代号	牌号	退火交货状态的钢材硬度（HBW）	试样淬火硬度		
				淬火温度/℃	冷却剂	HRC,不小于
4-1	T42239	9Cr2V	≤229	830～900	空气	64
4-2	T42309	9Cr2Mo	≤229	830～900	空气	64
4-3	T42319	9Cr2MoV	≤229	880～900	空气	64
4-4	T42518	8Cr3NiMoV	≤269	900～920	空气	64
4-5	T42519	9Cr5NiMoV	≤269	930～950	空气	64

表 3-33 冷作模具用钢交货状态的硬度值和试样的淬火硬度值

序号	统一数字代号	牌号	退火交货状态的钢材硬度（HBW）	试样淬火硬度		
				淬火温度/℃	冷却剂	HRC，不小于
5-1	T20019	9Mn2V	≤229	780～810	油	62
5-2	T20299	9CrWMn	197～241	800～830	油	62
5-3	T21290	CrWMn	207～255	800～830	油	62
5-4	T20250	MnCrWV	≤255	790～820	油	62
5-5	T21317	7CrMn2Mo	≤235	820～870	空气	61
5-6	T21355	5Cr8MoVSi	≤229	1000～1050	油	59
5-7	T21357	7CrSiMnMoV	≤235	870～900 油冷或空冷，150±10 回火空冷		60
5-8	T21350	Cr8Mo2SiV	≤255	1020～1040	油或空气	62
5-9	T21320	Cr4W2MoV	≤269	960～980 或 1020～1040	油	60
5-10	T21386	6Cr4W3Mo2VN	≤255	1100～1160	油	60
5-11	T21836	6W6Mo5Cr4V	≤269	1180～1200	油	60
5-12	T21830	W6Mo5Cr4V2[①]	≤255	730～840 预热，1210～1230（盐浴或控制气氛）加热，保温5～15min 油冷，540～560 回火两次（盐浴或控制气氛），每次2h。		64(盐浴) 63(炉控气氛)
5-13	T21209	Cr8	≤255	920～980	油	63
5-14	T21200	Cr12	217～269	950～1000	油	60
5-15	T21290	Cr12W	≤255	950～980	油	60
5-16	T21317	7Cr7Mo2V2Si	≤255	1100～1150	油或空气	60
5-17	T21318	Cr5Mo1V	≤255	790±15 预热，910(盐浴)或950(炉控气氛)±6 加热，保温5～15min 油冷，200±6 回火一次，2h		60

续表

序号	统一数字代号	牌号	退火交货状态的钢材硬度（HBW）	试样淬火硬度		
				淬火温度/℃	冷却剂	HRC，不小于
5-18	T21319	Cr12MoV	207～255	950～1000	油	58
5-19	T21310	Cr12Mo1V1[②]	≤255	820±15 预热，1000（盐浴）±6 或 1010（炉控气氛）±6 加热，保温 10～20min 空冷，200±6 回火一次，2h		59

① 试样在盐浴中保持时间为5min，在炉控气氛中保持时间为5～15min。

② 试样在盐浴中保持时间为10min，在炉控气氛中保持时间为10～20min。

表 3-34 热作模具钢交货状态的硬度值和试样的淬火硬度值

序号	统一数字代号	牌号	退火交货状态的钢材硬度（HBW）	试样淬火硬度		
				淬火温度/℃	冷却剂	HRC[②]
6-1	T22315	5CrMnMo	197～241	820～850	油	
6-2	T22505	5CrNiMo	197～241	830～860	油	
6-3	T23504	4CrNi4Mo	≤285	840～870	油或空气	
6-4	T23514	4Cr2NiMoV	≤220	910～960	油	
6-5	T23515	5CrNi2MoV	≤255	850～880	油	
6-6	T23535	5Cr2NiMoVSi	≤255	960～1010	油	
6-7	T42208	8Cr3	207～255	850～880	油	
6-8	T23271	4Cr5W2VSi	≤229	1030～1050	油或空气	
6-9	T23273	3Cr2W8V	≤255	1075～1125	油	
6-10	T23352	1Cr5MoSiV[①]	≤229	790±15 预热，1010（盐浴）或 1020（炉控气氛），1020±6 加热，保温 5～15min 油冷，550±6 回火两次，每次 2h		

续表

序号	统一数字代号	牌号	退火交货状态的钢材硬度（HBW）	试样淬火硬度		
				淬火温度/℃	冷却剂	HRC[2]
6-11	T23353	4Cr5MoSiV1[1]	≤229	790±15 预热，1000（盐浴）或1010（炉控气氛）±6 加热，保温5～15min 油冷，550±6 回火两次，每次 2h		
6-12	T23354	4Cr3Mo3SiV[1]	≤229	790±15 预热，1010（盐浴）或1020（炉控气氛）1020±6 加热，保温 5～15min 油冷，550±6 回火两次，每次 2h		
6-13	T23355	5Cr4Mo3SiMnVAl	≤255	1090～1120	[2]	
6-14	T23364	4CrMnSiMoV	≤255	870～930	油	
6-15	T23375	5Cr5WMoSi	≤248	990～1020	油	
6-16	T23324	4Cr5MoWVSi	≤235	1000～1030	油或空气	
6-17	T23323	3Cr3Mo3W2V	≤255	1060～1130	油	
6-18	T23325	5Cr4W5Mo2V	≤269	1100～1150	油	
6-19	T23314	1Cr5Mo2V	≤220	1000～1030	油	
6-20	T23313	3Cr3Mo3V	≤229	1010～1050	油	
6-21	T23314	1Cr5Mo3V	≤229	1000～1030	油或空气	
6-22	T23393	3Cr3Mo3VCo3	≤229	1000～1050	油	

① 试样在盐浴中保持时间为 5min；在炉控气氛中保持时间为 5～15min。

② 根据需方要求，并在合同中注明，可提供实测值。

表 3-35　塑料模具用钢交货状态的硬度值和试样的淬火硬度值

序号	统一数字代号	牌号	交货状态的钢材硬度 退火交货硬度 (HBW,不大于)	预硬化硬度 (HRC)	试样淬火硬度 淬火温度/℃	冷却剂	HRC, 不小于
7-1	T10450	SM45	热轧交货状态,硬度155~215	—	—	—	—
7-2	T10500	SM50	热轧交货状态,硬度165~225	—	—	—	—
7-3	T10550	SM55	热轧交货状态,硬度170~230	—	—	—	—
7-4	T25303	3Cr2Mo	235	28~36	850~880	油	52
7-5	T25553	3Cr2MnNiMo	235	30~36	830~870	油或空气	48
7-6	T25344	4Cr2Mn1MoS	235	28~36	830~870	油	51
7-7	T25378	8Cr2MnWMoVS	235	40~48	860~900	空气	62
7-8	T25515	5CrNiMnMoVSCa	255	35~45	860~920	油	62
7-9	T25512	2CrNiMoMnV	235	30~38	850~930	油或空气	48
7-10	T25572	2CrNi3MoAl	—	38~43	—	—	—
7-11	T25611	1Ni3MnCuMoAl	—	38~42	—	—	—
7-12	A64060	06Ni6CrMoVTiAl	255	43~48	850~880℃固溶,油或空冷,500~510℃时效,空冷		实测
7-13	A64000	00Ni18Co8Mo5TiAl	协议	协议	805~825℃固溶,空冷,460~530℃时效,空冷		协议
7-14	S42023	2Cr13	220	30~36	1000~1050	油	45
7-15	S42013	1Cr13	235	30~36	1050~1100	油	50
7-16	T25444	4Cr13NiVSi	235	30~36	1000~1030	油	50

续表

序号	统一数字代号	牌号	交货状态的钢材硬度		试样淬火硬度		
			退火硬度（HBW，不大于）	预硬化硬度（HRC）	淬火温度/℃	冷却剂	HRC，不小于
7-17	T25402	2Cr17Ni2	285	28~32	1000~1050	油	49
7-18	T25303	3Cr17Mo	285	33~38	1000~1040	油	46
7-19	T25513	3Cr17NiMoV	285	33~38	1030~1070	油	50
7-20	S44093	9Cr18	255	协议	1000~1050	油	55
7-21	S46993	9Cr18MoV	269	协议	1050~1075	油	55

表 3-36　特殊用途模具用钢交货状态的硬度值和试样淬火硬度值

序号	统一数字代号	牌号	交货状态的钢材硬度	试样淬火硬度	
			退火硬度（HBW）	热处理制度	HRC，不小于
8-1	T26377	7Mn15Cr2Al3V2WMo	—	1170~1190℃固溶，水冷 650~700℃时效，空冷	45
8-2	S31049	2Cr25Ni20Si2	—	1010~1150℃固溶，水或空冷	①
8-3	S51740	0Cr17Ni4Cu4Nb	协议	1020~1060℃固溶，空冷 470~630℃时效，空冷	①
8-4	H21231	Ni25Cr15Ti2MoMn	≤300	950~980℃固溶，水或空冷 720~620℃时效，空冷	①
8-5	H07718	Ni53Cr19Mo3TiNb	≤300	980~1000℃固溶，水、油或空冷 710~730℃时效，空冷	①

① 根据需方要求，并在合同中注明，可提供实测值。

十五、冷作模具钢，第1部分：高韧性高耐磨性钢（GB/T 34564.1—2017）

1. 品种规格

热轧钢棒（圆钢、方钢、扁钢）的尺寸、外形及其允许偏差应符合 GB/T 1299—2014 中 5.1 的规定。

锻制钢棒（圆钢、方钢、扁钢）的尺寸、外形及其允许偏差应符合 GB/T 1299—2014 中 5.2 的规定。

冷拉钢棒尺寸、外形及其允许偏差应符合 GB/T 905—1994 中 h11 级规定。

银亮钢棒的尺寸、外形及其允许偏差应符合 GB/T 3207—2008 中 h11 级规定。

机加工交货的钢材的尺寸、外形允许偏差应符合 GB/T 1299—2014 中 5.5 的规定。

钢材以退火状态交货。

2. 力学性能

表 3-37 交货状态的钢材硬度值和试样淬回火硬度值

牌号	交货硬度[1]（HBW）	试样检测淬回火硬度及热处理制度				
		预热温度/℃	淬火温度/℃	淬火介质	回火温度[2]/℃	硬度[3]（HRC）
Cr8Mo2SiV	≤255	800～850	1020～1040	油或空气、高压氮气	510～530	≥60
7Cr7Mo2V2Si			1100～1150		530～550	≥60
Cr12MoV			980～1030	油或高压氮气	200±6，回火一次	≥58
Cr12Mo1V1			980～1050	空气或高压氮气	200±6 回火一次，2h	≥59

① 退火加冷拉态的硬度，允许比退火态指标增加 50（HBW）。

② 至少回火 2 次，每次 2h。

③ 试样淬回火硬度供方若能保证合格可不检验。

十六、冷作模具钢，第 2 部分：火焰淬火钢（GB/T 34564.2—2017）

1. 品种规格

本部分适用于火焰淬火冷作模具钢热轧、锻制及机加工交货钢材。本部分所规定牌号及化学成分亦适用于钢锭、钢坯及其制品。

热轧圆钢和方钢的尺寸、外形及其允许偏差应符合 GB/T 702—2017 中 2 组规定。热轧圆钢和方钢的通常长度应为 2000～7000mm。

公称宽度 10～310mm 热轧扁钢的通常长度 2000～6000mm。

公称宽度＞310～850mm 热轧扁钢的扁常长度 1000～5000mm。

公称直径或边长 90～800mm 的锻制圆钢和方钢的交货长度应不小于 1000mm。

公称宽度 40～1500mm 锻制扁钢的交货长度应不小于 1000mm。

钢材以退火状态交货。

2. 力学性能

表 3-38　钢材交货状态的硬度值和试样的淬火硬度值

交货状态的钢材布氏硬度（HBW）	试样淬火硬度	
	试样推荐热处理制度	洛氏硬度（HRC）
≤235	870～900℃（炉控气氛，保温时间应为 5～15min）油冷或空冷 150℃±10℃回火空冷	≥60

十七、热作模具钢，第 1 部分：压铸模具用钢（GB/T 34565.1—2017）

1. 品种规格

本部分适用于公称直径或边长 80～650mm 的锻制圆钢、方钢及厚度 80～650mm、宽度 400～1200mm 的锻制扁钢。

锻制圆钢和方钢的交货长度应不小于 1000mm，允许搭交不超过总重 10％、长度不小于 500mm 的短尺料。

扁钢的交货长度应不小于 2000mm，对于需要短尺交货的钢材，应经供需双方协商确定。

钢材以退火状态交货。

钢材牌号为 4Cr5MoSiV1、4Cr5MoSiV、4Cr5Mo1V、4Cr5Mo2V、4Cr5Mo3V，高级优质钢牌号后加"A"，特级优质钢牌号后加"E"。

2. 力学性能

钢材交货状态的硬度值应不大于 229（HBW）。

钢材应检验奥氏体晶粒度，其合格级别应为 7 级或更细。

十八、塑料模具钢，第 1 部分：非合金钢（GB/T 35840.1—2018）

1. 品种规格

本部分适用于制造塑料模具用热轧或锻制非合金钢圆钢、方钢、扁钢及钢板。

圆钢、方钢、扁钢的尺寸、外形及允许偏差应符合 GB/T 1299—2014 中相关规定。

钢板的尺寸、外形及允许偏差符合 GB/T 709—2006 的规定。

钢材以热轧或热锻状态交货。

2. 力学性能

表 3-39　交货状态硬度

牌号	布氏硬度（HBW）
SM45	155～215
SM50	165～225
SM55	170～230

十九、塑料模具钢，第 2 部分：预硬化钢棒（GB/T 35840.2—2018）

1. 品种规格

本部分适用于制造塑料模具用热轧、锻制及机加工交货的预硬化圆钢、方钢、扁钢。

热轧圆钢、方钢和扁钢的尺寸、外形及允许偏差应符合 GB/T 1299—2014 的规定。

锻制圆钢和方钢的尺寸、外形及允许偏差应符合 GB/T 1299—2014 的规定。公称宽度 40～300mm 锻制扁钢的尺寸及其允许偏差应符合 GB/T 908—2008 的表 4 中 2 组的规定。

机加工交货钢材的尺寸、外形及允许偏差应符合 GB/T 1299—2014 的规定。

钢材以预硬化状态交货。

2. 力学性能

表 3-40　交货状态硬度

序号	牌号	洛氏硬度（HRC）	
		1 组	2 组
1	3Cr2Mo	28～34	—
2	3Cr2MnNiMo	30～36	—
3	4Cr2Mn1MoS	28～34	—
4	2CrNiMoMnV	30～36	37～42

二十、塑料模具钢，第 3 部分：耐腐蚀钢（GB/T 35840.3—2018）

1. 品种规格

本部分适用于制造塑料模具用热轧、锻制及机加工交货的耐腐蚀圆钢、方钢、扁钢。

热轧和锻制圆钢、方钢和扁钢的尺寸、外形及允许偏差应符合 GB/T 1299—2014（工模具钢）中相关规定。机加工交货钢材的尺寸、外形及允许偏差应符合 GB/T 1299—2014 的相关规定。

钢材一般以退火状态交货。根据需方要求，并在合同中注明，可以预硬化状态交货。

2. 力学性能

表 3-41 交货状态硬度和试样淬火后硬度值

牌号	交货状态的钢材硬度		试样淬火硬度		
	退火硬度 (HBW,不大于)	预硬化硬度 (HRC)	淬火温度 /℃	冷却剂	洛氏硬度 (HRC,不小于)
4Cr13	235	30~36	1000~1050	油	50
4Cr13NiVSi	235	30~36	1000~1050	油	50
3Cr17Mo	269	33~38	1000~1070	油	46
3Cr17NiMoV	269	33~38	1030~1070	油	50

第四章　钢板及钢带

一、结构钢　第 2 部分：一般用途结构钢交货技术条件（GB/T 34560. 2—2017）

1. 品种规格

本部分适用于一般焊接、栓接、铆接工程结构用热轧钢板（带）、宽扁钢、型钢、钢棒。本部分规定的化学成分也适用于钢锭、连铸坯、钢坯及其制品。

钢的牌号由代表屈服强度"屈"字的汉语拼音首位字母 Q、规定最小上屈服强度数值、质量等级符号（A、B、C、D）三部分组成，如 Q355D。

2. 力学性能

表 4-1　冲击吸收能量

钢级	质量等级	温度 /℃	冲击吸收能量 A_{KV_2}/J(不小于)		
			钢材公称厚度（或直径）/mm		
			≤150	>150~250	>250~400
Q235	B	20	27	27	—
	C	0	27	27	—
	D	−20	27	27	27
Q275	B	20	27	27	—
	C	0	27	27	—
	D	−20	27	27	27
Q355	B	20	34	34	—
	C	0	34	34	—
	D	−20	34	34	34
Q450	C	0	34	—	—

表 4-2　上屈服强度和抗拉强度

钢级	质量等级	上屈服强度 R_{eH}/MPa（不小于）									抗拉强度 R_m/MPa				
		公称厚度（或直径）/mm													
		≤16	>16~40	>40~63	>63~80	>80~100	>100~150	>150~200	>200~250	>250~400	<3	>3~100	>100~150	>150~250	>250~400
Q235	A,B,C	235	225	215	215	215	195	185	175	—		370~510	350~500	340~490	330~480
	D									165	370~510				
Q275	A,B,C	275	265	255	245	235	225	215	205	—		410~560	400~540	380~540	380~540
	D									195	430~580				
Q355	B,C	355	345	335	325	315	295	285	275	—		470~630	450~600	450~600	450~600
	D									265	470~630				
Q450	C	450	430	410	390	380	380	—	—	—	—	550~720	530~700	—	—

表 4-3　断后伸长率

钢级	质量等级	试样方向	断后伸长率 A/%（不小于）										
			公称厚度（或直径）/mm										
			$L_0=80\,\text{mm}$					$L_0=5.65\sqrt{S_0}$					
			≤1	>1~1.5	>1.5~2	>2~2.5	>2.5~<3	≥3~40	>40~63	>63~100	>100~150	>150~250	>250~400
Q235	A,B,C,D	纵向	17	18	19	20	21	26	25	24	22	21	21
		横向	15	16	17	18	19	24	23	22	22	21	21
Q275	A,B,C,D	纵向	15	16	17	18	19	23	22	21	19	18	18
		横向	13	14	15	16	17	21	20	19	19	18	18
Q355	B,C,D	纵向	14	15	16	17	18	22	21	20	18	17	17
		横向	12	13	14	15	16	20	19	18	18	17	17
Q450	C	纵向	—	—	—	—	—	17	17	17	17	—	—

表 4-4　弯曲试验

钢级	试样方向	180°弯曲试验 (D—弯曲压头直径，a—试样厚度或直径)		
		公称厚度（或直径）/mm		
		≤16	>16~60	>60~100
Q235	宽度不小于 600mm 扁平材，取横向试样。宽度小于 600mm 的扁平材、型材及棒材取纵向试样	$D=a$		$D=2a$
Q275		$D=1.5a$		$D=2.5a$
Q355		$D=2a$		$D=3a$
Q450				

二、结构钢　第 3 部分：细晶粒结构钢交货技术条件（GB/T 34560.3—2018）

1. 品种规格

本部分适用于焊接或栓接重载荷用钢板和钢带、宽扁钢、型钢和棒材。

钢的牌号由代表屈服强度"屈"字的汉语拼音首字母 Q、规定最小上屈服强度数值、交货状态代号（正火 N，热机械轧制 M）、质量等级符号（B、C、D、E、F）4 个部分组成，如 Q355ND。当需方要求钢板具有厚度方向性能时，则在上述规定的牌号后加上代表厚度方向（Z 向）性能级别的符号，如：Q355NDZ25。

钢材的尺寸、外形及允许偏差应符合 GB/T 34560.1—2017 的规定。

钢材以正火、正火轧制、热机械轧制状态交货［正火状态包含正火加回火状态，热机械轧制（TMCP）状态包括热机械轧制（TMCP）加回火状态］。

2. 力学性能

表4-5 正火、正火轧制钢材的 R_{eH} 和 R_m

牌号		以下公称厚度或直径(mm)最小上屈服强度 R_{eH}/MPa								以下公称厚度或直径(mm)抗拉强度 R_m/MPa		
钢级	质量等级	≤16	>16~40	>40~63	>63~80	>80~100	>100~150	>150~200	>200~250	≤100	>100~200	>200~250
Q275N	D,E	275	265	255	245	235	225	215	205	370~510	350~480	350~480
Q355N	D,E,F	355	345	335	325	315	295	285	275	470~630	450~600	450~600
Q390N	D,E	390	380	360	340	340	320	310	300	490~650	470~620	470~620
Q420N	D,E	420	400	390	370	360	340	330	320	520~680	500~650	500~650
Q460N	D,E	460	440	430	410	400	380	370	370	540~720	530~710	510~690

表4-6 正火、正火轧制钢材的 A

牌号		以下公称厚度或直径(mm)最小断后伸长率 A /%					
钢级	质量等级	≤16	>16~40	>40~63	>63~80	>80~200	>200~250
Q275N	D,E	24	24	24	23	23	23
Q355N	D,E,F	22	22	22	21	21	21
Q390N	D,E	20	20	20	19	19	19
Q420N	D,E	19	19	19	18	18	18
Q460N	D,E	17	17	17	17	17	16

表 4-7　热机械轧制钢材的 R_{eH} 和 R_m

牌号		以下公称厚度或直径(mm)最小上屈服强度 R_{eH}/MPa						以下公称厚度或直径(mm)抗拉强度 R_m/MPa					最小断后伸长率 A/%
钢级	质量等级	≤16	>16~40	>40~63	>63~80	>80~100	>100~120	≤40	>40~63	>63~80	>80~100	>100~120	
Q275M	D,E	275	265	255	245	245	240	370~530	360~520	350~510	350~510	350~510	24
Q355M	D,E,F	355	345	335	325	325	320	470~630	450~610	440~600	440~600	430~590	22
Q390M	D,E	390	380	360	340	340	335	490~650	480~640	470~630	460~620	450~610	20
Q420M	D,E	420	400	390	380	370	365	520~680	500~660	480~640	470~630	460~620	19
Q460M	D,E	460	440	430	410	400	385	540~720	530~710	510~690	500~680	490~660	17
Q500M	D,E	500	490	480	460	450	—	610~770	600~760	590~750	540~730	—	17
Q550M	D,E	550	540	530	510	500	—	670~830	620~810	600~790	590~780	—	16
Q620M	D,E	620	610	600	580	—	—	710~880	690~880	670~860	—	—	15
Q690M	D,E	690	680	670	650	—	—	770~940	750~920	730~900	—	—	14

三、结构钢 第 4 部分：淬火加回火高屈服强度结构钢板交货技术条件（GB/T 34560.4—2017）

1. 品种规格

本部分适用于公称厚度为 3～150mm、上屈服强度为 460～1300MPa 的焊接或栓接结构用淬火加回火状态交货的钢板。

钢的牌号由代表屈服强度"屈"字的汉语拼音首位字母 Q、规定最小上屈服强度数值、交货状态代号（淬火加回火状态交货 Q）、质量等级符号（C、D、E、F）四个部分组成，如 Q460QE。当需方要求钢板具有厚度方向（Z 向）性能时，则在上述规定的牌号后面加上代表厚度方向性能级别的符号，如 Q460QEZ25。

钢材以淬火加回火状态交货。

2. 力学性能

表 4-8 力学性能

牌号	上屈服强度 R_{eH}/MPa（不小于）			抗拉强度 R_m/MPa			断后伸长率 A/%	冲击吸收能量 A_{KV_2}/J（最小值）			
	公称厚度/mm			公称厚度/mm				试验温度/℃			
	>3～50	>50～100	>100～150	>3～50	>50～100	>100～150		0	−20	−40	−60
Q460QC	460	440	400	550～720		500～670	17	47	—	—	—
Q460QD								—	47	—	—
Q460QE								—	—	34	—
Q460QF								—	—	—	34
Q500QC	500	480	440	590～770		540～720	17	47	—	—	—
Q500QD								—	47	—	—
Q500QE								—	—	34	—
Q500QF								—	—	—	34

续表

牌号	上屈服强度 R_{eH}/MPa（不小于）			抗拉强度 R_m/MPa			断后伸长率 A/%	冲击吸收能量 A_{KV_2}/J（最小值）			
	公称厚度/mm			公称厚度/mm				试验温度/℃			
	>3~50	>50~100	>100~150	>3~50	>50~100	>100~150		0	−20	−40	−60
Q550QC	550	530	490	640~820		590~770	16	47	—		
Q550QD								—	47	—	
Q550QE									—	34	
Q550QF										—	34
Q620QC	620	580	560	700~890		650~830	15	47	—		
Q620QD								—	47	—	
Q620QE									—	34	
Q620QF										—	34
Q690QC	690	650	630	770~940	760~930	710~900	14	47	—		
Q690QD								—	47	—	
Q690QE									—	34	
Q690QF										—	34
Q800QC	800	740	—	840~1000	800~1000	—	13	34	—		
Q800QD								—	34		
Q800QE									—	30	
Q800QF										—	30
Q890QC	890	830	—	940~1100	880~1100	—	11	34	—		
Q890QD								—	34		
Q890QE									—	30	
Q890QF										—	30
Q960QC	960	—	—	980~1150	—	—	10	34	—		
Q960QD								—	34		
Q960QE									—	30	
Q960QF										—	30

续表

牌号	上屈服强度 R_{eH}/MPa（不小于）			抗拉强度 R_m/MPa			断后伸长率 A/%	冲击吸收能量 A_{KV_2}/J（最小值）			
	公称厚度/mm			公称厚度/mm				试验温度/℃			
	>3~50	>50~100	>100~150	>3~50	>50~100	>100~150		0	−20	−40	−60
Q1030QD	1030	—		1150~1500	—		10	—	27	—	
Q1030QE								—		27	—
Q1100QD	1100			1200~1550	—		9	—	27	—	
Q1100QE								—		27	—
Q1200QD	1200			1250~1600	—		8	—	27	—	
Q1200QE								—		27	—
Q1300QD	1300			1350~1700	—		7	—	27	—	
Q1300QE								—		27	—

四、结构钢　第5部分：耐大气腐蚀结构钢交货技术条件（GB/T 34560.5—2017）

1. 品种规格

本部分适用于焊接或栓接用公称厚度或直径不大于200mm的钢板和钢带、宽扁钢、型钢和棒材。

钢的牌号由"屈服强度"的汉语拼音"Q"规定的最小上屈服强度数值、"耐大气腐蚀钢"代号（英文首位字母"W"或"WP"）、交货状态（N或＋N）、质量等级（C、D）五个部分组成，如Q355WPNC。

钢材的尺寸、外形、重量及允许偏差应符合GB/T 34560.1—2017的规定。

钢材以热轧、正火或正火轧制、热机械轧制或调质（淬火加回火，含在线淬火）状态交货。

2. 力学性能

表 4-9　力学性能（Q235W 等）

牌号	质量级别	上屈服强度 R_{eH}/MPa[①]（不小于）						抗拉强度 R_m/MPa		
		公称厚度/mm						公称厚度/mm		
		≤16	>16～40	>40～63	>63～80	>80～100	>100～150	<3	≥3～100	>100～150
Q235W	C	235	225	215	215	215	195	360～510	360～510	350～500
	D	235	225	215	215	215	195			
Q355W	C	355	345	335	325	315	295	510～680	470～630	450～600
	D	355	345	335	325	315	295			
Q355WP	C	355	345	—	—	—	—	510～680	470～630[②]	—
	D	355	345	—	—	—	—			

① 对于钢板钢带和宽度不小于 600mm 的宽扁钢，取横向试样；对于其他产品，取纵向试样。

② 对于钢板钢带，适用于厚度不大于 12mm；对于宽扁钢、型材、棒材，适用于厚度不大于 40mm。

表 4-10　断后伸长率（Q235W 等）

牌号	质量级别	试样方向	断后伸长率[①]/%（不小于）						
			$L_0=80$			$L_0=5.65\sqrt{S_0}$			
			公称厚度/mm						
			>1.5～2.0	>2.0～2.5	>2.5～3.0	>3～40	>40～63	>63～100	>100～150
Q235W	C、D	纵向	19	20	21	26	25	24	22
		横向	17	18	19	24	23	22	22
Q355W	C、D	纵向	16	17	18	22	21	20	18
		横向	14	15	16	20	19	18	18
Q355WP	C、D	纵向	16	17	18	22[②]	—	—	—
		横向	14	15	16	20	—	—	—

① 对于钢板和宽度不小于 600mm 的宽扁平材，取横向试样；对于其他产品，取纵向试样。

② 对于钢板，适用于最大厚度 12mm；对于宽扁平材、棒材和部件，适用于最大厚度 40mm。

表 4-11　冲击吸收能量

牌号	质量级别	V 形缺口冲击试验（纵向）	
		温度/℃	冲击吸收能量 A_{KV_2}/J（不小于）
Q235W	C	0	27
	D	−20	27
Q355W	C	0	27
	D	−20	27
Q355WP	C	0	27
	D	−20	27

五、结构钢　第 6 部分：抗震型建筑结构钢交货技术条件（GB/T 34560.6—2017）

1. 品种规格

本部分适用于厚度 6～150mm 的钢板、宽扁钢以及翼缘厚度不大于 140mm 的热轧型钢。

根据 GB/T 13304.1—2008 分类，本部分的钢为非合金钢和低合金钢。

钢的牌号由代表屈服强度"屈"字的汉语拼音首位字母 Q、规定最小上屈服强度数值、抗震汉语拼音的首字母"KZ"、质量等级符号（C、D、E、F）四个部分组成。如 Q345KZE。

当需方要求钢板具有厚度方向（Z 向）性能时，则在上述规定的牌号后面加上钢板厚度方向性能级别。如 Q345KZEZ25。

钢材的尺寸、外形、重量及允许偏差应符合 GB/T 34560.1—2017（结构钢，第 1 部分：热轧产品一般交货技术条件）的规定。

钢材通常以热轧状态交货。除非另有规定，允许制造商自行选择热轧、正火轧制、正火或淬火＋回火交货状态。热机械交货状态不允许制造商自行选择。经供需双方协商，所有钢级都可以热机械轧制状态交货。交货状态应在合同中注明。

2. 力学性能

表 4-12 Q235KZ 和 Q345KZ 钢级的力学、工艺性能

钢级	R_{eH}/MPa		R_m/MPa	屈强比 R_{eH}/R_m		A/%	180°弯曲试验	
	公称厚度 t/mm		公称厚度 t/mm	公称厚度 t/mm			公称厚度 t/mm	
	6~<40	40~150	6~150	6~<12	12~150		≤16	>16
Q235KZ	235~355	215~335	400~510	—	≤0.80	≥23.0	$D=2a$	$D=3a$
Q345KZ	345~450		≥450		≤0.85	≥19.0		

注：1. 经供需双方协商同意，可规定更低的屈强比。

2. 对于 H 型钢，t 为翼缘厚度，最大适用厚度为140mm。

3. D 为弯曲压头直径，a 为试样厚度。

表 4-13 Q390KZ、Q420KZ 和 Q460KZ 钢级的力学、工艺性能

钢级	R_{eH}/MPa				R_m/MPa		屈强比 R_{eH}/R_m	断后伸长率 A/%	180°弯曲试验	
	钢材厚度 t/mm				钢材厚度 t/mm		钢材厚度 t/mm		钢材厚度 t/mm	
	6~16	>16~50	>50~100	>100~150	6~100	>100~150	6~150		6~16	>16
Q390KZ	≥390	390~510	380~500	370~490	510~660	490~640	≤0.85	20.0	$D=2a$	$D=3a$
Q420KZ	≥420	420~550	410~540	400~530	530~680	510~660	≤0.85	20.0		
Q460KZ	≥460	460~600	440~590	440~580	570~720	550~720	≤0.85	18.0		

注：1. 经供需双方协商同意，可规定更低的屈强比。

2. 对于 H 型钢，适用于翼缘厚度，最大适用厚度为140mm。

3. D 为弯曲压头直径，a 为试样厚度。

表 4-14 Q390、Q420、Q460 钢的冲击性能

钢级	质量等级	冲击温度/℃	冲击吸收能量 A_{KV_2}/J（不小于）
Q390KZ、Q420KZ、Q460KZ	B	20	47
	C	0	
	D	−20	
	E	−40	

六、优质碳素结构钢热轧钢板和钢带（GB/T 711—2017）

1. 品种规格

本标准适用于厚度不大于 100mm，宽度不小于 600mm 的优质碳素结构钢热轧钢板和钢带。

钢板和钢带的尺寸、外形、重量及允许偏差应符合 GB/T 709—2006 的规定。

钢带及剪切钢板以热轧状态交货，单张轧制钢板交货状态应符合表 4-15 规定。

表 4-15　交货状态

牌　　号	交货状态
08、08Al、10、15、20、25、30、35、40、45、50、55、20Mn、25Mn、30Mn、35Mn、40Mn、45Mn、50Mn、55Mn	热轧或热处理
60、65、70、60Mn、65Mn、70Mn	热处理①

① 经供需双方协议，也可以热轧状态交货。

2. 力学性能

表 4-16　力学性能

牌号	抗拉强度 R_m /MPa	断后伸长率 A/%	牌号	抗拉强度 R_m /MPa	断后伸长率 A/%
	不小于			不小于	
08	325	33	65①	695	10
08Al	325	33	70①	715	9
10	335	32	20Mn	450	24
15	370	30	25Mn	490	22
20	410	28	30Mn	540	20
25	450	24	35Mn	560	18
30	490	22	40Mn	590	17
35	530	20	45Mn	620	15
40	570	19	50Mn	650	13
45	600	17	55Mn	675	12
50	625	16	60Mn①	695	11
55①	645	13	65Mn①	735	9
60①	675	12	70Mn①	785	8

① 经供需双方协议，单张轧制钢板也可以热轧状态交货，以热处理样坯测定力学性能。

注：热处理指正火、退火或高温回火。

七、低合金高强度结构钢（GB/T 1591—2018）

1. 品种规格

本标准适用于一般结构和工程用低合金高强度结构钢钢板、钢带、型钢、钢棒等。其化学成分也适用于钢坯。

钢的牌号由代表屈服强度"屈"字的汉语拼音首字母、规定的最小上屈服强度数值、交货状态代号（AR、N、＋N、TMCP）、质量等级符号（B、C、D、E、F）四个部分组成，如 Q355ND。当需要求钢板具有厚度方向性能时，则在上述规定的牌号后加上代表厚度方向（Z 向）性能级别的符号，如：Q355NDZ25。

热轧钢棒的尺寸、外形、重量及允许偏差应符合 GB/T 702—2017 的规定。

热轧型钢的尺寸、外形、重量及允许偏差应符合 GB/T 706—2016 的规定。

热轧钢板和钢带的尺寸、外形、重量及允许偏差应符合 GB/T 709—2006 的规定。

热轧 H 型钢和部分 T 型钢的尺寸、外形、重量及允许偏差应符合 GB/T 11263—2017 规定。

钢材以热轧（AR）、正火（N）、正火轧制（＋N）或热机械轧制（TMCP）状态交货。

2. 力学性能

表 4-17 热轧钢材的力学性能

牌号		上屈服强度 R_{eH}/MPa（不小于）									抗拉强度 R_m/MPa			
		公称厚度或直径/mm												
钢级	质量等级	≤16	>16~40	>40~63	>63~80	>80~100	>100~150	>150~200	>200~250	>250~400	≤100	>100~150	>150~250	>250~400
Q355	B、C	355	345	335	325	315	295	285	275	—	470~630	450~600	450~600	—
	D									265				450~600

续表

牌号		上屈服强度 R_{eH}/MPa(不小于)								抗拉强度 R_m/MPa			
钢级	质量等级	公称厚度或直径/mm											
		≤16	>16~40	>40~63	>63~80	>80~100	>100~150	>150~200	>200~250	>250~400 ≤100	>100~150	>150~250	>250~400
Q390	B、C、D	390	380	360	340	340	320	—	—	490~650	470~620	—	—
Q420	B、C	420	410	390	370	370	350	—	—	520~680	500~650	—	—
Q460	C	460	450	430	410	410	390	—	—	550~720	530~700	—	—

表 4-18 热轧钢材的伸长率

牌号			断后伸长率 A/%(不小于)					
钢级	质量等级	试样方向	公称厚度或直径/mm					
			≤40	>40~63	>63~100	>100~150	>150~250	>250~400
Q355	B、C、D	纵向	22	21	20	18	17	17
		横向	20	19	18	18	17	17
Q390	B、C、D	纵向	21	20	20	19	—	—
		横向	20	19	19	18	—	—
Q420	B、C	纵向	20	19	19	19	—	—
Q460	C	纵向	18	17	17	17	—	—

表 4-19　正火、正火轧制钢材的力学性能

钢号		上屈服强度 R_{eH}/MPa(不小于)								抗拉强度 R_m/MPa		
钢级	质量等级	公称厚度或直径/mm										
		≤16	>16~40	>40~63	>63~80	>80~100	>100~150	>150~200	>200~250	≤100	>100~200	>200~250
Q355N	B、C、D、E、F	355	345	335	325	315	295	285	275	470~630	450~600	450~600
Q390N	B、C、D、E	390	380	360	340	340	320	310	300	490~650	470~620	470~620
Q420N	B、C、D、E	420	400	390	370	360	340	330	320	520~680	500~650	500~650
Q460N	C、D、E	460	440	430	410	400	380	370	370	540~720	530~710	510~690

注：正火状态包括正火加固火状态。

表 4-20　正火、正火轧制钢材的伸长率

钢号		断后伸长率 A/%(不小于)					
钢级	质量等级	公称厚度或直径/mm					
		≤16	>16~40	>40~63	>63~80	>80~200	>200~250
Q355N	B、C、D、E、F	22	22	22	21	21	21
Q390N	B、C、D、E	20	20	20	19	19	19
Q420N	B、C、D、E	19	19	19	18	18	18
Q460N	C、D、E	17	17	17	17	17	16

表 4-21　热机械轧制（TMCP）钢材的力学性能

钢号		上屈服强度 R_{eH}/MPa(不小于)						抗拉强度 R_m/MPa					断后伸长率 A/% (不小于)
		公称厚度或直径/mm											
钢级	质量等级	≤16	>16 ~ 40	>40 ~ 63	>63 ~ 80	>80 ~ 100	>100 ~ 120	≤40	>40 ~ 63	>63 ~ 80	>80 ~ 100	>100 ~ 120	
Q355M	B、C、D、E、F	355	345	335	325	325	320	470 ~ 630	450 ~ 610	440 ~ 600	440 ~ 600	430 ~ 590	22
Q390M	B、C、D、E	390	380	360	340	340	335	490 ~ 650	480 ~ 640	470 ~ 630	460 ~ 620	450 ~ 610	20
Q420M	B、C、D、E	420	400	390	380	370	365	520 ~ 680	500 ~ 660	480 ~ 640	470 ~ 630	460 ~ 620	19
Q460M	C、D、E	460	440	430	410	400	385	540 ~ 720	530 ~ 710	510 ~ 690	500 ~ 680	490 ~ 660	17
Q500M	C、D、E	500	490	480	460	450	—	610 ~ 770	600 ~ 760	590 ~ 750	540 ~ 730		17
Q550M	C、D、E	550	540	530	510	500		670 ~ 830	620 ~ 810	600 ~ 790	590 ~ 780		16
Q620M	C、D、E	620	610	600	580	—		710 ~ 880	690 ~ 880	670 ~ 860	—		15
Q690M	C、D、E	690	680	670	650	—		770 ~ 940	750 ~ 920	730 ~ 900	—		14

注：1. 热机械轧制（TMCP）状态包含热机械轧制（TMCP）加回火状态。

2. 当屈服不明显时，可用规定塑性延伸强度 $R_{P0.2}$ 代替上屈服强度 R_{eH}。

表 4-22　夏比（V 形缺口）冲击试验的温度和冲击吸收能量

牌号 钢级	质量等级	20℃ 纵向	横向	0℃ 纵向	横向	−20℃ 纵向	横向	−40℃ 纵向	横向	−60℃ 纵向	横向
		\multicolumn{10}{}{以下试验温度的冲击吸收能量最小值 A_{KV_2}/J}									
Q355、Q390、Q420	B	34	27	—	—	—	—	—	—	—	—
Q355、Q390、Q420、Q460	C	—	—	34	27	—	—	—	—	—	—
Q355、Q390	D	—	—	—	—	34	27	—	—	—	—
Q355N、Q390N、Q420N	B	34	27	—	—	—	—	—	—	—	—
Q355N、Q390N、Q420N、Q460N	C	—	—	34	27	—	—	—	—	—	—
	D	55	31	47	27	40	20	—	—	—	—
	E	63	40	55	34	47	27	31	20	—	—
Q355N	F	63	40	55	34	47	27	31	20	27	16
Q355M、Q390M、Q420M	B	34	27	—	—	—	—	—	—	—	—
Q355M、Q390M、Q420M、Q460M	C	—	—	34	27	—	—	—	—	—	—
	D	55	31	47	27	40	20	—	—	—	—
	E	63	40	55	34	47	27	31	20	—	—
Q355M	F	63	40	55	34	47	27	31	20	27	16
Q500M、Q550M、Q620M、Q690M	C	—	—	55	34	—	—	—	—	—	—
	D	—	—	—	—	47	27	—	—	—	—
	E	—	—	—	—	—	—	31	20	—	—

八、搪瓷用热轧钢板和钢带（GB/T 25832—2010）

1. 品种规格

表 4-23   牌号的分类、代号、用途及规格

类别	类别代号	牌号	用途	规格
日用	TC	TCDS	厨具、卫具、建筑面板、电烤箱、炉具等	厚度不大于 40mm。尺寸、外形、重量及允许偏差应符合 GB/T 709—2006 的规定
	TC1	Q210TC1、Q245TC1、Q300TC1、Q330TC1、Q360TC1	热水器内胆等	
化工设备用	TC2	Q245TC2B、Q245TC2C、Q245TC2D、Q295TC2B、Q295TC2C、Q295TC2D、Q345TC2B、Q345TC2C、Q345TC2D	化工容器换热器及塔类设备等	
环保设备用	TC3	Q245TC3、Q295TC3、Q345TC3	拼装型储罐、环保行业罐体、环保水处理工程、自来水工程等	

注：搪瓷用超低碳钢的牌号由代表搪瓷用钢的符号 TC 和代表冲压钢 drawing steel 的首位英文字母 DS 组成，即 TCDS。其他钢的牌号由代表屈服强度的字母、屈服强度数值、搪瓷用钢的类别等三个部分按顺序组成；对于 TC2 类别增加质量等级符号（B、C、D），质量等级符号省略时，按 B 级供货。

钢板和钢带应以热轧或正火状态交货。

2. 力学性能

表 4-24   日用搪瓷钢的力学性能

牌号		拉伸试验[①][②]		
强度级别	类别	下屈服强度 R_{eL} /MPa	抗拉强度 R_m /MPa	断后伸长率 A_{50mm} /%
TCDS		130～240	270～380	≥33
Q210	TC1	≥210	300～420	≥28
Q245	TC1	≥245	340～460	≥26
Q300	TC1	≥300	370～490	≥24
Q330	TC1	≥330	400～520	≥22
Q360	TC1	≥360	440～560	≥22

① 拉伸试验取纵向试样，试样宽度为 12.5mm。

② 当屈服不明显时，可测量 $R_{P0.2}$ 代替下屈服强度。

表 4-25　化工设备用搪瓷钢的力学性能及工艺性能

牌号			拉伸试验[①②]			180°弯曲试验[①] 弯心直径/mm		冲击试验[①]	
强度级别	类别	质量等级	下屈服强度 R_{eL}/MPa	抗拉强度 R_m/MPa	断后伸长率 A/%	厚度/mm		试验温度/℃	吸收能量 A_{KV_2}/J
						<16	≥16		
Q245	TC2	B	≥245	400～520	≥26	1.5a	2a	20	≥31
		C						0	
		D						−20	
Q295	TC2	B	≥295	460～580	≥24	2a	3a	20	≥34
		C						0	
		D						−20	
Q345	TC2	B	≥345	510～630	≥22	2a	3a	20	≥34
		C						0	
		D						−20	

① 拉伸试验、弯曲试验和冲击试验取横向试样。

② 当屈服不明显时，可测量 $R_{P0.2}$ 代替下屈服强度。

表 4-26　环保设备用搪瓷钢的力学性能及工艺性能

牌号		拉伸试验[①②]			180°弯曲试验[①] 弯心直径/mm	
强度级别	类别	下屈服强度 R_{eL}/MPa	抗拉强度 R_m/MPa	断后伸长率 A/%	厚度/mm	
					<16	≥16
Q245	TC3	≥245	400～520	≥26	1.5a	2a
Q295	TC3	≥295	460～580	≥24	2a	3a
Q345	TC3	≥345	510～630	≥22	2a	3a

① 拉伸试验和弯曲试验取横向试样。

② 当屈服不明显时，可测量 $R_{P0.2}$ 代替下屈服强度。

九、耐硫酸露点腐蚀钢板和钢带（GB/T 28907—2012）

1. 品种规格

本标准适用于电厂烟囱、空气预热器、脱硫装置以及烟草行业烤房等厚度不大于 40mm 的耐硫酸露点腐蚀钢板和厚度不大于 25.4mm

的耐硫酸露点腐蚀钢带。

钢板和钢带的尺寸、外形、重量及允许偏差应符合 GB/T 709—2006 的规定。

2. 力学性能

表 4-27　钢板和钢带的力学性能和工艺性能

牌号	拉伸试验(横向)			弯曲试验(横向)
	屈服强度 R_{eL}/MPa	抗拉强度 R_m/MPa	断后伸长率 A/%	$b=2a(b \geqslant 20mm),180°$
Q315NS	$\geqslant$315	$\geqslant$440	$\geqslant$22	$d=3a$
Q345NS	$\geqslant$345	$\geqslant$470	$\geqslant$20	$d=3a$

注：1. 当 R_{eL} 不明显，采用 $R_{P0.2}$。

2. a 为试样厚度。

十、超高强度结构用热处理钢板（GB/T 28909—2012）

1. 品种规格

本标准适用于厚度不大于 50mm 的矿山、建筑、农业等工程机械用钢板。

钢板以淬火＋回火、淬火状态交货。

2. 力学性能

表 4-28　钢板的力学性能

牌号	拉伸试验[1]				夏比(V形缺口)冲击试验[2]	
	规定塑性延伸强度 $R_{P0.2}$/MPa	抗拉强度 R_m/MPa		断后伸长率 A/%	冲击吸收能量 A_{KV_2}	
		$\leqslant$30mm	$>$30～50mm		温度/℃	J
Q1030D Q1030E	$\geqslant$1030	1150～1500	1050～1400	$\geqslant$10	−20 −40	$\geqslant$27
Q1100D Q1100E	$\geqslant$1100	1200～1550	—	$\geqslant$9	−20 −40	$\geqslant$27
Q1200D Q1200E	$\geqslant$1200	1250～1600	—	$\geqslant$9	−20 −40	$\geqslant$27
Q1300D Q1300E	$\geqslant$1300	1350～1700	—	$\geqslant$8	−20 −40	$\geqslant$27

① 拉伸试验取横向试样。

② 冲击试验取纵向试样。

十一、临氢设备用铬钼合金钢钢板（GB/T 35012—2018）

1. 品种规格

本标准适用于制造石油化工和煤化工等临氢设备用厚度为 6～200mm 的铬钼合金钢钢板。

钢的牌号由 GB/T 713—2014（锅炉和压力容器用钢板）相应牌号后加上代表临氢的"（H）"组成，如 15CrMoR（H）。

钢板的尺寸、外形及允许偏差应符合 GB/T 709—2006 的规定。

表 4-29 钢板的交货状态

牌号	交货状态
15CrMoR（H）、14Cr1MoR（H）、12Cr2Mo1R(H)	正火(允许加速冷却)＋回火
12Cr2Mo1VR(H)	淬火＋回火,根据需方要求,可以采用正火(允许加速冷却)＋回火

2. 力学性能

表 4-30 试样模拟焊后热处理状态的力学性能

牌号	钢板厚度/mm	R_{eL}/MPa	R_m/MPa	A/%（不小于）	Z/%（不小于）	硬度(HBW,不大于)
15CrMoR(H)	6～60	≥295	450～590	20	45	225
	>60～100	≥275				
	>100～200	≥255	440～580			
14Cr1MoR(H)	6～100	≥310	520～680	20	45	225
	>100～200	≥300	510～670			
12Cr2Mo1R(H)	6～200	310～620	520～680	19	45	225
12Cr2Mo1VR(H)	6～200	415～620	590～760	18	45	235

注：屈服现象不明显，可测量 $R_{P0.2}$ 代替 R_{eL}。

表 4-31 试样模拟焊后热处理状态的冲击吸收能量

牌号	夏比（V形缺口）冲击试验		
	试验温度 /℃	冲击吸收能量 A_{KV_2}/J（不小于）	
		平均值	单个值
15CrMoR（H）	−10	55	48
14Cr1MoR（H）	−10	55	48
	−20		
12Cr2Mo1R（H）	−30	55	48
12Cr2Mo1VR（H）	−30	55	48

表 4-32 弯曲试验

牌号	180°弯曲试验
15CrMoR（H）、14Cr1MoR（H）、12Cr2Mo1R（H）、12Cr2Mo1VR（H）	$D=3a$

注：D 为弯曲压头直径，a 为试样厚度，试样宽度 $b=2a$。

表 4-33 试样模拟焊后热处理制度

模拟焊后热处理制度	牌号		
	15CrMoR（H）、14Cr1MoR（H）	12Cr2Mo1R（H）	12Cr2Mo1VR（H）
装炉温度/℃	≤400		
升温速度范围/（℃/h）	（55～120）		
保温温度/℃	（670～690）±10	690±10	705±10
最大/最小模拟焊后热处理保温时间/h	供需双方协商		
降温速度范围/（℃/h）	（55～120）		
出炉温度/℃	≤400		
出炉后空冷			

十二、自卸矿车结构用高强度钢板（GB/T 35841—2018）

1. 品种规格

本标准适用于制造厚度为 3～80mm 的大型矿山自卸矿车结构用

高强度钢板。

钢的牌号由代表钢的屈服强度的"屈"字汉语拼音首字母、规定最小屈服强度值、质量等级符号三个部分组成，如 Q1170E。

钢板以淬火、淬火＋回火、热机械轧制（TMCP）或热机械轧制（TMCP）＋回火状态交货。

2. 力学性能

表 4-34 力学性能

牌号	$R_{P0.2}$/MPa（不小于）	R_m/MPa 厚度/mm		A/%（不小于）	温度/℃	A_{KV_2}/J（不小于）
		3～50	＞50～80			
Q700D	700	770～1090	770～1090	12	−20	35
Q700E	700	770～1090	770～1090	12	−40	35
Q900D	900	960～1290	协议	10	−20	31
Q900E	900	960～1290	协议	10	−40	31
Q1070D	1070	1130～1450	协议	8	−20	17
Q1070E	1070	1130～1450	协议	8	−40	17
Q1170D	1170	1230～1550	协议	8	−20	17
Q1170E	1170	1230～1550	协议	8	−40	17

注：Q1070D/E 及 Q1170D/E 的 $R_{P0.2}$ 仅供参考。

十三、电池壳用冷轧钢带（GB/T 34212—2017）

1. 品种规格

本标准适用于厚度为 0.25～0.50mm 的冷轧钢带，主要用于冲制碱性电池和充电电池的钢壳。

电池壳用钢带，其牌号 DCK 为电池壳的汉语拼音首字母。

钢带按表面质量分类：高级表面，代号 FC；超高级表面，代号 FD。

钢带按表面结构分类：麻面，代号 D；光面代号 B。

光面钢带的公称厚度为 0.25～0.30mm，公称宽度 1220mm（不切边）。

麻面钢带的公称厚度为 0.25～0.50mm，公称宽度 1220mm（不切边）。

钢带经冷轧、退火及平整后交货。

2. 力学性能

供方保证自制造完成之日起 6 个月内，钢带的力学性能和工艺性能应符合表 4-35 的规定。

表 4-35　钢带的力学性能和工艺性能

牌号	拉伸试验				硬度（HRB）	
	下屈服强度 R_{eL}/MPa	抗拉强度 R_m/MPa	断后伸长率 A_{50mm}/%		公称厚度/mm	
			公称厚度/mm			
			0.25～0.30	＞0.30	0.25～0.30	＞0.30
DCK	180～300	300～390	≥33	≥34	40～60	40～52

注：由于受时效的影响，钢带的力学性能会随着储存时间的延长而变化，如屈服强度和抗拉强度的上升，断后伸长率的下降，成形性能变差，出现拉伸应变痕等，因此建议用户尽快使用。

当屈服强度不明显时采用 $R_{P0.2}$。

十四、包装用钢带（GB/T 25820—2018）

1. 品种规格

本标准适用于金属材料、玻璃、轻工产品、物流运输等包装捆扎用的钢带。

捆带的牌号由规定的最小抗拉强度值和"捆带"汉语拼音首字母"KD"组成，如 830KD。

表 4-36　捆带的宽度和厚度

公称厚度/mm	公称宽度/mm					
	12.7	16	19	25.4(25)	31.75(32)	40
0.4	·					

续表

公称厚度 /mm	公称宽度/mm					
	12.7	16	19	25.4(25)	31.75(32)	40
0.5	•	•	•			
0.6	•	•	•			
0.7			•			
0.8			•	•	•	
0.9			•	•	•	•
1.0				•	•	•
1.2	•				•	•

注 "•"表示常规生产供应的捆带。

2. 力学性能

表 4-37 捆带的力学性能

牌号	R_m/MPa （不小于）	A_{30mm}/%	
		公称厚度/mm	不小于
830KD	830	0.4～0.6	2
		0.7	4
		0.8～1.2	10
880KD	880	0.4～0.6	2
		0.7	4
		0.8～1.2	10
930KD	930	0.4～0.6	2
		0.7	4
		0.8～1.2	10
980KD	980	0.7	9
		0.8～1.2	12
1150KD	1150	0.7～1.2	8
1250KD	1250	0.7～1.2	6
1350KD	1350	0.7～1.2	6

注：对于牌号 1150KD、1250KD、1350KD 断后伸长率采用比例试样，比例系数 k 为 5.65。

十五、封装支架用冷轧钢带（YB/T 4520—2016）

1. 品种规格

本标准适用于厚度不大于 0.5mm 的封装支架用冷轧钢带。

钢的牌号由"封装支架"关键字的汉语拼音首位字母"FJ"及代表强度级别的数字组成。如 FJ1。

钢带以退火后平整状态交货，表面状态为光面。

钢带通常涂油供货，所涂油膜应能用碱水溶液或通常的溶液去除，在通常的包装、运输、装卸及储存条件下，供方应保证自制造之日起 3 个月内，钢带表面不生锈。

2. 力学性能

表 4-38　钢带力学性能

牌号	拉伸试验[①]			硬度 (HV1)
	$R_{P0.2}$/MPa （不大于）	R_m/MPa	A_{80mm}/% （L_0＝80mm，b＝20mm）（不小于）	
FJ1	350	320～480	20	130～150
FJ2	300	270～400	30	90～120

① 拉伸试验试样方向为横向。

十六、耐候结构钢（GB/T 4171—2008）

1. 品种规格

本标准适用于车辆、桥梁、集装箱、建筑、塔架和其他结构用具有耐大气腐蚀性能的热轧和冷轧的钢板、钢带和型钢。耐候钢可制作螺栓连接、铆接和焊接的结构件。

钢的牌号由"屈服强度""高耐候"或"耐候"的汉语拼音首位字母"Q""GNH"或"NH"、屈服强度的下限值以及质量等级（A、B、C、D、E）组成。如：Q355GNHC。

各牌号的分类及用途见表4-39。

表4-39　分类和用途

类别	牌号	生产方式	用途
高耐候钢	Q295GNH、Q355GNH	热轧	车辆、集装箱、建筑、塔架或其他结构件等，与焊接耐候钢相比，具有较好的耐大气腐蚀性能
	Q265GNH、Q310GNH	冷轧	
焊接耐候钢	Q235NH、Q295NH、Q355NH、Q415NH、Q460NH、Q500NH、Q550NH	热轧	车辆、桥梁、集装箱、建筑或其他结构件等，与高耐候钢相比，具有较好的焊接性能

各牌号的供货尺寸范围见表4-40。

表4-40　供货尺寸范围

牌号	厚度或直径/mm	
	钢板和钢带	型钢
Q235NH、Q295NH、Q355NH	≤100	≤100
Q295GNH、Q355GNH	≤20	≤40
Q415NH、Q460NH、Q500NH、Q550NH	≤60	—
Q265GNH、Q310GNH	≤3.5	—

热轧钢板和钢带的尺寸、外形、重量及允许偏差应符合GB/T 709—2006的规定。

冷轧钢板和钢带的尺寸、外形、重量及允许偏差应符合GB/T 708—2006的规定。

型钢的尺寸、外形、重量及允许偏差应符合有关产品标准的规定。

热轧钢材以热轧、控轧或正火状态交货，牌号为Q460NH、Q500NH、Q550NH的钢材可以淬火加回火状态交货，冷轧钢材一般以退火状态交货。

2. 力学性能

表 4-41　力学性能　　　　　　　　　　mm

牌号	拉伸试验									180°弯曲试验 弯心直径		
	R_{eL}/MPa(不小于)				R_m /MPa	A/%(不小于)						
	≤16	>16 ~ 40	>40 ~ 60	>60		≤16	>16 ~ 40	>40 ~ 60	>60	≤6	>6 ~ 16	>16
Q235NH	235	225	215	215	360 ~ 510	25	25	24	23	a	a	$2a$
Q295NH	295	285	275	255	430 ~ 560	24	24	23	22	a	$2a$	$3a$
Q295GNH	295	285	—	—	430 ~ 560	24	24	—	—	a	$2a$	$3a$
Q355NH	355	345	335	325	490 ~ 630	22	22	21	20	a	$2a$	$3a$
Q355GNH	355	345	—	—	490 ~ 630	22	22	—	—	a	$2a$	$3a$
Q415NH	415	405	395	—	520 ~ 680	22	22	20	—	a	$2a$	$3a$
Q460NH	460	450	440	—	570 ~ 730	20	20	19	—	a	$2a$	$3a$
Q500NH	500	490	480	—	600 ~ 760	18	16	15	—	a	$2a$	$3a$
Q550NH	550	540	530	—	620 ~ 780	16	16	15	—	a	$2a$	$3a$
Q265GNH	265	—	—	—	≥410	27	—	—	—	a	—	—
Q310GNH	310	—	—	—	≥450	26	—	—	—	a	—	—

注：1. a 为钢材厚度。

2. 当屈服现象不明显时，可以采用 $R_{P0.2}$ 代替 R_{eL}。

表 4-42 冲击性能

质量等级	V 形缺口冲击试验		
	试样方向	温度/℃	冲击吸收能量 A_{KV_2}/J
A		—	—
B	纵向	+20	≥47
C		0	≥34
D		-20	≥34
E		-40	≥27

注：1. 冲击试样尺寸为 10mm×10mm×55mm。

2. 经供需双方协商，平均冲击功吸收能量可以大于等于 60J。

十七、不锈钢热轧钢板和钢带（GB/T 4237—2015）

1. 品种规格

钢板和钢带的公称尺寸范围见表 4-43。推荐的公称尺寸应符合 GB/T 706—2006 中 5.2 的规定。根据需方要求，经供需双方协商，可供其他尺寸的产品。

表 4-43 公称尺寸范围

产品名称	公称厚度/mm	公称宽度/mm
厚钢板	3.0～200	600～4800
宽钢带、卷切钢板、纵剪宽钢带	2.0～25.4	600～2500
窄钢带、卷切钢带	2.0～13.0	<600

2. 力学性能

经固溶处理的奥氏体型钢板和钢带的力学性能应符合表 4-44 规定。

经固溶处理的奥氏体-铁素体型钢板和钢带的力学性能应符合表 4-45 规定。

经退火处理的铁素体型和马氏体型钢板和钢带的力学性能应符合表 4-46 规定。

经固溶处理的沉淀硬化型钢板和钢带的试样的力学性能应符合表 4-47 规定。

经时效处理后的沉淀硬化型钢试样的力学性能应符合表 4-48 规定。

表 4-44　经固溶处理的奥氏体型钢板和钢带的力学性能

统一数字代号	牌号	规定塑性延伸强度 $R_{p0.2}$/MPa	抗拉强度 R_m/MPa 不小于	断后伸长率 A/%	硬度值 HBW 不大于	硬度值 HRB 不大于	硬度值 HV 不大于
S30103	022Cr17Ni7	220	550	45	241	100	242
S30110	12Cr17Ni7	205	515	40	217	95	220
S30153	022Cr17Ni7N	240	550	45	241	100	242
S30210	12Cr18Ni9	205	515	40	201	92	210
S30240	12Cr18Ni9Si3	205	515	40	217	95	220
S30403	022Cr19Ni10	180	485	40	201	92	210
S30408	06Cr19Ni10	205	515	40	201	92	210
S30409	07Cr19Ni10	205	515	40	201	92	210
S30450	05Cr19Ni10Si2CeN	290	600	40	217	95	220
S30453	022Cr19Ni10N	205	515	40	217	95	220
S30458	06Cr19Ni10N	240	550	40	217	95	220
S30478	06Cr19Ni9NbN	275	585	30	241	100	242
S30510	10Cr18Ni12	170	485	40	183	88	200
S30859	08C r21Ni11Si2CeN	310	600	40	217	95	220

续表

统一数字代号	牌号	规定塑性延伸强度 $R_{P0.2}$/MPa	抗拉强度 R_m/MPa	断后伸长率 A/%	硬度值		
					HBW	HRB	HV
		不小于	不小于		不大于		
S30908	06Cr23Ni13	205	515	40	217	95	220
S31008	06Cr25Ni20	205	515	40	217	95	220
S31053	022Cr25Ni22Mo2N	270	580	25	217	95	220
S31252	015Cr20Ni18Mo6CuN	310	655	35	223	96	225
S31603	022Cr17Ni12Mo2	180	485	40	217	95	220
S31608	06Cr17Ni12Mo2	205	515	40	217	95	220
S31609	07Cr17Ni12Mo2	205	515	40	217	95	220
S31653	022Cr17Ni12Mo2N	205	515	40	217	95	220
S31658	06Cr17Ni12Mo2N	240	550	35	217	95	220
S31668	06Cr17Ni12Mo2Ti	205	515	40	217	95	220
S31678	06Cr17Ni12Mo2Nb	205	515	30	217	95	220
S31688	06Cr18Ni12Mo2Cu2	205	520	40	187	90	200
S31703	022Cr19Ni13Mo3	205	515	40	217	95	220
S31708	06Cr19Ni13Mo3	205	515	35	217	95	220

续表

统一数字代号	牌号	规定塑性延伸强度 $R_{P0.2}$/MPa	抗拉强度 R_m/MPa	断后伸长率 A/%	硬度值		
					HBW	HRB	HV
		不小于	不小于		不大于	不大于	
S31723	022Cr19Ni16Mo5N	240	550	40	223	96	225
S31753	022Cr19Ni13Mo4N	240	550	40	217	95	220
S31782	015Cr21Ni26Mo5Cu2	220	490	35	—	90	200
S32168	06Cr18Ni11Ti	205	515	40	217	95	220
S32169	07Cr19Ni11Ti	205	515	40	217	95	220
S32652	015Cr24Ni22Mo8Mn3CuN	430	750	40	250	—	252
S34553	022Cr24Ni17Mo5Mn6NbN	415	795	35	241	100	242
S34778	06Cr18Ni11Nb	205	515	40	201	92	210
S34779	07Cr18Ni11Nb	205	515	40	201	92	210
S38367	022Cr21Ni25Mo7N	310	655	30	241	—	—
S38926	015Cr20Ni25Mo7CuN	295	650	35	—	—	—

表4-45 经固溶处理的奥氏体-铁素体型钢板和钢带的力学性能

统一数字代号	牌号	规定塑性延伸强度 $R_{P0.2}$/MPa 不小于	抗拉强度 R_m/MPa 不小于	断后伸长率 A/% 不小于	硬度值 不大于 HBW	硬度值 不大于 HRC
S21860	14Cr18Ni11Si4AlTi	—	715	25	—	—
S21953	022Cr19Ni5Mo3Si2N	440	630	25	290	31
S22053	022Cr23Ni5Mo3N	450	655	25	293	31
S22152	022Cr21Mn5Ni2N	450	620	25	—	25
S22153	022Cr21Ni3Mo2N	450	655	25	293	31
S22160	12Cr21Ni5Ti	—	635	20	—	—
S22193	022Cr21Mn3Ni3Mo2N	450	620	25	293	31
S22253	022Cr22Mn3Ni2MoN	450	655	30	293	31
S22293	022Cr22Ni5Mo3N	450	620	25	293	31
S22294	03Cr22Mn5Ni2MoCuN	450	650	30	290	—
S22353	022Cr23Ni2N	450	650	30	290	—
S22493	022Cr24Ni4Mn3Mo2CuN	480	680	25	290	—
S22553	022Cr25Ni6Mo2N	450	640	25	295	31
S23043	022Cr23Ni4MoCuN	400	600	25	290	31
S25554	03Cr25Ni6Mo3Cu2N	550	760	15	302	32
S25073	022Cr25Ni7Mo4N	550	795	15	310	32
S27603	022Cr25Ni7Mo4WCuN	550	750	25	270	—

表 4-46 经退火处理的铁素体型和马氏体型钢板和钢带的力学性能

经退火处理的铁素体型钢板和钢带的力学性能

统一数字代号	牌号	规定塑性延伸强度 $R_{P0.2}$/MPa	抗拉强度 R_m/MPa	断后伸长率 A/%	180°弯曲试验弯曲压头直径 D	硬度值		
		不小于				HBW	HRB	HV
						不大于		
S11163	022Cr11Ti	170	380	20	$D=2a$	179	88	200
S11173	022Cr11NbTi	170	380	20	$D=2a$	179	88	200
S11213	022Cr12Ni	280	450	18	—	180	88	200
S11203	022Cr12	195	360	22	$D=2a$	183	88	200
S11348	06Cr13Al	170	415	20	$D=2a$	179	88	200
S11510	10Cr15	205	450	22	$D=2a$	183	89	200
S11573	022Cr15NbTi	205	450	22	$D=2a$	183	89	200
S11710	10Cr17	205	420	22	$D=2a$	183	89	200
S11763	022Cr17NbTi	175	360	22	$D=2a$	183	88	200
S11790	10Cr17Mo	240	450	22	$D=2a$	183	89	200
S11862	019Cr18MoTi	245	410	20	$D=2a$	217	96	230
S11863	022Cr18Ti	205	415	22	$D=2a$	183	89	200

续表

统一数字代号	牌号	规定塑性延伸强度 $R_{p0.2}$/MPa 不小于	抗拉强度 R_m/MPa 不小于	断后伸长率 A/%	180°弯曲试验弯曲压头直径 D	硬度值 HBW 不大于	硬度值 HRB 不大于	硬度值 HV 不大于
S11873	022Cr18NbTi	250	430	18	—	180	88	200
S11882	019Cr18CuNb	205	390	22	$D=2a$	192	90	200
S11972	019Cr19Mo2NbTi	275	415	20	$D=2a$	217	96	230
S11973	022Cr18NbTi	205	415	22	$D=2a$	183	89	200
S12182	019Cr21CuTi	205	390	22	$D=2a$	192	90	200
S12361	019Cr23Mo2Ti	245	410	20	$D=2a$	217	96	230
S12362	019Cr23MoTi	245	410	20	$D=2a$	217	96	230
S12763	022Cr27Ni2Mo4NbTi	450	585	18	$D=2a$	241	100	212
S12791	008Cr27Mo	275	450	22	$D=2a$	187	90	200
S12963	022Cr29Mo4NbTi	415	550	18	$D=2a$	255	25 (HRC值)	257
S13091	008Cr30Mo2	295	450	22	$D=2a$	207	95	220

续表

经退火处理的马氏体型钢板和钢带的力学性能

统一数字代号	牌号	规定塑性延伸强度 $R_{P0.2}$/MPa	抗拉强度 R_m/MPa 不小于	断后伸长率 A/%	180°弯曲试验弯曲压头直径 D	硬度值		
						HBW 不大于	HRB 不大于	HV 不大于
S40310	12Cr12	205	485	20	$D=2a$	217	96	210
S41008	06Cr13	205	415	22	$D=2a$	183	89	200
S41010	12Cr13	205	450	20	$D=2a$	217	96	210
S41595	04Cr13Ni5Mo	620	795	15	—	302	32（HRC值）	308
S42020	20Cr13	225	520	18	—	223	97	234
S42030	30Cr13	225	540	18	—	235	99	217
S42040	40Cr13	225	590	15	—	—	—	—
S43120	17Cr16Ni2（为淬火回火后的力学性能）	690	880~1080	12	—	262~326	—	—
		1050	1350	10	—	388	—	—
S44070	68Cr17	245	590	15	—	255	25（HRC）	269
S46050	50Cr15MoV	—	≤850	12	—	280	100	280

注：a 为弯曲试样厚度。

表 4-47　经固溶处理的沉淀硬化型钢板和钢带的试样的力学性能

统一数字代号	牌号	钢材厚度/mm	规定塑性延伸强度 $R_{p0.2}$/MPa	抗拉强度 R_m/MPa	断后伸长率 A/%	硬度值	
			不大于	不大于	不小于	HRC	HBW
						不大于	不大于
S51380	04Cr13Ni8Mo2Al	2.0~102	—	—	—	38	363
S51290	022Cr12Ni9Cu2NbTi	2.0~102	1105	1205	3	36	331
S51770	07Cr17Ni7Al	2.0~102	380	1035	20	92(HRB)	—
S51570	07Cr15Ni7Mo2Al	2.0~102	450	1035	25	100(HRB)	—
S51750	09Cr17Ni5Mo3N	2.0~102	585	1380	12	30	—
S51778	06Cr17Ni7AlTi	2.0~102	515	825	5	32	—

表 4-48　经时效处理后的沉淀硬化型试样的力学性能

统一数字代号	牌号	钢材厚度/mm	处理温度①/℃	规定塑性延伸强度 $R_{p0.2}$/MPa	抗拉强度 R_m/MPa	断后伸长率②① A/%	硬度值	
				不小于	不小于	不小于	HRC	HBW
							不小于	不小于
S51380	04Cr13Ni8Mo2Al	2~<5	510±5	1410	1515	8	45	—
		5~<16		1410	1515	10	45	429
		16~100		1410	1515	10	45	—
		2~<5	540±5	1310	1380	8	43	—
		5~<16		1310	1380	10	43	—
		16~100		1310	1380	10	43	401

续表

统一数字代号	牌号	钢材厚度/mm	处理温度①/℃	规定塑性延伸强度 $R_{p0.2}$/MPa	抗拉强度 R_m/MPa 不小于	断后伸长率②③ A/% 不小于	硬度值 不小于 HRC	硬度值 不小于 HBW
S51290	022Cr12Ni9Cu2NbTi	≥2	480±6 或 510±5	1410	1525	4	44	—
S51770	07Cr17Ni7Al	2~<5	760±15 15±3	1035	1240	6	38	—
		5~16	566±6	965	1170	7	38	352
		2~<5	954±8 −73±6 510±6	1310	1450	4	44	—
		5~16		1240	1380	6	43	401
S51570	07Cr15Ni7Mo2Al	2~<5	760±15 15±3	1170	1310	5	40	—
		5~16	566±6	1170	1310	4	40	375
		2~<5	954±8 −73±6 510±6	1380	1550	4	46	—
		5~16		1380	1550	4	45	429

续表

统一数 字代号	牌号	钢材厚度 /mm	处理温度① /℃	规定塑性延 伸强度 $R_{p0.2}$/MPa	抗拉强度 R_m/MPa 不小于	断后伸长 率②③·A/% 不小于	硬度值 HRC 不小于	硬度值 HBW 不小于
S51750	09Cr17Ni5Mo3N	2～5	455±10	1035	1275	8	42	—
		2～5	540±10	1000	1140	8	36	—
		2～<3	510±10	1170	1310	5	39	—
		≥3		1170	1310	8	39	363
S51778	06Cr17Ni7AlTi	2～<3	540±10	1105	1240	5	37	—
		≥3		1105	1240	8	38	352
		2～<3	565±10	1035	1170	5	35	—
		≥3		1035	1170	8	36	331

① 为推荐性热处理温度，供方应向需方提供推荐性热处理制度。
② 适用于沿宽度方向的试验。垂直于轧制方向且平行于钢板表面。
③ 厚度不大于 3mm 时使用 A_{50mm} 试样。

十八、不锈钢冷轧钢板和钢带（GB/T 3280—2015）

1. 品种规格

钢板和钢带的公称尺寸范围见表 4-49。推荐的公称尺寸应符合 GB/T 708—2006 中 5.2 的规定。根据需方要求，并经双方协商确定，可供应其他尺寸的产品。

表 4-49　公称尺寸范围

形态	公称厚度/mm	公称宽度/mm
宽钢带、卷切钢板	0.10～8.00	600～2100
纵剪宽钢带①、卷切钢带Ⅰ①	0.10～8.00	＜600
窄钢带、卷切钢带Ⅱ	0.01～3.00	＜600

① 由宽度大于 600mm 的宽钢带纵剪（包括纵剪加横切）成宽度小于 600mm 的钢带或钢板。

2. 力学性能

表4-50 经固溶处理的奥氏体型钢板和钢带的力学性能

统一数字代号	牌号	规定塑性延伸强度 $R_{p0.2}$/MPa	抗拉强度 R_m/MPa 不小于	断后伸长率 A/% 不小于	硬度值 不大于		
					HBW	HRB	HV
S30103	022Cr17Ni7	220	550	45	241	100	242
S30110	12Cr17Ni7	205	515	40	217	95	220
S30153	022Cr17Ni7	240	550	45	241	100	242
S30210	12Cr18Ni9	205	515	40	201	92	210
S30240	12Cr18Ni9Si3	205	515	40	217	95	220
S30403	022Cr19Ni10	180	485	40	201	92	210
S30408	06Cr19Ni10	205	515	40	201	92	210
S30409	07Cr19Ni10	205	515	40	201	92	210
S30450	05Cr19Ni10Si2CeN	209	600	40	217	95	220
S30453	022Cr19Ni10N	205	515	40	217	95	220
S30458	06Cr19Ni10N	240	550	30	217	95	220

续表

统一数字代号	牌号	规定塑性延伸强度 $R_{P0.2}$/MPa	抗拉强度 R_m/MPa	断后伸长率 A/%	硬度值		
			不小于	不小于	HBW	HRB	HV
						不大于	
S30478	06Cr19Ni9NbN	345	620	30	241	100	242
S30510	10Cr18Ni12	170	485	40	183	88	200
S30859	08Cr21Ni11Si2CeN	310	600	40	217	95	220
S30908	06Cr23Ni13	205	515	40	217	95	220
S31008	06Cr25Ni20	205	515	40	217	95	220
S31053	022Cr25Ni22Mo2N	270	580	25	217	95	220
S31252	015Cr20Ni18Mo6CuN	310	690	35	223	96	225
S31603	022Cr17Ni12Mo2	180	485	40	217	95	220
S31608	06Cr17Ni12Mo2	205	515	40	217	95	220
S31609	07Cr17Ni12Mo2	205	515	40	217	95	220
S31653	022Cr17Ni12Mo2N	205	515	40	217	95	220
S31658	06Cr17Ni12Mo2N	240	550	35	217	95	220
S31668	06Cr17Ni12Mo2Ti	205	515	40	217	95	220

续表

统一数字代号	牌号	规定塑性延伸强度 $R_{P0.2}$/MPa	抗拉强度 R_m/MPa 不小于	断后伸长率 A/%	硬度值 不大于		
					HBW	HRB	HV
S31678	06Cr17Ni12Mo2Nb	205	515	30	217	95	220
S31688	06Cr18Ni12Mo2Cu2	205	520	40	187	90	200
S31703	022Cr19Ni13Mo3	205	515	40	217	95	220
S31708	06Cr19Ni13Mo3	205	515	35	217	95	220
S31723	022Cr19Ni16Mo5N	240	550	40	223	96	225
S31753	022Cr19Ni13Mo4N	240	550	40	217	95	220
S31782	015Cr21Ni26Mo5Cu2	220	490	35	—	90	200
S32168	06Cr18Ni11Ti	205	515	40	217	95	220
S32169	07Cr19Ni11Ti	205	515	40	217	95	220
S32652	015Cr24Ni22Mo8Mn3CuN	430	750	40	250	—	252
S34553	022Cr24Ni17Mo5Mn6NbN	415	795	35	241	100	242
S34778	06Cr18Ni11Nb	205	515	40	201	92	210
S34779	07Cr18Ni11Nb	205	515	40	201	92	210
S38367	022Cr21Ni25Mo7N	310	690	30	—	100	258
S38926	015Cr20Ni25Mo7CuN	295	650	35	—	—	—

表 4-51　H $\frac{1}{4}$ 状态的钢板和钢带的力学性能

统一数字代号	牌号	规定塑性延伸强度 $R_{\text{P0.2}}$/MPa	抗拉强度 R_{m}/MPa	断后伸长率 A /%		
				厚度<0.4mm	0.4~<0.8mm	≥0.8mm
				不小于		
S30103	022Cr17Ni7	515	825	25	25	25
S30110	12Cr17Ni7	515	860	25	25	25
S30153	022Cr17Ni7N	515	825	25	25	25
S30210	12Cr18Ni9	515	860	10	10	12
S30403	022Cr19Ni10	515	860	8	8	10
S30408	06Cr19Ni10	515	860	10	10	12
S30453	022Cr19Ni10N	515	860	10	10	12
S30458	06Cr19Ni10N	515	860	12	12	12
S31603	022Cr17Ni12Mo2	515	860	8	8	8
S31608	06Cr17Ni12Mo2	515	860	10	10	10
S31658	06Cr17Ni12Mo2N	515	860	12	12	12

表4-52　H$\frac{1}{2}$状态的钢板和钢带的力学性能

统一数字代号	牌号	规定塑性延伸强度 $R_{P0.2}$/MPa	抗拉强度 R_m/MPa	断后伸长率 A/% 不小于		
				厚度<0.4mm	0.4~<0.8mm	≥0.8mm
S30103	022Cr17Ni7	690	930	20	20	20
S30110	12Cr17Ni7	760	1035	15	18	18
S30153	022Cr17Ni7N	690	930	20	20	20
S30210	12Cr18Ni9	760	1035	9	10	10
S30403	022Cr19Ni10	760	1035	5	6	6
S30408	06Cr19Ni10	760	1035	6	7	7
S30453	022Cr19Ni10N	760	1035	6	7	7
S30458	06Cr19Ni10N	760	1035	6	8	8
S31603	022Cr17Ni12Mo2	760	1035	5	6	6
S31608	06Cr17Ni12Mo2	760	1035	6	7	7
S31658	06Cr17Ni12Mo2N	760	1035	6	8	8

表 4-53　H $\frac{3}{4}$ 状态的钢板和钢带的力学性能

统一数字代号	牌号	规定塑性延伸强度 $R_{P0.2}$/MPa	抗拉强度 R_m/MPa	断后伸长率 A/%		
				厚度<0.4mm	0.4~<0.8mm	≥0.8mm
				不小于		
S30110	12Cr17Ni7	930	1205	10	12	12
S30210	12Cr18Ni9	930	1205	5	6	6

表 4-54　H 状态的钢板和钢带的力学性能

统一数字代号	牌号	规定塑性延伸强度 $R_{P0.2}$/MPa	抗拉强度 R_m/MPa	断后伸长率 A/%		
				厚度<0.4mm	0.4~<0.8mm	≥0.8mm
				不小于		
S30110	12Cr17Ni7	965	1275	8	9	9
S30210	12Cr18Ni9	965	1275	3	4	4

表 4-55　H2 状态的钢板和钢带的力学性能

统一数字代号	牌号	规定塑性延伸强度 $R_{P0.2}$/MPa	抗拉强度 R_m/MPa	断后伸长率 A/%		
				厚度<0.4mm	0.4~<0.8mm	≥0.8mm
				不小于		
S30110	12Cr17Ni7	1790	1860	—	—	—

表 4-56　经固溶处理的奥氏体-铁素体型钢板和钢带的力学性能

统一数字代号	牌号	规定塑性延伸强度 $R_{P0.2}$/MPa 不小于	抗拉强度 R_m/MPa 不小于	断后伸长率 A/% 不小于	硬度值 不大于	
					HBW	HRC
S21860	14Cr18Ni11Si4AlTi	—	715	25	—	—
S21953	022Cr19Ni5Mo3Si2N	440	630	25	290	31
S22053	022Cr23Ni5Mo3N	450	655	25	293	31
S22152	022Cr21Mn5Ni2N	450	620	25	—	25
S22153	022Cr21Ni3Mo2N	450	655	25	293	31
S22160	12Cr21Ni5Ti	—	635	20	—	—
S22193	022Cr21Mn3Ni3Mo2N	450	620	25	293	31
S22253	022Cr22Mn3Ni2MoN	450	655	30	293	31
S22293	022Cr22Ni5Mo3N	450	620	25	293	31
S22294	03Cr22Mn5Ni2MoCuN	450	650	30	290	—
S22353	022Cr23Ni2N	450	650	30	290	—
S22493	022Cr21Ni4Mn3Mo2CuN	540	740	25	290	—
S22553	022Cr25Ni6Mo2N	450	640	25	295	31
S23043	022Cr23Ni4MoCuN	400	600	25	290	31
S25073	022Cr25Ni7Mo4N	550	795	15	310	32
S25554	03Cr25Ni6Mo3Cu2N	550	760	15	302	32
S27603	022Cr25Ni7Mo4WCuN	550	750	25	270	—

表 4-57　经退火处理的铁素体型钢板和钢带的力学性能

统一数字代号	牌号	$R_{P0.2}$/MPa	R_m/MPa	A/%	180°弯曲试验	硬度值 HBW	HRB	HV
		不小于				不大于		
S11163	022Cr11Ti	170	380	20	D=2a	179	88	200
S11173	022Cr11NbTi	170	380	20	D=2a	179	88	200
S11203	022Cr12	195	360	22	D=2a	183	88	200
S11213	022Cr12Ni	280	450	18	—	180	88	200
S11348	06Cr13Al	170	415	20	D=2a	179	88	200
S11510	10Cr15	205	450	22	D=2a	183	89	200
S11573	022Cr15NbTi	205	450	22	D=2a	183	89	200
S11710	10Cr17	205	420	22	D=2a	183	89	200
S11763	022Cr17Ti	175	360	22	D=2a	183	88	200
S11790	10Cr17Mo	240	450	22	D=2a	183	89	200
S11862	019Cr18MoTi	245	410	20	D=2a	217	96	230
S11863	022Cr18Ti	205	415	22	D=2a	183	89	200
S11873	022Cr18Nb	250	430	18	—	180	88	200
S11882	019Cr18CuNb	205	390	22	D=2a	192	90	200
S11972	019Cr19Mo2NbTi	275	415	20	D=2a	217	96	230
S11973	022Cr18NbTi	205	415	22	D=2a	183	89	200
S12182	019Cr21CuTi	205	390	22	D=2a	192	90	200
S12361	019Cr23Mo2Ti	245	410	20	D=2a	217	96	230
S12362	019Cr23MoTi	245	410	20	D=2a	217	96	230
S12763	022Cr27Ni2Mo4NbTi	450	585	18	D=2a	241	100	242
S12791	008Cr27Mo	275	450	22	D=2a	187	90	200

续表

统一数字代号	牌号	$R_{P0.2}$/MPa	R_m/MPa	A/%	180°弯曲试验	硬度值 HBW	HRB	HV
		不小于	不小于				不大于	
S12963	022Cr29Mo4NbTi	415	550	18	D=2a	255	25（HRC）	257
S13091	008Cr30Mo2	295	450	22	D=2a	207	95	220

注：D 为弯曲压头直径；a 为弯曲试样厚度。

表4-58　经退火处理的马氏体型钢板和钢带（17Cr16Ni2除外）的力学性能

统一数字代号	牌号	$R_{P0.2}$/MPa	R_m/MPa	A/%	180°弯曲试验	硬度值 HBW	HRB	HV
		不小于	不小于				不大于	
S40310	12Cr12	205	485	20	D=2a	217	96	210
S41008	06Cr13	205	415	22	D=2a	183	89	200
S41010	12Cr13	205	450	20	D=2a	217	96	210
S41595	04Cr13Ni5Mo	620	795	15	—	302	32（HRC）	308
S42020	20Cr13	225	520	18	—	223	97	234
S42030	30Cr13	225	540	18	—	235	99	247
S42040	40Cr13	225	590	15	—	—	—	—
S43120	17Cr16Ni2（为淬火回火后的力学性能）	690	880~1080	12	—	262~326	—	—
		1050	1350	10	—	388	—	—
S44070	68Cr17	245	590	15	—	255	25（HRC）	269
S46050	50Cr15MoV	—	≤850	12	—	280	100	280

注：D 为弯曲压头直径；a 为弯曲试样厚度。

表 4-59　经固溶处理的沉淀硬化型钢板和钢带试样的力学性能

统一数字代号	牌号	钢材厚度 /mm	$R_{P0.2}$/MPa 不大于	R_m/MPa 不大于	A/% 不小于	硬度值 HRC 不大于	硬度值 HBW 不大于
S51380	04Cr13Ni8Mo2Al	0.10~<8.0	—	—	—	38	363
S51290	022Cr12Ni9Cu2NbTi	0.30~8.0	1105	1205	3	36	331
S51770	07Cr17Ni7Al	0.10~<0.30	450	1035	—	—(HRB)	—
		0.30~8.0	380	1035	20	92(HRB)	—
S51570	07Cr15Ni7Mo2Al	0.10~<8.0	450	1035	25	100(HRB)	—
S51750	09Cr17Ni5Mo3N	0.10~<0.30	585	1380	8	30	—
		0.30~8.0	585	1380	12	30	—
S51778	06Cr17Ni7AlTi	0.10~<1.50	515	825	4	32	—
		1.50~8.0	515	825	5	32	—

表 4-60 经时效处理后的沉淀硬化型钢板和钢带试样的力学性能

统一数字代号	牌号	钢材厚度/mm	处理温度/℃	$R_{P0.2}$/MPa	R_m/MPa 不小于	A/%	硬度值 不小于	
							HRC	HBW
S51380	04Cr13Ni8Mo2Al	0.10~<0.50	510±6	1410	1515	6	45	—
		0.50~<5.0		1410	1515	8	45	—
		5.0~8.0		1410	1515	10	45	—
		0.10~<0.50	538±6	1310	1380	6	43	—
		0.50~<5.0		1310	1380	8	43	—
		5.0~8.0		1310	1380	10	43	—
S51290	022Cr12Ni9Cu2NbTi	0.10~<0.50	510±6 或 482±6	1410	1525	—	44	—
		0.50~<1.50		1410	1525	3	44	—
		1.50~8.0		1410	1525	4	44	—
S51770	07Cr17Ni7Al	0.10~<0.30	760±15	1035	1240	3	38	—
		0.30~<5.0	15±3	1035	1240	5	38	—
		5.0~8.0	566±6	965	1170	7	38	352
	07Cr17Ni7Al	0.10~<0.30	954±8	1310	1450	1	44	—
		0.30~<5.0	-73±6	1310	1450	3	44	—
		5.0~8.0	510±6	1240	1380	6	43	401

续表

统一数字代号	牌号	钢材厚度/mm	处理温度/℃	$R_{P0.2}$/MPa 不小于	R_m/MPa 不小于	A/%	HRC 不小于	HBW 不小于
S51570	07Cr15Ni7Mo2Al	0.10~<0.30	760±15	1170	1310	3	40	—
		0.30~<5.0	15±3	1170	1310	5	40	—
		5.0~8.0	566±6	1170	1310	4	40	375
		0.10~<0.30	954±8	1380	1550	2	46	—
		0.30~<5.0	−73±6	1380	1550	4	46	—
		5.0~8.0	510±6	1380	1550	4	45	429
		0.10~1.2	冷轧	1205	1380	1	41	—
		0.10~1.2	冷轧+482	1580	1655	1	46	—
S51750	09Cr17Ni5Mo3N	0.10~<0.30	455±8	1035	1275	6	42	—
		0.30~5.0		1035	1275	8	42	—
		0.10~<0.30	540±8	1000	1140	6	36	—
		0.30~5.0		1000	1140	8	36	—
		0.10~<0.80	510±8	1170	1310	3	39	—
		0.80~<1.50		1170	1310	4	39	—
		1.50~8.0		1170	1310	5	39	—
S51778	06Cr17Ni7AlTi	0.10~<0.80	538±8	1105	1240	3	37	—
		0.80~<1.50		1105	1240	4	37	—
		1.50~8.0		1105	1240	5	37	—
		0.10~<0.80	566±8	1035	1170	3	35	—
		0.80~<1.50		1035	1170	4	35	—
		1.50~8.0		1035	1170	5	35	—

十九、核电站用碳素钢和低合金钢钢板（GB 30814—2014）

1. 品种规格

本标准适用于厚度 6～250mm 的核电站用碳素钢和低合金钢钢板。

钢的牌号由代表"屈"字的汉语拼音首位字母、规定的最小屈服强度数值、"核电"的汉语拼音首位字母三个部分组成。例如：Q420HD。

当要求钢板具有厚度方向性能时，则在上述规定的牌号后加上代表厚度方向（Z 向）性能级别的符号。例如：Q420HDZ25。

钢板厚度允许偏差应符合 GB/T 709—2006 中 C 类或 B 类偏差的规定。其他尺寸、外形、重量及允许偏差应符合 GB/T 709—2006 的规定。

钢板应以热轧、正火、正火加回火、热轧加回火、淬火加回火（仅 Q420HD）状态交货。

2. 力学性能

表 4-61 力学性能

牌号	上屈服强度 R_{eH}/MPa 钢板厚度/mm					抗拉强度 R_m/MPa 钢板厚度/mm					断后伸长率/%		V 形冲击试验	
	≤50	>50~100	>100~150	>150~200	>200~250	≤50	>50~100	>100~150	>150~200	>200~250	A_{50mm}	A_{200mm}	试验温度/℃	A_{KV_2}/J
		不小于									不小于			（不小于）
Q205HD	205	—				380~515	—				27	23	0	60

续表

牌号	上屈服强度 R_{eH} /MPa 钢板厚度/mm (不小于)						抗拉强度 R_m /MPa 钢板厚度/mm					断后伸长率 /% (不小于)		V形冲击试验	
	≤50	>50~100	>100~150	>150~200	>200~250	≤50	>50~100	>100~150	>150~200	>200~250	A_{50mm}	A_{200mm}	试验温度 /℃	A_{KV_2} /J (不小于)
Q230HD	230					415~550					21	18	0	60
Q250HD	250				220	400~550					21	18	−20	47
Q275HD	275				—	485~620				—	21	17	−20	47
Q345HD1	345		—		—	≥450		—		—	19	16	−20	47
Q345HD2	345	315	290		—	≥485	≥460	≥435		—	19	—	−20	34
Q420HD	420		—		—	585~705		—		—	20	—	−30	47

注：1. 当屈服不明显时，可测量 $R_{p0.2}$ 或量 $R_{t0.5}$ 代替上屈服强度。

2. 拉伸试验和冲击试验取横向试样。

3. 对于厚度不大于 20mm 的钢板，取全厚度的矩形试样，试样宽度为 40mm；对于厚度大于 20mm 且不大于 100mm 的钢板，当试验机能力满足要求时，取全厚度的矩形试样，试样宽度为 40mm；当试验机能力不满足要求时，取标距为 50mm 的圆试样，直径为 12.5mm，试样的轴线应位于钢板厚度的 1/4 处。

4. 冲击试样的轴线尽量位于钢板厚度的 1/4 处。

二十、核电站用合金钢钢板（GB/T 36163—2018）

1. 品种规格

本标准适用于厚度为 6～200mm 的核电站用合金钢钢板。

钢的牌号由代表屈服强度"屈"字汉语拼音首字母（Q）、规定的最小屈服强度数值、"核电"两字汉语拼音首字母（HD）三个部分组成，如 Q400HD。当订货要求钢板具有厚度方向性能时，则在上述规定的牌号后面加上代表厚度方向（Z 向）性能的符号及级别，如 Q400HDZ35。

钢板的尺寸、外形、重量应符合 GB/T 709—2006 的规定。

牌号 Q330HD 钢板应以正火或淬火加回火状态交货，其余牌号钢板应以淬火加回火状态交货。

2. 力学性能

表 4-62　Q330HD 的力学及工艺性能

牌号	室温拉伸试验（横向）					高温拉伸试验（横向）					冲击试验（横向）			硬度(HBW)	180°弯曲试验
	$R_{P0.2}$/MPa（不小于）		R_m/MPa	A/%（不小于）	Z/%（不小于）	厚度方向平均 Z/%（不小于）	试验温度/℃	$R_{P0.2}$/MPa（不小于）			R_m/MPa	试验温度/℃	A_{KV_2}/J（不小于）	侧膨胀值/mm		
	板厚/mm							板厚/mm						实测值		
	≤100	>100~120						≤38	>38~50	>50~80						
Q330HD	330	320	510~650	20	45	35	200	289	287	285	510~650	0	90	实测值	128~192	$D=2a$

表 4-63　Q345HD 的力学性能

牌号	室温拉伸试验（横向）			夏比(V形缺口)冲击试验（横向）				
	$R_{P0.2}$/MPa（不小于）	R_m/MPa	A/%（不小于）	试验温度/℃	钢板厚度/mm >38~64			
					A_{KV_2}/J		侧膨胀值/mm	
					平均值	最小值	平均值	最小值
Q345HD	345	550~690	18	0	54	48	0.64	0.50

表 4-64　Q400HD 的力学性能

牌号	室温拉伸试验（横向）			高温拉伸试验（横向）				厚度方向平均断面收缩率 Z /% (不小于)	夏比（V形缺口）冲击试验 以下试验温度的最小冲击吸收能量 A_{KV_2} /J						
	$R_{P0.2}$ /MPa (不小于)	R_m /MPa	A /% (不小于)	试验温度 /℃	$R_{P0.2}$ /MPa (不小于)	R_m /MPa (不小于)	A /%		试样方向	20℃ 最小值	20℃ 平均值	0℃ 最小值	0℃ 平均值	-20℃ 平均值	-20℃ 最小值
Q400HD	400	550~670	20	360	300	497	实测值	35	纵向	88		60	80	56	40
									横向	72		40	56	40	28

表 4-65　Q415HD 的力学性能

牌号	室温拉伸试验（横向）			高温拉伸试验（横向）				落锤试验			夏比（V形缺口）冲击试验（横向）				
	$R_{P0.2}$ /MPa (不小于)	R_m /MPa	A /% (不小于)	试验温度 /℃	$R_{P0.2}$ /MPa (不小于)	R_m /MPa (不小于)	A /%	板厚 /mm >64~100	板厚 /mm >100~125	试验温度 /℃	A_{KV_2} /J 板厚 /mm			
												>16~25	>25~38	>38~64	>64
Q415HD	415	585~705	22	150	345	540	实测值	100	125	试验温度		25	38	64	

落锤试验：板厚 >64~100 mm，试验温度 -18℃，实测值 不断；板厚 >100~125 mm，试验温度 -21℃，实测值 不断。

夏比（V形缺口）冲击试验（横向）：

板厚 /mm	试验温度	平均值	最小值
>16~25	-45	34	27
>25~38	-45	41	34
>38~64	-45	54	47
>64	-12	68	61

表 4-66　Q450HD1 的力学性能

牌号	室温拉伸试验（横向）					高温拉伸试验（横向）					夏比（V形缺口）冲击试验 以下试验温度冲击吸收能量 A_{KV2}/J					
	$R_{P0.2}$/MPa（不小于）	R_m/MPa 板厚/mm ≤125	R_m/MPa 板厚/mm >125	A/%（不小于）	厚度方向平均断面收缩率 Z/%（不小于）	试验温度/℃	$R_{P0.2}$/MPa ≤125	$R_{P0.2}$/MPa >125	R_m/MPa ≤125	R_m/MPa >125	试样方向	20℃ 最小值	0℃ 平均值	0℃ 最小值	−20℃ 平均值	−20℃ 最小值
Q450HD1	450	600~700	580~700	18	35	350	380	350	540	522	纵向	88	—	—	—	—
											横向	72	80	60	40	28

表 4-67　Q450HD2 的力学性能

牌号	室温拉伸试验（横向）			高温拉伸试验（横向）			夏比（V形缺口）冲击试验 以下试验温度冲击吸收能量 A_{KV2}/J					
	$R_{P0.2}$/MPa（不小于）	R_m/MPa（不小于）	A/%（不小于）	试验温度/℃	$R_{P0.2}$/MPa	R_m/MPa	试样方向	20℃ 最小值	0℃ 平均值	0℃ 最小值	−20℃ 平均值	−20℃ 最小值
Q450HD2	450	620~795	20	350	380	560	纵向	88	—	—	—	—
							横向	72	80	60	40	28

二十一、风力发电塔用结构钢板（GB/T 28410—2012）

1. 品种规格

本标准适用于厚度为 6～100mm 的风力发电塔用结构钢板。

钢板的尺寸、外形、重量及允许偏差应符合 GB/T 709—2006（热轧钢板和钢带的尺寸、外形、重量及允许偏差）的规定。

钢板以热轧、控轧、正火、正火轧制、TMCP、TMCP＋回火、淬火＋回火状态交货。

2. 力学性能

表 4-68 牌号及力学性能

牌号	质量等级	R_{eL}/MPa 钢板厚度/mm			R_m/MPa	$A/\%$ $L_0=$ $5.65\sqrt{S_0}$ （≥）	冲击吸收能量 A_{KV_2}/J（≥）	180°弯曲试验 钢板厚度/mm	
		≤16	>16~40	>40~100				≤16	>16~100
Q235FT	B,C,D	235	225	215	360~510	24	47		
	E						34		
Q275FT	C,D	275	265	255	410~560	21	47		
	E,F						34		
Q345FT	C,D	345	335	325	470~630	21	47		
	E,F						34		
Q420FT	C,D	420	400	390	520~680	19	47	$d=2a$（d为弯心直径，a为试样厚度）	$d=3a$（d为弯心直径，a为试样厚度）
	E,F						34		
Q460FT	C,D	460	440	420	550~720	17	47		
	E,F						34		
Q550FT	D	550		530	670~830	16	47		
	E						34		
Q620FT	D	620		600	710~880	15	47		
	E						34		
Q690FT	D	690		670	770~940	14	47		
	E						34		

注：1. 当屈服不明显时，可采用 $R_{P0.2}$ 代替下屈服强度 R_{eL}。

2. 当钢板厚度>60mm 时，断后伸长率可降低 1%。

3. 冲击试验采用纵向试样。

4. 不同质量等级对应的冲击试验温度：B—20℃，C—0℃，D——20℃，E——40℃，F——50℃。

二十二、风力发电用齿轮钢（GB/T 33160—2016）

1. 品种规格

本标准适用于风力发电齿轮用的热锻棒材。

棒材有 4 个牌号：18Cr2Ni2MoH、20CrNi2MoH、22CrNiMoH、20CrMnMoH。

棒材应在有足够能力的锻压机上锻造成型，其锻造比应不小于 3.0。

棒材通常以退火或正火＋高温回火状态交货。根据供需双方协商，表面可经车削、剥皮或其他精整方式交货。

2. 力学性能

表 4-69　棒材退火或正火＋高温回火后的硬度值

序号	牌号	布氏硬度（HBW，不大于）
1	18Cr2Ni2MoH	229
2	20CrNi2MoH	217
3	22CrNiMoH	217
4	20CrMnMoH	217

根据需方要求，经供需双方协议，并在合同中注明，可供应附加下列特殊要求的钢材：a）缩小含碳量范围；b）加严氧含量；c）检验力学性能；d）检验带状组织；e）其他特殊要求项目。

二十三、锅炉和压力容器用钢板（GB 713—2014）

1. 品种规格

本标准适用于锅炉和中常温压力容器的受压元件用厚度为 3～250mm 的钢板。

碳素结构钢和低合金高强度钢的牌号用屈服强度值和"屈"（Q）字、压力容器"容"（R）字的汉语拼音首位字母表示，如 Q420R。

钼钢、铬钼钢的牌号，用平均含碳量和合金元素字母，压力容器"容"（R）字的汉语拼音首位字母表示，如 15CrMoR。

钢板的尺寸、外形、重量及允许偏差应符合 GB/T 709—2006 的规定。

2. 力学性能

表 4-70　力学性能和工艺性能

牌号	交货状态	钢板厚度/mm	R_m/MPa	R_{eL}/MPa 不小于	$A/\%$ 不小于	温度/℃	冲击吸收能量 A_{KV_2}/J（不小于）	弯曲试验 180° $b=2a$
Q245R	热轧、控轧或正火	3～16	400～520	245	25	0	34	$D=1.5a$
		>16～36		235				
		>36～60		225				
		>60～100	390～510	205				$D=2a$
		>100～150	380～500	185	24			
		>150～250	370～490	175				
Q345R		3～16	510～640	345	21	0	41	$D=2a$
		>16～36	500～630	325				
		>36～60	490～620	315				
		>60～100	490～620	305				$D=3a$
		>100～150	480～610	285	20			
		>150～250	470～600	265				
Q370R	正火	10～16	530～630	370	20	−20	47	$D=2a$
		>16～36		360				
		>36～60	520～620	340				$D=3a$
		>60～100	510～610	330				
Q420R		10～20	590～720	420	18	−20	60	$D=3a$
		>20～30	570～700	400				

续表

牌号	交货状态	钢板厚度/mm	R_m/MPa	R_{eL} MPa	$A/\%$	温度/℃	冲击吸收能量 A_{KV_2}/J (不小于)	弯曲试验 180° $b=2a$
				不小于				
18MnMoNbR		30～60	570～720	400	18	0	47	$D=3a$
		＞60～100		390				
13MnNiMoR		30～100	570～720	390	18	0	47	$D=3a$
		＞100～150		380				
15CrMoR	正火加回火	6～60	450～590	295	19	20	47	$D=3a$
		＞60～100		275				
		＞100～200	440～580	255				
14Cr1MoR		6～100	520～680	310	19	20	47	$D=3a$
		＞100～200	510～570	300				
12Cr2Mo1R		6～200	520～680	310	19	20	47	$D=3a$
12Cr1MoVR	正火加回火	6～60	440～590	245	19	20	47	$D=3a$
		＞60～100	430～580	235				
12Cr2Mo1VR		6～200	590～760	415	17	−20	60	$D=3a$
07Cr2AlMoR	正火加回火	6～36	420～580	260	21	20	47	$D=3a$
		＞36～60	410～570	250				

注：1. 如屈服现象不明显，可测量 $R_{P0.2}$ 代替 R_{eL}。

2. a 为试样厚度；D 为弯曲压头直径。

表 4-71　高温力学性能

牌号	厚度/mm	试验温度/℃						
		200	250	300	350	400	450	500
		R_{eL}(或 $R_{P0.2}$)/MPa(不小于)						
Q245R	>20～36	186	167	153	139	129	121	—
	>36～60	178	161	147	133	123	116	—
	>60～100	164	147	135	123	113	106	—
	>100～150	150	135	120	110	105	95	—
	>150～250	145	130	115	105	100	90	—
Q345R	>20～36	255	235	215	200	190	180	—
	>36～60	240	220	200	185	175	165	—
	>60～100	225	205	185	175	165	155	—
	>100～150	220	200	180	170	160	150	—
	>150～250	215	195	175	165	155	145	—
Q370R	>20～36	290	275	260	245	230	—	—
	>36～60	275	260	250	235	220	—	—
	>60～100	265	250	245	230	215	—	—
18MnMoNbR	30～60	360	355	350	340	310	275	—
	>60～100	355	350	345	335	305	270	—
13MnNiMoR	30～100	355	350	345	335	305	—	—
	>100～150	345	340	335	325	300	—	—
15CrMoR	>20～60	240	225	210	200	189	179	174
	>60～100	220	210	196	186	176	167	162
	>100～200	210	199	185	175	165	156	150
14Cr1MoR	>20～200	255	245	230	220	210	195	176
12Cr2Mo1R	>20～200	260	255	250	245	240	230	215
12Cr1MoVR	>20～100	200	190	176	167	157	150	142
12Cr2Mo1VR	>20～200	370	365	360	355	350	340	325
07Cr2AlMoR	>20～60	195	185	175	—	—	—	—

注：如屈服现象不明显，屈服强度取 $R_{P0.2}$。

二十四、低温压力容器用钢板（GB 3531—2014）

1. 品种规格

本标准适用于制造 $-196\sim<-20℃$ 低温压力容器用厚度为 $5\sim120mm$ 的钢板。

钢的牌号用平均碳含量、合金元素字母和低温压力容器"低"和"容"的汉语拼音的首位字母（DR）表示，如 16MnDR。

钢板的尺寸、外形及允许偏差应符合 GB/T 709—2006 的规定。

2. 力学性能

表 4-72　力学性能、工艺性能

牌号	交货状态	钢板公称厚度/mm	R_m/MPa	R_{eL}[①]/MPa	$A/\%$	温度/℃	A_{KV_2}/J（不小于）	弯曲试验[③]180° $b=2a$
				不小于				
16MnDR	正火或正火+回火	6~16	490~620	315	21	-40	47	D=2a
		>16~36	470~600	295				
		>36~60	460~590	285				D=3a
		>60~100	450~580	275		-30	47	
		>100~120	440~570	265				
15MnNiDR		6~16	490~620	325	20	-45	60	D=3a
		>16~36	480~610	315				
		>36~60	470~600	305				
15MnNiNbDR		10~16	530~630	370	20	-50	60	D=3a
		>16~36	530~630	360				
		>36~60	520~620	350				
09MnNiDR		6~16	440~570	300	23	-70	60	D=2a
		>16~36	430~560	280				
		>36~60	430~560	270				
		>60~120	420~550	260				

续表

牌号	交货状态	钢板公称厚度/mm	R_m/MPa	R_{eL}[①]/MPa	$A/\%$	温度/℃	A_{KV_2}/J（不小于）	弯曲试验[③]180° $b=2a$
				不小于				
08Ni3DR	正火或正火＋回火或淬火＋回火	6～60	490～620	320	21	−100	60	$D=3a$
		>60～100	480～610	300				
06Ni9DR	淬火＋回火[②]	5～30	680～820	560	18	−196	100	$D=3a$
		>30～50		550				

① 当屈服现象不明显时，可测量 $R_{P0.2}$ 代替 R_{eL}。

② 对于厚度不大于12mm的钢板可两次正火加回火状态交货。

③ a 为试样厚度；D 为弯曲压头直径。

二十五、承压设备用不锈钢和耐热钢钢板和钢带（GB/T 24511—2017）

1. 品种规格

本标准适用于宽度不小于600mm的承压设备用热轧不锈钢和耐热钢钢板和钢带（含卷切钢板）、冷轧不锈钢和耐热钢钢板和钢带（含卷切钢板）。

表 4-73　公称尺寸范围

产品类别	公称厚度/mm	公称宽度/mm
热轧厚钢板	6.00～100	600～4800
热轧钢板及钢带	2.00～14.0	600～2100
冷轧钢板及钢带	1.50～8.00	600～2100

钢板和钢带经冷轧或热轧后，进行热处理，并经酸洗或类似处理后交货。

2. 力学性能

表 4-74　经固溶处理的奥氏体型钢室温下的力学性能

数字代号	牌号	$R_{P0.2}$ /MPa	$R_{P1.0}$[1] /MPa	R_m /MPa	A[2] /%	硬度		
						HBW	HRB	HV
		不小于				不大于		
S30408	06Cr19Ni10	220	250	520	40	201	92	210
S30403	022Cr19Ni10	210	230	490	40	201	92	210
S30409	07Cr19Ni10	220	250	520	40	201	92	210
S30458	06Cr19Ni10N	240	310	550	30	201	92	220
S30478	06Cr19Ni9NbN	275	—	585	30	241	100	242
S30453	022Cr19Ni10N	205	310	515	40	201	92	220
S30908	06Cr23Ni13	205	—	515	40	217	95	220
S31008	06Cr25Ni20	205	240	520	40	217	95	220
S31252	015Cr20Ni18Mo6CuN	310	—	655	35	223	96	225
S31608	06Cr17Ni12Mo2	220	260	520	40	217	95	220
S31603	022Cr17Ni12Mo2	210	260	490	40	217	95	220
S31609	07Cr17Ni12Mo2	220	—	515	40	217	95	220
S31668	06Cr17Ni12Mo2Ti	205	—	520	40	217	95	220
S31658	06Cr17Ni12Mo2N	240	—	550	35	217	95	220
S31653	022Cr17Ni12Mo2N	205	320	515	40	217	95	220
S39042	015Cr21Ni26Mo5Cu2	220	260	490	35	—	90	200
S31708	06Cr19Ni13Mo3	205	260	520	35	217	95	220
S31703	022Cr19Ni13Mo3	205	260	520	40	217	95	220
S32168	06Cr18Ni11Ti	205	250	520	40	217	95	220
S32169	07Cr19Ni11Ti	205	—	515	40	217	95	220
S34778	06Cr18Ni11Nb	205	—	515	40	201	92	210
S34779	07Cr18Ni11Nb	205	—	515	40	201	92	210

[1] 规定塑性延伸强度 $R_{P1.0}$，仅当需方要求并在合同中注明时才进行检验。

[2] 厚度不大于 3.00mm，测 A_{50mm}。

表 4-75　经热处理的奥氏体-铁素体型钢的室温力学性能

数字代号	牌号		$R_{P0.2}$/MPa	R_m/MPa	$A^{①}$/%	硬度 HBW	硬度 HRC
			不小于			不大于	
S21953	022Cr19Ni5Mo3Si2N		440	630	25	290	31
S22253	022Cr22Ni5Mo3N		450	620	25	293	31
S22053	022Cr23Ni5Mo3N		450	620	25	293	31
S23043	022Cr23Ni4MoCuN		400	600	25	290	32
S25551	03Cr25Ni6Mo3Cu2N		550	760	20	302	32
S25073	022Cr25Ni7Mo4N		550	800	20	310	32
S22294	03Cr22Mn5Ni2MoCuN	厚度≤5.0mm	530	700	30	290	—
		厚度>5.0mm	450	650	30	290	—
S22153	022Cr21Ni3Mo2N	厚度≤5.0mm	485	690	25	293	31
		厚度>5.0mm	450	655	25	293	31

① 厚度不大于 3.00mm，测 A_{50mm}。

表 4-76　经退火处理的铁素体型钢室温下的力学性能和工艺性能

数字代号	牌号	$R_{P0.2}$/MPa	R_m/MPa	$A^{①}$/%	硬度 HBW	硬度 HRB	硬度 HV	180°弯曲试验[②]
		不小于			不大于			
S11348	06Cr13Al	170	415	20	179	88	200	$D=2a$
S11972	019Cr19Mo2NbTi	275	415	20	217	96	230	$D=2a$
S11306	06Cr13	205	415	20	183	89	200	$D=2a$

① 厚度不大于 3.00mm，测 A_{50mm}。

② 表中产品的最大厚度为 25.0mm。D 为弯曲压头直径，a 为弯曲试样厚度。

二十六、铁塔结构用热轧钢板和钢带（GB/T 36130—2018）

1. 品种规格

本标准适用于厚度不大于 25.4mm 的铁塔结构用热轧钢板和钢带，主要用于制造电力、通信用铁塔结构，也可用于装饰塔、瞭望塔、照明塔、电视塔及特殊用途等铁塔结构。

表 4-77 类别与牌号

类别	牌号
一般铁塔用钢	Q290T、Q355T、Q390T、Q420T、Q460T
热浸镀锌铁塔用钢	Q355TX、Q390TX、Q420TX、Q460TX
耐候铁塔用钢	Q355TNH、Q390TNH、Q420TNH、Q460TNH
高强高塑铁塔用钢	Q440TL

钢的牌号由代表屈服强度"屈"字的汉语拼音首字母（Q）、规定最小屈服强度、代表铁塔用钢"塔"字汉语拼音首字母（T）及质量等级（A、B、C、D、E）四部分组成。如 Q355T。

对于高抗拉强度高延伸铁塔用钢、热浸镀锌铁塔用钢及耐候铁塔用钢，分别在"T"后加"拉""锌""耐候"的汉语拼音首字母"L""X"及"NH"，如 Q355TX。

钢板和钢带以热轧或控轧状态交货。

2. 力学性能

表 4-78 力学及工艺性能

牌号	R_{eH}/MPa（不小于）	R_m/MPa	A_{50mm}/%（不小于）		180°弯曲试验	
			钢板厚度/mm		钢板厚度/mm	
			3.0～16	>16	≤16	>16
Q290T	≥290	≥420	24		$D=2.0a$	$D=3.0a$
Q355T	≥355	≥450	22		$D=2.0a$	$D=3.0a$
Q390T	≥390	≥490	20		$D=2.0a$	$D=3.0a$
Q420T	≥420	≥520	19		$D=2.0a$	$D=3.0a$
Q460T	≥460	≥550	17		$D=2.0a$	$D=3.0a$
Q355TX	≥355	≥450	22		$D=2.0a$	$D=3.0a$
Q390TX	≥390	≥520	20		$D=2.0a$	$D=3.0a$
Q420TX	≥420	≥520	19		$D=2.0a$	$D=3.0a$
Q460TX	≥460	≥550	17		$D=2.0a$	$D=3.0a$
Q355TN	≥355	≥450	22		$D=2.0a$	$D=3.0a$
Q390TN	≥390	≥520	20		$D=2.0a$	$D=3.0a$
Q420TN	≥420	≥520	19		$D=2.0a$	$D=3.0a$
Q460TN	≥460	≥570	17		$D=2.0a$	$D=3.0a$
Q440TL	≥440	590～740	19	26	$D=2.0a$	$D=3.0a$

二十七、集装箱用钢板及钢带（GB/T 32570—2016）

1. 品种规格

本标准适用于厚度为 1.0～16.0mm 的集装箱用热轧钢板及钢带，以及厚度为 1.0～2.5mm 的集装箱用冷轧钢板及钢带，主要用于制造集装箱，也可用于制造营地房、运输车辆等。

热轧钢板及钢带的牌号由代表屈服强度"屈""耐候""集"字的汉语拼音首位字母"Q""NH""J"、屈服强度的下限值及钢的质量等级 4 部分组成，例如：Q550NHJE。

冷轧钢板及钢带的牌号由冷轧英文"cold rolled"首字母"CR"、屈服强度的下限值、"耐候""集"字汉语拼音首位字母"NH""J" 3 部分组成，例如：CR550NHJ。

2. 力学性能

表 4-79　冷轧钢板及钢带力学性能

牌号	R_{eL}/MPa（不小于）	R_m/MPa（不小于）	A_{50mm}/%（不小于）
CR550NHJ	550	610	8
CR600NHJ	600	650	7
CR650NHJ	650	700	6
CR700NHJ	700	800	5

表 4-80　热轧钢板及钢带力学性能

牌号	R_{eL}/MPa（不小于）	R_m/MPa	A/%（不小于）		180°弯曲试验 弯曲压头直径 D（b=25mm）	
			厚度<3mm L_0=50mm	厚度≥3mm L_0=5.65$\sqrt{S_0}$	厚度≤6mm	厚度>6mm
Q355GNHJ	355	490～630	22	24	1.0a	2.0a
Q355NHJ	355	490～630	22	24	1.0a	2.0a
Q460NHJ	460	520～670	18	19	1.0a	2.0a
Q550NHJ	550	620～800	15	16	1.5a	2.0a
Q550J						

续表

| 牌号 | R_{eL}/MPa（不小于） | R_m/MPa | \multicolumn{2}{c}{A/%（不小于）} | \multicolumn{2}{c}{180°弯曲试验 弯曲压头直径 D（b=25mm）} |
			厚度<3mm L_0=50mm	厚度≥3mm L_0=5.65$\sqrt{S_0}$	厚度≤6mm	厚度>6mm
Q600NHJ	600	650～830	14	14	1.5a	2.0a
Q600J						
Q650NHJ	650	700～880	13	13	2.0a	2.5a
Q650J						
Q700NHJ	700	750～950	12	12	2.0a	2.5a
Q700J						

注：1. 如屈服现象不明显，可测量 $R_{P0.2}$ 代替 R_{eL}。

2. a 为试样厚度，b 为试样宽度。

二十八、集装箱用不锈钢钢板和钢带（GB/T 32955—2016）

1. 品种规格

本标准适用于罐式集装箱和冷藏集装箱用热轧、冷轧不锈钢钢板及宽钢带。

钢的牌号由 GB/T 20878—2007 中的牌号后加上代表用途符号两部分组成。例如：06Cr19Ni10JG 或 06Cr19Ni10JL（其中，JG 为罐式集装箱用不锈钢的"集装箱""罐式"的汉语拼音首位字母。JL 为冷藏集装箱用不锈钢"集装箱""冷藏"的汉语拼音首位字母。）

表 4-81　公称尺寸范围

产品类别	代号	公称厚度/mm	公称宽度/mm
热轧厚钢板	P	6.0～40.0	600～4800
热轧钢板及钢带	H	2.0～20.0	600～2100
冷轧钢板及钢带	C	0.3～8.0	600～2100

热轧厚钢板、热轧卷切钢板公称长度为 2000～12000mm。冷轧卷切钢板的公称长度为 2000～10000mm。

钢板和钢带经冷轧或热轧后，应经热处理及酸洗或类似方式处理后的状态交货。

2. 力学性能

表 4-82 经固溶处理的罐式集装箱用奥氏体型钢室温下的力学性能

牌号,统一数字代号	产品类型	$R_{P0.2}$/MPa	$R_{P1.0}$/MPa	R_m/MPa	$A/\%$	硬度 HBW	HRB	HV
		不小于				不小于		
06Cr19Ni10JG (S30408)	C	230	260	540～750	45	201	92	210
	H			520～720				
	P			520～720				
022Cr19Ni10JG (S30403)	C	220	250	500～670	45	201	92	210
	H							
	P			500～650				
06Cr17Ni12Mo2 JG(S31608)	C	205	260	≥520	40	217	95	220
	H							
	P							
022Cr17Ni12Mo2 JG(S31603)	C	290	330	600～680	50	217	95	220
	H	290	320	590～680	48			
	P	220	260	520～670	45			

表 4-83 经固溶处理的冷藏集装箱用奥氏体型钢室温下的力学性能

牌号,统一数字代号	$R_{P0.2}$/MPa	R_m/MPa	$A/\%$	硬度 HBW	HRB	HV
	不小于			不大于		
06Cr19Ni10JL (S30408)	205	520	40	201	92	210
022Cr19Ni10JL (S30403)	180	490	40	201	92	210
06Cr17Ni12Mo2JL (S31608)	205	520	40	217	95	220
022Cr17Ni12Mo2JL (S31603)	180	490	40	217	95	220

表 4-84　经固溶处理的罐式集装箱用奥氏体-铁素体型钢室温下的力学性能

牌号,统一数字代号	$R_{P0.2}$/MPa	R_m/MPa	A/%	硬度	
				HBW	HRC
	不小于			不大于	
022Cr22Ni5M3NJG (S22253)	450	620	25	293	31
03Cr22Mn5Ni2MoCuNJG(S22284)	450	650	30	290	—

表 4-85　经退火处理的冷藏集装箱用铁素体型钢室温下的
力学性能和工艺性能

牌号,统一数字代号	$R_{P0.2}$ /MPa	R_m /MPa	A/%	硬度			180°弯曲试验 D:弯曲压头直径 a:钢板厚度
				HBW	HRB	HV	
	不小于			不大于			
022Cr11NbTiJL (S11173)	170	380	20	179	88	200	$D=2a$
022Cr12NiJL (S11213)	280	450	18	180	88	200	$D=2a$
022Cr12JL (S11203)	195	360	22	183	88	200	$D=2a$
10Cr17JL (S11710)	205	420	22	183	89	200	$D=2a$
019Cr21CuTiJL (S12282)	205	390	22	192	90	200	$D=2a$
019Cr18MoTiJL (S11862)	215	410	20	217	96	230	$D=2a$
022Cr18NbTiJL (S11873)	205	415	22	183	89	200	$D=2a$

表 4-86　经固溶处理的罐式集装箱用奥氏体型钢 130℃ 时的力学性能

牌号,统一数字代号	产品类型	$R_{P0.2}$/MPa	$R_{P1.0}$/MPa	R_m/MPa
		不小于		
06Cr19Ni10JG (S30408)	C	210	250	—
	H			
	P	—	—	—

续表

牌号,统一数字代号	产品类型	$R_{P0.2}$/MPa	$R_{P1.0}$/MPa	R_m/MPa
		不小于		
022Cr19Ni10JG (S30403)	C	210	250	—
	H			
	P	—	—	—
022Cr17Ni12Mo2 JG(S31603)	C	245	280	
	H			
	P	135	—	450

二十九、自升式平台桩腿用钢板（GB/T 31945—2015）

1. 品种规格

本标准适用于制作自升式平台桩腿的齿条、半圆板及其附件用厚度不大于 215mm 的钢板。

钢的牌号由代表屈服强度的"屈"字汉语拼音的首位字母（Q）、规定最小屈服强度数值、"桩腿"汉语拼音首位字母（ZT）、质量等级符号四个部分组成。例如：Q690ZTE。当需方要求钢板具有厚度方向性能时，则在上述规定的牌号后加上代表厚度方向（Z 向）性能级别的符号。例如：Q690ZTEZ25。

钢板的尺寸、外形及允许偏差应符合 GB/T 709—2006 的规定。

钢板以淬火＋回火状态交货。

2. 力学性能

表 4-87 钢板力学性能

牌号	质量等级	$R_{P0.2}$/MPa	R_m/MPa	A_{50}/%(L_0=50mm)			硬度(HBW)
				厚≤65mm	65mm≤厚度≤155mm	155mm<厚度≤215mm	
Q690ZT	E、F	≥690	770~940	≥16	≥14	≥14	235~310

表 4-88　冲击吸收能量

牌号	质量等级	夏比（V 形缺口）冲击试验				
		钢板厚度/mm	取样位置	试验温度/℃	冲击吸收能量 A_{KV_2}/J	
					纵向	横向
Q690ZT	E	≤215	板厚 1/4 处	−40	≥69	≥46
		>30~215	板厚 1/2 处	−30		
	F	≤215	板厚 1/4 处	−60		
		>30~215	板厚 1/2 处	−40		

三十、合金工模具钢板（GB/T 33811—2017）

1. 品种规格

本标准适用于厚度不大于 4mm 的冷轧钢板和厚度不大于 10mm 的热轧钢板。

冷轧钢板的尺寸、外形及允许偏差应符合 GB/T 708—2006 的规定。

厚度 3~10mm 热轧钢板的尺寸、外形及允许偏差应符合 GB/T 709—2006 的规定。热轧单轧钢板的厚度允许偏差未注明时按 A 类偏差，但钢板的最小宽度为 500mm，最小长度为 500mm。

厚度小于 3mm 热轧钢板的尺寸及允许偏差应符合 GB/T 33811—2017 表 1 规定。

钢板以退火状态交货。根据需方要求，并在合同中注明，钢板可酸洗交货。

2. 力学性能

表 4-89　钢板交货状态的硬度值

序号	钢组	牌号	交货硬度（HBW，不大于）
1	耐冲击工具钢	5Cr3MnSiMo1	235
2	冷作模具钢	CrWV	255
3		MnCrWV	255
4		9CrMn2V	229
5		5Cr8MoVSi	229
6		Cr8Mo2SiV	255
7		Cr8	255
8		Cr12	269
9		Cr12W	255
10		Cr5Mo1V	255
11		Cr12MoV	255
12		Cr12Mo1V1	255
13		Cr12MoWV	255
14		7Cr14Mo2VNb	255
15		7Cr17Mo2VNb	255
16	热作模具钢	4Cr5MoSiV	229
17		4Cr5MoSiV1	229
18	塑料模具钢	9Cr18	255
19		9Cr18MoV	269

三十一、连续热镀铝硅合金镀层钢板及钢带（GB/T 36399—2018）

1. 品种规格

本标准适用于汽车、家电、建筑用厚度为 0.30～3.0mm 连续热镀铝硅合金镀层钢板及钢带。

除热冲压用钢以外，钢板及钢带的牌号由产品用途代号、钢级代号（或序列号）、钢种特性（如有）、热镀代号（D）和镀层种类代号（AS）五部分组成，其中热镀代号（D）和镀层种类代号（AS）之间用加号"＋"连接。具体规定如下。

a）用途代号

1）DX：第一位字母 D 表示冷成形用扁平钢材。第二位字母如果为 X，代表基板的轧制状态不规定；第二位字母如果为 C，则代表基板规定为冷轧基板；第二位字母如果为 D，则代表基板规定为热轧基板。

2）S：表示为结构用钢。

b）钢级代号（或序列号）

1）51～55：2 位数字，代表钢级序列号。

2）250～350：3 位数字，代表钢级代号；根据牌号命名方法的不同，一般为规定的最小屈服强度数值。

c）钢种特性 G 表示钢种特性不规定。

d）热镀代号表示为 D。

e）镀层种类代号表示为 AS。

热冲压用钢牌号由按照化学成分命名和镀层种类代号（AS）两部分构成，之间用加号"＋"连接。

表 4-90　钢板及钢带的力学性能

牌号	R_{eL} 或 R_{eH}[①②] /MPa	R_m/MPa	A_{80mm}/% (L_0＝80mm, b_0＝20mm)	塑性应变比 r_{90}	应变硬化指数 n_{90}
DX51D＋AS	—	270～500	≥22	—	—
DX52D＋AS	140～300	270～420	≥26	—	—
DX53D＋AS	140～260	270～380	≥30	—	—
DX54D＋AS	120～220	260～350	≥34	≥1.4	≥0.18
DX55D＋AS	140～240	270～370	≥30	—	—
S250GD＋AS	≥250	≥330	≥19	—	—
S280GD＋AS	≥280	≥360	≥18	—	—

续表

牌号	R_{eL} 或 $R_{eH}^{①②}$ /MPa	R_m/MPa	A_{80mm}/% ($L_0=80mm$, $b_0=20mm$)	塑性应变比 r_{90}	应变硬化指数 n_{90}
S320GD＋AS	≥320	≥390	≥17	—	—
S350GD＋AS	≥350	≥420	≥16	—	—
22MnB5＋AS（交货态）	350～550	500～700	≥12	—	—
22MnB5＋AS（淬火态）③	≥1000	≥1500	≥5	—	—

① DX 系列牌号试样方向为横向，S 系列牌号试样方向为纵向，22MnB5＋AS 试样方向为横向。

② DX 系列牌号采用下屈服强度 R_{eL}，S 系列牌号采用上屈服强度 R_{eH}，22MnB5＋AS 采用下屈服强度 R_{eL}，屈服现象不明显时，采用规定塑性延伸强度 $R_{P0.2}$。

③ 淬火工艺为 920℃奥氏体化后水冷。表中值仅为参考值，供方不提供淬火态的性能检验报告。

三十二、冷轧电镀锡钢板及钢带（GB/T 2520—2017）

1. 品种规格

本标准适用于公称厚度为 0.14～0.80mm 的一次冷轧以及公称厚度为 0.12～0.36mm 的二次冷轧电镀锡钢板及钢带。

普通用途的钢板及钢带，其牌号通常由原板钢种代号、调质度代号和退火方式代号构成。如：MRT-2.5CA，LT-3BA。

用于制作二片拉拔罐（DI）的钢板及钢带，原板钢种只适用于 D 钢种。其牌号由原板钢种 D、调质度代号、退火方式代号和代号 DI 构成。如：DT-2.5CADI。

用于制作盛装酸性内容物的素面（镀锡量 5.6/2.8g/m² 以上）食品罐的钢板及钢带，即 K 板，原板钢种通常为 L 钢种。其牌号通常由原板钢种 L、调质度代号、退火方式代号和代号 K 构成。如：LT-2.5CAK。

用于制作盛装蘑菇等要求低铬钝化处理的食品罐的钢板及钢带，原板钢种通常为 MR 钢种或 L 钢种。其牌号由原板钢种 MR 或 L、调质度代号、退火方式代号和代号 LCr 构成。如 MRT-2.5CALCr。

钢板及钢带的公称厚度小于 0.50mm 时，按 0.01mm 的倍数进级。公称厚度大于或等于 0.5mm 时，按 0.05mm 的倍数进级。经供需双方协商同意，公称厚度也可采用其他厚度倍数进级。

如要求标记轧制宽度方向，可在表示轧制宽度的数字后面加上字母 W。

钢卷内径可为 406mm、420mm、450mm 或 508mm。

2. 力学性能

钢板及钢带的调质度用洛氏硬度（HR30Tm）的值来表示。

一次冷轧钢板及钢带的硬度（HR30Tm）应符合表 4-91 的规定。

表 4-91　硬度

调质度代号	表面硬度（HR30Tm）[①]
T1	49±4
T-1.5	51±4
T-2	53±4
T-2.5	55±4
T-3	57±4
T-3.5	59±4
T-4	61±4
T-5	65±4

① 硬度为两个试样的平均值，允许其中一个的试验值超出规定允许范围 1 个单位。

二次冷轧钢板及钢带的硬度（HR30Tm）应符合表 4-92 的规定。

表 4-92　二次冷轧钢板及钢带的硬度

调质度代号	表面硬度（HR30Tm）[①]
DR-7M	71±5
DR-8	73±5
DR-8M	73±5
DR-9	76±5
DR-9M	77±5
DR-10	80±5

① 硬度为两个试样的平均值，允许其中一个的试验值超出规定允许范围 1 个单位。

如对二次冷轧钢板及钢带的屈服强度有要求，可在订货时协商。各调质度代号的屈服强度目标值可参考表 4-93 的规定。

表 4-93　二次冷轧钢板及钢带的 $R_{P0.2}$ 目标值

调质度代号	规定塑性延伸强度（$R_{P0.2}$）目标值[①,②,③]/MPa
DR-7M	520
DR-8	550
DR-8M	580
DR-9	620
DR-9M	660
DR-10	690

① 规定塑性延伸强度是根据需要而测定的参考值。

② 规定塑性延伸强度通常采用拉伸试验进行测定，屈服强度为两个试样的平均值，试样方向为纵向；也可以根据需要，参见附录 B 所规定的回弹试验换算而来。仲裁时采用拉伸试验的方法测定。

③ 对于拉伸试验，试样采用 GB/T 228.1—2010 中的 P7 试样（标距 $L_0=50$mm，$b=25$mm），但试样平行部分的长度最小值 60mm。试验前，试样应在 200℃下人工时效 20min。

三十三、热轧花纹钢板及钢带（GB/T 33974—2017）

1. 品种规格

本标准适用于厚度为 1.4～16.0mm 的菱形、扁豆形、圆豆形和组合形的热轧花纹钢板及钢带。

板带材按边缘状态分为：a）切边（EC）；b）不切边（EM）。

按花纹形状分为：a）菱形（LX）；b）扁豆形（BD）；c）圆豆形（YD）；d）组合形（ZH）。

表 4-94　钢板及钢带尺寸

基本厚度/mm	宽度/mm	长度/mm	
1.4～16.0	600～2000	钢板	2000～16000
		钢带	—

钢板及钢带以热轧状态交货，通常以不切边状态供货，根据需方

要求并在合同中注明，也可以切边状态供货。

2. 力学性能

根据需方要求，并在合同中注明，可进行拉伸、弯曲试验，其性能指标应符合 GB/T 700—2006（碳素结构钢）、GB/T 712—2011（船舶及海洋工程用结构钢）、GB/T 1591—2008（低合金高强度结构钢）、GB/T 4171—2008（耐候结构钢）的规定或按双方协议。

三十四、全工艺冷轧电工钢 第 1 部分：晶粒无取向钢带（片）（GB/T 2521.1—2016）

1. 品种规格

本部分适用于在磁路结构中使用的全工艺冷轧状态供货的晶粒无取向电工钢带（片）。

本部分钢带（片）的等级是根据磁极化强度在 1.5T、频率在 50Hz 下的最大比总损耗值 $P_{1.5/50}$ 及钢带（片）公称厚度（0.35mm、0.50mm 和 0.65mm）进行分类。

钢带（片）可切边或不切边交货，通常交货前钢带（片）在单面或双面应涂有绝缘涂层，也可不涂绝缘涂层交货。绝缘涂层的种类由供需双方协商确定。

2. 磁性能

表 4-95　钢带（片）的磁性能和技术特性

牌号	公称厚度 /mm	约定密度 /(kg /dm³)	最大比总损耗 P /(W/kg)		最小磁极化强度 J/T 50Hz 或 60Hz			比总损耗的各向异性 T/%	最小弯曲次数	最小叠装系数
			$P_{1.5/50}$	$P_{1.5/60}$[2]	J_{2500}[1]	J_{5000}	J_{10000}[1]			
35W210		7.60	2.10	2.65	1.49	1.62	1.70	±17	2	
35W230		7.60	2.30	2.90	1.49	1.62	1.70	±17	2	
35W250		7.60	2.50	3.14	1.49	1.62	1.70	±17	2	
35W270	0.35	7.65	2.70	3.36	1.49	1.62	1.70	±17	2	0.95
35W300		7.65	3.00	3.74	1.49	1.62	1.70	±17	3	
35W360		7.65	3.60	4.55	1.51	1.63	1.72	±17	5	
35W440		7.70	4.40	5.60	1.53	1.65	1.74	±17	5	

牌号	公称厚度 /mm	约定密度 /(kg /dm³)	最大比总损耗 P /(W/kg)		最小磁极化强度 J/T 50Hz 或 60Hz			比总损耗的各向异性 T/%	最小弯曲次数	最小叠装系数
			$P_{1.5/50}$	$P_{1.5/60}$②	J_{2500}①	J_{5000}	J_{10000}①			
50W230		7.60	2.30	3.00	1.49	1.62	1.70	±17	2	
50W250		7.60	2.50	3.21	1.49	1.62	1.70	±17	2	
50W270		7.60	2.70	3.47	1.49	1.62	1.70	±17	2	
50W290		7.60	2.90	3.71	1.49	1.62	1.70	±17	2	
50W310		7.65	3.10	3.95	1.49	1.62	1.70	±14	3	
50W350	0.50	7.65	3.50	4.45	1.50	1.62	1.70	±12	5	0.97
50W400		7.70	4.00	5.10	1.53	1.64	1.73	±12	5	
50W470		7.70	4.70	5.90	1.54	1.65	1.74	±10	10	
50W600		7.75	6.00	7.55	1.57	1.67	1.76	±10	10	
50W800		7.80	8.00	10.10	1.60	1.70	1.78	±10	10	
50W1000		7.85	10.00	12.60	1.62	1.73	1.81	±8	10	
65W310		7.60	3.10	4.08	1.49	1.63	1.70	±15	2	
65W350		7.60	3.50	4.57	1.49	1.63	1.70	±14	2	
65W400		7.65	4.00	5.20	1.52	1.65	1.72	±14	2	
65W470	0.65	7.65	4.70	6.13	1.53	1.65	1.73	±12	5	0.97
65W530		7.70	5.30	6.84	1.54	1.65	1.74	±12	5	
65W600		7.75	6.00	7.71	1.56	1.68	1.76	±10	10	
65W800		7.80	8.00	10.26	1.60	1.70	1.78	±10	10	

① 为参考值。

② 根据用户要求，可按 $P_{1.5/50}$ 供货。

三十五、全工艺冷轧电工钢 第 2 部分：晶粒取向钢带（片）（GB/T 2521.2—2016）

1. 品种规格

本部分适用于在磁路结构中使用的全工艺冷轧状态供货的晶粒取向电工钢带（片）。

本部分钢带（片）的等级是根据磁极化强度在 1.7T、频率在 50Hz 下的最大比总损耗值 $P_{1.7/50}$ 及钢带（片）公称厚度（0.23mm、

$0.27\,mm$、$0.30\,mm$ 和 $0.35\,mm$)进行分类,并按最大比总损耗值 $P_{1.7/50}$ 细分为普通级、高磁极化强度级和磁畴细化级三类。

钢带(片)通常切边状态交货。用户有特殊要求时,通过协议可以不切边状态交货。交货前钢带(片)两面应涂有绝缘涂层。绝缘涂层的种类由供需双方协商确定。

2. 磁性能

表 4-96 普通级钢带(片)的磁性能和技术特性

牌号	公称厚度/mm	最大比总损耗 $P/(W/kg)$				最小磁极化强度 J/T 50Hz 或 60Hz	最小叠装系数
		$P_{1.5/50}$	$P_{1.5/60}$	$P_{1.7/50}$	$P_{1.7/60}$	J_{800}	
23Q110 23Q120	0.23	0.73 0.77	0.96 1.01	1.10 1.20	1.45 1.57	1.82 1.82	0.945
27Q120 27Q130	0.27	0.80 0.85	1.07 1.12	1.20 1.30	1.58 1.68	1.82 1.82	0.950
30Q120 30Q130	0.30	0.79 0.85	1.06 1.15	1.20 1.30	1.58 1.71	1.82 1.82	0.955
35Q145 35Q155	0.35	1.03 1.07	1.36 1.41	1.45 1.55	1.91 2.04	1.82 1.82	0.960

表 4-97 高磁极化强度级钢带(片)的磁性能和技术特性

牌号	公称厚度/mm	最大比总损耗 $P/(W/kg)$		最小磁极化强度 J/T 50Hz 或 60Hz	最小叠装系数
		$P_{1.7/50}$	$P_{1.7/60}$	J_{800}	
23QG085 23QG090 23QG095 23QG100	0.23	0.85 0.90 0.95 1.00	1.12 1.19 1.25 1.32	1.88 1.88 1.88 1.88	0.945
27QG090 27QG095 27QG100 27QG110	0.27	0.90 0.95 1.00 1.10	1.19 1.25 1.32 1.45	1.88 1.88 1.88 1.88	0.950
30QG105 30QG110 30QG120	0.30	1.05 1.10 1.20	1.38 1.46 1.58	1.88 1.88 1.88	0.955
35QG115 35QG125 35QG135	0.35	1.15 1.25 1.35	1.51 1.64 1.77	1.88 1.88 1.88	0.960

表 4-98　磁畴细化级钢带（片）的磁性能和技术特性

牌号	公称厚度/mm	最大比总损耗 P/(W/kg)		最小磁极化强度 J/T 50Hz 或 60Hz	最小叠装系数
		$P_{1.7/50}$	$P_{1.7/60}$	J_{800}	
23QH080	0.23	0.80	1.06	1.88	0.945
23QH085		0.85	1.12	1.88	
23QH090		0.90	1.19	1.88	
23QH100		1.00	1.32	1.88	
27QH085	0.27	0.85	1.12	1.88	0.950
27QH090		0.90	1.19	1.88	
27QH095		0.95	1.25	1.88	
27QH100		1.00	1.32	1.88	
30QH095	0.30	0.95	1.25	1.88	0.955
30QH100		1.00	1.32	1.88	
30QH110		1.10	1.46	1.88	

三十六、电动汽车驱动电机用冷轧无取向电工钢带（片）（GB/T 34215—2017）

1. 品种规格

本标准适用于制造电动汽车驱动电机用公称厚度为 0.20mm、0.27mm、0.30mm、0.35mm 的晶粒无取向电工钢带（片）。

钢带（片）的牌号由下列三部组成。

1）材料公称厚度的 100 倍（单位为 mm）。

2）类型代号

WD——电动汽车用普通型无取向电工钢带（片）；

WDG——电动汽车用高磁感型无取向电工钢带（片）。

3）磁极化强度在 1.0T，频率在 400Hz 下测得的比总损耗 $P_{1.0/400}$（单位为 W/kg）的 100 倍。

如 35WD1900 表示为公称厚度 0.35mm，最大比总损耗 $P_{1.0/400}$ 为 19.0W/kg 的电动汽车用普通型无取向电工钢带（片）。

2. 力学性能

根据需方要求，经供需双方协议，钢带（片）的室温力学性能和工艺性能可按表 4-99 的规定。

表 4-99　钢带（片）室温力学性能和工艺性能

类型	牌号	下屈服强度 $R_{eL}^{①}$/MPa	抗拉强度 R_m/MPa	断后伸长率 A/%	弯曲次数/次
		不小于			
普通型	35WD1600	390	500	10	2
	35WD1700	380	490	10	2
	35WD1800	370	480	10	2
	35WD1900	350	460	15	3
	35WD2000	330	440	15	5
	35WD2100	300	420	10	5
	30WD1500	380	490	10	2
	30WD1600	370	480	10	2
	30WD1700	350	460	10	3
	30WD1800	330	440	10	5
	27WD1400	380	490	10	2
	27WD1500	370	480	10	2
	27WD1600	350	460	10	3
	27WD1700	330	440	10	5
	20WD1200	370	480	10	2
	20WD1300	370	480	10	2
	20WD1500	370	480	10	2

类型	牌号	下屈服强度 R_{eL}[①]/MPa	抗拉强度 R_m/MPa	断后伸长率 A/%	弯曲次数/次
		不小于			
高磁感型	35WDG1700	370	480	10	2
	35WDG1800	360	470	10	2
	35WDG1900	320	440	15	5
	35WDG2000	320	440	15	5
	30WDG1500	370	480	10	2
	30WDG1600	360	470	10	2
	30WDG1700	320	440	15	5
	30WDG1800	320	440	15	5
	27WDG1400	370	480	10	2
	27WDG1500	360	470	10	2
	27WDG1600	320	440	15	5
	27WDG1700	320	440	15	5

① 当屈服现象不明显时，可采用 $R_{P0.2}$ 代替。

三十七、700MW 及以上级大型电机用冷轧无取向电工钢带（YB/T 4517—2016）

1. 品种规格

钢带的公称厚度为 0.50mm（如果用户有特殊要求，通过协议可指定其他公称厚度）。

钢带的宽度可以在制造方指定的宽度范围内选择。公称宽度一般为 800～1200mm。

钢卷的重量应符合订货要求，卷重一般为 2～9t。钢卷内径范围应为 510mm±10mm，推荐内径值为 508mm。

钢带通常以切边状态钢卷交货，交货前钢带两面应涂有绝缘涂层。绝缘涂层的种类由制造方确定。用户有特殊要求时，由供需双方协商确定。

2. 磁性能

表 4-100   钢带的磁性能和技术特性

牌号	公称厚度/mm	约定密度/(kg/dm³)	最大比总损耗/(W/kg)			最小磁极化强度/T(50Hz)		比总损耗的各向异性$(P_{1.5/50})$/%	最小弯曲次数	最小叠装系数
			$P_{1.0/50}$	$P_{1.5/50}$	$P_{1.5/60}$①	J_{5000}	J_{10000}			
50W230			1.00	2.28	2.95	1.65	1.77	±13	6	0.975
50W250	0.50	7.60	1.05	2.45	3.21	1.65	1.77	±12	8	0.980
50W270			1.10	2.65	3.47	1.65	1.77	±11	10	0.980

① 根据用户要求,也可以按 $P_{1.5/60}$ 供货。

注:多年来习惯上采用磁感应强度,实际上爱泼斯坦方圈测量的是磁极化强度。磁感应强度与磁极化强度的关系:$J = B - \mu_0 H$。

式中,J 是磁极化强度;B 是磁感应强度;μ_0 是真空磁导率;H 是磁场强度。

表 4-101   钢带的力学性能

牌号	横向拉伸试验		硬度(HV5)
	抗拉强度 R_m/MPa (不小于)	断后伸长率 A/% (不小于)	
50W230		20	
50W250	480	24	180~230
50W270		26	

三十八、500kV 及以上变压器用冷轧取向电工钢带(YB/T 4518—2016)

1. 品种规格

钢带等级是根据磁极化强度在 1.7T、频率在 50Hz 下的最大比总损耗值(单位为 W/kg),材料的公称厚度分成两类:高磁极化强度等级、磁畴细化强度等级。

钢带的公称厚度为 0.23mm、0.27mm、0.30mm。

钢带宽度可在制造方指定的宽度范围内选择,公称宽度一般不超过 1050mm。

钢卷重一般为 2~5t。钢卷内径范围应为 510mm±10mm，推荐内径值为 508mm。

钢带通常以切边状态交货，交货前钢带两面应涂有绝缘涂层。

2. 磁性能

表 4-102 高磁极化强度等级取向电工钢磁性能和技术特性

牌号	公称厚度 /mm	最大比总损耗 /(W/kg) $P_{1.7/50}$	最小磁极化强度/T J_{800}	最小叠装系数
23QG085	0.23	0.85	1.91	0.960
27QG090	0.27	0.90	1.91	0.965
27QG095		0.95	1.91	
30QG095	0.30	0.95	1.91	0.970
30QG100		1.00	1.91	

表 4-103 磁畴细化强度等级取向电工钢磁性能和技术特性

牌号[①]	公称厚度 /mm	最大比总损耗 /(W/kg) $P_{1.7/50}$	最小磁极化强度/T J_{800}	最小叠装系数
23QH080	0.23	0.80	1.91	0.960
23QH085		0.85	1.91	
27QH085	0.27	0.85	1.91	0.965
27QH090		0.90	1.91	
27QH095		0.95	1.91	
30QH095	0.30	0.95	1.91	0.970
30QH100		1.00	1.91	

① 牌号表示方法按 GB/T 2521.2 的规定。

注：磁畴细化等级按生产方式分为耐热磁畴细化和非耐热磁畴细化。

用于计算磁性能、叠装系数的约定密度为 $7.65kg/dm^3$。

钢带平行于轧制方向测试试样的最小弯曲次数应不小于 1 次。

第五章 钢 管

一、结构用无缝钢管（GB/T 8162—2018）

1. 品种规格

本标准适用于机械结构和一般工程结构用无缝钢管。

钢管的公称外径（D）和公称壁厚（S）应符合 GB/T 17395—2008（无缝钢管尺寸、外形、重量及允许偏差）的规定。

钢管的通常长度为 3000～12000mm。根据需方要求，经供需双方协商，并在合同中注明，钢管可按范围长度、定尺长度或倍尺长度供货。

热轧（扩）钢管以热轧（扩）或热处理状态交货。

冷拔（轧）钢管应以退火或高温回火状态交货。

2. 力学性能

表 5-1 优质碳素结构钢、低合金高强度结构钢钢管交货状态的力学性能

牌号	质量等级	抗拉强度 R_m/MPa	下屈服强度 R_{eL}[①]/MPa			断后伸长率[②] A/%	冲击试验	
			公称壁厚 S/mm				温度/℃	吸收能量 A_{KV_2}/J（不小于）
			≤16	>16～30	>30			
			不小于					
10	—	≥335	205	195	185	24	—	—
15	—	≥375	225	215	205	22	—	—
20	—	≥410	245	235	225	20	—	—
25	—	≥450	275	265	255	18	—	—
35	—	≥510	305	295	285	17	—	—
45	—	≥590	335	325	315	14	—	—
20Mn	—	≥450	275	265	255	20	—	—
25Mn	—	≥490	295	285	275	18	—	—

续表

牌号	质量等级	抗拉强度 R_m/MPa	下屈服强度 R_{eL}[①]/MPa 公称壁厚 S/mm ≤16	>16~30	>30	断后伸长率[②] A/%	冲击试验 温度/℃	吸收能量 A_{KV_2}/J (不小于)
			不小于					
Q345	A	470~630	345	325	295	20	—	—
	B						+20	34
	C						0	
	D					21	−20	
	E						−40	27
Q390	A	490~650	390	370	350	18	—	—
	B						+20	34
	C						0	
	D					19	−20	
	E						−40	27
Q420	A	520~680	420	400	380	18	—	—
	B						+20	34
	C						0	
	D					19	−20	
	E						−40	27
Q460	C	550~720	460	440	420	17	0	34
	D						−20	
	E						−40	27
Q500	C	610~770	500	480	440	17	0	55
	D						−20	47
	E						−40	31
Q550	C	670~830	550	530	490	16	0	55
	D						−20	47
	E						−40	31

续表

牌号	质量等级	抗拉强度 R_m/MPa	下屈服强度 R_{eL}[①]/MPa ≤16	下屈服强度 R_{eL}[①]/MPa >16~30	下屈服强度 R_{eL}[①]/MPa >30	断后伸长率[②] A/%	冲击试验 温度/℃	冲击试验 吸收能量 A_{KV_2}/J (不小于)
			公称壁厚 S/mm 不小于					
Q620	C	710~880	620	590	550	15	0	55
Q620	D	710~880	620	590	550	15	−20	47
Q620	E	710~880	620	590	550	15	−40	31
Q690	C	770~940	690	660	620	14	0	55
Q690	D	770~940	690	660	620	14	−20	47
Q690	E	770~940	690	660	620	14	−40	31

① 拉伸试验时，如不能测定 R_{eL}，可测定 $R_{P0.2}$ 代替 R_{eL}。

② 如合同中无特殊规定，拉伸试验试样可沿钢管纵向或横向截取。如有分歧时，拉伸试验应以沿钢管纵向截取的试样为仲裁试样。

表 5-2 合金钢钢管的力学性能

牌号	推荐的热处理制度[①] 淬火（正火）温度/℃ 第一次	推荐的热处理制度[①] 淬火（正火）温度/℃ 第二次	推荐的热处理制度[①] 淬火（正火）冷却剂	推荐的热处理制度[①] 回火 温度/℃	推荐的热处理制度[①] 回火 冷却剂	拉伸性能[②] R_m/MPa	拉伸性能[②] R_{eL}[①]/MPa	拉伸性能[②] A/%	钢管退火或高温回火交货状态硬度 (HBW)
						不小于			不大于
40Mn2	840	—	水、油	540	水、油	885	735	12	217
45Mn2	840	—	水、油	550	水、油	885	735	10	217
27SiMn	920	—	水	450	水、油	980	835	12	217
40MnB[③]	850	—	油	500	水、油	980	785	10	207
45MnB[③]	840	—	油	500	水、油	1030	835	9	217
20Mn2B[③,⑥]	880	—	油	200	水、空	980	785	10	187
20Cr[④,⑥]	880	800	水、油	200	水、空	835	540	10	179
20Cr[④,⑥]	880	800	水、油	200	水、空	785	490	10	179
30Cr	860	—	油	500	水、油	885	685	11	187
35Cr	860	—	油	500	水、油	930	735	11	207

续表

牌号	推荐的热处理制度①					拉伸性能②			钢管退火或高温回火交货状态硬度（HBW）
	淬火（正火）			回火		R_m /MPa	R_{eL}⑦ /MPa	A/%	
	温度/℃		冷却剂	温度/℃	冷却剂				
	第一次	第二次				不小于			不大于
40Cr	850	—	油	520	水、油	980	785	9	207
45Cr	840	—	油	520	水、油	1030	835	9	217
50Cr	830	—	油	520	水、油	1080	930	9	229
38GrSi	900	—	油	600	水、油	980	835	12	255
20CrMo④,⑥	880	—	水、油	500	水、油	885	685	11	197
						845	635	12	197
35CrMo	850	—	油	550	水、油	980	835	12	229
42CrMo	850	—	油	560	水、油	1080	930	12	217
38CrMoAl④	940	—	水、油	640	水、油	980	835	12	229
						930	785	14	229
50CrVA	860	—	油	500	水、油	1275	1130	10	255
20CrMn	850	—	油	200	水、空	930	735	12	187
20CrMnSi⑥	880	—	油	480	水、油	785	635	12	207
30CrMnSi⑥	880	—	油	520	水、油	1080	885	8	229
						980	835	9	229
35CrMnSiA⑥	880	—	油	230	水、空	1620	—	9	229
20CrMnTi⑤,⑥	880	870	油	200	水、空	1080	835	10	217
30CrMnTi⑤,⑥	880	850	油	200	水、空	1470	—	9	229
12CrNi2	860	780	水、油	200	水、空	785	590	12	207
12CrNi3	860	780	油	200	水、空	930	685	11	217
12Cr2Ni4	860	780	油	200	水、空	1080	835	10	269
40CrNiMoA	850	—	油	600	水、油	980	835	12	269
45CrNiMoVA	860	—	油	460	油	1470	1325	7	269

　　① 表中所列热处理温度允许调整范围：淬火±15℃，低温回火±20℃，高温回火±50℃。

　　② 拉伸试验时，可截取横向或纵向试样，有异议时，以纵向试样为仲裁依据。

　　③ 含硼钢在淬火前可先正火，正火温度应不高于其淬火温度。

　　④ 按需方指定的一组数据交货，当需方未指定时，可按其中任一组数据交货。

　　⑤ 含铬锰钛钢第一次淬火可用正火代替。

　　⑥ 于280～320℃等温淬火。

　　⑦ 拉伸试验时，如不能测定R_{eL}，可测定$R_{P0.2}$代替R_{eL}。

根据需方要求，经供需双方协商，并在合同中注明，优质碳素结构钢及规定最小屈服强度不高于 Q460 牌号的低合金高强度结构钢钢管可采用热浸镀锌法在钢管内外表面进行镀锌。

二、输送流体用无缝钢管（GB/T 8163—2018）

1. 品种规格

本标准适用于输送普通流体用无缝钢管。

钢管的公称外径 D 和公称壁厚 S 应符合 GB/T 17395—2008（无缝钢管尺寸、外形、重量及允许偏差）的规定。

钢管的通常长度为 3000～12000mm。根据需方要求，经供需双方协商，并在合同中注明，钢管可按范围长度交货，或按定尺、倍尺长度交货。

钢管由 10、20、Q345、Q390、Q420、Q460 牌号的钢制造。

热轧（扩）钢管可以热轧（扩）状态或热处理状态交货。冷拔（轧）钢管应以退火或高温回火状态交货。

2. 力学性能

表 5-3 钢管的力学性能

牌号	质量等级	R_m/MPa	R_{eL}/MPa（不小于）	A/%（不小于）	试验温度/℃	A_{KV_2}/J（不小于）
10	—	335～475	205	24	—	—
20	—	410～530	245	20	—	—
Q345	A	470～630	345	20	—	—
	B				+20	34
	C				0	34
	D			21	−20	34
	E				−40	27
Q390	A	490～650	390	18	—	—
	B				+20	34
	C				0	34
	D			19	−20	34
	E				−40	27

续表

牌号	质量等级	R_m/MPa	R_{eL}/MPa（不小于）	A/%（不小于）	试验温度/℃	A_{KV_2}/J（不小于）
Q420	A	520～680	420	18	—	—
	B				+20	34
	C				0	
	D			19	−20	
	E				−40	27
Q460	C	550～720	460	17	0	34
	D				−20	
	E				−40	27

注：拉伸试验时，如不能测定 R_{eL}，可测定 $R_{P0.2}$ 代替 R_{eL}。

三、流体输送用不锈钢无缝钢管（GB/T 14976—2012）

1. 品种规格

钢管按产品加工方式分为两类，类别和代号为：热轧（挤、扩）钢管（W-H）；冷拔（轧）钢管（W-C）。

钢管按尺寸精度分为二级，级别和代号为：普通级（PA）；高级（PC）。

项目	热轧(挤、扩)钢管	冷拔(轧)钢管
公称外径	68～159mm 或＞159mm	6～219mm 或＞219mm
公称壁厚	＜15mm 或≥15mm	≤3mm 或＞3mm
通常长度	2000～12000mm 可按定尺、倍尺交货	1000～12000mm 可按定尺、倍尺交货

2. 力学性能

表 5-4　钢管的力学性能

组织类型	序号	统一数字代号	牌号	R_m/MPa（不小于）	$R_{P0.2}$/MPa（不小于）	A/%（不小于）
奥氏体型	1	S30210	12Cr18Ni9	520	205	35

组织类型	序号	统一数字代号	牌号	R_m/MPa (不小于)	$R_{P0.2}$/MPa (不小于)	A/% (不小于)
奥氏体型	2	S30438	06Cr19Ni10	520	205	35
	3	S30403	022Cr19Ni10	480	175	35
	4	S30458	06Cr19Ni10N	550	275	35
	5	S30478	06Cr19Ni9NbN	685	345	35
	6	S30453	022Cr19Ni10N	550	245	40
	7	S30908	06Cr23Ni13	520	205	40
	8	S31008	06Cr25Ni20	520	205	40
	9	S31608	06Cr17Ni12Mo2	520	205	35
	10	S31603	022Cr17Ni12Mo2	480	175	35
	11	S31609	07Cr17Ni12Mo2	515	205	35
	12	S31668	06Cr17Ni12Mo2Ti	530	205	35
	13	S31658	06Cr17Ni12Mo2N	550	275	35
	14	S31653	022Cr17Ni12Mo2N	550	245	40
	15	S31688	06Cr18Ni12Mo2Cu2	520	205	35
	16	S31683	022Cr18Ni14Mo2Cu2	480	180	35
	17	S31708	06Cr19Ni13Mo3	520	205	35
	18	S31703	022Cr19Ni13Mo3	480	175	35
	19	S32168	06Cr18Ni11Ti	520	205	35
	20	S32169	07Cr19Ni11Ti	520	205	35
	21	S34778	06Cr18Ni11Nb	520	205	35
	22	S34779	07Cr18Ni11Nb	520	205	35
铁素体型	23	S11348	06Cr13Al	415	205	20
	24	S11510	10Cr15	415	240	20
	25	S11710	10Cr17	415	240	20
	26	S11863	022Cr18Ti	415	205	20
	27	S11972	019Cr19Mo2NbTi	415	275	20
马氏体型	28	S41008	06Cr13	370	180	22
	29	S41010	12Cr13	415	205	20

四、石油化工加氢装置工业炉用不锈钢无缝钢管（GB/T 33167—2016）

1. 品种规格

本标准适用于外径 68～273mm 的石油化工加氢装置工业炉用不锈钢无缝钢管。

钢管按加工方法分类如下：a）热轧（挤、顶、锻）钢管（W-H）；b）冷轧（拔）钢管（W-C）。

钢管按尺寸精度分类如下：a）普通级精度（PA）；b）高级精度（PC）。

钢管按公称外径和最小壁厚交货，或按公称外径和公称壁厚交货。钢管的公称外径和壁厚应符合 GB/T 17395—2008（无缝钢管尺寸、外形、重量及允许偏差）的规定。

钢管的通常长度为 4000～12000mm。根据需方要求，经供需双方协商，并在合同中注明，钢管可按定尺长度或倍尺长度交货。

钢管应以固溶、酸洗状态交货。凡经整体磨（抛光）、镗或经保护气氛热处理的钢管可不经酸洗交货。

06Cr18Ni11Ti、07Cr19Ni11Ti、06Cr18Ni11Nb 和 07Cr18Ni11Nb 钢管在固溶热处理后，应进行稳定化热处理。

2. 力学性能

表 5-5　钢管的力学性能

序号	牌号（统一数字代号）	室温力学性能			550℃力学性能	
		R_m/MPa	$R_{P0.2}$/MPa	$A/\%$	R_m/MPa	$R_{P0.2}$/MPa
1	022Cr17Ni12Mo2（S31603）	490	180	35	348	84
2	022Cr17Ni12Mo2（S31703）	490	180	35	—	—
3	06Cr18Ni11Ti（S32168）	515	205	35	406	114
4	07Cr19Ni11Ti（S32169）	515	205	35	408	115

续表

序号	牌号（统一数字代号）	室温力学性能			550℃力学性能	
		R_m /MPa	$R_{P0.2}$ /MPa	$A/\%$	R_m /MPa	$R_{P0.2}$ /MPa
5	06Cr18Ni11Nb （S34778）	520	205	35	359	138
6	07Cr18Ni11Nb （S34779）	520	205	35	359	138

五、海洋工程结构用无缝钢管（GB/T 34105—2017）

1. 品种规格

本标准适用于海洋工程结构用无缝钢管。

钢的牌号由代表屈服强度"屈"字的汉语拼音首位大写字母、规定最小屈服强度数值、"海"字的汉语拼音首位大写字母、质量等级符号等四个部分组成。例如：Q350HD

钢管的公称外径（D）和公称壁厚（S）应符合 GB/T 17395—2008（无缝钢管尺寸、外形、重量及允许偏差）的规定。

钢管的通常长度为 3000～12500mm。根据需方要求，经供需双方协商，并在合同中注明，可供应长度大于 12500mm 的钢管和按定尺长度或倍尺长度（在通常长度范围内）交货。

热轧（扩）钢管应以热轧状态或热处理状态交货，冷拔（轧）钢管应以热处理状态交货。

2. 力学性能

表 5-6　钢管的纵向力学性能

牌号		拉伸				冲击	
		R_{eL}/MPa （不小于）	R_m/MPa	屈强比 R_{eL}/R_m （不大于）	$A/\%$ （不小于）	试验温度 /℃	冲击吸收能量 A_{KV_2}/J （不小于）
Q245H	B	245	415～655	0.93	23	20	31
	C					0	
	D					−20	

牌号		拉伸				冲击	
		R_{eL}/MPa (不小于)	R_m/MPa	屈强比 R_{eL}/R_m (不大于)	A/% (不小于)	试验温度 /℃	冲击吸收能量 A_{KV_2}/J (不小于)
Q290H	B	290	415~655	0.93	23	20	31
	C					0	
	D					−20	
Q320H	B	320	435~655	0.93	22	20	31
	C					0	
	D					−20	
	E					−40	
	F					−60	
Q345H	B	345	470~655	0.93	21	20	34
	C					0	
	D					−20	
	E					−40	
	F					−60	
Q360H	B	360	460~760	0.93	21	20	35
	C					0	
	D					−20	
	E					−40	
	F					−60	
Q390H	B	390	490~760	0.93	19	20	39
	C					0	
	D					−20	
	E					−40	
	F					−60	

续表

牌号		拉伸				冲击	
		R_{eL}/MPa (不小于)	R_m/MPa	屈强比 R_{eL}/R_m (不大于)	A/% (不小于)	试验温度 /℃	冲击吸收 能量 A_{KV_2}/J (不小于)
Q415H	B	415	520~760	0.93	18	20	42
	C					0	
	D					−20	
	E					−40	
	F					−60	
Q450H	C	450	535~760	0.93	18	0	45
	D					−20	
	E					−40	
	F					−60	
Q485H	C	485	570~760	0.93	17	0	48
	D					−20	
	E					−40	
	F					−60	
Q555H	C	555	625~825	0.93	16	0	55
	D					−20	
	E					−40	
	F					−60	
Q625H	C	625	695~915	0.97	15	0	62
	D					−20	
	E					−40	
	F					−60	
Q690H	C	690	750~990	0.97	14	0	69
	D					−20	
	E					−40	
	F					−60	

注：1. 当屈服不明显时，可测量 $R_{p0.2}$ 代替 R_{eL}。

2. 壁厚 $S>25mm$ 的钢管，其最小屈服强度可协商确定，并按本表规定进行适当修正。

六、海底管道用大口径无缝钢管（SY/T 7044—2016）

1. 品种规格

本标准适用于海底油气输送管线用 $D323.9 \sim D762$mm 大口径无缝钢管。

表 5-7　钢级和交货状态

钢级	交货状态
L245NO/BNO L290NO/X42NO、L320NO/X46NO L360NO/X52NO	轧制正火（NR）或正火（N）
L245QO/BQO、L290QO/X42QO、L320QO/X46QO、 L360QO/X52QO、L390QO/X56QO、L415QO/X60QO、 L450QO/X65QO、L485QO/X70QO、L555QO/X80QO、 L625QO/X90QO、L690QO/X100QO	淬火＋回火（Q&T）

2. 力学性能

表 5-8　力学性能

钢级	屈服强度 $R_{t0.5}$/MPa		抗拉强度 R_m/MPa		屈强比 $R_{t0.5}/R_m$	伸长率 A_f/%
	最小值	最大值	最小值	最大值	最大值	最小值
L245NO/BNO L245QO/BQO	245	450	415	655	0.92	规定最小伸长率 A_f 由下式计算： $A_f = C \dfrac{A_{XC}^{0.2}}{V^{0.9}}$ 式中 C—采用 SI 单位制时为 1940，采用 USC 单位制时为 625000； A_{XC}—适用的拉伸试样横截面积； U—规定最小抗拉强度,MPa
L290NO/X42NO L290QO/X42QO	290	495	415	655	0.92	
L320NO/X46NO L320QO/X46QO	320	520	435	655	0.92	
L360NO/X52NO L360QO/X52QO	360	520	460	760	0.92	
L390QO/X56QO	390	540	490	760	0.92	
L415QO/X60QO	415	565	520	760	0.92	
L450QO/X65QO	450	570	535	760	0.92	
L485QO/X70QO	485	605	570	760	0.92	
L555QO/X80QO	555	675	625	825	0.93	
L625QO/X90QO	625	745	695	895	0.95	
L690QO/X100QO	690	810	760	960	0.95	

七、轨道交通车辆制动系统用精密不锈钢无缝钢管（GB/T 34107—2017）

1. 品种规格

本标准适用于轨道交通车辆（机车、动车组、城轨车辆、客货运车辆等）空气或液压制动系统用精密奥氏体不锈钢无缝钢管。

表 5-9　钢管的公称外径和公称壁厚

公称外径 D/mm		公称壁厚/mm										
系列1	系列2	1.0	1.2	1.5	1.8	2.0	2.2	2.5	2.8	3.0	3.5	4.0
6		•	•									
8		•	•	•	•							
10	10.3	•	•	•	•	•						
12		•	•	•	•	•						
14	13.7	•	•	•	•	•						
15		•	•	•	•	•						
17	17.1	•	•	•	•	•	•					
18		•	•	•	•	•	•					
20			•	•	•	•	•	•				
21	21.3	•	•	•	•	•	•	•	•			
22		•	•	•	•	•	•	•	•			
25			•	•	•	•	•	•	•	•		
27	26.7		•	•	•	•	•	•	•	•		
28			•	•	•	•	•	•	•	•		
30				•	•	•	•	•	•	•	•	
32				•	•	•	•	•	•	•	•	
33	33.4			•	•	•	•	•	•	•	•	
34					•	•	•	•	•	•	•	
35				•	•	•	•	•	•	•	•	•

续表

公称外径 D/mm		公称壁厚/mm										
系列1	系列2	1.0	1.2	1.5	1.8	2.0	2.2	2.5	2.8	3.0	3.5	4.0
38			•	•	•	•	•	•	•	•	•	•
40				•	•	•	•	•	•	•	•	•
42	42.2			•	•	•	•	•	•	•	•	•
45				•	•	•	•	•	•	•	•	•
48	48.3			•	•	•	•	•	•	•	•	•

注：1. 系列1为常用公制规格，系列2为由相应英制规格换算成的常用公制规格。

2. "•"表示常用规格。

钢管的通常长度为2000～12000mm。

钢管应以光亮固溶处理状态交货。

2. 力学性能

表 5-10　钢管的力学性能及密度

序号	统一数字代号	牌号	推荐热处理制度	室温拉伸			硬度（不大于）	密度 ρ/(kg/dm³)
				$R_{P0.2}$/MPa	R_m/MPa	A/%		
				不小于				
1	S30408	06Cr19Ni10	1010～1150℃,快冷	205	520	35	187HBW或90HRB或200HV	7.93
2	S30403	022Cr19Ni10	1010～1150℃,快冷	175	480	35		7.90
3	S31608	06Cr17Ni12Mo2	1010～1150℃,快冷	205	520	35		8.00
4	S31603	022Cr17Ni12Mo2	1010～1150℃,快冷	175	480	35		8.00
5	S31668	06Cr17Ni12Mo2Ti	1000～1100℃,快冷	205	530	35		7.90
6	S32168	06Cr18Ni11Ti	920～1150℃,快冷	205	520	35		8.03

八、起重机臂架用无缝钢管（GB 30584—2014）

1. 品种规格

无缝钢管按产品制造方式分为两类：a）热轧（挤压、扩）钢管（W-H）；b）冷拔轧钢管（W-C）。

钢的牌号由代表起重机臂架的"臂""架"汉语拼音首位大写字母和规定最小下屈服强度或规定塑性延伸强度数值两部分组成。如 BJ450。

钢管的公称外径（D）和公称壁厚（S）应符合 GB/T 17395—2008 的规定。

热轧（挤压、扩）钢管的通常长度为 3000～12000mm；冷拔（轧）钢管的通常长度为 2000～12000mm。

BJ450 牌号的钢管应以正火状态或调质状态交货，当钢管终轧温度在相变临界温度 A_{r3} 以上，且钢管是经过空冷时，则应认为钢管是经过正火的。

BJ770、BJ890 牌号的钢管应以调质状态交货。

2. 力学性能

表 5-11　钢管的室温力学性能

牌号	$R_{eL}(R_{P0.2})$/MPa 壁厚/mm ≤20 不小于	$R_{eL}(R_{P0.2})$/MPa 壁厚/mm >20~40 不小于	R_m/MPa 壁厚/mm ≤20	R_m/MPa 壁厚/mm >20~40	A/% 纵向 不小于	A/% 横向 不小于	-20℃冲击吸收能量 A_{KV_2}/J 纵向 壁厚/mm ≤20	-20℃冲击吸收能量 A_{KV_2}/J 纵向 壁厚/mm >20~40	-20℃冲击吸收能量 A_{KV_2}/J 横向 壁厚/mm ≤20	-20℃冲击吸收能量 A_{KV_2}/J 横向 壁厚/mm >20~40
BJ450	450	430	600~750	560~710	19	17	27	27	—	—
BJ770	770	700	820~1000	770~950	15	13	55	45	35	30
BJ890	890	850	960~1110	920~1070	14	12	55	45	35	30

注：当壁厚不小于 40mm 时，钢管的拉伸性能由供需双方协商确定。

九、核电站用无缝钢管 第 1 部分：碳素钢 无缝钢管（GB 24512.1—2009）

1. 品种规格

本部分适用于制造核电站 1、2、3 级和非核级设备承压部件用碳素钢（包括碳锰钢）无缝钢管。

钢的牌号由代表核电用途的汉语拼音首位大写字母（HD）和室温条件下、规定最小下屈服强度或塑性延伸强度值组成，控 Cr 含量的钢还应在其后加上化学元素符号 Cr。例如：HD245、HD245Cr。

钢管按公称外径和公称壁厚交货，钢管的公称外径和公称壁厚应符合 GB/T 17395—2008 的规定。

钢管的通常长度为 4000～12000mm。根据需方要求，经供需双方协商，并在合同中注明，钢管可按定尺或倍尺长度交货。

钢管应以正火热处理状态交货。正火热处理的温度应为 890～940℃，保温时间：按壁厚每 1mm 不少于 1min 计算，至少 30min。钢管正火后，应在静止的空气中冷却。

2. 力学性能

表 5-12 钢管室温力学性能

牌号	R_m/MPa	R_{eL} 或 $R_{P0.2}$/MPa	A/% 纵向	A/% 横向
HD245	410～550	≥245	≥24	≥22
HD245Cr	410～550	≥245	≥24	≥22
HD265	410～570	≥265	≥23	≥21
HD265Cr	410～570	≥265	≥23	≥21
HD280	470～590	≥275	≥21	≥21
HD280Cr	470～590	≥275	≥21	≥21

注：实测 R_m 和 A 还应符合：R_m（A－2）>10500。

表 5-13　交货状态钢管的高温力学性能

牌号	试验温度/℃	R_m/MPa	$R_{P0.2}$/MPa
HD245	250	—	≥170
	300	—	≥149
HD245Cr	250	—	≥170
	300	—	≥149
HD265	300	≥369	≥154
HD265Cr	300	≥369	≥154
HD280	300	≥423	≥186
HD280Cr	300	≥423	≥186

十、核电站用无缝钢管　第 2 部分：合金钢　无缝钢管（GB 24512.2—2009）

1. 品种规格

本部分适用于制造核电站非核级设备承压部件用合金钢无缝钢管。

钢的牌号由代表核电用途的汉语拼音首位大写字母（HD）和化学成分组成。例如：HD15Ni1MnMoNbCu。

钢管按公称外径和公称壁厚交货，钢管的公称外径和公称壁厚应符合 GB/T 17395—2008 的规定。

钢管的通常长度为 4000～12000mm。根据需方要求，经供需双方协商，并在合同中注明，钢管可按定尺或倍尺长度交货。

钢管应以热处理状态交货。钢管的热处理制度应符合表 5-14 的规定。

表 5-14　钢管的热处理制度

牌号	热处理状态	奥氏体化		回火		保温时间
		加热温度/℃	冷却介质	加热温度/℃	冷却介质	
HD12Cr2Mo	正火加回火或淬火加回火	正火：900～960 淬火：≥900	空气或快速冷却	700～750	空气	正火保温时间按壁厚每 1mm 不少于 1.5min 计算，但不小于 20min。回火保温时间不小于 1h
HD15Ni1Mn MoNbCu	正火加回火或淬火加回火	正火：900～980 淬火：880～930	空气或快速冷却	630～680	空气	

2. 力学性能

表 5-15　钢管的室温力学性能

牌号	R_m/MPa	$R_{P0.2}$/MPa	A/%	
			纵向	横向
HD12Cr2Mo	450～600	≥280	≥22	≥20
HD15Ni1MnMoNbCu	620～780	≥440	≥19	≥17

表 5-16　交货状态钢管的高温力学性能

牌号	试验温度/℃	R_m/MPa	$R_{P0.2}$/MPa	Z/%	
				平均值	单个值
HD12Cr2Mo	350	—	≥185	—	—
HD15Ni1MnMoNbCu	200	≥520	≥402	≥35	≥25
	300	≥520	≥382	≥35	≥25
	400	≥500	≥343	≥35	≥25

十一、核电站用无缝钢管　第 3 部分：不锈钢　无缝钢管（GB 24512. 3—2014）

1. 品种规格

本部分适用于核电站核安全 1、2、3 级和非核安全级设备承压部件用不锈钢无缝钢管。本部分不适用于核电站热交换器用不锈钢无缝钢管。

钢管按产品制造方式分为两类,其类别和代号如下:a) 热轧(挤、顶、锻、扩)钢管,代号为 W—H;b) 冷拔(轧)钢管,代号为 W—C。

钢管按尺寸精度分为两类:a) 普通级精度,代号为 PA;b) 高级精度,代号为 PC。

钢管按公称外径和公称壁厚交货,钢管的公称外径和公称壁厚应符合 GB/T 17395—2008(无缝钢管尺寸、外形、重量及允许偏差)的规定。

钢管的通常长度为 4000~12000mm。根据需方要求,经供需双方协商,并在合同中注明,钢管可按定尺长度或倍尺长度交货。

钢管应以固溶热处理状态交货,固溶热处理温度为 1050~1150℃。

钢管应经酸洗、钝化后交货。凡经整体磨(抛光)、镗或光亮热处理的钢管可不经酸洗交货。

2. 力学性能

表 5-17　力学性能与密度

序号	牌号(统一数字代号)	室温				350℃		密度/(kg/dm³)
		R_m/MPa	$R_{P0.2}$/MPa	$A/\%$		$R_{P0.2}$/MPa	R_m/MPa	
				纵向	横向			
		不小于						
1	06Cr19Ni10 (S30408)	520	210	45	45	125	394	7.93
2	022Cr19Ni10 (S30403)	490	175	45	45	105	350	7.90
3	022Cr19Ni10N (S30453)	520	210	45	45	125	394	7.93
4	06Cr17Ni12Mo2 (S31608)	520	210	45	45	130	445	8.00
5	022Cr17Ni12Mo2 (S31603)	490	175	45	45	105	355	8.00

序号	牌号(统一数字代号)	室温				350℃		密度/(kg/dm³)
		R_m/MPa	$R_{P0.2}$/MPa	A/%		$R_{P0.2}$/MPa	R_m/MPa	
				纵向	横向			
		不小于						
6	022Cr17Ni12Mo2N (S31653)	520	220	45	45	135	400	8.04
7	06Cr18Ni11Ti (S32168)	520	210	40	35	130	394	8.03
8	015Cr21Ni26Mo5Cu2 (S31782)	520	230	35	30			8.00

十二、高压锅炉用无缝钢管（GB/T 5310—2017）

1. 品种规格

本标准适用于制造高压及其以上压力的蒸汽锅炉、管道用无缝钢管。

钢管的公称外径和壁厚应符合 GB/T 17395—2008 的规定。

钢管的通常长度为 4000～12000mm。根据需方要求，经供需双方协商，并在合同中注明，钢管可按定尺或倍尺长度交货。

钢管应以热处理状态交货。钢管的热处理制度应符合表 5-18 规定。

表 5-18　钢管的热处理制度

牌号	热处理制度
20G	正火：正火温度 880～940℃
20MnG	正火：正火温度 880～940℃
25MnG	正火：正火温度 880～940℃
15MoG	正火：正火温度 890～950℃
20MoG	正火：正火温度 890～950℃
12CrMoG	正火加回火：正火温度 900～960℃，回火温度 670～730℃

牌号	热处理制度
15CrMoG	S≤30mm 的钢管正火加回火:正火温度 900~960℃;回火温度 680~730℃。S>30mm 的钢管淬火加回火或正火加回火:淬火温度不低于 900℃,回火温度 680~750℃,正火温度 900~960℃,回火温度 680~730℃,但正火后应进行快速冷却
12Cr2MoG	S≤30mm 的钢管正火加回火:正火温度 900~960℃;回火温度 700~750℃。S>30mm 的钢管淬火加回火或正火加回火:淬火温度不低于 900℃,回火温度 700~750℃,正火温度 900~960℃,回火温度 700~750℃,但正火后应进行快速冷却
12Cr1MoVG	S≤30mm 的钢管正火加回火:正火温度 980~1020℃;回火温度 720~760℃。S>30mm 的钢管淬火加回火或正火加回火:淬火温度 950~990℃,回火温度 720~760℃,正火温度 980~1020℃,回火温度 720~760℃,但正火后应进行快速冷却
12Cr2MoWVTiB	正火加回火:正火温度 1020~1060℃,回火温度 760~790℃
07Cr2MoW2VNbB	正火加回火:正火温度 1040~1080℃,回火温度 750~780℃
12Cr3MoVSiTiB	正火加回火:正火温度 1040~1090℃,回火温度 720~770℃
15Ni1MnMoNbCu	S≤30mm 的钢管正火加回火:正火温度 880~980℃;回火温度 610~680℃。S>30mm 的钢管淬火加回火或正火加回火:淬火温度不低于 900℃,回火温度 610~680℃,正火温度 880~980℃,回火温度 610~680℃,但正火后应进行快速冷却
10Cr9Mo1VNbN	正火加回火:正火温度 1040~1080℃,回火温度 750~780℃。S>70mm 的钢管可淬火加回火,淬火温度不低于 1040℃,回火温度 750~780℃
10Cr9MoW2VNbBN	正火加回火:正火温度 1040~1080℃,回火温度 760~790℃。S>70mm 的钢管可淬火加回火,淬火温度不低于 1040℃,回火温度 760~790℃
10Cr11MoW2VNbCu1BN	正火加回火:正火温度 1040~1080℃,回火温度 760~790℃。S>70mm 的钢管可淬火加回火,淬火温度不低于 1040℃,回火温度 760~790℃

续表

牌号	热处理制度
11Cr9Mo1W1VNbBN	正火加回火：正火温度 1040～1080℃，回火温度 750～780℃。S＞70mm 的钢管可淬火加回火，淬火温度不低于 1040℃，回火温度 750～780℃
07Cr19Ni10	固溶处理：固溶温度不低于 1040℃，急冷
10Cr18Ni9NbCu3BN	固溶处理：固溶温度不低于 1100℃，急冷
07Cr25Ni21	固溶处理：固溶温度不低于 1040℃，急冷
07Cr25Ni21NbN	固溶处理：固溶温度不低于 1100℃，急冷
07Cr19Ni11Ti	固溶处理：热轧（挤压、扩）钢管固溶温度不低于 1050℃，冷拔（轧）钢管固溶温度不低于 1100℃，急冷
07Cr18Ni11Nb	固溶处理：热轧（挤压、扩）钢管固溶温度不低于 1050℃，冷拔（轧）钢管固溶温度不低于 1100℃，急冷
08Cr18Ni11NbFG	冷加工之前软化热处理：软化热处理温度应至少比固溶处理温度高 50℃，最终冷加工之后固溶处理：固溶温度不低于 1180℃，急冷

2. 力学性能

表 5-19 钢管的力学性能（交货状态、室温）

牌号	R_m/MPa	R_{eL} 或 $R_{P0.2}$/MPa（不小于）	A/%（不小于） 纵向	横向	A_{KV_2}/J（不小于） 纵向	横向	硬度 HBW	HV	HRC 或 HRB
20G	410～550	245	24	22	40	27	120～160	120～160	—
20MnG	415～560	240	22	20	40	27	125～170	125～170	—
25MnG	485～640	275	20	18	40	27	130～180	130～180	—
15MoG	450～600	270	22	20	40	27	125～180	125～180	—
20MoG	415～665	220	22	20	40	27	125～180	125～180	—

续表

牌号	R_m /MPa	R_{eL} 或 $R_{P0.2}$ /MPa (不小于)	$A/\%$ (不小于)		A_{KV_2}/J (不小于)		硬度		
			纵向	横向	纵向	横向	HBW	HV	HRC 或 HRB
12CrMoG	410~560	205	21	19	40	27	125~170	125~170	—
15CrMoG	440~640	295	21	19	40	27	125~170	125~170	—
12Cr2MoG	450~600	280	22	20	40	27	125~180	125~180	—
12Cr1MoVG	470~640	255	21	19	40	27	135~195	135~195	—
12Cr2MoWVTiB	540~735	345	18	—	40	—	160~220	160~230	85~97 (HRB)
07Cr2MoW2VNbB	≥510	400	22	18	40	27	150~220	150~230	80~97 (HRB)
12Cr3MoVSiTiB	610~805	440	16	—	40	—	180~250	180~265	≤25 (HRC)
15Ni1MnMoNbCu	620~780	440	19	17	40	27	185~255	185~270	≤25 (HRC)
10Cr9Mo1VNbN	≥585	415	20	16	40	27	185~250	185~265	≤25 (HRC)
10Cr9MoW2VNbBN	≥620	440	20	16	40	27	185~250	185~265	≤25 (HRC)
10Cr11MoW2VNbCu1BN	≥620	400	20	16	40	27	185~250	185~265	≤25 (HRC)
11Cr9Mo1W1VNbBN	≥620	440	20	16	40	27	185~250	185~265	≤25 (HRC)
07Cr19Ni10	≥515	205	35	—	—	—	140~192	150~200	75~90 (HRB)

续表

牌号	R_m /MPa	R_{eL} 或 $R_{P0.2}$ /MPa (不小于)	$A/\%$ (不小于)		A_{KV_2}/J (不小于)		硬度		
			纵向	横向	纵向	横向	HBW	HV	HRC 或 HRB
10Cr18Ni9NbCu3BN	≥590	235	35	—	—	—	150~219	160~230	80~95 (HRB)
07Cr25Ni21	≥515	205	35	—	—	—	140~192	150~200	75~90 (HRB)
07Cr25Ni21NbN	≥655	295	30	—	—	—	175~256		85~100 (HRB)
07Cr19Ni11Ti	≥515	205	35	—	—	—	140~192	150~200	75~90 (HRB)
07Cr18Ni11Nb	≥520	205	35	—	—	—	140~192	150~200	75~90 (HRB)
08Cr18Ni11NbFG	≥550	205	35	—	—	—	140~192	150~200	75~90 (HRB)

表 5-20 钢管的高温规定塑性延伸强度

牌号	$R_{P0.2}$/MPa(不小于)										
	温度/℃										
	100	150	200	250	300	350	400	450	500	550	600
20G	—	—	215	196	177	157	137	98	49	—	—
20MnG	219	214	208	197	183	175	168	156	151	—	—
25MnG	252	245	237	226	210	201	192	179	172	—	—
15MoG	—	—	225	205	180	170	160	155	150	—	—

续表

牌号	$R_{P0.2}$/MPa(不小于)										
	温度/℃										
	100	150	200	250	300	350	400	450	500	550	600
20MoG	207	202	199	187	182	177	169	160	150	—	—
12CrMoG	193	187	181	175	170	165	159	150	140	—	—
15CrMoG	—	—	269	256	242	228	216	205	198		
12Cr2MoG	192	188	186	185	185	185	185	181	173	159	
12Cr1MoVG	—	—	—	—	230	225	219	211	201	187	—
12Cr2MoWVTiB					360	357	352	343	328	305	274
07Cr2MoW2VNbB	379	371	363	361	359	352	345	338	330	299	266
12Cr3MoVSiTiB	—	—	—	—	403	397	390	379	364	342	
15Ni1MnMoNbCu	422	412	402	392	382	373	343	304	—	—	
10Cr9Mo1VNbN	384	378	377	377	376	371	358	337	306	260	198
10Cr9MoW2VNbBN	419	411	406	402	397	389	377	359	333	297	251
10Cr11MoW2VNbCu1BN	618	603	586	574	562	550	533	511	478	434	374
11Cr9Mo1W1VNbBN	413	396	384	377	373	368	362	348	326	295	256
07Cr19Ni10	170	154	144	135	129	123	119	114	110	105	99
10Cr18Ni9NbCu3BN	203	189	179	170	164	159	155	150	146	142	138
07Cr25Ni21	181	167	157	149	144	139	135	132	128	—	—
07Cr25Ni21NbN	245	224	209	200	193	189	184	180	175	—	—
07Cr19Ni11Ti	184	171	160	150	142	136	132	128	126	123	120
07Cr18Ni11Nb	189	177	166	158	150	145	141	139	137	131	114
08Cr18Ni11NbFG	185	174	166	159	153	148	144	141	138	135	131

注：表中所列牌号 10Cr11MoW2VNbCu1BN 的数据为材料在该温度下的抗拉强度（R_m）。

十三、石油裂化用无缝钢管（GB 9948—2013）

1. 品种规格

本标准适用于石油化工用炉管、热交换器管和压力管道用无缝钢管。

　　除非合同另有规定，钢管按公称外径（D）和公称壁厚（S）交货。钢管的公称外径和公称壁厚应符合 GB/T 17395—2008 的规定。

表 5-21　钢管外径和壁厚的允许偏差

分类代号	制造方式	钢管公称尺寸/mm		允许偏差/mm	
				普通级	高级
W-H	热轧（挤压）	外径 D	≤54	±0.50	±0.30
			>54～325	±1%D	±0.75%D
			>325	±1%D	—
		壁厚 S	≤20	+15%S −10%S	±10%S
			>20	+12.5%S −10%S	±10%S
	热扩	外径 D	全部	±1%D	
		壁厚 S	全部	±15%S	
W-C	冷拔（轧）	外径 D	≤25.4	±0.15	
			>25.4～40	±0.20	
			>40～50	±0.25	
			>50～60	±0.30	
			>60	±0.75%D	±0.5%D
		壁厚 S	≤3.0	±0.3	±0.2
			>3.0	±10%S	±7.5%S

表 5-22　钢管最小壁厚的允许偏差

分类代号	制造方式	最小壁厚 S_{min}	允许偏差/mm	
			普通级	高级
W-H	热轧（挤压）	≤4.0	+0.90 0	+0.70 0
		>4.0	+25%S_{min} 0	+22%S_{min} 0
W-C	冷拔（轧）	≤3.0	+0.6 0	+0.4 0
		>3.0	+20%S_{min} 0	+15%S_{min} 0

钢管的通常长度为 4000～12000mm。

钢管应以热处理状态交货。钢管的热处理制度应符合表 5-23 的规定。

表 5-23   钢管的热处理制度

牌号	热处理制度
10	正火:正火温度 880～940℃
20	正火:正火温度 880～940℃
12CrMo	正火加回火:正火温度 900～960℃,回火温度 670～730℃
15CrMo	正火加回火:正火温度 900～960℃,回火温度 680～730℃
12Cr1Mo	正火加回火:正火温度 900～960℃,回火温度 680～750℃
12Cr1MoV	S≤30mm 的钢管正火加回火:正火温度 980～1020℃;回火温度 720～760℃。S＞30mm 的钢管淬火加回火或正火加回火:淬火温度 950～990℃,回火温度 720～760℃ 正火温度 980～1020℃,回火温度 720～760℃,但正火后应进行急冷
12Cr2Mo	S≤30mm 的钢管正火加回火:正火温度 900～960℃;回火温度 700～750℃。S＞30mm 的钢管淬火加回火或正火加回火:淬火温度不低于 900℃,回火温度 700～750℃ 正火温度 900～960℃,回火温度 700～750℃,但正火后应进行急冷
12Cr5Mo1	完全退火或等温退火
12Cr5MoNT	正火加回火:正火温度 930～980℃,回火温度 730～770℃
12Cr9Mo1	完全退火或等温退火
12Cr9MoNT	正火加回火:正火温度 890～950℃,回火温度 720～800℃
07Cr19Ni10	固溶处理:固溶温度≥1040℃,急冷
07Cr18Ni11Nb	固溶处理:热轧(挤压、扩)钢管固溶温度≥1050℃,冷拔(轧)钢管固溶温度≥1100℃,急冷
07Cr19Ni11Ti	固溶处理:热轧(挤压、扩)钢管固溶温度≥1050℃,冷拔(轧)钢管固溶温度≥1100℃,急冷
022Cr17Ni12Mo2	固溶处理:固溶温度≥1040℃,急冷

2. 力学性能

表 5-24　钢管的力学性能

牌号	R_m/MPa	R_{eL} 或 $R_{P0.2}/MPa$	$A/\%$		A_{KV_2}/J		布氏硬度值
			纵向	横向	纵向	横向	
			不小于				不大于
10	335~475	205	25	23	40	27	—
20	410~550	245	24	22	40	27	—
12CrMo	410~560	205	21	19	40	27	156HBW
15CrMo	440~640	295	21	19	40	27	170HBW
12Cr1Mo	415~560	205	22	20	40	27	163HBW
12Cr1MoV	470~640	255	21	19	40	27	179HBW
12Cr2Mo	450~600	280	22	20	40	27	163HBW
12Cr5Mo1	415~590	205	22	20	40	27	163HBW
12Cr5MoNT	480~640	280	20	18	40	27	—
12Cr9Mo1	460~640	210	20	18	40	27	179HBW
12Cr9MoNT	590~740	390	18	16	40	27	—
07Cr19Ni10	≥520	205	35		—	—	187HBW
07Cr18Ni11Nb	≥520	205	35		—	—	187HBW
07Cr19Ni11Ti	≥520	205	35		—	—	187HBW
022Cr17Ni12Mo2	≥485	170	35		—	—	187HBW

注：对于壁厚小于 5mm 的钢管，可不做硬度试验。

表 5-25　小尺寸试样冲击吸收能量递减系数

试样规格	试样尺寸(高度×宽度)/mm×mm	递减系数
标准试样	10×10	1.00
小试样	10×7.5	0.75
小试样	10×5	0.50

十四、低温管道用无缝钢管（GB/T 18984—2016）

1. 品种规格

本标准适用于－45℃级～－196℃级低温压力容器管道及低温热交换器管道用无缝钢管。

本标准的无缝钢管按产品制造方式分为两类：热轧（扩）钢管（W-H）；冷拔（轧）钢管（W-C）。

表 5-26 钢管外径和壁厚的允许偏差

分类代号	制造方式	钢管公称尺寸/mm		允许偏差/mm	
				普通级	高级
W-H	热轧钢管	外径(D)	≤54	±0.40	±0.30
			>54～325	±1%D	±0.75%D
			>325	±1%D	—
		壁厚(S)	≤20	+15%S −10%S	±10%S
			>20	+12.5%S −10%S	±10%S
	热扩钢管	外径(D)	全部	±1%D	
		壁厚(S)	全部	±15%S	
W-C	冷拔（轧）钢管	外径(D)	≤25.4	±0.15	
			>25.4～40	±0.20	
			>40～50	±0.25	
			>50～60	±0.30	
			>60	±0.75%D	±0.5%D
		壁厚(S)	≤3.0	±0.3	±0.2
			>3.0	±10%S	±7.5%S

钢管通常长度为 4000～12000mm。经供需双方协商，并在合同中注明，可交付长度短于 4000mm 但不短于 3000mm 的短尺钢管，但其数量应不超过该批钢管交货总数量的 5%。

　　除06Ni9DG钢管外，钢管应以正火、正火加回火或淬火加回火状态交货。06Ni9DG钢管应以淬火加回火或二次正火加回火状态交货。

2. 力学性能

表 5-27　钢管的纵向力学性能

序号	牌号	R_m/MPa	R_{eL} 或 $R_{P0.2}$/MPa		A/%		
			$S \leqslant 16mm$	$S > 16mm$	1号试样	2号试样	3号试样
1	16MnDG	490～665	$\geqslant 325$	$\geqslant 315$	$\geqslant 30$	$\geqslant 23$	
2	10MnDG	$\geqslant 400$	$\geqslant 240$		$\geqslant 35$	$\geqslant 29$	
3	09DG	$\geqslant 385$	$\geqslant 210$		$\geqslant 35$	$\geqslant 29$	
4	09Mn2VDG	$\geqslant 450$	$\geqslant 300$		$\geqslant 30$	$\geqslant 23$	
5	06Ni3MoDG	$\geqslant 455$	$\geqslant 250$		$\geqslant 30$	$\geqslant 23$	
6	06Ni9DG	$\geqslant 690$	$\geqslant 520$		$\geqslant 22$	$\geqslant 18$	

　　注：1. 外径小于20mm的钢管，本表规定的断后伸长率值不适用，其断后伸长率值由供需双方协商确定。

　　2. 壁厚小于8mm的钢管，用2号试样进行拉伸试验时，壁厚每减少1mm，其断后伸长率的最小值应从本表规定最小断后伸长率中减去1.5%，并按数字修约规则修约为整数。

表 5-28　钢管的纵向低温冲击吸收能量

试样尺寸(高度×宽度)/(mm×mm)	冲击吸收能量 A_{KV_2}/J		
	一组(3个)的平均值	至少2个的单个值	1个的最低值
10×10	$\geqslant 21(40)$	$\geqslant 21(40)$	$\geqslant 15(28)$
10×7.5	$\geqslant 18(35)$	$\geqslant 18(35)$	$\geqslant 13(25)$
10×5	$\geqslant 14(26)$	$\geqslant 14(26)$	$\geqslant 10(18)$
10×2.5	$\geqslant 7(13)$	$\geqslant 7(13)$	$\geqslant 5(9)$

　　注：1. 对不能采用10mm×2.5mm冲击试样尺寸的钢管，A_{KV_2}值由供需双方商定。

　　2. 括号中的数值为06Ni9DG钢管的冲击吸收能量

冲击试验的温度应符合下列规定：16MnDG、10MnDG 和 09DG 为 －45℃，09Mn2VDG 为 －70℃，06Ni3MoDG 为 －100℃，06Ni9DG 为 －196℃。

十五、高碳铬轴承钢无缝钢管（YB/T 4146—2016）

1. 品种规格

本标准适用于制造滚动轴承零件用热轧和冷拔（轧）高碳铬轴承钢无缝钢管。

热轧钢管的外径（D）范围为 48～194mm，壁厚（S）范围为 5.0～30mm。

冷拔（轧）钢管的外径范围为 12～159mm，壁厚范围为 1.5～15mm。

热轧钢管的通常长度为 3000～12000mm。冷拔（轧）钢管的通常长度为 3000～9000mm。

热轧钢管应以球化退火状态交货。根据需方要求，经供需双方协商，并在合同中注明，热轧退火钢管可以外表面剥皮或磨光交货。

冷拔（轧）钢管应以退火状态交货，亦可按冷拔（轧）状态交货。

2. 性能

球化退火状态交货的热轧钢管，布氏硬度应为 179～217（HBW）。

退火状态交货的冷拔（轧）钢管，布氏硬度应为 179～220（HBW），同一批钢管的布氏硬度值差应不大于 15（HBW），钢管同一截面的布氏硬度值差应不大于 10（HBW）。

钢的牌号及化学成分（熔炼成分）应符合 GB/T 18254—2016（高碳铬轴承钢）表 4～表 6 中 G8Cr15、GCr15、GCr15SiMn、GCr15SiMo 和 GCr18Mo 的规定。

十六、结构用方形和矩形热轧无缝钢管（GB/T 34201—2017）

1. 品种规格

方形钢管的公称尺寸范围为：边长 40mm×40mm～500mm×500mm，壁厚 3.0～60mm。矩形钢管的尺寸范围为：边长 50mm×30mm～600mm×400mm，壁厚 3.0～60mm。

钢管的通常长度为 2000～12000mm。根据需方要求，经供需双方协商，可按定尺长度或倍尺长度交货。

钢管可用优质碳素结构钢制造，牌号为：10、20、35 和 45。

钢管可用碳素结构钢制造，牌号为：Q195、Q215 和 Q235。

钢管可用低合金高强度结构钢制造，牌号为：Q345、Q390、Q420 和 Q460。

钢管可用合金结构钢制造，牌号为 20Mn2。

钢管应以热轧（扩）状态或热处理状态交货。

2. 力学性能

表 5-29　钢管的力学性能

序号	牌号	质量等级	R_m /MPa	R_{eL}[1] /MPa 壁厚/mm ≤16	>16～40	>40	A[2] /%	冲击试验 温度 /℃	冲击吸收能量 A_{KV_2}[3] /J （不小于）
				不小于					
1	10	—	≥335	205	195	185	24	—	—
2	20	—	≥410	245	235	225	20	—	—
3	35	—	≥510	305	295	285	17	—	—
4	45	—	≥590	335	325	315	14	—	—
5	Q195	—	315～430	195	185	—	33	—	—
6	Q215	A	335～450	215	205	195	31	—	—
		B						+20	27

续表

序号	牌号	质量等级	R_m /MPa	R_{eL}[1] /MPa 壁厚/mm ≤16	>16~40	>40	A[2] /%	冲击试验 温度 /℃	冲击吸收能量 A_{KV_2}[3] /J （不小于）
						不小于			
7	Q235	A	370~500	235	225	215	26	—	—
		B						+20	27
		C						0	27
		D						−20	27
8	Q345	A	470~630	345	335	325	20	—	—
		B						+20	34
		C						0	34
		D					21	−20	34
		E						−40	34
9	Q390	A	490~650	390	370	350	20	—	—
		B						+20	34
		C						0	
		E						−40	
10	Q420	A	520~680	420	400	380	19	—	—
		B						+20	34
		C						0	
		D						−20	
		E						−40	
11	Q460	C	550~720	460	440	420	17	0	34
		D						−20	
		E						−40	
12	20Mn2	—	≥785	590	590	590	10	+20	47

① 当屈服不明显时，可测量 $R_{P0.2}$ 代替 R_{eL}。

② 表中牌号 Q195、Q215、Q235、Q345、Q390、Q420、Q460 的断后伸长率适用于壁厚不超过 40mm 的钢管。若壁厚超过 40mm，则 A 应相应降低 1%（绝对值）。

③ 20Mn2 的冲击吸收能量为 A_{KU_2} 的数值。

十七、低压流体输送用焊接钢管（GB/T 3091—2015）

1. 品种规格

本标准适用于水、空气、采暖、蒸汽和燃气等低压流体输送用直缝电焊钢管、直缝埋弧焊（SAWL）钢管和螺旋缝埋弧焊（SAWH）钢管，并对它们的不同要求分别做了标注，未标注的同时适用于直缝高频电焊钢管、直缝埋弧焊钢管和螺旋缝埋弧焊钢管。

外径 D 不大于 219.1mm 的钢管按公称口径（DN）和公称壁厚（t）交货，其公称口径和公称壁厚应符合表 5-30 的规定。

表 5-30　外径不大于 219.1mm 的钢管公称口径、
外径、公称壁厚和不圆度

公称口径（DN）	外径 D/mm			最小公称壁厚 t/mm	不圆度/mm（不大于）
	系列 1	系列 2	系列 3		
6	10.2	10.0	—	2.0	0.20
8	13.5	12.7		2.0	0.20
10	17.2	16.0	—	2.2	
15	21.3	20.8		2.2	0.30
20	26.9	26.0		2.2	0.35
25	33.7	33.0	32.5	2.5	0.40
32	42.4	42.0	41.5	2.5	0.40
40	48.3	48.0	47.5	2.75	0.50
50	60.3	59.5	59.0	3.0	0.60
65	76.1	75.5	75.0	3.0	0.60
80	88.9	88.5	88.0	3.25	0.70
100	114.3	114.0	—	3.25	0.80
125	139.7	141.3	140.0	3.5	1.00
150	165.1	168.3	159.0	3.5	1.20
200	219.1	219.0	—	4.0	1.60

外径大于 219.1mm 的钢管按公称外径和公称壁厚交货，其公称外径和公称壁厚应符合 GB/T 21835—2008（焊接钢管尺寸及单位长度重量）的规定。

钢管按焊接状态交货。

2. 力学性能

表 5-31　力学性能

牌号	R_{eL}/MPa（不小于）		R_m/MPa（不小于）	$A/\%$（不小于）	
	$t\leqslant16mm$	$t>16mm$		$D\leqslant168.3mm$	$D>168.3mm$
Q195①	195	185	315	15	20
Q215A、Q215B	215	205	335		
Q235A、Q235B	235	225	370		
Q275A、Q275B	275	265	410	13	18
Q345A、Q345B	345	325	470		

① Q195 的屈服强度值仅供参考，不作为交货条件。

十八、结构用耐候焊接钢管（YB/T 4112—2013）

1. 品种规格

本标准适用于建筑结构中使用的桩柱、塔架、支柱、网架结构及其他结构用直缝耐候焊接钢管。

钢的牌号和化学成分（熔炼分析）应符合 GB/T 4171—2008（耐候结构钢）的关于 Q265GNH、Q295GNH、Q310GNH、Q355GNH、Q235NH、Q295NH、Q355NH、Q415NH、Q460NH 的规定。

钢管的外径和壁厚，根据需方要求，供需双方商定。

钢管的通常长度为 3000～12500mm。根据需方要求，经供需双方协商，并在合同中注明，钢管可在通常长度范围内，按定尺或倍尺交货。

钢管以焊接状态交货，电阻焊钢管可以爆缝热处理状态交货。根据需方要求，经供需双方协商，并在合同中注明，钢管也可以整体热处理状态交货。

2. 力学性能

钢管应进行母材纵向拉伸试验，屈服强度、抗拉强度和断后伸长率应符合表 5-32 的规定。

表 5-32　钢管力学性能

牌号	R_{eL}/MPa			R_m /MPa	A/%	焊接接头抗拉强度 R_m /MPa	冲击试验		
	壁厚/mm						质量等级	温度 /℃	冲击吸收能量 A_{KV_2} /J
	≤16	>16~40	>40~60						
	不小于								
Q265GNH	265	—	—	410~540	≥21	≥410	B	20	≥47
							C	0	≥34
Q295GNH	295	—	—	430~560	≥20	≥430	B	20	≥47
							C	0	≥34
Q310GUH	310	—	—	450~590	≥20	≥450	B	20	≥47
							C	0	≥34
Q355GUH	355	—	—	490~630	≥18	≥490	B	20	≥47
							C	0	≥34
Q235NH	235	225	215	360~510	≥21	≥360	B	20	≥47
							C	0	≥34
Q295NH	295	285	275	430~560	≥20	≥430	B	20	≥47
							C	0	≥34
Q355NH	355	345	335	490~630	≥18	≥490	B	20	≥47
							C	0	≥34
Q415NH	415	405	395	520~680	≥18	≥520	B	20	≥47
							C	0	≥34
Q460NH	460	450	440	570~730	≥16	≥570	C	0	≥34
							D	-20	≥34

十九、桩用焊接钢管（SY/T 5040—2012）

1. 品种规格

本标准适用于房屋建筑、码头、桥梁等基础桩用焊接钢管。

表 5-33　钢管的公称外径、公称壁厚

公称外径 D /mm	公称壁厚 t /mm									
	7.0	8.0	9.0	10.0	11.0	12.0	14.0	16.0	18.0	20.0
	单位长度重量/（kg/m)									
273.1	45.93	52.30								
323.9	54.70	62.32	69.89							
355.6	60.18	68.57	76.92							
406.4	68.94	78.60	88.20	97.75						
457	77.68	88.58	99.43	110.23	120.98	131.68				
508	86.48	98.64	110.75	122.81	134.82	146.78				
610	104.09	118.76	133.39	147.96	162.48	176.96				
711	121.52	138.69	155.80	172.87	189.88	206.85				
813		158.81	178.44	198.02	217.55	237.03	275.85			
914		178.74	200.86	222.93	244.95	266.92	310.72	354.31		
1016			223.49	248.08	272.62	297.10	345.93	394.56		
1219				298.14	327.68	357.18	416.01	474.66		
1422				348.20	382.75	417.25	486.10	554.75		
1626					438.08	477.61	556.53	635.24	713.76	
1829						537.69	626.61	715.34	803.87	892.20
2032							696.69	795.43	893.97	992.32

制造钢管用原料应采用热轧钢带或热轧钢板。制造钢管用的钢带或钢板，应为 GB/T 700—2006 或 GB/T 1591—2018 中的钢种。经供需双方协议，也可采用其他适当的钢种，其技术条件由供需双方确定。

2. 力学性能

钢管管体横向拉伸性能（抗拉强度、屈服强度和伸长率）应符合相应钢带或钢板的标准要求，或供需双方协议的技术条件要求。当需方要求进行管体纵向拉伸性能试验时，管体纵向拉伸性能应符合供需双方协议的要求。

钢管焊接接头抗拉强度应不小于母材规定的最低抗拉强度。

二十、锅炉和热交换器用焊接钢管（GB/T 28413—2012）

1. 品种规格

本标准适用于热交换器和中低压锅炉用焊接钢管，不适用于不锈钢焊接钢管。

钢管的外径（D）和壁厚（S）应符合 GB/T 21835—2008 的规定。

表 5-34　牌号、类型及热处理制度

牌号	钢管		热处理制度
	钢管类型	壁厚/mm	
10、20、Q245R、Q345R、Q370R	电熔焊	≤19	焊态
		＞19	整管退火处理,保温温度:590～650℃,每毫米壁厚最少保温时间为 2.4min,且不少于 1h,加热和冷却速度不大于 335℃/h
	高频焊	≤19	焊缝在线正火处理
		＞19	整管退火处理,保温温度:590～650℃,每毫米壁厚最少保温时间为 2.4min,且不少于 1h,加热和冷却速度不大于 335℃/h
18MnMoNbR、13MnNiMoR	电熔焊		整管退火处理,保温温度:590～720℃,每毫米壁厚最少保温时间为 2.4min,且不少于 1h,加热和冷却速度不大于 335℃/h
15CrMoR、14Cr1MoR、12Cr2Mo1R	电熔焊		整管退火处理,保温温度:700～750℃,每毫米壁厚最少保温时间为 2.4min,且不少于 2h,加热和冷却速度不大于 335℃/h

续表

牌号	钢管		热处理制度
	钢管类型	壁厚/mm	
12Cr1MoVR	电熔焊		整管退火处理,保温温度:700～760℃,每毫米壁厚最少保温时间为 2.4min,且不少于 2h,加热和冷却速度不大于 335℃/h

2. 力学性能

母材拉伸试验应测定屈服强度、抗拉强度和断后伸长率。焊缝拉伸试验应测定抗拉强度。外径不大于 60.3mm 的钢管全截面拉伸试验时,断后伸长率仅作参考,不做交货条件。外径不小于 219.1mm 的钢管,应进行焊缝拉伸试验,焊缝拉伸试验测定的抗拉强度应不低于母材抗拉强度下限规定值。

表 5-35　钢管的力学性能

牌号	R_{eL}/MPa			R_m/MPa			A /%	A_{KV_2}/J	
	壁厚/mm			壁厚/mm				试验温度/℃	三个试样平均值
	≤16	>16～≤36	>36～≤60	≤16	>16～≤36	>36～≤60			
10	≥205			335～475			≥28	0	≥31
20	≥245			410～550			≥24		
Q245R	≥245	≥235	≥225	400～520			≥25	0	≥31
Q345R	≥345	≥325	≥315	510～640	500～630	490～620	≥21	0	≥34
Q370R	≥370	≥360	≥340	530～630		520～620	≥20	−20	≥34
18MnMoNbR	—	—	≥400	—		570～720	≥17	0	≥41
13MnNiMoR	—	—	≥390	—		570～720	≥18	0	≥41
15CrMoR	≥295			450～590			≥19	20	≥31

续表

牌号	R_{eL}/MPa			R_m/MPa			A/%	A_{KV_2}/J	
	壁厚/mm			壁厚/mm				试验温度/℃	三个试样平均值
	≤16	>16~≤36	>36~≤60	≤16	>16~≤36	>36~≤60			
14Cr1MoR	≥310			520~680			≥19	20	≥34
12Cr2Mo1R	≥310			520~680			≥19	20	≥34
12Cr1MoVR	≥245			440~590			≥19	20	≥34

表 5-36 钢管的高温力学性能

牌号	壁厚/mm	试验温度/℃						
		200	250	300	350	400	450	500
		$R_{P0.2}$/MPa						
10	—	165	145	122	111	109	107	—
20	—	188	170	149	137	134	132	
Q245R	>20~36	186	167	153	139	129	121	
	>36~60	178	161	147	133	123	116	
Q345R	>20~36	255	235	215	200	190	180	
	>36~60	240	220	200	185	175	165	
Q370R	>20~36	290	275	260	245	230	—	—
	>36~60	280	270	255	240	225	—	—
18MnMoNbR	30~60	360	355	350	340	310	275	—
13MnNiMoR	30~60	355	350	345	335	305	—	—
15CrMoR	>20~60	240	225	210	200	189	179	174
14Cr1MoR	>20~60	255	245	230	220	210	195	176
12Cr2Mo1R	>20~60	260	255	250	245	240	230	215
12Cr1MoVR	>20~60	200	190	176	167	157	150	142

二十一、锅炉和热交换器用奥氏体不锈钢焊接钢管（GB/T 24593—2018）

1. 品种规格

本标准适用于热交换器和中低压锅炉用奥氏体不锈钢焊接钢管。

钢管的外径 D 不超过 305mm，壁厚 S 不超过 8.0mm，其外径和壁厚应符合 GB/T 21835—2008（焊接钢管尺寸及单位长度重量）的规定。

钢管的通常长度为 3000～18000mm。

钢管应以热处理并酸洗钝化状态交货。经保护气氛热处理的钢管，可不经酸洗钝化处理交货。

2. 力学性能

表 5-37　钢管的推荐热处理制度、力学性能及密度

统一数字代号	牌号	推荐热处理制度		R_m /MPa (不小于)	$R_{P0.2}$ /MPa (不小于)	A /% (不小于)	硬度		密度 ρ/(kg /dm³)
							(HRB, 不大于)	(HV, 不大于)	
S30210	12Cr18Ni9	≥1040℃	急冷	515	205	35	90	200	7.93
S30408	06Cr19Ni10	≥1040℃	急冷	515	205	35	90	200	7.93
S30403	022Cr19Ni10	≥1040℃	急冷	485	170	35	90	200	7.90
S30409	07Cr19Ni10	≥1040℃	急冷	515	205	35	90	200	7.90
S30458	06Cr19Ni10N	≥1040℃	急冷	550	240	35	90	200	7.93
S30453	022Cr19Ni10N	≥1040℃	急冷	515	205	35	90	200	7.93
S30510	10Cr18Ni12	≥1040℃	急冷	515	205	35	90	200	7.93
S30908	06Cr23Ni13	≥1040℃	急冷	515	205	35	90	200	7.98
S31008	06Cr25Ni20	≥1040℃	急冷	515	205	35	90	200	7.98
S31608	06Cr17Ni12Mo2	≥1040℃	急冷	515	205	35	90	200	8.00

统一数字代号	牌号	推荐热处理制度		R_m /MPa (不小于)	$R_{P0.2}$ /MPa (不小于)	A /% (不小于)	硬度		密度 ρ/(kg /dm³)
							(HRB, 不大于)	(HV, 不大于)	
S31603	022Cr17Ni12Mo2	≥1040℃	急冷	485	170	35	90	200	8.00
S31668	06Cr17Ni12Mo2Ti	≥1040℃	急冷	515	205	35	90	200	7.90
S31658	06Cr17Ni12Mo2N	≥1040℃	急冷	550	240	35	90	200	8.00
S31653	022Cr17Ni12Mo2N	≥1040℃	急冷	515	205	35	90	200	8.04
S31708	06Cr19Ni13Mo3	≥1040℃	急冷	515	205	35	90	200	8.00
S31703	022Cr19Ni13Mo3	≥1040℃	急冷	515	205	35	90	200	7.98
S32168	06Cr18Ni11Ti	≥1040℃	急冷	515	205	35	90	200	8.03
S34778	06Cr18Ni11Nb	≥1040℃	急冷	515	205	35	90	200	8.03
S34779	07Cr18Ni11Nb	≥1100℃	急冷	515	205	35	90	200	8.03
S31782	015Cr21Ni26Mo5Cu2	≥1100℃	急冷	490	230	35	90	200	8.00
S31254	015Cr20Ni18Mo6CuN	≥1110℃	急冷	655	310	35	96	220	8.24
S38367	022Cr21Ni25Mo7N	≥1110℃	急冷	655	310	30	96	220	8.24

二十二、高温高压管道用直缝埋弧焊接钢管（GB/T 32970—2016）

1. 品种规格

本标准适用于石油炼化和煤化工高温高压管道用碳钢和合金钢直缝埋弧焊接钢管。

钢管的公称外径（D）≥406.4mm，公称壁厚（t）≤75mm。钢管的外径和壁厚应符合 GB/T 21835—2008 的规定。钢管的通常长度为 3000～12000mm。

钢管应以焊缝消除应力热处理或整管热处理状态交货。

2. 力学性能

表 5-38 钢管的力学性能

序号	牌号	R_m/MPa				R_{eL} 或 $R_{P0.2}$/MPa				A /%	A_{KV_2}		硬度 (HBW, 不大于)
		壁厚/mm				壁厚/mm					试验 温度 /℃	3个 试样 平均 值/J	
		≤16	>16~ ≤36	>36~ ≤60	>60~ ≤75	≤16	>16~ ≤36	>36~ ≤60	>60~ ≤75				
1	Q245	400~520			390~ 510	≥245	≥235	≥225	≥205	≥25	0	≥34	—
2	Q345	510~ 640	500~ 630	490~620		≥345	≥325	≥315	≥305	≥20	0	≥41	—
3	15Mo	450~600				≥270				≥22	室温	≥40	201
4	20Mo	415~665				≥220				≥22	室温	≥40	201
5	12CrMo	410~560				≥205				≥21	室温	≥40	201
6	15CrMo	450~590				≥295	≥275			≥19	室温	≥47	201
7	14Cr1Mo	520~680				≥310				≥19	室温	≥47	201
8	12Cr1MoV	440~590	430~580			≥245		≥235		≥19	室温	≥47	201
9	12Cr2Mo1	520~680				≥310				≥19	室温	≥47	201
10	12Cr5Mo	480~640				≥280				≥20	室温	≥40	225

表 5-39 钢管的高温力学性能

序号	牌号	壁厚/mm	试验温度/℃						
			200	250	300	350	400	450	500
			$R_{P0.2}$最小值/MPa						
1	Q245	>20~36	186	167	153	139	129	121	—
		>36~60	178	161	147	133	123	116	—
		>60~75	164	147	135	126	113	106	—
2	Q345	>20~36	255	235	215	200	190	180	
		>36~60	240	220	200	185	175	165	
		>60~75	225	205	185	175	165	155	

续表

序号	牌号	壁厚/mm	试验温度/℃						
			200	250	300	350	400	450	500
			$R_{P0.2}$最小值/MPa						
3	15Mo	—	225	205	180	170	160	155	150
4	20Mo	—	199	187	182	177	169	160	150
5	12CrMo	—	181	175	170	165	159	150	140
6	15CrMo	>20~60	240	225	210	200	189	179	174
		>60~75	220	210	196	186	176	167	162
7	14Cr1Mo	>20~75	255	245	230	220	210	195	176
8	12Cr1MoV	>20~75	200	190	176	167	157	150	142
9	12Cr2Mo1	>20~75	260	255	250	245	240	230	215
10	12Cr5Mo	供需双方协商确定							

二十三、热交换器和冷凝器用铁素体不锈钢焊接钢管（GB/T 30066—2013）

1. 品种规格

钢管的外径（D）不大于 60mm，壁厚（S）不大于 2.7mm，外径和壁厚应符合 GB/T 21835—2008（焊接钢管尺寸及单位长度重量）的规定。

钢管应经热处理并酸洗交货。经供需双方协商，并在合同中注明，表 5-40 中序号 1~6 的钢管可采用光亮退火热处理。经光亮热处理的钢管，可不经酸洗交货。

2. 力学性能

表 5-40　钢管的力学性能

牌号（统一数字代号）	R_m /MPa	$R_{P0.2}$ /MPa	A_{50mm} /%	硬度		
				HBW	HRB	HV
	不小于			不大于		
06Cr11Ti（S11168）	380	170	20	207	95	220

续表

牌号(统一数字代号)	R_m /MPa	$R_{P0.2}$ /MPa	A_{50mm} /%	硬度		
				HBW	HRB	HV
	不小于			不大于		
022Cr11Ti(S11163)	360	175	20	190	90	200
022Cr12Ni(S11213)	450	280	18	180	88	200
06Cr13(S11306)	415	205	20	207	95	220
06Cr14Ni2MoTi(S11468)	550	380	16	180	88	200
04Cr17Nb(S11775)	420	230	23	180	88	200
022Cr18Ti(S11863)	360	175	20	190	90	200
022Cr18NbTi(S11873)	430	250	18	180	88	200
022Cr19NbTi(S11973)	415	205	22	207	95	220
019Cr22CuNbTi(S12273)	390	205	22	192	90	200
019Cr18MoTi(S11862)	410	245	20	207	95	220
019Cr19Mo2NbTi(S11972)	415	275	20	207	95	220
019Cr22Mo(S12292)	410	245	25	217	96	230
019Cr22Mo2(S12293)	410	245	25	217	96	230
019Cr24Mo2NbTi(S12472)	410	245	25	217	96	230
008Cr27Mo(S12791)	450	275	20	241	100	251
019Cr25Mo4Ni4NbTi(S12573)	620	515	20	270	27	279
022Cr27Mo4Ni2NbTi(S12773)	585	450	20	265	25	266
008Cr29Mo4(S12990)	550	415	20	241	100	251
008Cr29Mo4Ni2(S12991)	550	415	20	241	100	251
022Cr29Mo4NbTi(S12973)	515	415	18	241	100	251
012Cr28Ni4Mo2Nb(S12871)	600	500	16	240	100	251
008Cr30Mo2(S13091)	450	295	22	207	95	220

二十四、机械结构用不锈钢焊接钢管（GB/T 12770—2012）

1. 品种规格

本标准适用于机械、汽车、自行车、家具及其他机械部件与结构件用不锈钢焊接钢管。

钢管的公称外径（D）和公称壁厚（S）应符合 GB/T 21835—2008 的规定。

钢管的通常长度为 2000～12000mm。

钢管应以热处理并酸洗状态交货，经保护气氛热处理的钢管，可不经酸洗交货。根据需方要求，经供需双方协商，并在合同中注明，钢管也可以焊接、冷拔（轧）和磨（抛）光中的一种或两种状态交货。

2. 力学性能

表 5-41　钢管的力学性能

牌号	$R_{p0.2}$ /MPa	R_m /MPa	$A/\%$	
			热处理状态	非热处理状态
			不小于	
12Cr18Ni9	210	520	35	25
06Cr19Ni10	210	520		
022Cr19Ni10	180	480		
06Cr25Ni20	210	520		
06Cr17Ni12Mo2	210	520		
022Cr17Ni12Mo2	180	480		
06Cr18Ni11Ti	210	520		
06Cr18Ni11Nb	210	520		
022Cr22Ni5Mo3N	450	620	25	—
022Cr23Ni5Mo3N	485	655	25	—
022Cr25Ni7Mo4N	550	800	15	—

续表

牌号	$R_{P0.2}$ /MPa	R_m /MPa	$A/\%$	
			热处理状态	非热处理状态
			不小于	
022Cr18Ti	180	360	20	—
019Cr19Mo2NbTi	240	410		
06Cr13Al	177	410		
022Cr11Ti	275	400	18	—
022Cr12Ni	275	400	18	—
06Cr13	210	410	20	

表 5-42　钢管的推荐热处理制度

类型	牌号	推荐热处理制度
奥氏体型	12Cr18Ni9	1010～1150℃,水冷或其他方式快冷
	06Cr19Ni10	1010～1150℃,水冷或其他方式快冷
	022Cr19Ni10	1010～1150℃,水冷或其他方式快冷
	06Cr25Ni20	1030～1180℃,水冷或其他方式快冷
	06Cr17Ni12Mo2	1010～1150℃,水冷或其他方式快冷
	022Cr17Ni12Mo2	1010～1150℃,水冷或其他方式快冷
	06Cr18Ni11Ti	920～1150℃,水冷或其他方式快冷
	06Cr18Ni11Nb	980～1150℃,水冷或其他方式快冷
双相钢	022Cr22Ni5Mo3N	1020～1100℃,水冷
	022Cr23Ni5Mo3N	1020～1100℃,水冷
	022Cr25Ni7Mo4N	1025～1125℃,水冷
铁素体型	022Cr18Ti	780～950℃,快冷或缓冷
	019Cr19Mo2NbTi	800～1050℃,快冷
	06Cr13Al	780～830℃,快冷或缓冷
	022Cr11Ti	800～900℃,快冷或缓冷
	022Cr12Ni	700～820℃,快冷或缓冷
马氏体型	06Cr13	750℃,快冷;或 800～900℃,缓冷

二十五、奥氏体-铁素体型双相不锈钢焊接钢管 第1部分：热交换器用管（GB/T 21832.1—2018）

1. 品种规格

本部分适于热交换器用奥氏体-铁素体型双相不锈钢焊接钢管。

钢管的外径 D 不大于 203mm，壁厚 S 不大于 8.0mm，其尺寸规格应符合 GB/T 21835—2008 的规定。

钢管的通常长度为 3000～12000mm。

钢管应以热处理并酸洗状态交货。经保护气氛热处理的钢管，可不经酸洗交货。

2. 力学性能

表 5-43 推荐热处理制度及力学性能

统一数字代号	牌号	推荐热处理制度		R_m /MPa	$R_{P0.2}$ /MPa	A /%	硬度	
							HBW	HRC
				不小于			不大于	
S21953	022Cr19Ni5Mo3Si2N	950～1040℃	急冷	630	440	30	290	30
S22253	022Cr22Ni5Mo3N	1020～1100℃	急冷	620	450	25	290	30
S22053	022Cr23Ni5Mo3N	1020～1100℃	急冷	655	485	25	290	30
S23043	022Cr23Ni4MoCuN	925～1050℃	$D\leqslant$25mm 急冷	690	450	25	—	—
			$D>$25mm 急冷	600	400	25	290	30
S22553	022Cr25Ni6Mo2N	1050～1100℃	急冷	690	450	25	280	—
S22583	022Cr25Ni7Mo3WCuN	1020～1100℃	急冷	690	450	25	290	30

续表

统一数字代号	牌号	推荐热处理制度		R_m /MPa	$R_{P0.2}$ /MPa	A /%	硬度	
							HBW	HRC
				不小于			不大于	
S25554	03Cr25Ni6Mo3Cu2N	≥1040℃	急冷	760	550	15	297	31
S25073	022Cr25Ni7Mo4N	1025～1125℃	急冷	800	550	15	300	32
S27603	022Cr25Ni7Mo4WCuN	1100～1140℃	急冷	750	550	25	300	—

二十六、奥氏体-铁素体型双相不锈钢焊接钢管　第2部分：流体输送用管（GB/T 21832.2—2018）

1. 品种规格

本部分适用于流体输送用奥氏体-铁素体型双相不锈钢焊接钢管。

钢管的公称外径 D 和公称壁厚 S 应符合 GB/T 21835—2008 的规定。

表 5-44　公称外径 D 及允许偏差

公称外径 D/mm	外径允许偏差/mm	壁厚允许偏差
≤38	±0.3	±12.5%S
>38～89	±0.5	±10%S 或±0.2 两者取较大值
>89～140	±0.8	
>140～168.3	±1	
>168.3	±0.75%D	

钢管的通常长度为 3000～12000mm。

钢管应以热处理并酸洗钝化状态交货。经保护气氛热处理的钢管，可不经酸洗钝化。

2. 力学性能

表 5-45　推荐热处理制度及力学性能

统一数字代号	牌号	推荐热处理制度		R_m /MPa	$R_{P0.2}$ /MPa	A /%	硬度	
							HBW	HRC
				不小于			不大于	
S21953	022Cr19Ni5Mo3Si2N	980~1040℃	急冷	630	440	30	290	30
S22253	022Cr22Ni5Mo3N	1020~1100℃	急冷	620	450	25	290	30
S22053	022Cr23Ni5Mo3N	1020~1100℃	急冷	655	485	25	290	30
S23043	022Cr23Ni4MoCuN	925~1050℃	急冷	600	400	25	290	30
S22553	022Cr25Ni6Mo2N	1050~1100℃	急冷	690	450	25	280	—
S22583	022Cr25Ni7Mo3WCuN	1020~1100℃	急冷	690	450	25	290	30
S25554	03Cr25Ni6Mo3Cu2N	≥1040℃	急冷	760	550	15	297	31
S25073	022Cr25Ni7Mo4N	1025~1125℃	急冷	800	550	15	300	32
S27603	022Cr25Ni7Mo4WCuN	1100~1140℃	急冷	750	550	25	300	—

二十七、海水淡化装置用不锈钢焊接钢管（GB/T 32569—2016）

1. 品种规格

本标准适用于海水淡化装置热交换器用不锈钢焊接钢管。

钢管的公称外径 D 不大于 50.8mm，公称壁厚 S 不大于 2.4mm。

钢管的公称外径和公称壁厚应符合 GB/T 21835—2008（焊接钢管尺寸及单位长度重量）的规定。

钢管应经热处理并酸洗状态交货。

2. 力学性能

表 5-46 钢管的力学性能

不锈钢类型	牌号（统一数字代号）	热处理制度	R_m /MPa	$R_{P0.2}$ /MPa	A /%	硬度（不大于）
			不小于			
奥氏体型	015Cr20Ni18Mo6CuN (S31252)	≥1150℃,快冷	675	310	35	100(HRB)
	022Cr17Ni12Mo2N (S31653)	≥1040℃,快冷	515	205	35	90(HRB)
	022Cr19Ni13Mo3 (S31703)	≥1040℃,快冷	515	205	35	90(HRB)
	015Cr24Ni22Mo8Mn3CuN (S32652)	≥1150℃,快冷	750	430	35	100(HRB)
	022Cr21Ni25Mo7CuN (S31783)	≥1110℃,快冷	690	310	30	100(HRB)
铁素体-奥氏体型	022Cr22Ni5Mo3N	1040～1100℃,快冷	620	450	25	30(HRC)
	03Cr22Ni2MoCuN (S21014)	1010～1120℃,水冷或其他快冷	700	530	30	30(HRC)
	022Cr28Ni8CoN (S27073)	1080～1120℃,快冷	920	700	25	34(HRC)
	022Cr25Ni7Mo4N (S25073)	1050～1100℃,水冷	800	550	15	32(HRC)
铁素体型	022Cr18Ti (S11863)	780～950℃,快冷	360	175	20	90(HRB)
	019Cr19Mo2NbTi (S11972)	820～1050℃,快冷	415	275	20	95(HRB)
	019Cr22Mo2 (S12293)	800～1050℃,快冷	410	245	25	96(HRB)

续表

不锈钢类型	牌号(统一数字代号)	热处理制度	R_m /MPa	$R_{P0.2}$ /MPa	A /%	硬度 (不大于)
			不小于			
铁素体型	008Cr27Mo (S12791)	900～1050℃,快冷	450	275	20	100(HRB)
	019Cr25Mo4Ni4NbTi (S12573)	≥1000℃,快冷	620	515	20	100(HRB)
	022Cr27Mo4Ni2NbTi (S12773)	950～1100℃,快冷	585	450	20	27(HRC)
	022Cr29Mo4NbTi (S12973)	950～1100℃,快冷	515	415	18	100(HRB)

注：表中的力学性能适用于壁厚不小于 0.4mm 的钢管,壁厚小于 0.4mm 钢管的力学性能由供需双方协商确定。

二十八、核电站用非核安全级碳钢及合金钢焊接钢管（GB/T 31941—2015）

1. 品种规格

本标准适用于核电站建造用非核安全级承压设备用碳钢及合金钢焊接钢管。

钢管的尺寸范围为公称外径（D）不小于 406.4mm，公称壁厚（S）不大于 75mm，其尺寸规格应符合 GB/T 21835—2008 的规定。

钢管的通常长度应为 3000～12500mm。钢管的定尺长度和倍尺总长度应在通常长度范围内。

钢管的不圆度（同一截面最大外径与最小外径之差）应不超过公称外径的 1%。D/S 超过 75 时，不圆度应进行协商。

钢管的全长弯曲度应不大于钢管长度的 0.15%，局部弯曲度应不大于 1.5mm/m。

钢管可以焊态、去应力处理、正火、正火加回火或淬火加回火的状态交货。

表 5-47　热处理参数

牌号	焊后热处理（去应力处理）温度/℃	最高正火温度（如无补充规定）/℃	最高淬火温度（如无补充规定）/℃	回火温度/℃
Q205HD	590～650	925	—	—
Q230HD	590～650	925	—	—
Q250HD	590～650	925	—	—
Q275HD	590～650	925	—	—
Q345HD1	590～650	925	—	—
Q420HD	590～650	925	—	—
11CrMo	590～730	1010	925	620～745
11Cr1Mo	590～745	1010	925	620～745
10Cr2Mo	650～760	1010	925	675～760
10Cr3Mo	650～760	1010	925	675～760

2. 力学性能

表 5-48　碳钢的力学性能

牌号	R_{eL}/MPa		R_m/MPa		A_{50mm}/%
	钢板厚度/mm				
	≤50	>50～75	≤50	>50～75	不小于
	不小于				
Q205HD	205	—	380～515	—	27
Q230HD	230		415～550		21
Q250HD	250		400～550		21
Q275HD	275		485～620		21
Q345HD	345		≥450		19
Q420HD	420		585～705		20

表 5-49 合金钢的力学性能

牌号	R_{eL}/MPa(不小于)		R_m/MPa	A_{50mm}/% (不小于)	硬度(HBW, 不大于)
	$S{\leqslant}16mm$	$S{>}16mm$			
11CrMo	275		450～585	22	201
11Cr1Mo	310		515～690	22	201
10Cr2Mo	310		515～690	18	201
10Cr3Mo	310		515～690	18	201

二十九、核电站用奥氏体不锈钢焊接钢管（GB 30813—2014）

1. 品种规格

本标准适用于核电站核安全 2、3 级和非核安全级设备承压部件用奥氏体不锈钢焊接钢管。

钢管按产品制造方式分为两类，类别和代号为：焊接状态（H）和热处理状态（T）。

钢管的尺寸规格范围为外径（D）不大于 1219mm，壁厚（S）不大于 50mm，其尺寸规格应符合 GB/T 21835—2008（焊接钢管尺寸及单位长度重量）的规定。

表 5-50 外径和壁厚的允许偏差

序号	公称外径 /mm	外径允许偏差/mm		壁厚允许偏差[①]/mm	
		核安全 2、3 级	非核安全级	核安全 2、3 级	非核安全级
1	≤168.3	±0.5D	±0.75D	±10%S −0.35	±10%S
2	>168.3	±0.5D	±1%D		

① 除焊接区外的壁厚。

钢管的通常长度为 4000～12000mm。

钢管应以固溶热处理状态交货。固溶热处理温度为 1050～1150℃。

钢管应经酸洗、钝化之后交货。凡经整体磨、镗或光亮热处理的钢管可不经酸洗交货。

经供需双方协商，并在合同中注明，制造钢管的钢板已经过固溶热处理，钢管可以不经热处理而以焊接状态交货，但应在钢管上作出标志"H"。

2. 力学性能

母材的室温纵向拉伸性能应符合表 5-51 的规定。对于非核安全级的钢管，可以母材的室温横向拉伸试验代替纵向拉伸试验，横向拉伸性能应符合表 5-51 的规定。

表 5-51　钢管的力学性能和钢的密度

牌号，统一数字代号	$R_{P0.2}$ /MPa	R_m /MPa	$A/\%$ 纵向	$A/\%$ 横向	A_{KV_2} /J	钢的密度 ρ /(kg/dm³)
06Cr19Ni10(S30408)	≥210	≥520	≥45	≥35		7.93
022Cr19Ni10(S30403)	≥175	≥490	≥45	≥35		7.90
022Cr19Ni10N(S30453)	≥210	≥520	≥45	≥30		7.93
06Cr18Ni11Ti(S32168)	≥220	≥540	≥40	≥30	≥60	8.03
06Cr17Ni12Mo2(S31608)	≥210	≥520	≥45	≥30		8.00
022Cr17Ni12Mo2(S31603)	≥175	≥490	≥45	≥30		8.00
022Cr17Ni12Mo2N(S31653)	≥220	≥520	≥45	≥30		8.04

外径不小于 168mm 的钢管应进行焊缝的室温横向拉伸试验，焊缝的抗拉强度应不小于表 5-51 中规定的母材的抗拉强度。

壁厚不小于 12mm，且母材室温拉伸断后伸长率小于 45% 的核安全级钢管应进行冲击试验。

冲击试验应分别在母材、焊缝和热影响区各取 1 组 3 个试样进行试验。3 个试样的冲击吸收能量平均值应符合表 5-51 的规定，单个试样的冲击吸收能量可以小于表 5-51 的规定值但应不小于规定值的 70%。

三十、城镇燃气输送用不锈钢焊接钢管（YB/T 4370—2014）

1. 品种规格

本标准适用于公称压力（PN）不超过0.4MPa的城镇燃气输送用不锈钢焊接钢管。

钢管按交货状态分两类：a）焊接状态（WW）；b）热处理状态（T）。

钢管按表面状态分两类：a）冷拔（轧）状态（WC）；b）磨抛光状态（SP）。

表 5-52　钢管的尺寸及允许偏差

钢管外径 D /mm	外径允许偏差 /mm	壁厚 δ/mm		壁厚允许偏差 /mm
		I	II	
12.7、16	±0.10	0.6	0.8	
20	±0.12	0.7	1.0	
25(25.4)	±0.14	0.8	1.0	
31.8(32)	±0.18	1.0	1.2	
40	±0.20	1.0	1.2	
50.8	±0.26	1.0	1.2	
63.5	±0.32	1.2	1.5	±10%δ
76.1	±0.38	1.5	2.0	
88.9	±0.44	1.5	2.0	
101.6	±0.54	1.5	2.0	
133	±1.00	2.0	2.5	
159	±1.00	2.0	3.0	
219.1	±1.50	—	3.0	

钢管的通常长度为3000～9000mm。

奥氏体型钢管以焊接状态交货。

2. 力学性能

表 5-53　力学性能

序号	统一数字代号	牌号	$R_{P0.2}$/MPa	R_m/MPa	A/%
1	S30408	06Cr19Ni10	≥210	≥520	≥25
2	S30403	022Cr19Ni10	≥180	≥480	≥25
3	S31608	06Cr17Ni12Mo2	≥210	≥520	≥25
4	S31603	022Cr17Ni12Mo2	≥180	≥480	≥25
5	S11863	022Cr18Ti	≥180	≥360	≥20
6	S11972	019Cr19Mo2NbTi	≥240	≥410	≥20
7	S12273	019Cr22CuNbTi	≥205	≥390	≥22

表 5-54　钢管的力学性能

序号	统一数字代号	牌号	$R_{P0.2}$/MPa	R_m/MPa	A/% 纵向	A/% 横向	A_{KV_2}/J	钢的密度 ρ/(kg/dm³)
1	S30408	06Cr19Ni10	≥210	≥520	≥45	≥35		7.93
2	S30403	022Cr19Ni10	≥175	≥490	≥45	≥35		7.90
3	S30453	022Cr19Ni10N	≥210	≥520	≥45	≥30		7.93
4	S32168	06Cr18Ni11Ti	≥220	≥540	≥40	≥30	≥60	8.03
5	S31608	06Cr17Ni12Mo2	≥210	≥520	≥45	≥30		8.00
6	S31603	022Cr17Ni12Mo2	≥175	≥490	≥45	≥30		8.00
7	S31653	022Cr17Ni12Mo2N	≥220	≥520	≥45	≥30		8.04

三十一、液化天然气用不锈钢焊接钢管（GB/T 32964—2016）

1. 品种规格

本标准适用于公称外径为 219.1～1219mm 的液化天然气用奥氏体不锈钢焊接钢管。

钢管按制造类别分为以下三类。

Ⅰ类：钢管双面焊，除打底焊和内侧盖面焊道可不添加填充金属外，其余焊道添加填充金属；

Ⅱ类：钢管双面焊，全部焊道添加填充金属；

Ⅲ类：钢管单面焊，全部焊道添加填充金属。

钢管的公称外径（D）范围为 219.1～1219mm，其公称外径和公称壁厚（S）应符合 GB/T 21835—2008 的规定。钢管的通常长度为 6000～12000mm。

钢管应以整体热处理并酸洗钝化后交货。

2. 力学性能

表 5-55　推荐热处理制度、力学性能和密度

序号	牌号（统一数字代号）	推荐热处理制度	R_m/MPa	$R_{P0.2}$/MPa	A/% 纵向	A/% 横向	硬度 HRB	硬度 HBW	密度/(kg/dm³)
							不大于	不大于	
1	06Cr19Ni10（S30408）	1040～1150℃，水冷或其他方式快冷	≥520	≥210	≥40	≥35	90	192	7.93
2	022Cr19Ni10（S30403）	1040～1150℃，水冷或其他方式快冷	≥490	≥175	≥40	≥35	90	192	7.93
3	06Cr17Ni12Mo2（S31608）	1040～1150℃，水冷或其他方式快冷	≥520	≥210	≥40	≥35	90	192	8.00
4	022Cr17Ni12Mo2（S31603）	1040～1150℃，水冷或其他方式快冷	≥490	≥175	≥40	≥35	90	192	7.93
5	06Cr18Ni11Ti（S32168）	≥1040℃，水冷或其他方式快冷	≥520	≥210	≥40	≥35	90	192	8.03
6	06Cr18Ni11Nb（S34778）	≥1040℃，水冷或其他方式快冷	≥520	≥210	≥40	≥35	90	192	8.03

三十二、冷弯波纹钢管（GB/T 34567—2017）

品种规格

本标准适用于市政管网（城市综合管廊、海绵城市等）、桥涵、隧道、塔基桩基、水利设施、仓储、军用设施等工程用冷弯波纹钢管

和冷弯波纹钢板件。其他工程采用的冷弯波纹钢管和冷弯波纹钢管件可参照使用。

波纹钢管可分为螺旋波纹钢管、环形波纹钢管和拼装波纹钢管。

表 5-56　波形钢管规格

波形代号	波形参数 $p \times d$	螺旋波纹钢管/mm		环形波纹钢管/mm		拼装波纹钢管/mm	
		直径范围	壁厚范围	直径范围	壁厚范围	直径范围	壁厚范围
A	38×6.5	100～300	1.0～1.6	—	—	—	—
B	68×13	300～2400	1.3～4.2	—	—	600～2400	1.6～5.0
C	75×25	900～3600	1.6～4.2	—	—	1000～3000	2.0～5.0
D	125×25	900～3600	1.6～4.2	500～1250	2.5～5.0	—	—
E	190×19	400～2600	1.6～2.8	—	—	—	—
F	150×50	2000～3600	1.6～4.2	1250～3000	3.0～6.5	1500～12000	2.0～10.0
G	200×55	—	—	1250～3000	3.0～6.5	1500～10000	2.0～8.0
H	230×64	—	—	—	—	2500～13000	3.0～7.0
I	300×110	—	—	—	—	4000～12000	4.0～10.0
J	380×140	—	—	—	—	6000～16000	5.0～10.0
K	400×150	—	—	—	—	8000～20000	5.0～8.0

注：钢板材质、板厚、端头螺栓数量应通过设计计算选取。

第六章　钢丝、钢丝绳

一、优质碳素结构钢丝（YB/T 5303—2010）

1. 品种规格

本标准适用于制造各种机器结构零件、标准件等优质钢丝。

钢丝按力学性能分为两类：硬状态（I）、软状态（R）。

钢丝按截面形状分为三种：圆形钢丝（d）、方形钢丝（a）、六角钢丝（s）。

钢丝按表面状态分为两种：冷拉（WCD）、银亮（ZY）。

冷拉钢丝的尺寸及允许偏差应符合 GB/T 342—2017 的规定。

银亮钢丝的尺寸及允许偏差应符合 GB/T 3207—2008 的规定。

钢丝应用 GB/T 699—2015 中的 08、10、15、20、25、30、35、40、45、50、55 和 60 钢制造，盘条的其他要求应符合 GB/T 4354—2008（优质碳素钢热轧盘条）的规定。

2. 力学性能

表 6-1　硬状态钢丝的抗拉强度和弯曲性能

钢丝公称直径/mm	抗拉强度 R_m/MPa(不小于)					反复弯曲/次（不少于）				
	牌号					8~10	15~20	25~35	40~50	55~60
	08、10	15、20	25、30、35	40、45、50	55、60					
0.3~0.8	750	800	1000	1100	1200	—	—	—	—	—
>0.8~1.0	700	750	900	1000	1100	6	6	6	5	5
>1.0~3.0	650	700	800	900	1000	6	6	5	4	4
>3.0~6.0	600	650	700	800	900	5	5	5	4	4
>6.0~10.0	550	600	650	750	800	5	4	3	2	2

直径＞7.0mm 的钢丝，其反复弯曲次数不做考核要求。直径小于 0.7mm 的钢丝用打结拉伸试验代替弯曲试验，其打结破断力应不小于不打结破断力的 50％。方钢丝和六角钢丝不做反复弯曲性能检验。

表 6-2　软态钢丝的力学性能

牌号	抗拉强度 R_m/MPa	断后伸长率 A/％ （不小于）	断面收缩率 Z/％ （不小于）
10	450～700	8	50
15	500～750	8	45
20	500～750	7.5	40
25	550～800	7	40
30	550～800	7	35
35	600～850	6.5	35
40	600～850	6	35
45	650～900	6	35
50	650～900	6	30

二、冷拉碳素弹簧钢丝（GB/T 4357—2009）

1. 品种规格

本标准适用于制造静载荷和动载荷应用机械弹簧的圆形冷拉碳素弹簧钢丝，不适用于制造高疲劳强度弹簧（如阀门簧）用钢丝。

表 6-3　强度级别、载荷类型与直径范围

强度等级		静载荷	公称直径范围/mm	动载荷	公称直径范围/mm
低抗拉强度	SL 型		1.00～10.00	—	—
中等抗拉强度	SM 型		0.30～13.00	DM 型	0.08～13.00
高抗拉强度	SH 型		0.30～13.00	DH 型	0.05～13.00

用于 SL、SM 及 SH 等级弹簧钢丝用盘条应满足 YB/T 170.2—2000 或质量相当的其他标准的要求，用于 DM 及 DH 等级弹簧钢丝

用盘条应满足 YB/T 170.4—2002 或质量相当的其他标准要求。

2. 力学性能

钢丝的抗拉强度应符合表 6-4 的要求。抗拉强度应根据公称直径计算得出。

同一盘钢丝抗拉强度的波动范围应不大于 100MPa。

表 6-4 抗拉强度

钢丝公称直径[①]/mm	抗拉强度[②]/MPa				
	SL 型	SM 型	DM 型	SH 型	DH 型[③]
0.05					2800～3520
0.06			—		2800～3520
0.07					2800～3520
0.08			2780～3100		2800～3480
0.09			2740～3060		2800～3430
0.10			2710～3020		2800～3380
0.11			2690～3000		2800～3350
0.12	—		2660～2960	—	2800～3320
0.14			2620～2910		2800～3250
0.16			2570～2860		2800～3200
0.18			2530～2820		2800～3160
0.20			2500～2790		2800～3110
0.22			2470～2760		2770～3080
0.25			2420～2710		2720～3010
0.28			2390～2670		2680～2970
0.30	2370～2650	2370～2650		2660～2940	2660～2940
0.32	2350～2630	2350～2630		2640～2920	2640～2920
0.34	2330～2600	2330～2600		2610～2890	2610～2890
0.36	2310～2580	2310～2580		2590～2890	2590～2890
0.38	2290～2560	2290～2560		2570～2850	2570～2850

续表

钢丝公称直径[①]/mm	抗拉强度[②]/MPa				
	SL 型	SM 型	DM 型	SH 型	DH 型[③]
0.40		2270～2550	2270～2550	2560～2830	2570～2830
0.43		2250～2520	2250～2520	2530～2800	2570～2800
0.45		2240～2500	2240～2500	2510～2780	2570～2780
0.48		2220～2480	2240～2500	2490～2760	2570～2760
0.50		2200～2470	2200～2470	2480～2740	2480～2740
0.53		2180～2450	2180～2450	2460～2720	2460～2720
0.56		2170～2430	2170～2430	2440～2700	2440～2700
0.60	—	2140～2400	2140～2400	2410～2670	2410～2670
0.63		2130～2380	2130～2380	2390～2650	2390～2650
0.65		2120～2370	2120～2370	2380～2640	2380～2640
0.70		2090～2350	2090～2350	2360～2610	2360～2610
0.80		2050～2300	2050～2300	2310～2560	2310～2560
0.85		2030～2280	2030～2280	2290～2530	2290～2530
0.90		2010～2260	2010～2260	2270～2510	2270～2510
0.95		2000～2240	2000～2240	2250～2490	2250～2490
1.00	1720～1970	1980～2220	1980～2220	2230～2470	2230～2470
1.05	1710～1950	1960～2220	1960～2220	2210～2450	2210～2450
1.10	1690～1940	1950～2190	1950～2190	2200～2430	2200～2430
1.20	1670～1910	1920～2160	1920～2160	2170～2400	2170～2400
1.25	1660～1900	1910～2130	1910～2130	2140～2380	2140～2380
1.30	1640～1890	1900～2130	1900～2130	2140～2370	2140～2370
1.40	1620～1860	1870～2100	1870～2100	2110～2340	2110～2340
1.50	1600～1840	1850～2080	1850～2080	2090～2310	2090～2310
1.60	1590～1820	1830～2050	1830～2050	2060～2290	2060～2290
1.70	1570～1800	1810～2030	1810～2030	2040～2260	2040～2260

续表

钢丝公称直径①/mm	抗拉强度②/MPa				
	SL 型	SM 型	DM 型	SH 型	DH 型③
1.80	1550~1780	1790~2010	1790~2010	2020~2240	2020~2240
1.90	1540~1760	1770~1990	1770~1990	2000~2220	2000~2220
2.00	1520~1750	1760~1970	1760~1970	1980~2200	1980~2200
2.10	1510~1730	1740~1960	1740~1960	1970~2180	1970~2180
2.25	1490~1710	1720~1930	1720~1930	1940~2150	1940~2150
2.40	1470~1690	1700~1910	1700~1910	1920~2130	1920~2130
2.50	1460~1680	1690~1890	1690~1890	1900~2110	1900~2110
2.60	1450~1660	1670~1880	1670~1880	1890~2100	1890~2100
2.80	1420~1640	1650~1850	1650~1850	1860~2070	1860~2070
3.00	1410~1620	1630~1830	1630~1830	1840~2040	1840~2040
3.20	1390~1600	1610~1810	1610~1810	1820~2020	1820~2020
3.40	1370~1580	1590~1780	1590~1780	1790~1990	1790~1990
3.60	1350~1560	1570~1760	1570~1760	1770~1970	1770~1970
3.80	1340~1540	1550~1740	1550~1740	1750~1950	1750~1950
4.00	1320~1520	1530~1730	1530~1730	1740~1930	1740~1930
4.25	1310~1500	1510~1700	1510~1700	1710~1900	1710~1900
4.50	1290~1490	1500~1680	1500~1680	1690~1880	1690~1880
4.75	1270~1470	1480~1670	1480~1670	1680~1840	1680~1840
5.00	1260~1450	1460~1650	1460~1650	1660~1830	1660~1830
5.30	1240~1430	1440~1630	1440~1630	1640~1820	1640~1820
5.60	1230~1420	1430~1610	1430~1610	1620~1800	1620~1800
6.00	1210~1390	1400~1580	1400~1580	1590~1770	1590~1770
6.30	1190~1380	1390~1560	1390~1560	1570~1750	1570~1750
6.50	1180~1370	1380~1550	1380~1550	1560~1740	1560~1740
7.00	1160~1340	1350~1530	1350~1530	1540~1710	1540~1710

钢丝公称	抗拉强度②/MPa				
直径① /mm	SL 型	SM 型	DM 型	SH 型	DH 型③
7.50	1140～1320	1330～1500	1330～1500	1510～1680	1510～1680
8.00	1120～1300	1310～1480	1310～1480	1490～1660	1490～1660
8.50	1110～1280	1290～1460	1290～1460	1470～1630	1470～1630
9.00	1090～1260	1270～1440	1270～1440	1450～1610	1450～1610
9.50	1070～1250	1260～1420	1260～1420	1430～1590	1430～1590
10.00	1060～1230	1240～1400	1240～1400	1410～1570	1410～1570
10.50		1220～1380	1220～1380	1390～1550	1390～1550
11.00		1210～1370	1210～1370	1380～1530	1380～1530
12.00	—	1180～1340	1180～1340	1350～1500	1350～1500
12.50		1170～1320	1170～1320	1330～1480	1330～1480
13.00		1160～1310	1160～1310	1320～1470	1320～1470

① 中间尺寸钢丝抗拉强度值按表中相邻较大钢丝的规定执行。

② 对特殊用途的钢丝，可商定其他抗拉强度。

③ 对直径为 0.08～0.18mm 的 DH 型钢丝，经供需双方协商，其抗拉强度波动值范围可规定为 300MPa。

三、合金弹簧钢丝（YB/T 5318—2010）

1. 品种规格

本标准适用于制造承受中、高压力的机械合金弹簧钢丝。

钢丝按交货状态分为三类：冷拉（WCD）；热处理：退火（A）、正火（N）；银亮（ZY）。

钢丝的公称直径范围为 0.50～14.00mm。

冷拉或热处理钢丝直径及允许偏差应符合 GB/T 342—2017 的规定，未注明时应符合该标准表 3 中 11 级的规定。

银亮钢丝直径及允许偏差应符合 GB/T 3207—2008 的规定，未注明时应符合该标准表 2 中 10 级的规定。

钢丝的牌号为 50CrVA、55CrSiA、60Si2MnA。根据需方要求，可供应其他牌号的钢丝。

钢丝的类别及热处理种类应在合同中注明，未注明时按冷拉状态交货。

银亮钢丝应在合同中注明表面加工的方法，未注明时按磨光状态交货。

2. 力学性能

对于公称直径大于 5.00mm 的冷拉钢丝，其抗拉强度不大于 1030MPa。经供需双方协商，也可用布氏硬度代替抗拉强度，其硬度值不大于 302（HBW）。

根据需方要求，公称直径不大于 5.00mm 的冷拉钢丝可检验抗拉强度，合格数值由供需双方协商。

公称直径不大于 5.00mm 的冷拉钢丝应做缠绕试验。钢丝在棒芯上缠绕 6 圈后不应破裂、折断。钢丝公称直径不大于 4.00mm 时，缠绕芯棒公称直径等于钢丝公称直径。钢丝公称直径大于 4.00mm 时，缠绕芯棒公称直径等于钢丝公称直径的 2 倍。

四、淬火-回火弹簧钢丝（GB/T 18983—2017）

1. 品种规格

本标准适用于制造各种机械弹簧用碳素钢和低合金钢淬火-回火圆形截面钢丝。

表 6-5　钢丝的分类、代号及直径范围

分类		静态级	中疲劳级	高疲劳级
抗拉强度	低强度	FDC	TDC	VDC
	中强度	FDCrV、FDSiMn	TDSiMn	VDCrV
	高强度	FDSiCr	TDSiCr-A	VDSiCr
	超高强度	—	TDSiCr-B、TDSiCr-C	VDSiCrV

续表

分类	静态级	中疲劳级	高疲劳级
直径范围	0.50～18.00mm	0.50～18.00mm	0.50～10.00mm

注：1. 静态级钢丝适用于一般用途弹簧，以 FD 表示。

2. 中疲劳级钢丝用于一般强度离合器弹簧、悬架弹簧等，以 TD 表示。

3. 高疲劳级钢丝适用于剧烈运动的场合，例如用于阀门弹簧，以 VD 表示。

4. TDSiCr-B 和 TDSiCr-C 直径范围为 8.0～18.00mm。

表 6-6　代号与钢的牌号的对应关系

钢丝代号	常用代表性牌号
FDC、TDC、VDC	65、70、65Mn
FDCrV、TDCrV、VDCrV	50CrV
FDSiMn、TDSiMn	60Si2Mn
FDSiCr、TDSiCr-A、TDSiCr-B、TDSiCr-C、VDSiCr	55SiCr
VDSiCrV	65Si2CrV

2. 力学性能

表 6-7　静态级、中疲劳级钢丝力学性能

直径范围 /mm	R_m/MPa						Z/%	
	FDC TDC	FDCrV-A TDCrV-A	FDSiMn TDSiMn	FDSiCr TDSiCr-A	TDSiCr-B	TDSiCr-C	FD	TD
0.50～0.80	1800～ 2100	1800～ 2100	1850～ 2100	2000～ 2250	—	—	—	—
>0.80～1.00	1800～ 2060	1780～ 2080	1850～ 2100	2000～ 2250	—	—	—	—
>1.00～1.30	1800～ 2010	1750～ 2010	1850～ 2100	2000～ 2250	—	—	45	45
>1.30～1.40	1750～ 1950	1750～ 1990	1850～ 2100	2000～ 2250	—	—	45	45
>1.40～1.60	1740～ 1890	1710～ 1950	1850～ 2100	2000～ 2250	—	—	45	45

续表

直径范围 /mm	R_m/MPa						$Z/\%$	
	FDC TDC	FDCrV-A TDCrV-A	FDSiMn TDSiMn	FDSiCr TDSiCr-A	TDSiCr-B	TDSiCr-C	FD	TD
>1.60~2.00	1720~ 1890	1710~ 1890	1820~ 2000	2000~ 2250	—	—	45	45
>2.00~2.50	1670~ 1820	1670~ 1830	1800~ 1950	1970~ 2140	—	—	45	45
>2.50~2.70	1640~ 1790	1660~ 1820	1780~ 1930	1950~ 2120	—	—	45	45
>2.70~3.00	1620~ 1770	1630~ 1780	1760~ 1910	1930~ 2100	—	—	45	45
>3.00~3.20	1600~ 1750	1610~ 1760	1740~ 1890	1910~ 2080	—	—	40	45
>3.20~3.50	1580~ 1730	1600~ 1750	1720~ 1870	1900~ 2060	—	—	40	45
>3.50~4.00	1550~ 1700	1560~ 1710	1710~ 1860	1870~ 2030	—	—	40	45
>4.00~4.20	1540~ 1690	1540~ 1690	1700~ 1850	1860~ 2020	—	—	40	45
>4.20~4.50	1520~ 1670	1520~ 1670	1690~ 1840	1850~ 2000	—	—	40	45
>4.50~4.70	1510~ 1660	1510~ 1660	1680~ 1830	1840~ 1990	—	—	40	45
>4.70~5.00	1500~ 1650	1500~ 1650	1670~ 1820	1830~ 1980	—	—	40	45
>5.00~5.60	1470~ 1620	1460~ 1610	1660~ 1810	1800~ 1950	—	—	35	40
>5.60~6.00	1460~ 1610	1440~ 1590	1650~ 1800	1780~ 1930	—	—	35	40
>6.00~6.50	1440~ 1590	1420~ 1570	1640~ 1790	1760~ 1910	—	—	35	40

续表

直径范围 /mm	R_m/MPa						Z/%	
	FDC TDC	FDCrV-A TDCrV-A	FDSiMn TDSiMn	FDSiCr TDSiCr-A	TDSiCr-B	TDSiCr-C	FD	TD
>6.50～7.00	1430～ 1580	1400～ 1550	1630～ 1780	1740～ 1890	—	—	35	40
>7.00～8.00	1400～ 1550	1380～ 1530	1620～ 1770	1710～ 1860	—	—	35	40
>8.00～9.00	1380～ 1530	1370～ 1520	1610～ 1760	1700～ 1850	1750～ 1850	1850～ 1950	30	35
>9.00～10.00	1360～ 1510	1350～ 1500	1600～ 1750	1660～ 1810	1750～ 1850	1850～ 1950	30	35
>10.00～ 12.00	1320～ 1470	1320～ 1470	1580～ 1730	1660～ 1810	1750～ 1850	1850～ 1950	30	35
>12.00～ 14.00	1280～ 1430	1300～ 1450	1560～ 1710	1620～ 1770	1750～ 1850	1850～ 1950	30	35
>14.00～ 15.00	1270～ 1420	1290～ 1440	1550～ 1700	1620～ 1770	1750～ 1850	1850～ 1950	30	35
>15.00～ 17.00	1250～ 1400	1270～ 1420	1540～ 1690	1580～ 1730	1750～ 1850	1850～ 1950	30	35

注：FDSiMn 和 TDSiMn 直径不大于 5.00mm 时，$Z \geqslant 35\%$；直径大于 5.00～14.00mm 时，$Z \geqslant 30\%$。

表 6-8　高疲劳级钢丝力学性能

直径范围 /mm	R_m/MPa				Z/% $(\geqslant)$
	VDC	VDCrV-A	VDSiCr	VDSiCrV	
0.50～0.80	1700～2000	1750～1950	2080～2230	2230～2380	—
>0.80～1.00	1700～1950	1730～1930	2080～2230	2230～2380	—
>1.00～1.30	1700～1900	1700～1900	2080～2230	2230～2380	45
>1.30～1.40	1700～1850	1680～1860	2080～2230	2210～2360	45
>1.40～1.60	1670～1820	1660～1860	2050～2180	2210～2360	45
>1.60～2.00	1650～1800	1640～1800	2010～2110	2160～2310	45

续表

直径范围 /mm	R_m/MPa				Z/% ($\geqslant$)
	VDC	VDCrV-A	VDSiCr	VDSiCrV	
$>2.00\sim2.50$	$1630\sim1780$	$1620\sim1770$	$1960\sim2060$	$2100\sim2250$	45
$>2.50\sim2.70$	$1610\sim1760$	$1610\sim1760$	$1940\sim2040$	$2060\sim2210$	45
$>2.70\sim3.00$	$1590\sim1740$	$1600\sim1750$	$1930\sim2030$	$2060\sim2210$	45
$>3.00\sim3.20$	$1570\sim1720$	$1580\sim1730$	$1920\sim2020$	$2060\sim2210$	45
$>3.20\sim3.50$	$1550\sim1700$	$1560\sim1710$	$1910\sim2010$	$2010\sim2160$	45
$>3.50\sim4.00$	$1530\sim1680$	$1540\sim1690$	$1890\sim1990$	$2010\sim2160$	45
$>4.00\sim4.20$	$1510\sim1660$	$1520\sim1670$	$1860\sim1960$	$1960\sim2110$	45
$>4.20\sim4.50$	$1510\sim1660$	$1520\sim1670$	$1860\sim1960$	$1960\sim2110$	45
$>4.50\sim4.70$	$1490\sim1640$	$1500\sim1650$	$1830\sim1930$	$1960\sim2110$	45
$>4.70\sim5.00$	$1490\sim1640$	$1500\sim1650$	$1830\sim1930$	$1960\sim2110$	45
$>5.00\sim5.60$	$1470\sim1620$	$1480\sim1630$	$1800\sim1900$	$1910\sim2060$	40
$>5.60\sim6.00$	$1450\sim1600$	$1470\sim1620$	$1790\sim1890$	$1910\sim2060$	40
$>6.00\sim6.50$	$1420\sim1570$	$1440\sim1590$	$1760\sim1860$	$1910\sim2060$	40
$>6.50\sim7.00$	$1400\sim1550$	$1420\sim1570$	$1740\sim1840$	$1860\sim2010$	40
$>7.00\sim8.00$	$1370\sim1520$	$1410\sim1560$	$1710\sim1810$	$1860\sim2010$	40
$>8.00\sim9.00$	$1350\sim1500$	$1390\sim1540$	$1690\sim1790$	$1810\sim1960$	35
$>9.00\sim10.00$	$1340\sim1490$	$1370\sim1520$	$1670\sim1770$	$1810\sim1960$	35

五、合金结构钢丝（YB/T 5301—2010）

1. 品种规格

本标准适用于尺寸不大于 10.00mm 的合金结构钢冷拉圆钢丝及 2.00～8.00mm 的冷拉方、六角钢丝。

钢丝的尺寸应符合 GB/T 342—2017 的规定，尺寸允许偏差应符合 GB/T 342—2017 表 3 中 11 级的规定。

钢丝的交货状态应在合同中注明，未注明时按冷拉状态交货。

2. 力学性能

表 6-9　力学性能

交货状态	公称尺寸小于 5.00mm	公称尺寸不小于 5.00mm
	R_m/MPa	硬度（HBW）
冷拉	≤1080	≤302
退火	≤930	≤296

六、碳素工具钢丝（YB/T 5322—2010）

1. 品种规格

本标准适用于制造工具和零件用碳素工具钢圆钢丝。其他截面形状的钢丝可参照相应截面积的圆钢丝的规定执行。

表 6-10　公称直径、长度、交货状态

钢丝公称直径 /mm	通常长度 /mm	短尺/mm		交货状态
		长度(不小于)	数量	
1.00～3.00	1000～2000	800	不超过每批重量的 15%	钢丝以冷拉、磨光或退火状态交货
>3.00～6.00	2000～3500	1200		
>6.00～16.00	2000～4000	1500		

2. 力学性能

表 6-11　抗拉强度

牌号	R_m/MPa	
	退火	冷拉
T7(A)、T8(A)、T8Mn(A)、T9(A)	490～685	≤1080
T10(A)、T11(A)、T12(A)、T13(A)	540～735	

七、焊接用不锈钢丝（YB/T 5092—2016）

1. 品种规格

本标准适用于制作电焊条焊芯、气体保护焊、埋弧焊、电渣焊等焊接用不锈钢丝。

表 6-12　分类和牌号

类别	牌号		
奥氏体型	H04Cr22Ni11Mn6Mo3VN	H022Cr24Ni13Si	H06Cr19Ni12Mo2Nb
	H08Cr17Ni8Mn8Si4N	H022Cr24Ni13Nb	H022Cr19Ni12Mo2Nb
	H04Cr20Ni6Mn9N	H022Cr21Ni12Nb	H05Cr20Ni34Mo2Cu3Nb
	H04Cr18Ni5Mn12N	H10Cr24Ni13Mo2	H019Cr20Ni34Mo2Cu3Nb
	H08Cr21Ni10Mn6	H022Cr24Ni13Mo2	H06Cr19Ni10Ti
	H09Cr21Ni9Mn4Mo	H022Cr21Ni13Mo3	H21Cr16Ni35
	H09Cr21Ni9Mn7Si	H11Cr26Ni21	H06Cr20Ni10Nb
	H16Cr19Ni9Mn7	H06Cr26Ni21	H06Cr20Ni10NbSi
	H06Cr21Ni10	H022Cr26Ni21	H022Cr20Ni10Nb
	H06Cr21Ni10Si	H12Cr30Ni9	H019Cr27Ni32Mo3Cu
	H07Cr21Ni10	H06Cr19Ni12Mo2	H019Cr20Ni25Mo4Cu
	H022Cr21Ni10	H06Cr19Ni12Mo2Si	H08Cr16Ni8Mo2
	H022Cr21Ni10Si	H07Cr19Ni12Mo2	H06Cr19Ni10
	H06Cr20Ni11Mo2	H022Cr19Ni12Mo2	H011Cr33Ni31MoCuN
	H022Cr20Ni11Mo2	H022Cr19Ni12Mo2Si	H10Cr22Ni21Co18Mo3-W3TaAlZrLaN
	H10Cr24Ni13	H022Cr19Ni12Mo2Cu2	
	H10Cr24Ni13Si	H022Cr20Ni16Mn7Mo3N	
	H022Cr24Ni13	H06Cr19Ni14Mo3	
	H022Cr22Ni11	H022Cr19Ni14Mo3	

续表

类别	牌号		
奥氏体＋铁素体型（双相钢）	H022Cr22Ni9Mo3N	H03Cr25Ni5Mo3Cu2N	H022Cr25Ni9Mo4N
铁素体型	H06Cr12Ti	H08Cr17Nb	H011Cr26Mo
	H10Cr12Nb	H022Cr17Nb	
	H08Cr17	H03Cr18Ti	
马氏体型	H10Cr13	H022Cr13Ni4Mo	
	H05Cr12Ni4Mo	H32Cr13	
沉淀硬化型	H04Cr17Ni4Cu4Nb		

钢丝可以冷拉状态或软态交货，交货状态应在合同中注明，未注明时按冷拉状态交货。

2. 力学性能

冷拉状态交货钢丝，应检验抗拉强度，提供实测数值，但不作判定依据。

八、惰性气体保护焊用不锈钢丝（YB/T 5091—2016）

1. 品种规格

本标准适用于制作非熔化极惰性气体保护电弧焊和熔化极惰性气体保护电弧焊用不锈钢丝。

钢丝牌号及化学成分应符合 GB/T 4241—2017（焊接用不锈钢盘条）的规定。

钢丝以冷拉状态交货，根据需方要求，也可以提供其他状态交货的钢丝。

表 6-13　钢丝直径及允许偏差

钢丝直径/mm	直径允许偏差/mm	钢丝直径/mm	直径允许偏差/mm
0.5	+0.01 −0.03	2.8	+0.01 −0.07
0.6	+0.01 −0.03	3.0～4.0	+0.01 −0.07
0.8～1.0	+0.01 −0.04	5.0～8.0	—
1.2～2.5	+0.01 −0.04		

2. 力学性能

根据需方要求，经供需双方商定，并在合同中注明可提供以下特殊要求的钢丝：

a) 规定钢丝的抗拉强度范围；

b) 特殊单重；

c) 特殊包装方式。

九、高速工具钢丝（YB/T 5302—2010）

1. 品种规格

本标准适用于制造各类工具的圆钢丝，也可适用于制造偶件针阀等其他用途的圆钢丝。

钢丝的公称直径范围为 1.00～16.00mm。

退火钢丝的直径及其允许偏差应符合 GB/T 342—2017 表 3 中的 9 级～11 级规定。磨光钢丝的直径及其允许偏差应符合 GB/T 3207—2008 中 9 级～11 级的规定。

钢丝以退火或磨光状态交货。

2. 力学性能

直径不小于 5.00mm 的钢丝应检验布氏硬度，硬度值应符合表 6-14 的规定。直径小于 5.00mm 的钢丝应检验维氏硬度，其硬度值为 206～256(HV)，供方若能保证合格，可不做检验。

表 6-14　硬度

序号	牌号	交货硬度（退火态，HBW）	试样热处理制度及淬火-回火硬度				
			预热温度/℃	淬火温度/℃	淬火介质	回火温度/℃	硬度（HRC，不小于）
1	W3Mo3Cr4V2	≤255		1180～1200		540～560	63
2	W4Mo3Cr4VSi	207～255		1170～1190		540～560	63
3	W18Cr4V	207～255		1250～1270		550～570	63
4	W2Mo9Cr4V2	≤255		1190～1210		540～560	64
5	W6Mo5Cr4V2	207～255		1200～1220		550～570	63
6	CW6Mo5Cr4V2	≤255	800～900	1190～1210	油	540～560	64
7	W9Mo3Cr4V	207～255		1200～1220		540～560	63
8	W6Mo5Cr4V3	≤262		1190～1210		540～560	64
9	CW6Mo5Cr4V3	≤262		1180～1200		540～560	64
10	W6Mo5Cr4V2Al	≤269		1200～1220		550～570	65
11	W6Mo5Cr4V2Co5	≤269		1190～1210		540～560	64
12	W2Mo9Cr4VCo8	≤269		1170～1190		540～560	66

十、冷镦钢丝　第 1 部分：热处理型冷镦钢丝（GB/T 5953.1—2009）

1. 品种规格

本部分适用于制造铆钉、螺栓、螺钉和螺柱等紧固件及冷成形件用优质碳素结构钢丝和合金结构钢丝。紧固件或冷成形件经冷镦或冷挤压成形后，需要进行表面渗碳、渗氮、调质等热处理。

钢丝的公称直径为 1.00～45.00mm。

钢丝通常以盘卷状态交货。根据需方要求，并在合同注明，可提供直条钢丝和磨光钢丝。直条钢丝和磨光钢丝的通常长度为 2000～6000mm，其平直度应不大于 2mm/m。

钢丝有冷拉（HD）、冷拉＋球化退火＋轻拉（SALD）、退火＋冷拉＋球化退火＋轻拉（ASALD）、冷拉＋球化退火（SA）四种交货状态。

2. 力学性能

以 HD 状态交货的钢丝，其力学性能由供需双方协商确定。

表面硬化型钢丝交货状态的力学性能应符合表 6-15 的规定。

表 6-15　表面硬化型钢丝力学性能

牌号	钢丝公称直径/mm	SALD			SA		
		R_m/MPa	Z/%	硬度(HRB)	R_m/MPa	Z/%	硬度(HRB)
ML10	≤6.00	420～620	≥55	—	300～450	≥60	≤75
	>6.00～12.00	380～560	≥55	—			
	>12.00～25.00	350～500	≥50	≤81			
ML15 ML15Mn ML18 ML18Mn ML20	≤6.00	440～640	≥55	—	370～520	≥60	≤82
	>6.00～12.00	400～580	≥55	—			
	>12.00～25.00	380～530	≥50	≤83			
ML20Mn ML16CrMn ML20MnA ML22Mn ML15Cr ML20Cr ML18CrMo	≤6.00	440～640	≥55	—	370～520	≥60	≤82
	>6.00～12.00	420～600	≥55	—			
	>12.00～25.00	400～550	≥50	≤85			
ML20CrMoA ML20CrNiMo	≤25.00	480～680	≥45	≤93	420～620	≥58	≤91

注：直径小于 3.00mm 的钢丝断面收缩率仅供参考。

表 6-16　调质型碳素钢丝的力学性能

牌号	钢丝公称直径/mm	SALD			SA		
		R_m/MPa	Z/%	硬度(HRB)	R_m/MPa	Z/%	硬度(HRB)
ML25 ML25Mn ML30Mn ML30 ML35	≤6.00	490～690	≥55	—	380～560	≥60	≤86
	>6.00～12.00	470～650	≥55	—			
	>12.00～25.00	450～600	≥50	≤89			
ML40 ML35Mn	≤6.00	550～730	≥55	—	430～580	≥60	≤87
	>6.00～12.00	500～670	≥55	—			
	>12.00～25.00	450～600	≥50	≤89			
ML45 ML42Mn	≤6.00	590～760	≥55	—	450～600	≥60	≤89
	>6.00～12.00	570～720	≥55	—			
	>12.00～25.00	470～620	≥50	≤96			

注：牌号的化学成分可参考 GB/T 6478—2015。

表 6-17　调质型合金钢丝的力学性能

牌号	钢丝公称直径/mm	SALD			SA		
		R_m/MPa	硬度(HRB)	Z/%	R_m/MPa	Z/%	硬度(HRB)
ML30CrMnSi	≤6.00	600～750	—	≥50	460～660	≥55	≤93
	>6.00～12.00	580～730	—				
	>12.00～25.00	550～700	≤95				
ML38CrA ML40Cr	≤6.00	530～730	—	≥50	430～600	≥55	≤89
	>6.00～12.00	500～650	—				
	>12.00～25.00	480～630	≤91				
ML30CrMo ML35CrMo	≤6.00	580～780	—	≥40	450～620	≥55	≤91
	>6.00～12.00	540～700	—	≥35			
	>12.00～25.00	500～650	≤92	≥35			

续表

牌号	钢丝公称直径/mm	SALD			SA		
		R_m/MPa	硬度(HRB)	Z/%	R_m/MPa	Z/%	硬度(HRB)
ML42CrMo ML40CrNiMo	≤6.00	590～790	—	≥50	480～730	≥55	≤97
	>6.00～12.00	560～760	—				
	>12.00～25.00	540～690	≤95				

注：1. 直径小于 3.00mm 的钢丝断面收缩率 Z 仅供参考。

2. 牌号的化学成分可参考 GB/T 6478—2015。

表 6-18　含硼钢丝的力学性能

牌号	SALD			SA		
	R_m/MPa	Z/%	硬度(HRB)	R_m/MPa	Z/%	硬度(HRB)
ML20B	≤600	≥55	≤89	≤550	≥65	≤85
ML28B	≤620	≥55	≤90	≤570	≥65	≤87
ML35B	≤630	≥55	≤91	≤580	≥65	≤88
ML20MnB	≤630	≥55	≤91	≤580	≥65	≤88
ML30MnB	≤660	≥55	≤93	≤610	≥65	≤90
ML35MnB	≤680	≥55	≤94	≤630	≥65	≤91
ML40MnB	≤680	≥55	≤94	≤630	≥65	≤91
ML15MnVB	≤660	≥55	≤93	≤610	≥65	≤90
ML20MnVB	≤630	≥55	≤91	≤580	≥65	≤88
ML20MnTiB	≤630	≥55	≤91	≤580	≥65	≤88

注：1. 直径小于 3.00mm 的钢丝断面收缩率仅供参考。

2. 牌号的化学成分可参考 GB/T 6478—2015。

十一、冷镦钢丝　第 2 部分：非热处理型冷镦钢丝（GB/T 5953. 2—2009）

1. 品种规格

本部分适用于制造普通铆钉、螺栓和螺柱等紧固件和其他冷成形件用圆钢丝，紧固件和其他冷成形件冷镦、冷挤压成形后一般不需要进行热处理。

钢丝的公称直径为 1.00～45.00mm。

钢丝通常以盘卷状交货，也可以直条状交货。以直条状交货时，通常长度为 2000～6000mm，其平直度应不大于 2mm/m。

2. 力学性能

表 6-19 HD（冷拉）工艺钢丝的力学性能

牌号	钢丝公称直径/mm	R_m/MPa	Z/%	硬度（HRB）
ML04Al ML08Al ML10Al	≤3.00	≥460	≥50	—
	>3.00～4.00	≥360	≥50	—
	>4.00～5.00	≥330	≥50	—
	>5.00～25.00	≥280	≥50	≤85
ML15Al ML15	≤3.00	≥590	≥50	—
	>3.00～4.00	≥490	≥50	—
	>4.00～5.00	≥420	≥50	—
	>5.00～25.00	≥400	≥50	≤89
ML18MnAl ML20Al ML20 ML22MnAl	≤3.00	≥850	≥35	—
	>3.00～4.00	≥690	≥40	—
	>4.00～5.00	≥570	≥45	—
	>5.00～25.00	≥480	≥45	≤97

注：1. 钢丝公称直径大于 20mm 时，断面收缩率（Z）可以降低 5%。

2. 牌号的化学成分可参考 GB/T 6478—2015。

3. 硬度值仅供参考。

表 6-20 SALD 工艺钢丝的力学性能

牌号	R_m/MPa	Z/%	硬度（HRB）
ML04Al、ML08Al、ML10Al	300～450	≥70	≤76
ML15Al、ML15	340～500	≥65	≤81
ML18Mn、ML20Al、ML20、ML22Mn	450～570	≥65	≤90

注：1. 钢丝公称直径大于 20mm 时，断面收缩率 Z 可以降低 5%。

2. 牌号的化学成分可参考 GB/T 6478—2015。

3. 硬度值仅供参考。

十二、冷镦钢丝　第 3 部分：非调质型冷镦钢丝（GB/T 5953.3—2012）

1. 品种规格

本部分适用于制造螺栓、螺钉和螺柱等紧固件及其他冷成形零件用非调质钢钢丝。

钢丝的公称直径为 4.00～19.00mm。

钢丝通常以盘卷状交货。也可以直条交货。以直条交货时，通常长度为 2.0～6.0m，其平直度应不大于 2.0mm/m。

钢丝用钢的牌号及化学成分（熔炼分析）应符合合同注明的相关标准。

钢丝交货状态为冷拔。

2. 力学性能

表 6-21　钢丝力学性能

序号	性能等级	力学性能（不小于）				
		R_m/MPa	$R_{P0.2}$/MPa	A/%	Z/%	硬度（HRC）
1	MFT8	810	640	12	52	22
2	MFT9	900	720	10	48	28
3	MFT10	1040	940	9	48	32

十三、预应力热镀锌钢绞线（GB/T 33363—2016）

1. 品种规格

本标准适用于桥梁拉索、锚固拉力构件、提升或固定拉力构件的建筑物及其他不直接与混凝土砂浆接触的预应力结构中使用的由七根热镀锌圆钢丝组成的低松弛预应力钢绞线。

按产品的公称直径划分可分为 12.7mm、15.2mm、15.7mm、17.8mm 四个规格。

按产品的强度等级划分可分为 1770MPa、1860MPa、1960MPa

三个强度等级。

2. 力学性能

表 6-22 热镀锌钢绞线的力学性能

公称直径 /mm	强度等级 /MPa	最大力 F_m /kN(不小于)	规定非比例延伸力 $F_{p0.2}$ /kN(不小于)	最大力总延伸率 A_{gt}/% (不小于)	1000h 后松弛率(初载 $0.7F_m$) γ/%(不大于)
12.7	1770	175	156		
	1860	184	164		
	1960	193	172		
15.2	1770	248	221		
	1860	260	231		
	1960	274	244	3.5	2.5
15.7	1770	266	237		
	1860	279	248		
	1960	294	262		
17.8	1770	338	301		
	1860	355	316		
	1960	374	333		

钢绞线的弹性模量为（195±10）GPa。

一般用途的热镀锌钢绞线，其偏斜拉伸系数应不大于28%。

用于拉索的热镀锌钢绞线，其偏斜拉伸系数应不大于20%。

十四、高强度低松弛预应力热镀锌-5%铝-稀土合金镀层钢绞线（YB/T 4574—2016）

1. 品种规格

本标准适用于桥梁拉索、吊索、系杆、体外预应力束、固定拉力构件的建筑物及不直接与混凝土砂浆接触的预应力结构中使用的直径为12.7mm、15.2mm、15.7mm、17.8mm，强度等级为1770MPa、1860MPa 和 1960MPa、并由七根热镀锌圆钢丝组成的高强度低松弛预应力热镀锌-5%铝-稀土合金镀层钢绞线。

2. 力学性能

表 6-23 钢绞线力学性能

公称直径 /mm	强度等级 /MPa	最大力 F_m /kN(不小于)	规定非比例 延伸力 $F_{P0.2}$ /kN(不小于)	最大力总延 伸率 A_{gt}/% (不小于)	初载负 荷的百 分比	1000h 应力 松弛损失 R_{1000}/%
12.7	1770	175	156			
	1860	184	164			
	1960	193	172			
15.2	1770	248	221			
	1860	260	231			
	1960	274	244	$\geqslant 3.5$	70%	$\leqslant 2.5$
15.7	1770	266	237			
	1860	279	248			
	1960	294	262			
17.8	1770	338	301			
	1860	355	316			
	1960	374	333			

注：松弛率按照公称值计算。

除非生产厂另有规定，弹性模量取 (195 ± 10)GPa。

第七章 铁路、汽车、桥梁、船舶及海洋工程、建筑用钢

一、铁路用热轧钢轨（GB 2585—2007）

1. 品种规格

本标准适用于连铸坯生产的时速 160km 及以下热轧钢轨，不适用于全长热处理钢轨。

钢轨型号有 38kg/m、43kg/m、50kg/m、60kg/m、75kg/m。

标准钢轨的定尺长度为 12.5m、25m、50m 和 100m。

2. 力学性能

表 7-1 钢轨的力学性能

牌号	抗拉强度 R_m/MPa（不小于）	断后伸长率 A/%（不小于）
U74	780	10
U71Mn、U70MnSi、U71MnSiCu	880	9
U75V、U76NbRE	980	9
U70Mn	880	

注：若在热锯样轨上取样检验力学性能时，断后伸长率 A 的试验结果允许比规定值降低 1%（绝对值）。

二、高速铁路用钢轨（TB/T 3276—2011）

1. 品种规格

本标准适用于运营速度为 200km/h 及以上高速铁路用 60kg/m 热轧钢轨，运营速度大于 160km/h 并小于 200km/h 铁路用钢轨可参照执行。

本标准将钢中非金属夹杂物分为 A 和 B 两个等级。

本标准规定了 U71MnG 和 U75VG 两个钢牌号。250km/h 以上高速铁路、200～250km/h 高速客运铁路应选用 U71MnG 钢轨，200～250km/h 高速客货混运铁路应选用 U75VG 钢轨。

250km/h 以上高速铁路用钢轨非金属夹杂物应采用 A 级；200～250km/h 高速铁路用钢轨非金属夹杂物应采用 B 级。

标准轨定尺长度为 100m。

2. 力学性能

表 7-2　钢轨的力学性能

钢牌号	抗拉强度 R_m/MPa	伸长率 A/%	轨头顶面中心线硬度（HBW）（HBW10/3000）
U71MnG	≥880	≥10	260～300
U75VG	≥980	≥10	280～320

注：1. 在同一根钢轨上，其硬度变化范围不应大于 30（HB）。

2. 热锯取样检验时，允许断后伸长率比规定值降低 1%（绝对值）。

三、热轧轻轨（GB/T 11264—2012）

1. 品种规格

本标准适用于矿业、林业、建筑等轨道用途的热轧轻轨。

轻轨型号有：9kg/m、12kg/m、15kg/m、18kg/m、22kg/m、24kg/m、30kg/m。

定尺长度为 12.0m、11.5m、11.0m、10.5m、10.0m、9.5m、9.0m、8.5m、8.0m、7.5m、7.0m、6.5m、6.0m、5.5m、5.0m。

轻轨以热轧状态交货。

2. 力学性能

表 7-3　轻轨的力学性能

牌号	型号/(kg/m)	抗拉强度 R_m/MPa	布氏硬度（HBW）
50Q	≤12	≥569	—
55Q	≤12	≥685	—
	15～30		≥197

续表

牌号	型号/(kg/m)	抗拉强度 R_m/MPa	布氏硬度（HBW）
45SiMnP	≤12	≥569	—
50SiMnP	≤12	≥685	
	15～30		≥197

四、起重机用钢轨（YB/T 5055—2014）

1. 品种规格

本标准适用于起重机大车及小车轨道用 QU70～QU120 钢轨。

钢轨型号有：QU70、QU80、QU100、QU120。

定尺长度为 9m、9.5m、10m、10.5m、11m、11.5m、12m、12.5m。

钢轨以热轧状态交货。

2. 力学性能

表 7-4　钢轨的力学性能

牌号	抗拉强度 R_m/MPa	断后伸长率 A/%
U71Mn	≥880	≥9
U75V	≥980	≥9
U78CrV	≥1080	≥8
U77MnCr	≥980	≥9
U76CrRE	≥1080	≥9

注：热锯取样检验时，允许断后伸长率比规定值降低 1%（绝对值）。

五、轨道车辆用不锈钢钢板和钢带（GB/T 33239—2016）

1. 品种规格

本标准适用于制造轨道交通车辆车体结构及其他辅件用的不锈钢钢板和钢带。无轨道交通车辆可参考使用。

冷轧宽钢带及卷切钢板的公称厚度为 0.6～8.0mm，公称宽度为

$1000 \sim 2000\text{mm}$。

热轧钢板和钢带的公称尺寸范围按 GB/T 4237—2015（不锈钢热轧钢板和钢带）的规定。

钢板和钢带经热轧或冷轧后进行热处理，并做酸洗或类似处理后交货。根据需要还可通过平整、冷作硬化轧制、研磨、矫直、覆膜等方法处理后交货。

2. 力学性能

表 7-5　力学性能

牌号	冷作硬化状态	$R_{\text{P0.2}}/\text{MPa}$		R_{m}/MPa		$A/\%$
		最小	最大	最小	最大	
022Cr17Ni7	H3/4	480	600	820	1000	≥25
	H	685	800	930	1140	≥20
022Cr17Ni7N	固溶	240	—	550	—	≥45
	H1/4	350	470	650	850	≥40
	H7/8	515	635	825	1000	≥25
	H15/16	550	670	850	1000	≥25
06Cr19Ni10	固溶	205	—	515	—	40
022Cr12Ni	退火	280	—	450	—	18

注：厚度不大于 3mm 时使用标距为 50mm 的试样。

屈强比 $R_{\text{P0.2}}/R_{\text{m}}$ 不大于 0.8。

六、轨道列车车辆结构用铝合金挤压型材（GB/T 26494—2011）

1. 品种规格

本标准适用于高速列车、地铁列车、城轨列车等轨道列车车辆结构用铝合金挤压、型材。

表 7-6　型材的合金牌号及供货状态

合金牌号	合金类别	供货状态
5052	I	H112
5754、5083	II	H112
6A01、7003、7B05	I	T5
6005、6005A、6008	I	T4、T6
6060	I	T4、T5、T6
6063	I	T1、T4、T5、T6
6106、6061、6082	I	T6
7005、7020	II	T6

注：II 类为 $2\times\times\times$ 系、$7\times\times\times$ 系合金及含镁量大于或等于 3% 的 $5\times\times\times$ 系合金型材，I 类为除 II 类外的其他型材。

2. 力学性能

表 7-7　室温纵向拉伸力学性能

牌号	状态	型材类别	壁厚/mm	R_m/MPa	$R_{P0.2}$/MPa	A/%	A_{50mm}/%
				不小于			
5052	H112	—	—	170	70	15	13
5754	H112	—	≤25.00	180	80	14	12
5083	H112	—	—	270	125	12	10
6A01	T5	—	≤6.00	245	205	—	8
			>6.00~12.00	225	175	—	8
6005 6005A	T4	实心	≤25.00	180	90	15	13
		空心	≤10.00	180	90	15	13
	T6	实心	≤5.00	270	225	—	6
			>5.00~10.00	260	215	—	6
			>10.00~25.00	250	200	8	6
		空心	≤5.00	255	215	—	6
			>5.00~15.00	250	200	8	6
6106	T6	—	≤10.00	250	200	8	6

续表

牌号	状态	型材类别	壁厚/mm	R_m/MPa	$R_{P0.2}$/MPa	A/%	A_{50mm}/%
				不小于			
6008	T4	实心	≤10.00	180	90	15	13
		空心	≤10.00	180	90	15	13
	T6	实心	≤5.00	270	225	8	6
			>5.00~10.00	260	215	8	6
		空心	≤5.00	255	215	8	6
			>5.00~10.00	250	200	8	6
6060	T4	—	≤25.00	120	60	16	14
	T5	—	≤5.00	160	120	—	6
			>5.00~25.00	140	100	8	6
	T6	—	≤3.00	190	150	—	6
			>3.00~25.00	170	140	8	6
6061	T6	—	≤5.00	260	240	—	7
			>5.00~25.00	260	240	10	8
6063	T1		≤12.00	120	60	—	12
			>12.00~25.00	110	55	—	12
	T4	—	≤25.00	130	65	14	12
	T5		≤3.00	175	130	—	6
			>3.00~25.00	160	110	7	5
	T6	—	≤10.00	215	170	—	6
			>10.00~25.00	195	160	8	6
6082	T6	—	≤5.00	290	250	—	6
			>5.00~15.00	310	260	10	8
7003	T5	—	≤12.00	285	245	—	10
			>12.00~25.00	275	235	—	10
7005	T6	—	≤40.00	350	290	10	8
7B05	T5			325	245		10

续表

牌号	状态	型材类别	壁厚/mm	R_m/MPa	$R_{P0.2}$/MPa	A/%	A_{50mm}/%
				不小于			
7020	T6	—	≤40.00	350	290	10	8

注：壁厚≤1.6mm 的型材不要求伸长率，需方有特殊要求时，应在合同（或订货单）中注明。

七、汽车大梁用热轧钢板和钢带（GB/T 3273—2015）

1. 品种规格

本标准适用于制造汽车大梁（纵梁、横梁）用厚度为 1.6～16.0mm 的热轧钢板和钢带。

钢的牌号由抗拉强度下限值和汉语拼音"梁"的首位字母 L 两部分组成。如：700L。

钢板和钢带的尺寸、外形、重量及允许偏差应符合 GB/T 709—2006 的规定。

钢板和钢带以热轧状态交货。

2. 力学性能

表 7-8　钢板和钢带的力学性能

牌号	R_{eL}/MPa	R_m/MPa	厚度<3.0mm A_{50mm} ($L_0=80mm$, $b=20mm$)	厚度≥3.0mm A	厚度≤12.0mm 180°弯曲试验 弯曲压头直径 D	厚度>12.0mm
370L	≥245	370～480	≥23	≥28	$D=0.5a$	$D=a$
420L	≥305	420～540	≥21	≥26	$D=0.5a$	$D=a$
440L	≥330	440～570	≥21	≥26	$D=0.5a$	$D=a$
510L	≥355	510～650	≥20	≥24	$D=a$	$D=2a$
550L	≥400	550～700	≥19	≥23	$D=a$	$D=2a$
600L	≥500	600～760	≥15	≥18	$D=1.5a$	$D=2a$

牌号	R_{eL} /MPa	R_m /MPa	厚度 <3.0mm A_{50mm} (L_0=80mm, b=20mm)	厚度 ≥3.0mm A	厚度 ≤12.0mm 180°弯曲试验 弯曲压头直径 D	厚度 >12.0mm
650L	≥550	650～820	≥13	≥16	$D=1.5a$	$D=2a$
700L	≥600	700～880	≥12	≥14	$D=2a$	$D=2.5a$
750L	≥650	750～950	≥11	≥13	$D=2a$	$D=2.5a$
800L	≥700	800～1000	≥10	≥12	$D=2a$	$D=2.5a$

注：1. 拉伸试验和弯曲试验采用横向试样。

2. 当屈服现象不明显时，可采用 $R_{P0.2}$ 代替 R_{eL}。

3. 700L、750L、800L 3 个牌号，当厚度大于 8.0mm 时，规定的最小屈服强度允许下降 20MPa。

4. a 为弯曲试样厚度，弯曲试样宽度 b≥35mm，仲裁试验时，试样宽度为 35mm。

八、汽车桥壳用热轧钢板和钢带（GB/T 33166—2016）

1. 品种规格

本标准适用于制造汽车桥壳用厚度为 2.0～18.0mm 的热轧钢板和钢带。

钢的牌号由屈服强度"屈"的汉语拼音首字母（Q）、规定屈服强度最小值、"桥壳"汉语拼音首字母（QK）三部分组成，如 Q460QK。

钢板和钢带应以热轧或控轧、正火、热机械轧制（TMCP）或热机械轧制加回火（TMCP＋T）状态交货。

2. 力学性能

表 7-9　力学性能

牌号	R_{eH}/MPa （不小于）	R_m/MPa	A/% （不小于）	180°弯曲 试验	0℃冲击试验 A_{KV_2}/J（不小于）
Q295QK	295	440～570	24	$D=1.5a$	34

牌号	R_{eH}/MPa (不小于)	R_m/MPa	A/% (不小于)	180°弯曲试验	0℃冲击试验 A_{KV_2}/J(不小于)
Q345QK	345	470~630	24	$D=2a$	34
Q420QK	420	520~680	22	$D=2a$	34
Q460QK	460	550~720	20	$D=2a$	34

注：1. 屈服现象不明显时，采用 $R_{P0.2}$。

2. 厚度大于 14mm 的钢板，允许其断后伸长率较规定降低 2%（绝对值）。

3. D 为弯曲压头直径，a 为试样厚度。

九、汽车用热冲压钢板及钢带（GB/T 34566—2017）

1. 品种规格

本标准适用于制造汽车安全结构件，冷轧和热镀铝硅钢板及钢带厚度为 0.50~3.00mm、热轧钢板及钢带厚度为 1.20~12.0mm。

热轧钢板及钢带的牌号由热轧英文"Hot Rolled"首字母"HR"、规定的热冲压后的最小屈服强度值/最小抗拉强度值、热冲压英文"Hot Stamping"首字母"HS"组成。如：HR950/1300HS。

冷轧钢板及钢带的牌号由冷轧英文"Cold Rolled"首字母"CR"、规定的热冲压后的最小屈服强度值/最小抗拉强度值、热冲压英文"Hot Stamping"首字母"HS"组成。如 CR950/1300HS。

热镀铝硅钢板及钢带的牌号由冷轧英文"Cold Rolled"首字母"CR"、规定的热冲压后的最小屈服强度值/最小抗拉强度值、热冲压英文"Hot Stamping"首字母"HS"和铝硅镀层标识 AS 组成。如：CR950/1300HS＋AS。

热轧钢板及钢带的尺寸、外形、重量及允许偏差应符合 GB/T 709—2006 的规定，冷轧钢板及钢带的尺寸、外形、重量及允许偏差应符合 GB/T 708—2006 的规定，热镀铝硅钢板及钢带的尺寸、外形、重量及允许偏差应符合 GB/T 25052—2010 的规定。

冷轧钢板及钢带以冷轧、退火及平整后交货。

热镀铝硅钢板及钢带以冷轧、退火、热浸镀及光整后交货。

热轧钢板及钢带以热轧或热轧酸洗状态交货。

2. 力学性能

供方应保证自制造完成之日起 6 个月内，钢板及钢带热冲压前的力学性能符合表 7-10 的规定。

表 7-10　力学性能

牌号	下屈服强度 R_{eL}/MPa	抗拉强度 R_m/MPa	断后伸长率 A_{80mm}/% （不小于）
HR950/1300HS	320～630	480～800	13
HR1000/1500HS			
CR950/1300HS	280～450	≥450	20
CR1000/1500HS			
CR950/1300HS＋AS	350～500	500～700	10
CR1000/1500HS＋AS			
HR1200/1800HS	协议	协议	协议
CR1200/1800HS			
CR1200/1800HS＋AS			

注：厚度小于 3mm 的钢板及钢带，试样为 GB/T 228.1—2010 中的 P6 试样（L_0＝80mm，b_0＝20mm）；厚度不小于 3mm 的钢板及钢带，试样为 GB/T 228.1—2010 中的 P13 试样（L_0＝80mm，b_0＝20mm），试样方向为横向。当屈服现象不明显时，可采用 $R_{P0.2}$ 代替 R_{eL}。

十、汽车用高强度冷连轧的钢板及钢带　第 1 部分：烘烤硬化钢（GB/T 20564.1—2017）

1. 品种规格

本部分适用于制造汽车外板、内板和部分结构件等用厚度为 0.50～3.00mm 的钢板及钢带。

钢板及钢带的牌号由冷轧英文 "Cold Rolled" 首字母 "CR"、规定的最小屈服强度值、烘烤硬化英文 "Bake Hardening" 的首字母 "BH" 三个部分组成。如 CR180BH。

表 7-11　牌号、用途、表面质量分类

牌号	推荐用途	表面质量分类
CR140BH	深冲压用	
CR180BH	冲压用或深冲压用	较高级表面(FB)
CR220BH	一般用或冲压用	高级表面(FC)
CR260BH	结构用或一般用	超高级表面(FD)
CR300BH	结构用	

　　钢板及钢带的尺寸、外形、重量及允许偏差应符合 GB/T 708—2006 的规定。

　　钢板及钢带以退火后平整状态交货。

　　钢板及钢带通常涂油供货，所涂油膜应能用碱水溶液或通常的溶液去除，在通常的包装、运输、装卸和储存条件下，供方应保证自制造完成之日起 6 个月内，钢板及钢带表面不生锈。

2. 力学性能

　　供方应保证自制造完成之日起 6 个月内，钢板及钢带的力学性能（不包括烘烤硬化值）符合表 7-12 的规定。

表 7-12　力学性能

牌号	R_{eL}/MPa	R_m/MPa	A_{80mm}/%	γ_{90}	n_{90}	烘烤硬化值(BH_2)/MPa
			不小于			
CR140BH	140～200	270～340	36	1.8	0.20	30
CR180BH	180～230	290～360	34	1.6	0.17	30
CR220BH	220～270	320～400	32	1.5	0.16	30
CR260BH	260～320	360～440	29	—	—	30
CR300BH	300～360	390～480	26	—	—	30

　　室温储存条件下，对于表面质量要求为 FC 和 FD 的钢板及钢带，应保证自制造完成之日起 3 个月内使用时不出现拉伸应变痕。

十一、汽车用高强度冷连轧钢板及钢带　第2部分：双相钢（GB/T 20564.2—2017）

1. 品种规格

本部分适用于制造汽车结构件、加强件以及部分内外板用厚度为 0.50～3.00mm 的钢板及钢带。

钢板及钢带的牌号由冷轧的英文"Cold Rolled"首字母"CR"、规定的最小屈服强度值/规定的最小抗拉强度值、双相英文"Dual Phase"首字母"DP"三个部分组成。如 CR340/590DP。

表 7-13　牌号、用途、表面质量分类

牌号	推荐用途	表面质量分类
CR260/450DP CR300/500DP CR340/590DP	结构件、加强件	较高级表面（FB） 高级表面（FC）
CR420/780DP CR500/780DP CR550/980DP CR700/980DP CR820/1180DP	加强件、防撞件	

钢板及钢带的尺寸、外形、重量及允许偏差，应符合 GB/T 708—2006 的规定。

钢板及钢带通常以退火后平整状态交货。

钢板及钢带通常涂油供货，所涂油膜应能用碱水溶液或通常的溶液去除，在通常的包装、运输、装卸和储存条件下，供方应保证自制造完成之日起 6 个月内，钢板钢带不生锈。

2. 力学性能

表 7-14　力学性能

牌号	R_{eL}[①]/MPa	R_m/MPa	A_{80mm}[②]/%	n
		不小于		
CR260/450DP	260～340	450	27	0.16

续表

牌号	$R_{eL}^{①}$/MPa	R_m/MPa	$A_{80mm}^{②}$/%	n
		不小于		
CR290/490DP	290~390	490	24	0.15
CR340/590DP	340~440	590	21	0.14
CR420/780DP	420~550	780	15	—
CR500/780DP	500~650	780	10	—
CR550/980DP	550~760	980	10	—
CR700/980DP	700~950	980	8	—
CR820/1180DP	820~1150	1180	5	—

① 当屈服现象不明显时，可采用 $R_{P0.2}$ 代替。

② 厚度不大于 0.7mm 时，断后伸长率最小值可以降低 2%（绝对值）。

十二、汽车用高强度冷连轧钢板及钢带　第3部分：高强度无间隙原子钢（GB/T 20564.3—2017）

1. 品种规格

本部分适用于制造汽车外板、内板和部分结构件等用厚度为 0.50~3.00mm 的钢板及钢带。

钢板及钢带的牌号由冷轧英文"Cold Rolled"的首位字母"CR"、规定的最小屈服强度值和无间隙原子英文"Interstitial Free"首字母"IF"三个部分组成。如 CR180IF。

表 7-15　牌号、用途、表面质量分类

牌号	推荐用途	表面质量分类
CR180IF	冲压用或深冲压用	较高级表面（FB）
CR220IF	一般用或冲压用	高级表面（FC）
CR260IF	结构用或一般用	超高级表面（FD）

钢板及钢带的尺寸、外形、重量及允许偏差应符合 GB/T 708—2006 的规定。

钢板及钢带以退火后平整状态交货。

钢板及钢带通常涂油供货，所涂油膜应能用碱水或通常的溶液去除，在通常的包装、运输、装卸和储存条件下，供方应保证自制造完成之日起 6 个月内，钢板及钢带表面不生锈。

2. 力学性能

表 7-16　力学性能

牌号	拉伸试验				
	R_{eL}[①]/MPa	R_m/MPa	A_{80mm}[②]/%	γ_{90}[③]	n_{90}[③]
		不小于			
CR180IF	180～240	340	34	1.7	0.19
CR220IF	220～280	360	32	1.5	0.17
CR260IF	260～320	380	28	—	—

① 当屈服现象不明显时，可采用 $R_{P0.2}$ 代替 R_{eL}。

② 厚度不大于 0.7mm 时，断后伸长率最小值可以降低 2%（绝对值）。

③ 厚度不小于 1.6mm 且小于 2.0mm 时，γ_{90} 值允许降低 0.2；厚度不小于 2.0mm 时，γ_{90} 值和 n_{90} 值不做要求。

十三、汽车用高强度冷连轧钢板及钢带　第 4 部分：低合金高强度钢（GB/T 20564.4—2010）

1. 品种规格

本部分适用于厚度不大于 3.0mm，主要用于制作汽车结构件和加强件的钢板及钢带。

钢板及钢带的牌号由冷轧的英文"Cold Rolled"的首位字母"CR"、规定的最小屈服强度值、低合金的英文"Low Alloy"的前二位字母"LA"三个部分组成。如 CR260LA。

钢板及钢带以退火及平整状态交货。

钢板及钢带通常涂油供货，所涂油膜应能用碱水溶液或通常的溶剂去除，在通常的包装、运输、装卸及贮存条件下，供方保证自制造完成之日起 6 个月内，钢板及钢带表面不生锈。

表 7-17　牌号、用途、表面质量分类

牌号	用途	表面质量分类
CR260LA		
CR300LA	结构件	较高级的精整表面(FB)
CR340LA		高级的精整表面(FC)
CR380LA	结构件、加强件	超高级的精整表面(FD)
CR420LA		

2. 力学性能

表 7-18　力学性能

牌号	$R_{P0.2}$[①,②]/MPa	R_m/MPa	A_{80mm}[②,③]/%(不小于)
CR260LA	260～330	350～430	26
CR300LA	300～380	380～480	23
CR340LA	340～420	410～510	21
CR380LA	380～480	440～560	19
CR420LA	420～520	470～590	17

① 屈服明显时采用 R_{eL}。

② 试样为 GB/T 228.1—2010 中的 P6 试样，试样方向为横向。

③ 当产品公称厚度大于 0.50mm，但小于等于 0.70mm 时，断后伸长率允许下降 2%；当产品公称厚度不大于 0.50mm 时，断后伸长率允许下降 4%。

十四、汽车用高强度冷连轧钢板及钢带　第 5 部分：各向同性钢（GB/T 20564.5—2010）

1. 品种规格

本部分适用于厚度不大于 2.5mm，主要用于制作汽车外覆盖件的钢板及钢带。

钢板及钢带的牌号由冷轧的英文 "Cold Rolled" 的首位英文字母 "CR"、规定的最小屈服强度值、各向同性的英文 "Isotropic" 的前二位字母 "IS" 三个部分组成。如 CR220IS。

表7-19　牌号、用途、表面质量分类

牌号	用途	表面质量分类
CR220IS	制作汽车覆盖件、结构件	较高级表面（FB）
CR260IS		高级表面（FC）
CR300IS		超高级表面（FD）

钢板及钢带以退火＋平整状态交货。

钢板及钢带通常涂油供货，所涂油膜应能用碱水溶液或通常的溶剂去除，在通常的包装、运输、装卸及贮存条件下，供方保证自制造完成之日起6个月内，钢板及钢带表面不生锈。

2. 力学性能

供方保证自制造完成之日起6个月内，钢板及钢带的力学性能应符合表7-20规定。

表7-20　力学性能

牌号	$R_{P0.2}$/MPa	R_m/MPa	A_{80mm}/%（不小于）	γ_{90}（不大于）	n_{90}（不小于）
CR220IS	220～270	300～420	34	1.4	0.18
CR260IS	260～310	320～440	32	1.4	0.17
CR300IS	300～350	340～460	30	1.4	0.16

十五、汽车用高强度冷连轧钢板及钢带　第6部分：相变诱导塑性钢（GB/T 20564.6—2010）

1. 品种规格

本部分适用于厚度为0.50～2.5mm，主要用于制作汽车的结构件和加强件的钢板及钢带。

钢板及钢带的牌号由冷轧的英文"Cold Rolled"的首位英文字母"CR"、规定的最小屈服强度值/规定的最小抗拉强度值、相变诱导塑性的英文"Transformation Induced Plasticity"的首两位英文字母

"TR"三个部分组成。如 CR380/590TR。

表 7-21　牌号、用途、表面质量分类

牌号	用途	表面质量分类
CR380/590TR		
CR400/690TR	结构件、加强件	较高级表面(FB)
CR420/780TR		高级表面(FC)
CR450/980TR		

钢板及钢带以退火＋平整状态交货。

钢板及钢带通常涂油供货，所涂油膜应能用碱水溶液或通常的溶剂去除，在通常的包装、运输、装卸及贮存条件下，供方保证自制造完成之日起 6 个月内，钢板及钢带表面不生锈。

2. 力学性能

表 7-22　力学性能

牌号	$R_{\text{P0.2}}^{①,②}$/MPa	$R_\text{m}^{②}$/MPa (不小于)	$A_{80\text{mm}}^{②,③}$/% (不小于)	n_{90} (不小于)
CR380/590TR	380～480	590	26	0.20
CR400/690TR	400～520	690	24	0.19
CR420/780TR	420～580	780	20	0.15
CR450/980TR	450～700	980	14	0.14

① 明显屈服时采用 R_eL。

② 试样为 GB/T 228.1—2010 中的 P6 试样，试样方向为横向。

③ 当产品公称厚度大于 0.50mm，但小于等于 0.70mm 时，断后伸长率允许下降 2%；当产品公称厚度不大于 0.50mm 时，断后伸长率允许下降 4%。

十六、汽车用高强度冷连轧钢板及钢带　第 7 部分：马氏体钢（GB/T 20564.7—2010）

1. 品种规格

本部分适用于厚度为 0.50～2.1mm，主要用于制作汽车的结构件、加强件的钢板及钢带。

钢板及钢带的牌号由冷轧的英文"Cold Rolled"的首位英文字母"CR"、规定的最小屈服强度值/规定的最小抗拉强度值、马氏体钢的英文"Martensitic Steels"的首位英文字母"MS"三个部分组成。如CR1200/1500MS。

表 7-23　牌号、用途、表面质量分类

牌号	用途	表面质量分类
CR500/780MS、CR700/900MS CR700/980MS、CR860/1100MS CR950/1180MS、CR1030/1300MS CR1150/1400MS、CR1200/1500MS	结构件、加强件	较高级表面(FB) 高级表面(FC)

钢板及钢带以退火＋平整状态交货。

钢板及钢带通常涂油供货，所涂油膜应能用碱水溶液或通常的溶剂去除，在通常的包装、运输、装卸及贮存条件下，供方保证自制造完成之日起 6 个月内，钢板及钢带表面不生锈。

2. 力学性能

表 7-24　力学性能

牌号	拉伸试验[①,②]		
	$R_{P0.2}$/MPa	R_m/MPa(不小于)	A_{80mm}/%(不小于)
CR500/780MS	500～700	780	3
CR700/900MS	700～1000	900	2
CR700/980MS	700～960	980	2
CR860/1100MS	860～1100	1100	2
CR950/1180MS	950～1200	1180	2
CR1030/1300MS	1030～1300	1300	2
CR1150/1400MS	1150～1400	1400	2
CR1200/1500MS	1200～1500	1500	2

① 屈服明显时采用 R_{eL}。

② 试样为 GB/T 228.1—2010 中的 P6 试样，试样方向为横向。

十七、汽车用高强度冷连轧钢板及钢带　第 8 部分：复相钢（GB/T 20564.8—2015）

1. 品种规格

本部分规定的钢板及钢带主要用于制造汽车结构件、加强件以及部分内外板，钢板及钢带的厚度为 0.60～2.50mm。

钢板及钢带的牌号由冷轧英文"Cold Rolled"首字母"CR"、规定的最小屈服强度值/规定的最小抗拉强度值、复相英文"Complex Phase"首字母"CP"组成。如 CR500/780CP。

表 7-25　表面质量分类

级别	代号
较高级表面	FB
高级表面	FC

钢板及钢带的尺寸、外形、重量及允许偏差应符合 GB/T 708—2006 的规定。

钢板及钢带以退火后平整状态交货。

钢板及钢带通常涂油供货，所涂油膜应能用碱水溶液或通常的溶剂去除，在通常的包装、运输、装卸及贮存条件下，供方应保证自制造完成之日起 6 个月内，钢板及钢带表面不生锈。

2. 力学性能

表 7-26　力学性能

牌号	拉伸试验[1]			
	$R_{P0.2}$[2] /MPa	R_m/MPa （不小于）	A_{80mm}/% （不小于）	烘烤硬化值（BH_2）[3] /MPa（不小于）
CR350/590CP	350～500	590	16	30
CR500/780CP	500～700	780	10	30
CR700/980CP	700～900	980	7	30

① 试样为 GB/T 228.1—2010 中的 P6 试样（L_0=80mm，b_0=20mm），试样方向为横向。

② 屈服明显时采用 R_{eL}。

③ 若供方能保证，可不做检验。

十八、汽车用高强度冷连轧钢板及钢带 第 9 部分：淬火配分钢（GB/T 20564.9—2016）

1. 品种规格

本部分适用于厚度为 0.8～2.5mm，主要用于制作汽车结构件和加强件的钢板及钢带。

钢板及钢带的牌号由冷轧的英文"Cold Rolled"的首位英文字母"CR"、规定的最小屈服强度值/规定的最小抗拉强度值、淬火的英文"Quenching and Partitioning"中的首字母"QP"三个部分组成。如：CR550/980QP。

表 7-27 表面质量

级别	代号
较高级表面	FB
高级表面	FC

钢板及钢带的尺寸、外形、重量及允许偏差应符合 GB/T 708—2006 的规定。

钢板及钢带以退火后平整状态交货。

钢板及钢带通常涂油供货，所涂油膜应能用碱水溶液或通常的溶剂去除，在通常的包装、运输、装卸及贮存条件下，供方应保证自制造完成之日起 6 个月内，钢板及钢带表面不生锈。

2. 力学性能

表 7-28 力学性能

牌号	R_{eL}[1]/MPa	R_m/MPa	A_{50mm}[2],[3]/%
CR550/980QP	550～750	≥980	≥18
CR650/980QP	650～850	≥980	≥15
CR700/1180QP	700～1000	≥1180	≥13

[1] 无明显屈服时采用 $R_{p0.2}$。

[2] 试样为 GB/T 228.1—2010 中的 P7 试样，试样方向为横向。

[3] 如需方要求 A_{80mm} 数值，由供需双方协商确定。

十九、汽车用高强度冷连轧钢板及钢带　第 10 部分：孪晶诱导塑性钢（GB/T 20564.10—2017）

1. 品种规格

本部分适用于制造汽车复杂形状结构件、加强件等用厚度为 $0.50\sim3.00\text{mm}$ 的钢板及钢带。

钢板及钢带的牌号由冷轧英文"Cold Rolled"首字母"CR"、规定最小屈服强度值/规定最小抗拉强度值、孪晶诱导塑性英文"TWinning induced plasticity"特征字母"TW"三部分组成。如 CR400/950TW。

表 7-29　表面质量分类

级别	代号
较高级表面	FB
高级表面	FC

钢板及钢带以退火后平整状态交货。

钢板及钢带通常涂油供货，所涂油膜应能用碱水溶液或通常的溶液去除，在通常的包装、运输、装卸及贮存条件下，供方应保证自制造完成之日起 6 个月内，钢板及钢带表面不生锈。

2. 力学性能

表 7-30　力学性能

牌号	拉伸试验		
	R_{eL}[①]/MPa	R_m/MPa(不小于)	A_{80mm}/%(不小于)
CR400/950TW	$400\sim650$	950	45

① 当屈服现象不明显时，可采用规定塑性延伸强度 $R_{p0.2}$ 代替。

二十、汽车用高强度冷连轧钢板及钢带　第 11 部分：碳锰钢（GB/T 20564.11—2017）

1. 品种规格

本部分适用于制造汽车结构件用厚度为 $0.50\sim3.00\text{mm}$ 的钢板

及钢带。

钢板及钢带的牌号由冷轧的英文"Cold Rolled"首字母"CR"、规定的最小屈服强度值、固溶强化英文"Solid Solution Strengthening"特征字母"S"三部分组成。如 CR205S。

表 7-31　牌号、用途、表面质量分类

牌号	用途	表面质量分类
CR205S		
CR235S		较高级表面（FB）
CR265S	结构件	高级表面（FC）
CR295S		
CR325S	结构件、加强件	

钢板及钢带以退火后平整状态交货。

钢板及钢带通常涂油供货，所涂油膜应能用碱水溶液或通常的溶剂去除，在通常的包装、运输、装卸及贮存条件下，供方应保证自制造完成之日起 6 个月内，钢板及钢带表面不生锈。

2. 力学性能

表 7-32　力学性能

牌号	拉伸试验		
	R_{eH}[①]$/MPa$（不小于）	R_m/MPa	A_{80mm}[②]$/\%$（不小于）
CR205S	205	370～490	28
CR235S	235	390～510	26
CR265S	265	440～560	23
CR295S	295	490～610	20
CR325S	325	540～680	18

① 当屈服现象不明显时，可采用规定塑性延伸强度 $R_{P0.2}$ 代替。

② 厚度不大于 0.7mm 时，断后伸长率最小值可以降低 2%（绝对值）。

二十一、金属蜂窝载体用铁铬铝箔材（GB/T 31942—2015）

1. 品种规格

本标准适用于机动车尾气催化转化器金属蜂窝载体用冷轧箔材，

也适用于非道路内燃机尾气催化转化器金属蜂窝载体用冷轧箔材。化工、石油、燃气等行业的废气催化转化器金属蜂窝载体用冷轧箔材可参照使用。

表 7-33　箔材的尺寸及其允许偏差

公称厚度/mm		公称宽度/mm	
厚度范围	允许偏差	宽度范围	允许偏差
0.030～0.050	±0.004	5.0～180.0	±0.10
>0.050～0.100	±0.005		
>0.100～0.250	±0.010	>180.0	协议

箔材的牌号有：00Cr20Al6、00Cr18Al4。

箔材一般以冷轧状态交货。经供需双方协议，并在合同中注明，箔材也可以经光亮热处理后以软态交货。

2. 力学性能

表 7-34　箔材合金的力学性能

合金牌号	状态	厚度/mm	$R_{P0.2}$/MPa	R_m/MPa	A%	硬度(HV)
00Cr20Al6	冷态	0.1	≥950	<1300	<2	≥300
	软态	0.3	≥500	<750	>15	≥200
00Cr18Al4	冷态	0.1	≥800	<1100	<2	≥270
	软态	0.3	≥450	<650	>20	≥170

表 7-35　箔材合金的物理性能

合金牌号	最高使用温度/℃	熔点(近似)/℃	密度/(g/cm³)	电阻率(20℃)/μΩ·m	比热 J/(g·℃)	热导率(20℃)/[W/(m·K)]	平均线胀系数(20～1000℃)/10⁻⁶℃⁻¹
00Cr20Al6	1300	1500	7.20	1.40±0.07	0.49	12	14.0
00Cr18Al4	1200	1500	7.30	1.23±0.08	0.50	15	13.0

二十二、汽车稳定杆用无缝钢管（GB/T 33821—2017）

1. 品种规格

本标准适用于制造汽车稳定杆用冷拔或冷轧无缝钢管。

钢管的公称外径（D）和公称壁厚（S）应符合 GB/T 17395—2008 的规定。

钢管通常按定尺长度或倍尺长度交货。定尺长度在 2000～4000mm 范围内。倍尺总长度范围为：＞4000～6000mm。根据需方要求，经供需双方协商，并在合同中注明，钢管可以 3000～12000mm 的通常长度交货。

钢管应以退火状态交货。根据需方要求，经供需双方协商，也可以冷拔或冷轧状态交货，其性能要求应在合同中注明。

2. 力学性能

表 7-36　退火状态钢管的室温力学性能

牌号	R_m/MPa	R_{eL}/MPa	A/%	硬度（HBW）
	不小于			不大于
15CrMo	400	300	25	190
20CrMo	450	320	25	190
30CrMo	500	350	22	200
35CrMo	550	370	22	200
42CrMo	580	390	20	205
60Si2MnA	600	400	20	215
60CrMnA	600	400	20	215
50CrVA	580	380	20	215
20Mn2B	500	350	20	190
25Mn	500	350	20	190
25MnCrAlTiB	520	380	20	200

注：拉伸试验时，如屈服不明显，可测定 $R_{p0.2}$ 替代 R_{eL}。

二十三、碳素轴承钢（GB/T 28417—2012）

1. 品种规格

本标准适用于制造汽车轮毂轴承单元用直径为 20～150mm 热轧棒材。

钢材通常长度为 3000～9000mm。钢材应在规定长度范围内以定尺长度交货。每捆中最长与最短钢材的长度差应不大于 1000mm。

钢材以热轧状态交货。

钢材的牌号为：G55、G55Mn、G70Mn。

2. 力学性能

钢材应进行低倍组织检查。

钢材的低倍组织按 GB/T 1979—2001 附录 A 图片评级，其合格级别应符合表 7-37 的规定。

表 7-37　低倍组织合格级别

低倍组织类型	级别（不大于）
一般疏松	1.0
中心疏松	1.5
锭型偏析	1.0

根据需方要求，并在合同中注明，可按 ASTM E381—01（2006）中的图片评级，其合格级别应符合表 7-38 的规定。

表 7-38　低倍组织合格级别

低倍组织类型	级别（不大于）
S	2.0
C	2.0
R	2.0

二十四、汽车轴承用渗碳钢（GB/T 33161—2016）

1. 品种规格

本标准适用于公称直径为 4.5～120mm 的汽车轴承用渗碳钢。

钢材的通常长度为 3000 ～ 9000mm。允许交付长度不小于 2000mm 的短尺钢材，但重量不超过该批总重量的 10%。

2. 力学性能

表 7-39　交货状态及硬度

钢材种类	交货状态	代号	交货硬度（HBW,不大于）
热轧圆钢	热轧	WHR（或 AR）	—
	热轧退火	WHR＋SA	229
冷拉圆钢	冷拉	WCD	270
银亮圆钢	剥皮或磨光	SF 或 SP	270

G20CrMo 和 G20CrNiMo 应检查淬透性，其末端淬透性要求应符合表 7-40 规定。根据需方要求 G15CrMo 可提供实测数据，其热处理制度同 G20CrMo。

表 7-40　末端淬透性

牌号	试样热处理制度		硬度（HRC）		
			距末端距离/mm		
	正火	末端淬火	3.0	5.0	9.0
G20CrMo	915～935℃、60min,空	(925±5)℃，15～30min,水	39～48	—	20～30
G20CrNiMo	920～940℃、60min,空	(925±5)℃，15～30min,水	—	29～42	23～38

二十五、船舶及海洋工程用结构钢（GB 712—2011）

1. 品种规格

本标准适用于制造远洋、沿海和内河航区航行船舶、渔船及海洋工程结构用厚度不大于 150mm 的钢板、厚度不大于 25.4mm 的钢带及剪切板和厚度或直径不大于 50mm 的型钢。

钢材按强度级别分为：一般强度、高强度和超高强度船舶及海洋工程结构用钢三类。

钢材的牌号、Z向钢级别及用途应符合表7-41的规定。

表 7-41　牌号、Z 向钢级别及用途

牌号	Z向钢	用途
A、B、D、E	Z25、Z35	一般强度船舶及海洋工程用结构钢
AH32、DH32、EH32、FH32 AH36、DH36、EH36、FH36 AH40、AH40、EH40、FH40	Z25、Z35	高强度船舶及海洋工程用结构钢
AH420、DH420、EH420、FH420 AH460、DH460、EH460、FH460 AH500、DH500、EH500、FH500 AH550、DH550、EH550、FH550 AH620、DH620、EH620、FH620 AH690、DH690、EH690、FH690	Z25、Z35	超高强度船舶及海洋工程用结构钢

表 7-42　牌号、交货状态（A、B、D、E）

牌号	脱氧方法	产品形式	交货状态				
			钢材厚度/mm				
			$t \leqslant 12.5$	$12.5 < t \leqslant 25$	$25 < t \leqslant 35$	$35 < t \leqslant 50$	$50 < t \leqslant 150$
A	沸腾	型材	A(—)	—			—
	厚度不大于50mm除沸腾钢外任何方法,厚度大于50mm镇静处理	板材	A(—)				N(—)、TM(—)、CR(50)、AR*(50)
		型材	A(—)				—
B	厚度不大于50mm除沸腾钢外任何方法,厚度大于50mm镇静处理	板材	A(—)		A(50)		N(50)、CR(25)、TM(50)、AR*(50)
		型材					—

续表

牌号	脱氧方法	产品形式	交货状态 钢材厚度/mm				
			$t \leqslant 12.5$	$12.5 < t \leqslant 25$	$25 < t \leqslant 35$	$35 < t \leqslant 50$	$50 < t \leqslant 150$
D	镇静处理	板材 型材	A(50)				—
	镇静和细化晶粒处理	板材	A(50)			CR(50)、N(50)、TM(50)、AR*(25)	CR(25)、N(50)、TM(50)
		型材					—
E	镇静和细化晶粒处理	板材	N(每件)、TM(每件)				—
		型材	N(25)、TM(25)、AR*(15)、CR*(15)				—

注：1. A—任意状态；AR—热轧；CR—控轧；N—正火；TM（TMCP）—温度-形变控制轧制；AR*：经船级社特别认可后，可采用热轧状态交货；CR*：经船级社特别认可后，可采用控制轧制状态交货。

2. 括号内的数值表示冲击试样的取样批量（单位为吨），（—）表示不做冲击试验。由同一块板坯轧制的所有钢板应视为一件。

3. 所有钢级的 Z25/Z35、细化晶粒元素、厚度范围、交货状态与相应的钢级一致。

表 7-43　钢级、交货状态（A32 等）

钢材等级	细化晶粒元素	产品形式	交货状态（冲击试验取样批量）厚度 t/mm					
			$t \leqslant 12.5$	$12.5 < t \leqslant 20$	$20 < t \leqslant 25$	$25 < t \leqslant 35$	$35 < t \leqslant 50$	$50 < t \leqslant 150$
A32 A36	Nb 和 /或 V	板材	A(50)	N(50)、CR(50)、TM(50)				N(50)、CR(50)、TM(50)
		型材	A(50)	N(50)、CR(50)、TM(50)、AR*(25)				—
	Al 或 Al 和 Ti	板材	A(50)			AR*(25)		—
						N(50)、CR(50)、TM(50)		N(50)、CR(25)、TM(50)
		型材	A(50)	N(50)、CR(50)、TM(50)、AR*(25)				—

续表

钢材等级	细化晶粒元素	产品形式	交货状态（冲击试验取样批量） 厚度 t/mm					
			$t\leqslant12.5$	$12.5<t\leqslant20$	$20<t\leqslant25$	$25<t\leqslant35$	$35<t\leqslant50$	$50<t\leqslant150$
A40	任意	板材	A(50)	N(50)、CR(50)、TM(50)				N(50)、TM(50)、QT(每热处理长度)
		型材	A(50)	N(50)、CR(50)、TM(50)				—
D32 D36	Nb 和 /或 V	板材	A(50)	N(50)、CR(25)、TM(50)				N(50)、CR(25)、TM(50)
		型材	A(50)	N(50)、CR(50)、TM(50)、AR*(25)				—
	Al 或 Al 和 Ti	板材	A(50)		AR*(25)			—
					N(50)、CR(25)、TM(50)			N(50)、CR(25)、TM(50)
		型材	A(50)	N(50)、CR(50)、TM(50)、AR*(25)				—
D40	任意	板材	N(50)、CR(50)、TM(50)					N(50)、TM(50)、QT(每热处理长度)
		型材	N(50)、CR(50)、TM(50)					—
E32 E36	任意	板材	N(每件)、TM(每件)					
		型材	N(25)、TM(25)、AR*(15)、CR*(15)					—
E40	任意	板材	N(每件)、TM(每件)、QT(每热处理长度)					
		型材	N(25)、TM(25)、QT(25)					—
F32 F36	任意	板材	N(每件)、TM(每件)、QT(每热处理长度)					
		型材	N(25)、TM(25)、QT(25)、CR*(15)					—
F40	任意	板材	N(每件)、TM(每件)、QT(每热处理长度)					
		型材	N(25)、TM(25)、QT(25)					—

注：1. A—任意状态；CR—控轧；N—正火；TM（TMCP）—温度-形变控制轧制；AR*：经船级社特别认可后，可采用热轧状态交货；CR*：经船级社特别认可后，可采用控制轧制状态交货；QT：淬火加回火。

2. 括号中的数值表示冲击试样的取样数量（单位为吨），（—）表示不做冲击试验。

表 7-44　钢级、交货状态（AH420 等）

钢材等级	细化晶粒元素	产品型式	交货状态（冲击试验取样批量）	
			厚度 t/mm	供货状态
AH420、AH460、AH500、AH550、AH620、AH690	任意	板材	$t \leqslant 150$	TM(50)、QT(50)、TM+T(50)
		型材	$t \leqslant 50$	
DH420、DH460、DH500、DH550、DH620、DH690	任意	板材	$t \leqslant 150$	TM(50)、QT(50)、TM+T(50)
		型材	$t \leqslant 50$	
EH420、EH460、EH500、EH550、EH620、EH690	任意	板材	$t \leqslant 150$	TM(每件)、QT(每件)、TM+T(每件)
		型材	$t \leqslant 50$	
FH420、FH460、FH500、FH550、FH620、FH690	任意	板材	$t \leqslant 150$	TM(每件)、QT(每件)、TM+T(每件)
		型材	$t \leqslant 50$	

注：1. TM（TMCP）—温度-形变控制轧制；QT—淬火加回火；TM（TMCP）+T—温度-形变控制轧制+回火。

2. 括号中的数值表示冲击试样的取样批量（单位为吨）。

2. 力学性能

表 7-45　力学性能（1）

牌号	R_{eH}/MPa	R_m/MPa	A/%	试验温度/℃	以下厚度(mm)冲击吸收能量 A_{KV_2}/J					
					≤50		>50~70		>70~150	
					纵向	横向	纵向	横向	纵向	横向
					不小于					
A	≥235	400~520	≥22	20	—	—	34	24	41	27
B				0	27	20	34	24	41	27
D				−20						
E				−40						
AH32	≥315	450~570	≥22	0	31	22	38	26	46	31
DH32				−20						
EH32				−40						
FH32				−60						

续表

牌号	R_{eH} /MPa	R_m /MPa	A /%	试验温度 /℃	以下厚度（mm）冲击吸收能量 A_{KV_2}/J					
					≤50		>50~70		>70~150	
					纵向	横向	纵向	横向	纵向	横向
					不小于					
AH36	≥355	490~630	≥21	0	34	24	41	27	50	34
DH36				−20						
EH36				−40						
FH36				−60						
AH40	≥390	510~660	≥20	0	41	27	46	31	55	37
DH40				−20						
EH40				−40						
FH40				−60						

注：1. 拉伸试验取横向试样。经船级社同意，A 级型钢的抗拉强度可超上限。

2. 当屈服不明显时，可测量 $R_{P0.2}$ 代替上屈服强度。

3. 冲击试验取纵向试样，但供方应保证横向冲击性能。型钢不进行横向冲击试验。厚度大于 50mm 的 A 级钢，经细化晶粒处理并以正火状态交货时，可不做冲击试验。

4. 厚度不大于 25mm 的 B 级钢、以 TMCP 状态交货的 A 级钢，经船级社同意可不做冲击试验。

表 7-46　力学性能（2）

牌号	R_{eH} /MPa	R_m /MPa	A /%	试验温度 /℃	冲击吸收能量 A_{KV_2}/J	
					纵向	横向
					不小于	
AH420	≥420	530~680	≥18	0	42	28
DH420				−20		
EH420				−40		
FH420				−60		

续表

牌号	R_{eH} /MPa	R_m /MPa	A /%	试验温度 /℃	冲击吸收能量 A_{KV_2} /J	
					纵向	横向
					不小于	
AH460	≥460	570~720	≥17	0	46	31
DH460				−20		
EH460				−40		
FH460				−60		
AH500	≥500	610~770	≥16	0	50	33
DH500				−20		
EH500				−40		
FH500				−60		
AH550	≥550	670~830	≥16	0	55	37
DH550				−20		
EH550				−40		
FH550				−60		
AH620	≥620	720~890	≥15	0	62	41
DH620				−20		
EH620				−40		
FH620				−60		
AH690	≥690	770~940	≥14	0	69	46
DH690				−20		
EH690				−40		
FH690				−60		

注：1. 拉伸试验取横向试样，冲击试验取纵向试样，但供方应保证横向冲击性能。

2. 当屈服不明显时，可测量 $R_{P0.2}$ 代替上屈服强度。

二十六、海洋平台结构用钢板（YB/T 4283—2012）

1. 品种规格

本标准适用于海洋平台结构用厚度不大于 150mm 钢板。

钢的牌号由代表屈服强度的汉语拼音字母（Q）、屈服强度数值、代表"海洋"的汉语拼音首位字母（HY）、质量等级符号（D、E、F）组成。当需方要求钢板具有厚度方向性能时，则在上述规定的牌号后加上代表厚度方向（Z 向）性能级别的符号，例如：Q355HYDZ25。

钢板的尺寸、外形、重量及允许偏差应符合 GB/T 709—2006 的规定。

表 7-47　钢板的交货状态

牌号	交货状态
Q355HY	正火（N）、控轧（CR）、热机械轧制（TMCP）、正火轧制（NR）
Q420HY、Q460HY	热机械轧制（TMCP）、热机械轧制＋回火（TMCP＋T）、淬火＋回火（QT）
Q500HY、Q550HY、Q620HY、Q690HY	热机械轧制（TMCP）、热机械轧制＋回火（TMCP＋T）、淬火＋回火（QT）

2. 力学性能

表 7-48　钢板的力学性能

牌号	质量等级	R_{eL}/MPa 厚度/mm ≤100	>100	R_m/MPa	屈强比	A/%	试验温度/℃	A_{KV_2}/J
Q355HY	D	≥355	协商	470～630	≤0.87	≥22	−20	≥50
	E						−40	
	F						−60	
Q420HY	D	≥420	协商	490～650	≤0.93	≥19	−20	≥60
	E						−40	
	F						−60	

续表

牌号	质量等级	R_{eL}/MPa 厚度/mm ≤100	R_{eL}/MPa 厚度/mm >100	R_m/MPa	屈强比	A/%	试验温度/℃	A_{KV_2}/J
Q460HY	D	≥460	协商	510~680	≤0.93	≥17	−20	≥60
Q460HY	E	≥460	协商	510~680	≤0.93	≥17	−40	≥60
Q460HY	F	≥460	协商	510~680	≤0.93	≥17	−60	≥60
Q500HY	D	≥500	协商	610~770	—	≥16	−20	≥50
Q500HY	E	≥500	协商	610~770	—	≥16	−40	≥50
Q500HY	F	≥500	协商	610~770	—	≥16	−60	≥50
Q550HY	D	≥550	协商	670~830	—	≥16	−20	≥50
Q550HY	E	≥550	协商	670~830	—	≥16	−40	≥50
Q550HY	F	≥550	协商	670~830	—	≥16	−60	≥50
Q620HY	D	≥620	协商	720~890	—	≥15	−20	≥50
Q620HY	E	≥620	协商	720~890	—	≥15	−40	≥50
Q620HY	F	≥620	协商	720~890	—	≥15	−60	≥50
Q690HY	D	≥690	协商	770~940	—	≥14	−20	≥50
Q690HY	E	≥690	协商	770~940	—	≥14	−40	≥50
Q690HY	F	≥690	协商	770~940	—	≥14	−60	≥50

注：1. 如屈服现象不明显，屈服强度取 $R_{p0.2}$。

　　2. 冲击试验取横向试样。

二十七、原油船货油舱用耐腐蚀钢板（GB/T 31944—2015）

1. 品种规格

本标准适用于制造原油船货油舱上甲板和内底板区域用厚度不大于 50mm 的耐腐蚀钢板。型钢可参照本标准执行。

钢板的尺寸、外形、重量及允许偏差应符合 GB/T 709—2006（热轧钢板和钢带尺寸、外形、重量及允许偏差）的规定。

表 7-49　钢级、厚度方向（Z 向）性能级别、用途标识

牌号（由下列 3 个部分组成）		
钢级	厚度方向(Z 向)级别	用途标识
A、B、D、E	Z25、Z35	RCU(适用于货油舱上甲板区域)
AH32、DH32、EH32 AH36、DH36、EH36	Z25、Z35	RCB(适用于货油舱内底板区域) RCW(适用于货油舱上甲板和内底板区域)

表 7-50　钢板交货状态和冲击试验检验批量（1）

钢级	脱氧方法	交货状态			
		钢材厚度 t/mm			
		$t \leqslant 12.5$	$12.5 < t \leqslant 25$	$25 < t \leqslant 35$	$35 < t \leqslant 50$
A	除沸腾钢外任何方法	A(—)			
B		A(—)		A(50)	
D	镇静处理	A(50)		—	
	镇静和细化晶粒处理	A(50)			N(50)、CR(50)、TM(50)
E	镇静和细化晶粒处理	N(每件)、TM(每件)			

注：1. A—任意；CR—控轧；N—正火；TM（TMCP）—温度-形变控制轧制。

2. 括号内的数值表示冲击试样的取样数量（单位为吨），（—）表示不做冲击试验；—表示不适用。

3. 所有钢级的 Z25/Z35、细化晶粒元素、厚度范围、交货状态与相应的钢级一致。

表 7-51　钢板交货状态和冲击试验检验批量（2）

钢级	细化晶粒元素	交货状态				
		厚度 t/mm				
		$t \leqslant 12.5$	$12.5 < t \leqslant 20$	$20 < t \leqslant 25$	$25 < t \leqslant 35$	$35 < t \leqslant 50$
AH32 AH36	Nb 和/或 V	A(50)	N(50)、CR(50)、TM(50)			
	Al 或 Al 和 Ti	A(50)			AR(25)	—
					N(50)、CR(50)、TM(50)	

续表

钢级	细化晶粒元素	交货状态				
		厚度 t/mm				
		$t\leqslant12.5$	$12.5<t\leqslant20$	$20<t\leqslant25$	$25<t\leqslant35$	$35<t\leqslant50$
DH32 DH36	Nb 和/或 V	A(50)	N(50)、CR(50)、TM(50)			
	Al 或 Al 和 Ti	A(50)		AR(25)	—	
				N(50)、CR(50)、TM(50)		
EH32 EH36	任意	N(每件)、TM(每件)				

注：1. A—任意；AR—热轧（经船级社认可后，可采用的交货状态）；CR—控轧；N—正火；TM（TMCP）—温度-形变控制轧制。

2. 括号内的数值表示冲击试样的取样批量（单位为 t）；—表示不适用。

3. 所有钢级的 Z25/Z35、细化晶粒元素、厚度范围、交货状态与相应的钢级一致。

2. 力学性能

表 7-52　力学性能

钢级	R_{eH}/MPa （不小于）	R_m /MPa	A/% （不小于）	温度 /℃	冲击吸收能量 A_{KV_2}/J	
					纵向	横向
					不小于	
A	235	400～520	22	—	—	—
B				0	31	27
D				−20		
E				−40		
AH32	315	450～570		0	34	24
DH32				−20		
EH32				−40		
AH36	355	490～620	21	0	39	26
DH36				−20		
EH36				−40		

注：1. 拉伸试验取横向试样，当屈服不明显时，可测量 $R_{P0.2}$ 代替上屈服强度。

2. 冲击试验取纵向试样，但供方应保证横向冲击性能。

二十八、船舶用不锈钢无缝钢管（GB/T 31928—2015）

品种规格

本标准适用于船舶承压管系用不锈钢无缝钢管。

表 7-53　管系等级

管系	Ⅰ级		Ⅱ级		Ⅲ级	
	设计压力/MPa	设计温度/℃	设计压力/MPa	设计温度/℃	设计压力/MPa	设计温度/℃
	大于		—		不大于	
蒸汽和热油	1.6	300	0.7～1.5	170～300	0.7	170
燃油	1.6	150	0.7～1.6	60～150	0.7	60
其他介质①	4.0	300	1.6～4.0	200～300	1.6	200

① 其他介质是指空气、水和不可燃液压油等。

当管系的设计压力和设计温度其中一个参数达到表中Ⅰ级规定时，即定为Ⅰ级管系；当管系的设计压力和设计温度两个参数均满足表中Ⅱ级规定时，即定为Ⅱ级管系；两参数均不超过表中Ⅲ级规定时，即定为Ⅲ级管系。

有毒和腐蚀介质、加热温度超过其闪点的可燃介质和闪点低于60℃介质，以及液化气体等一般为Ⅰ级管系；如设有安全保护措施以防泄露和泄露后产生的后果，也可为Ⅱ级管系，但有毒介质除外。货油管系一般为Ⅲ级管系。不受压的开式管路如泄水管、溢流管、排气管和锅炉放汽管等也为Ⅲ级管系。

承压管系用钢管在钢的牌号后面分别加"Ⅰ""Ⅱ"或"Ⅲ"表示管系的分级。例如：06Cr19Ni10-Ⅰ。

除非合同中另有规定，钢管按公称外径 D 和公称壁厚 S 交货。

钢管的公称外径和壁厚应符合 GB/T 17395—2008 中表 3 的规定。

钢管应经过热处理并酸洗钝化后交货。

表 7-54　钢管的推荐热处理制度、力学性能

组织类型	序号	牌号,统一数字代号	推荐热处理制度	R_m/MPa	$R_{P0.2}$/MPa（不小于）	A/%	硬度 HRC	硬度 HBW
							不大于	不大于
奥氏体型	1	06Cr19Ni10（S30408）	1010～1150℃,急冷	520～720	205	35	—	—
	2	022Cr19Ni10（S30403）	1010～1150℃,急冷	480～680	175	35	—	—
	3	06Cr17Ni12Mo2（S31608）	1010～1150℃,急冷	520～720	205	35	—	—
	4	022Cr17Ni12Mo2（S31603）	1010～1150℃,急冷	480～680	175	35	—	—
	5	06Cr17Ni12Mo2Ti（S31668）	1000～1100℃,急冷	520～720	205	35	—	—
	6	06Cr19Ni13Mo3（S31708）	1010～1150℃,急冷	520～720	205	35	—	—
	7	022Cr19Ni13Mo3（S31703）	1010～1150℃,急冷	480～680	205	35	—	—
	8	06Cr18Ni11Ti（S32168）	920～1150℃,急冷	520～720	205	35	—	—
	9	06Cr18Ni11N6（S34778）	980～1150℃,急冷	520～720	205	35	—	—
奥氏体-铁素体型	10	022Cr22Ni5Mo3N（S22253）	1020～1100℃,急冷	≥620	450	25	30	290
	11	022Cr23Ni5Mo3N（S22053）	1020～1100℃,急冷	≥620	450	25	30	290
	12	03Cr25Ni6Mo3Cu2N（S25554）	≥1040℃,急冷	≥690	490	25	31	297
	13	022Cr25Ni7Mo4N（S25073）	1025～1125℃,急冷	≥790	550	20	32	300

二十九、船舶用不锈钢焊接钢管（GB/T 31929—2015）

1. 品种规格

本标准适用于船舶承压管系用不锈钢焊接钢管。

表 7-55　管系等级

管系	Ⅰ级		Ⅱ级		Ⅲ级	
	设计压力/MPa	设计温度/℃	设计压力/MPa	设计温度/℃	设计压力/MPa	设计温度/℃
	大于				不大于	
蒸汽和热油	1.6	300	0.7～1.6	170～300	0.7	170
燃油	1.6	150	0.7～1.6	60～150	0.7	60
其他介质	4.0	300	1.6～4.0	200～300	1.6	200

当管系的设计压力和设计温度其中一个参数达到表中Ⅰ级规定时，即定为Ⅰ级管系；当管系的设计压力和设计温度两个参数均满足表中Ⅱ级规定时，即定为Ⅱ级管系。两参数均不超过表中Ⅲ级规定时，即定义为Ⅲ级管系。

有毒和腐蚀介质、加热温度超过其闪点的可燃介质和闪点低于60℃介质，以及液化气体等一般为Ⅰ级管系；如设有安全保护措施以防泄漏和泄漏后产生的后果，也可为Ⅱ级管系，但有毒介质除外。

货油管系一般为Ⅲ级管系。不受压的开式管路如泄水管、溢流管、排气管、透气管和锅炉放气管等也为Ⅲ级管系。

承压管系用钢管在钢的牌号后面分别加"Ⅰ""Ⅱ"或"Ⅲ"表示管系的分级。例如：06Cr19Ni10-Ⅰ。

钢管的公称外径（D）和公称壁厚（S）应符合 GB/T 21835—2008 中表 3 的规定。

钢管的通常长度为 3000～12500mm。

钢管应以热处理并酸洗钝化状态交货。经保护气氛热处理的钢管，可不经酸洗。

2. 力学性能

表7-56　推荐热处理制度、钢管室温力学性能

组织类型	序号	牌号,统一数字代号	推荐热处理制度	R_m /MPa	$R_{P0.2}$ /MPa (不小于)	$A/\%$ (不小于)	硬度	
							HRC	HBW
							不大于	
奥氏体型	1	06Cr19Ni10 (S30408)	1010～1150℃, 急冷	520～720	205	35	—	—
	2	022Cr19Ni10 (S30403)	1010～1150℃, 急冷	480～680	175	35	—	—
	3	06Cr17Ni12Mo2 (S31608)	1010～1150℃, 急冷	520～720	205	35	—	—
	4	022Cr17Ni12Mo2 (S31603)	1010～1150℃, 急冷	480～680	175	35	—	—
	5	06Cr17Ni12Mo2Ti (S31668)	1000～1100℃, 急冷	520～720	205	35	—	—
	6	06Cr19Ni13Mo3 (S31708)	1010～1150℃, 急冷	520～720	205	35	—	—
	7	022Cr19Ni13Mo3 (S31703)	1010～1150℃, 急冷	480～680	205	35	—	—
	8	06Cr18Ni11Ti (S32168)	920～1150℃, 急冷	520～720	205	35	—	—
	9	06Cr18Ni11N6 (S34778)	980～1150℃, 急冷	520～720	205	35	—	—
奥氏体-铁素体型	10	022Cr22Ni5Mo3N (S22253)	1020～1100℃, 急冷	≥620	450	25	30	290
	11	022Cr23Ni5Mo3N (S22053)	1020～1100℃, 急冷	≥620	450	25	30	290
	12	03Cr25Ni6Mo3Cu2N (S25554)	≥1040℃,急冷	≥690	490	25	31	297
	13	022Cr25Ni7Mo4N (S25073)	1025～1125℃, 急冷	≥790	550	20	32	300

外径大于 219.1mm 的钢管可以用焊缝横向弯曲试验代替压扁试验。

所有焊接钢管应采用无损检测方法对所有焊缝区域进行检测。公称外径大于 168.3mm 的钢管应采用 X 射线探伤，射线探伤按 GB/T 3323—2005 执行。公称外径不大于 168.3mm 的钢管应采用涡流探伤，对比样管人工缺陷应符合 GB/T 7735—2004 中验收等级 A 级的规定。

三十、海洋工程系泊用钢丝绳（GB/T 33364—2016）

1. 品种规格

钢丝绳按结构分为多股钢丝绳、单股钢丝绳和密封钢丝绳。

表 7-57　多股钢丝绳

典型类别（不含绳芯）	钢丝绳			外层股			
	股数	外层股数	股层数	钢丝数	外层钢丝数	钢丝层数	股捻制类型
6×36	6	6	1	29～57	12～18	2～3	平行捻
6×61				61～85	18～24	3～4	
6×61N				47～61	20～24	3～4	多工序复合捻
6×91N				85～109	24～36	4～6	

表 7-58　单股钢丝绳

类别	钢丝数	外层钢丝数	钢丝层数
1×127	115～143	35～40	6～7
1×169	126～163	40～50	7～8
1×217	132～210	45～60	8～9
1×271	140～244	50～70	9～10
1×397～1×547	＞358	＞96	＞11

表 7-59　全密封钢丝绳

典型类别	Z形钢丝层数
三层全密封钢丝	3 层
四层全密封钢丝	4 层
五层全密封钢丝	5 层
多层全密封钢丝	6 层及 6 层以上

钢丝绳公称直径应由供需双方在签订合同时确定。

2. 力学性能

表 7-60　6×61N 和 6×91N 钢丝绳最小破断拉力

钢丝绳公称直径/mm	参考重量/(kg/100m)	钢丝绳级		
		1570	1770	1960
		钢丝绳最小破断拉力/kN		
80	2780	3480	3920	4340
84	3070	3830	4320	4790
88	3370	4210	4740	5250
92	3680	4600	5180	5740
96	4010	5010	5640	6250
100	4350	5430	6120	6780
104	4700	5880	6620	7330
108	5070	6340	7140	7910
112	5460	6810	7680	—
116	5850	7310	8240	—
120	6260	7820	8820	—
124	6690	8350	9420	—
128	7130	8900	10000	—

注：钢丝最小破断拉力总和＝钢丝绳最小破断拉力×1.330。

表 7-61　1×127～1×217 单股钢丝绳最小破断拉力

钢丝绳公称直径/mm	参考重量/(kg/100m)	钢丝绳级		
		1570	1770	1960
		最小破断拉力/kN		
64	2030	3780	3590	3970
68	2290	3590	4050	4490

续表

钢丝绳 公称直径 /mm	参考重量 /(kg/100m)	钢丝绳级		
		1570	1770	1960
		最小破断拉力/kN		
72	2570	4030	4540	5030
76	2860	4490	5060	5600
80	3170	4970	5610	6210
84	3500	5480	6180	6850
88	3840	6020	6780	7510
92	4200	6580	7420	8210
96	4570	7160	8070	8940
100	4960	7770	8760	—
104	5360	8410	9480	—
108	5790	9060	10200	—
112	6220	9750	11000	—

注：1. 当钢丝绳外部涂塑时，参考重量增加 9%。

2. 钢丝最小破断拉力总和＝钢丝最小破断拉力×1.163。

表 7-62　三层、四层、五层全密封钢丝的钢丝绳

钢丝绳 公称直径 /mm	参考重量 /(kg/100m)	钢丝绳级			
		1470	1570	1670	1770
		最小破断拉力/kN			
64	2540	3580	3820	4060	4310
68	2870	4040	4310	4590	4860
72	3210	4530	4830	5140	5450
76	3580	5040	5390	5730	6070
80	3970	5590	5970	6350	6730
84	4370	6160	6580	7000	7420
88	4800	6760	7220	7680	8140
92	5250	7390	7890	8400	8900
96	5710	8050	8590	9140	9690
100	6200	8730	9330	9920	10500
104	6710	9440	10100	10700	11400

注：1. 当钢丝绳涂塑时，参考重量增加 3.5%。

2. 钢丝最小破断拉力总和＝钢丝最小破断拉力×1.168。

钢丝绳选型指导：

长期系泊通常使用单股钢丝绳和全密封钢丝绳。

移动系泊通常使用六股钢丝绳。在海洋工程系泊系统中，六股钢丝绳是消耗品，每几年需更换一次。

三十一、桥梁用结构钢（GB/T 714—2015）

1. 品种规格

本标准适用于厚度不大于 150mm 的桥梁用结构钢板、厚度不大于 25.4mm 的桥梁用结构钢带及剪切钢板，以及厚度不大于 40mm 的桥梁用结构型钢。

钢的牌号由代表屈服强度的汉语拼音字母（Q）、规定最小屈服强度值、"桥"字汉语拼音首位字母（q）、质量等级符号（C、D、E、F）四部分组成。如：Q420qD。

钢材应以热轧、正火、热机械轧制及调质（含在线淬火＋高温回火）中任何一种交货状态交货，并在质量证明书中注明。

2. 力学性能

表 7-63　钢材的力学性能

牌号	质量等级	R_{eL}/MPa			R_m/MPa	A/%	温度/℃	A_{KV_2}/J
		厚度≤50mm	50mm<厚度≤100mm	100mm<厚度≤150mm				
		不小于						不小于
Q345q	C	345	335	305	490	20	0	120
	D						−20	
	E						−40	
Q370q	C	370	360	—	510	20	0	120
	D						−20	
	E						−40	
Q420q	D	420	410	—	540	19	−20	120
	E						−40	
	F						−60	47

牌号	质量等级	R_{eL}/MPa 厚度≤50mm	R_{eL}/MPa 50mm<厚度≤100mm	R_{eL}/MPa 100mm<厚度≤150mm	R_m/MPa	A/%	温度/℃	A_{KV_2}/J
		不小于						不小于
Q460q	D	460	450	—	570	18	−20	120
	E						−40	120
	F						−60	47
Q500q	D	500	480	—	630	18	−20	120
	E						−40	120
	F						−60	47
Q550q	D	550	530	—	660	16	−20	120
	E						−40	120
	F						−60	47
Q620q	D	620	580	—	720	15	−20	120
	E						−40	120
	F						−60	47
Q690q	D	690	650	—	770	14	−20	120
	E						−40	120
	F						−60	47

注：1. 当屈服不明显时，可测量 $R_{P0.2}$ 代替下屈服强度。

2. 拉伸试验取横向试样。

3. 冲击试验取纵向试样。

三十二、钢筋混凝土用钢 第 1 部分：热轧光圆钢筋（GB 1499.1—2008）

1. 品种规格

本标准适用于钢筋混凝土用热轧直条、盘卷光圆钢筋，不适用于由成品钢材再次轧制成的再生钢筋。

钢筋按屈服强度特征值分为 235、300 级。钢筋牌号的构成及其含义见表 7-64。

表 7-64　钢筋牌号构成及含义

产品名称	牌号	牌号构成	英文字母含义
热轧光圆钢筋	HPB235	由 HPB+屈服强度特征值构成	HPB——热轧光圆钢筋的英文（Hot rolled Plain Bars)缩写
	HPB300		

钢筋的公称直径范围为 6～22mm，本部分推荐的钢筋公称直径为 6mm、8mm、10mm、12mm、16mm、20mm。

钢筋可按直条或盘卷交货。直条钢筋定尺长度应在合同中注明。

2. 力学性能

表 7-65　钢筋的力学性能、工艺性能

牌号	R_{eL} /MPa	R_m /MPa	$A/\%$	$A_{gt}/\%$	冷弯试验,180° d—弯芯直径 a—钢筋公称直径
	不小于				
HPB235	235	370	25.0	10.0	$d=a$
HPB300	300	420			

根据供需双方协议，伸长率类型可从 A 或 A_{gt} 中选定。如伸长率类型未经协议确定，则伸长率采用 A，仲裁试验时采用 A_{gt}（最大力总伸长率）。

三十三、钢筋混凝土用钢　第 2 部分：热轧带肋钢筋（GB/T 1499.2—2018）

1. 品种规格

本部分适用于钢筋混凝土用普通热轧带肋钢筋和细晶粒热轧带肋钢筋，不适用于由成品钢材再次轧制成的再生钢筋及余热处理钢筋。

钢筋按屈服强度特征值分为 400、500、600 级。钢筋牌号的构成及其含义见表7-66。

表 7-66　钢筋牌号的构成及含义

产品名称	牌号	牌号构成	英文字母含义
普通 热轧钢筋	HRB400	由 HRB+屈服强度 特征值构成	HRB——热轧带肋钢筋（Hot rolled Ribbed Bars）缩写 E——"地震"的英文（Earth- quake）首位字母
普通 热轧钢筋	HRB500	由 HRB+屈服强度 特征值构成	
普通 热轧钢筋	HRB600	由 HRB+屈服强度 特征值构成	
普通 热轧钢筋	HRB400E	由 HRB+屈服强度 特征值+E 构成	
普通 热轧钢筋	HRB500E	由 HRB+屈服强度 特征值+E 构成	
细晶粒 热轧钢筋	HRBF400	由 HRBF+屈服强度	HRBF——在热轧带肋钢筋的 英文缩写后加"细"的英文（Fine） 首位字母 E——"地震"的英文（Earth- quake）首位字母
细晶粒 热轧钢筋	HRBF500	由 HRBF+屈服强度	
细晶粒 热轧钢筋	HRBF400E	由 HRBF+屈服强度 特征值+E 构成	
细晶粒 热轧钢筋	HRBF500E	由 HRBF+屈服强度 特征值+E 构成	

钢筋的公称直径范围为 6～50mm。

钢筋通常按定尺长度交货，具体交货长度应在合同中注明。钢筋可以盘卷交货，每盘应是一条钢筋，允许每批有 5% 的盘数（不足两盘时可有两盘）由两条钢筋组成。其盘重由供需双方协商确定。

2. 力学性能

表 7-67　钢筋的力学性能

牌号	下屈服强度 R_{eL}/MPa	抗拉强度 R_m/MPa	断后伸长率 A/%	最大总伸长 率 A_{gt}/%	$R_m^{\circ}/R_{eL}^{\circ}$	R_{eL}°/R_{eL}
	不小于				不大于	
HRB400 HRBF400	400	540	16	7.5	—	—
HRB400E HRBF400E	400	540	—	9.0	1.25	1.30
HRB500 HRBF500	500	630	15	7.5	—	—
HRB500E HRBF500E	500	630	—	9.0	1.25	1.30

牌号	下屈服强度 R_{eL}/MPa	抗拉强度 R_m/MPa	断后伸长率 A/%	最大总伸长率 A_{gt}/%	R_m°/R_{eL}°	R_{eL}°/R_{eL}
	不小于				不大于	
HRB600	600	730	14	7.5	—	—

注：R_m° 为钢筋实测抗拉强度；R_{eL}° 为钢筋实测下屈服强度。

伸长率类型可从 A 或 A_{gt} 中选定，但仲裁检验时应采用 A_{gt}。

三十四、钢筋混凝土用钢　第 3 部分：钢筋焊接网（GB/T 1499.3—2010）

1. 品种规格

钢筋焊接网按钢筋的牌号、直径、长度和间距分为定型钢筋焊接网和定制钢筋焊接网两种。

钢筋焊接网应采用 GB 13788—2017 规定的牌号 CRB550 冷轧带肋钢筋和符合 GB 1499.2—2018 规定的热轧带肋钢筋。采用热轧带肋钢筋时，宜采用无纵肋的热轧钢筋。

钢筋焊接网应采用公称直径 5～18mm 的钢筋。经供需双方协议，也可采用其他公称直径的钢筋。

钢筋焊接网两个方向均为单根钢筋时，较细钢筋的公称直径不小于较粗钢筋的公称直径的 0.6 倍。

当纵向钢筋采用并筋时，纵向钢筋的公称直径不小于横向钢筋公称直径的 0.7 倍，也不大于横向钢筋公称直径的 1.25 倍。

钢筋焊接网纵向钢筋间距宜为 50mm 的整倍数，横向钢筋间距宜为 25mm 的整倍数，最小间距宜采用 100mm，间距的允许偏差取 ±10mm 和规定间距的 ±5% 的较大值。

钢筋的伸出长度不宜小于 25mm。

2. 力学性能

焊接网钢筋的力学与工艺性能应分别符合相应标准中相应牌号钢筋的规定。对于公称直径不小于 6mm 的焊接网用冷轧带肋钢筋，冷轧带肋钢筋的最大力总伸长率（A_{gt}）应不小于 2.5%，钢筋的强屈比 $R_m/R_{P0.2}$ 应不小于 1.05。

钢筋焊接网焊点的抗剪力应不小于试样受拉钢筋规定屈服应力值的 0.3 倍。

三十五、冷轧带肋钢筋（GB/T 13788—2017）

1. 品种规格

钢筋分为 CRB550、CRB650、CRB800、CRB600H、CRB680H、CRB800H 六个牌号。CRB550、CRB600H 为普通钢筋混凝土用钢筋，CRB650、CRB800、CRB800H 为预应力混凝土用钢筋，CRB680H 既可作为普通钢筋混凝土用钢筋，也可作为预应力混凝土用钢筋使用。

CRB550、CRB600H、CRB680H 钢筋的公称直径范围为 4～12mm。CRB650、CRB800、CRB800H 公称直径为 4mm、5mm、6mm。

钢筋通常按盘卷交货，经供需双方协商也可按定尺长度交货。钢筋按定尺交货时，其长度及允许偏差按供需双方协商确定。

钢筋按冷加工状态交货。允许冷轧后进行低温回火处理。

2. 力学性能

表 7-68　钢筋的力学性能和工艺性能

分类	牌号	规定塑性延伸强度 $R_{P0.2}$ /MPa（不小于）	抗拉强度 R_m /MPa（不小于）	$R_m/R_{P0.2}$（不小于）	断后伸长率/%（不小于）		最大力总延伸率/%（不小于）	180°弯曲试验[①]	反复弯曲次数	应力松弛初始应力应相当于公称抗拉强度的 70%
					A	A_{100mm}	A_{gt}			%（1000h，不大于）
普通钢筋混凝土用	CRB550	500	550	1.05	11.0	—	2.5	$D=3d$	—	—
	CRB600H	540	600	1.05	14.0	—	5.0	$D=3d$	—	—
	CRB680H[②]	600	680	1.05	14.0	—	5.0	$D=3d$	4	5

续表

分类	牌号	规定塑性延伸强度 $R_{P0.2}$/MPa（不小于）	抗拉强度 R_m/MPa（不小于）	$R_m/R_{P0.2}$（不小于）	断后伸长率/%（不小于）		最大力总延伸率/%（不小于）	180°弯曲试验[1]	反复弯曲次数	应力松弛初始应力应相当于公称抗拉强度的70%
					A	A_{100mm}	A_{gt}			%（1000h，不大于）
预应力混凝土用	CRB650	585	650	1.05	—		4.0	2.5		3	8
	CRB800	720	800	1.05	—		4.0	2.5		3	8
	CRB800H	720	800	1.05	—		7.0	4.0		4	5

① D 为弯心直径，d 为钢筋公称直径。

② 当该牌号钢筋作为普通钢筋混凝土用钢筋使用时，对反复弯曲和应力松弛不做要求；当该牌号钢筋作为预应力混凝土用钢筋使用时，应进行反复弯曲试验代替180°弯曲试验，并检测松弛率。

三十六、钢筋混凝土用余热处理钢筋（GB 13014—2013）

1. 品种规格

钢筋混凝土用余热处理钢筋按屈服强度特征值分为 400 级、500 级，按用途分为可焊和非可焊。钢筋牌号的构成及其含义见表 7-69。

表 7-69　钢筋牌号的构成及含义

类别	牌号	牌号构成	英文字母含义
余热处理钢筋	RRB400 RRB500	由 RRB＋规定的屈服强度特征值构成	RRB——余热处理钢筋的英文缩写 W——焊接的英文缩写
	RRB400W	由 RRB＋规定的屈服强度特征值构成＋可焊	

钢筋的公称直径范围为 8～50mm。RRB400、RRB500 钢筋推荐的公称，直径为 8mm、10mm、12mm、16mm、20mm、25mm、32mm、40mm、50mm，RRB400W 钢筋推荐直径为 8mm、10mm、12mm、16mm、20mm、25mm、32mm、40mm。

钢筋通常按定尺长度交货，具体交货长度应在合同中注明。钢筋可以盘卷交货，每盘应是一条钢筋，允许每批有 5% 的盘数（不足两盘时可有两盘）由两条钢筋组成。其盘重及盘径由供需双方协商确定。

2. 力学性能

表 7-70　钢筋的力学性能

牌号	R_{eL}/MPa	R_m/MPa	A/%	A_{gt}/%
	不小于			
RRB400	400	540	14	5.0
RRB500	500	630	13	
RRB400W	430	570	16	7.5

注：时效后检验结果。

直径 28～40mm 各牌号钢筋的断后伸长率 A 可降低 1%。直径大于 40mm 各牌号钢筋的断后伸长率可降低 2%。

三十七、预应力混凝土用钢棒（GB/T 5223.3—2017）

1. 品种规格

本标准适用于预应力混凝土用光圆、螺旋槽、螺旋肋、带肋钢棒。

钢棒按外形分为光圆钢棒、螺旋槽钢棒、螺旋肋钢棒、带肋钢棒四种。

2. 力学性能

表 7-71　钢棒的力学性能和工艺性能

表面形状类型	公称直径/mm	R_m/MPa(不小于)	$R_{P0.2}$/MPa(不小于)	弯曲性能		应力松弛性能	
				性能要求	弯曲半径/mm	初始应力为公称抗拉强度的百分数/%	1000h 应力松弛率/%(不大于)
光圆	6	1080	930	反复弯曲不小于 4 次	15	60	1.0
	7	1230	1080		20	70	2.0
	8	1420	1280		20	80	4.5
	9	1570	1420		25		
	10				25		
	11			弯曲 160°～180° 后弯曲处无裂纹	弯曲压头直径为钢棒公称直径的 10 倍		
	12						
	13						
	14						
	15						
	16						
螺旋槽	7.1	1080	930			60	1.0
	9.0	1230	1080			70	2.0
	10.7	1420	1280			80	4.5
	12.6	1570	1420				
	14.0						

续表

表面形状类型	公称直径/mm	R_m/MPa(不小于)	$R_{P0.2}$/MPa(不小于)	弯曲性能		应力松弛性能	
				性能要求	弯曲半径/mm	初始应力为公称抗拉强度的百分数/%	1000h应力松弛率/%（不大于）
螺旋肋	6	1080	930	反复弯曲不小于4次/180°	15	60	1.0
	7	1230	1080		20	70	2.0
	8	1420	1280		20	80	4.5
	9	1570	1420		25		
	10				25		
	11			弯曲160°~180°后弯曲处无裂纹	弯曲压头直径为钢棒公称直径的10倍		
	12						
	13						
	14						
	16	1080	930				
	18	1270	1140				
	20						
	22						
带肋钢棒	6	1080	930				
	8	1230	1080				
	10	1420	1280				
	12	1570	1420				
	14						
	16						

表 7-72 伸长特性要求

韧性级别	最大力总伸长率 $A_{gt}/\%$（不小于）	断后伸长率 $(L_0=8D_0)A/\%$（不小于）
延性 35	3.5	7.0
延性 25	2.5	5.0

注：1. 日常检验可用断后伸长率代替，仲裁试验以最大力总伸长率为准。

2. 最大力总伸长率标距 $L_0=200mm$。

16～22mm 螺旋肋钢棒用于矿山支护时，除符合上述两表外，还应满足 $L_0=5D_0$ 的断后伸长率不小于 10%，最大力总伸长率不小于 3.5%，室温冲击吸收能量（A_{KV_2}）不小于 30J。

三十八、预应力混凝土用螺纹钢筋（GB/T 20065—2016）

1. 品种规格

本标准适用于采用热轧、轧后余热处理或热处理等工艺生产的预应力混凝土用螺纹钢筋。

预应力混凝土用螺纹钢筋以屈服强度划分级别，其代号为"PSB"加上规定屈服强度最小值表示。P、S、B 分别为 Prestressing、Screw、Bars 的英文首位字母。例如：PSB830 表示屈服强度最小值为 830MPa 的钢筋。

钢筋的公称直径范围为 15～75mm。本标准推荐的钢筋公称直径为 25mm、32mm。可根据用户要求提供其他规格的钢筋。

钢筋通常按定尺长度交货，具体交货长度应在合同中注明。

钢筋以热轧状态、轧后余热处理状态或热处理状态按直条交货。

2. 力学性能

表 7-73　力学性能和工艺性能

级别	屈服强度[①] R_{eL}/MPa	抗拉强度 R_m/MPa	断后伸长率 A/%	最大力下总伸长率 A_{gt}/%	应力松弛性能	
					初始应力	1000h后应力松弛率 V/%
	不小于					
PSB785	785	980	8			
PSB830	830	1030	7			
PSB930	930	1080	7	3.5	$0.7R_{eL}$	≤4.0
PSB1080	1080	1230	6			
PSB1200	1200	1330	6			

① 无明显屈服时，用规定非比例延伸强度（$R_{P0.2}$）代替。

三十九、预应力混凝土用钢丝（GB/T 5223—2014）

1. 品种规格

本标准适用于预应力混凝土用冷拉或消除应力的低松弛光圆、螺旋肋和刻痕钢丝，其中冷拉钢丝仅用于压力管道。依据设计和施工方法适宜先张法和后张法制造高效能预应力混凝土结构。

每盘钢丝由一根组成，其盘重不小于1000kg，不小于10盘时允许有10%的盘数不足1000kg，但不小于300kg。冷拉钢丝的盘内径应不小于钢丝公称直径的100倍。消除应力钢丝的公称直径 d≤5.0mm 的盘内径不小于1500mm，公称直径 d＞5.0mm 的盘内径不小于1700mm。

2. 力学性能

表 7-74 压力管道用冷拉钢丝的力学性能

公称直径 d_a /mm	公称抗拉强度 R_m /MPa	最大力的特征值 F_m /kN	最大力的最大值 $F_{m,max}$ /kN	0.2%屈服力, $F_{P0.2}$ /kN	每210mm扭矩的扭转次数 $N(\geqslant)$	Z /% $(\geqslant)$	氢脆敏感性能负载为70%最大力时,断裂时间 t/h$(\geqslant)$	应力松弛性能初始力为最大力70%时,1000h应力松弛率 r/% $(\leqslant)$
4.00		18.48	20.99	13.86	10	35		
5.00		28.86	32.79	21.65	10	35		
6.00	1470	41.56	47.21	31.17	8	30		
7.00		56.57	64.27	42.42	8	30		
8.00		73.88	83.93	55.41	7	30		
4.00		19.73	22.24	14.80	10	35		
5.00		30.82	34.75	23.11	10	35		
6.00	1570	44.38	50.03	33.29	8	30		
7.00		60.41	68.11	45.31	8	30		
8.00		78.91	88.96	59.18	7	30	75	7.5
4.00		20.99	23.50	15.74	10	35		
5.00		32.78	36.71	24.59	10	35		
6.00	1670	47.21	52.86	35.41	8	30		
7.00		64.26	71.96	48.20	8	30		
8.00		83.93	93.99	62.95	6	30		
4.00		22.25	24.76	16.69	10	35		
5.00		34.75	38.68	26.06	10	35		
6.00	1770	50.04	55.69	37.53	8	30		
7.00		68.11	75.81	51.08	6	30		

表 7-75　消除应力光圆及螺旋肋钢丝的力学性能

公称直径 d_a/mm	公称抗拉强度 R_m/MPa	最大力的特征值 F_m/kN	最大力的最大值 $F_{m,max}$/kN	0.2%屈服力, $F_{P0.2}$/kN(≥)	最大力总伸长率(L_0=200mm) A_{gt}/%(≥)	反复弯曲性能 弯曲次数(次/180°)(≥)	反复弯曲性能 弯曲半径 R/mm	应力松弛性能 初始力相当于实际最大力的百分数/%	应力松弛性能 1000h应力松弛率 r/%(≤)
4.00		18.48	20.99	16.22		3	10		
4.80		26.61	30.23	23.35		4	15		
5.00		28.86	32.78	25.32		4	15		
6.00		41.56	47.21	36.47		4	15		
6.25		45.10	51.24	39.58		4	20		
7.00		56.57	64.26	49.64		4	20		
7.50	1470	64.94	73.78	56.99		4	20		
8.00		73.88	83.93	64.84		4	20		
9.00		93.52	106.25	82.07		4	25		
9.50		104.19	118.37	91.44		4	25		
10.00		115.45	131.16	101.32		4	25	70	2.5
11.00		139.69	158.70	122.59	3.5	—	—		
12.00		166.26	188.88	145.90		—	—	80	4.5
4.00		19.73	22.24	17.37		3	10		
4.80		28.41	32.03	25.00		4	15		
5.00		30.82	34.75	27.12		4	15		
6.00		44.38	50.03	39.06		4	15		
6.25	1570	48.17	54.31	42.39		4	20		
7.00		60.41	68.11	53.16		4	20		
7.50		69.36	78.20	61.04		4	20		
8.00		78.91	88.96	69.44		4	20		
9.00		99.88	112.60	87.89		4	25		
9.50		111.28	125.46	97.93		4	25		

续表

公称直径 d_a/mm	公称抗拉强度 R_m /MPa	最大力的特征值 F_m /kN	最大力的最大值 $F_{m,max}$ /kN	0.2%屈服力 $F_{P0.2}$ /kN(≥)	最大力总伸长率 (L_0=200mm) A_{gt}/% (≥)	反复弯曲性能		应力松弛性能	
						弯曲次数(次/180°) (≥)	弯曲半径 R /mm	初始力相当于实际最大力的百分数/%	1000h应力松弛率 r /%(≤)
10.00	1570	123.31	139.02	108.51		4	25		
11.00		149.20	168.21	131.30		—	—		
12.00		177.57	200.19	156.26		—	—		
4.00	1670	20.99	23.50	18.47		3	10		
5.00		32.78	36.71	28.85		4	15		
6.00		47.21	52.86	41.54		4	15		
6.25		51.24	57.38	45.09		4	20		
7.00		64.26	71.96	56.55		4	20		
7.50		73.78	82.62	64.93		4	20		
8.00		83.93	93.98	73.86	3.5	4	20	70	2.5
9.00		106.25	118.97	93.50		4	25	80	4.5
4.00	1770	22.25	24.76	19.58		3	10		
5.00		34.75	38.68	30.58		4	15		
6.00		50.04	55.69	44.03		4	15		
7.00		68.11	75.81	59.94		4	20		
7.50		78.20	87.04	68.81		4	20		
4.00	1860	23.38	25.89	20.57		3	10		
5.00		36.51	40.44	32.13		4	15		
6.00		52.58	58.23	46.27		4	15		
7.00		71.57	79.27	62.98		4	20		

四十、轨道板用钢筋（GB/T 33279—2017）

1. 品种规格

本标准适用于轨道板用精轧螺纹钢筋和螺旋肋预应力钢筋。

表 7-76　精轧螺纹钢筋的牌号构成及含义

类别	牌号	牌号构成	英文字母含义
精轧螺纹钢筋	TPBH500	由 TPBH+屈服强度特征值构成	TPB—轨道板用钢筋的英文缩写 H—热轧状态的英文缩写

表 7-77　螺旋肋钢筋的牌号构成及含义

类别	牌号	牌号构成	英文字母含义
螺旋肋钢筋	TPBP1570	由 TPBP+抗拉强度特征值构成	TPB—轨道板用钢筋的英文缩写 P—预应力状态的英文缩写

　　精轧螺纹钢筋的公称直径范围为 $18\sim32mm$。可根据用户要求提供其他规格。精轧螺纹钢筋通常按定尺长度交货，具体交货长度应在合同中注明。

　　螺旋肋钢筋的公称直径为 $10mm$。可根据用户要求提供其他规格。螺旋肋钢筋应由一根组成，其盘重不小于 $1000kg$，不小于 10 盘时允许有 10% 的盘数不足 $1000kg$，但不小于 $300kg$，螺旋肋钢筋机械切断长度应满足设计要求，偏差不应大于 $\pm2mm$。

　　精轧螺纹钢筋以热轧状态按直条交货。螺旋肋钢筋可按盘卷或直条交货。

2. 力学性能

表 7-78　精轧螺纹钢筋的力学性能

牌号	R_{eL}/MPa	R_m/MPa	$A/\%$	最大力总延伸率 $A_{gt}/\%$
	不小于			
TPBH500	500	550	15.0	8.0

注：对于没有明显屈服的精轧螺纹钢筋，屈服强度特征值 R_{eL} 应采用 $R_{p0.2}$。

表 7-79 螺旋肋钢筋的力学性能

序号	项目	单位	技术指标	
1	抗拉强度(R_m)	MPa	≥1570	
2	规定塑性延伸强度($R_{P0.2}$)	MPa	≥1420	
3	断后伸长率(A_{100mm})	%	≥6.0	
4	最大力总延伸率(A_{gt}/%)(L_0=200mm)	%	≥3.5	
5	反复弯曲次数(弯曲半径,R=25mm)	次	≥4	
6	松弛性能试验,初始力相当于70%F_m	—	1000h 后应力松弛不大于 2.5%	
7	疲劳性能	—	$2×10^4$ 次脉动负荷后不断裂	
8	应力腐蚀性能(断裂时间,试验力为70%F_m)	h	最小	中值平均
			≥2.0	≥5.0
9	弹性模量	GPa	205±10	

四十一、高延性冷轧带肋钢筋（YB/T 4260—2011）

1. 品种规格

钢筋的公称直径范围为5～12mm。

钢筋通常按盘卷交货。经供需双方协商也可以定尺长度交货，其长度及允许偏差由供需双方协商确定。

2. 力学性能

表 7-80 钢筋的力学性能

牌号	公称直径/mm	$R_{P0.2}$/MPa	R_m/MPa	A/%	A_{100}/%	A_{gt}/%	弯曲试验180°	反复弯曲次数	应力松弛,初始应力相当于公称抗拉强度的70%。1000h松弛率/%(不大于)
		不小于							
CRB600H	5～12	520	600	14	—	5.0	$D=3d$	—	—

续表

牌号	公称直径/mm	$R_{P0.2}$/MPa	R_m/MPa	A/%	A_{100}/%	A_{gt}/%	弯曲试验180°	反复弯曲次数	应力松弛,初始应力相当于公称抗拉强度的70%,1000h松弛率/%(不大于)
		不小于							
CRB650H	5,6	585	650	—	7	4.0		4	5
CRB800H	5	720	800	—	7	4.0		4	5

注:根据供需双方协议,伸长率类型可从 $A_{5.65}$(或 $A_{11.3}$、A_{100})或 A_{gt} 中选定。如伸长率类型未经协议确定,则伸长率采用 $A_{5.65}$(或 $A_{11.3}$、A_{100}),仲裁检验时采用 A_{gt}(最大力下总伸长率)。

四十二、钢筋混凝土用不锈钢钢筋(YB/T 4362—2014)

1. 品种规格

热轧光圆钢筋的公称直径范围为 6～22mm,热轧带肋钢筋的公称直径范围为 6～50mm。

光圆钢筋的长度应按 GB 1499.1—2017 的规定,带肋钢筋的长度应按 GB 1499.2—2018 的规定。

2. 力学性能

表 7-81　不锈钢钢筋的力学性能

牌号	$R_{P0.2}$/MPa	R_m/MPa	A/%	A_{gt}/%
	不小于			
HPB300S	300	330	25	10
HRB400S	400	440	16	7.5
HRB500S	500	550	15	7.5

注:伸长率类型可从 A 或 A_{gt} 中选定,但仲裁检验时采用 A_{gt}(最大力下总伸长率)。

四十三、耐火结构用钢板及钢带（GB/T 28415—2012）

1. 品种规格

本标准适用于建筑结构用具有耐火性能的厚度不大于 100mm 的钢板及钢带。

钢的牌号由代表"屈"字汉语拼音的字头（Q）、屈服强度数值、"耐火"英文字头（FR）、质量等级符号四个部分组成。当要求钢板具有厚度方向性能时，则在上述规定的牌号后加上代表厚度方向性能的符号（Z）。如：Q420FRDZ25。

表 7-82 牌号及交货状态

牌号	交货状态
Q235FR	AR（热轧）、CR（控轧）、N（正火）、NR（正火轧制）、TMCP（热机械轧制）
Q345FR、Q390FR、Q420FR	AR、CR、N、NR、TMCP、TMCP＋T（热机械轧制＋回火）
Q460FR	N、Q＋T（淬火＋回火调质）、TMCP、TMCP＋T

2. 力学性能

表 7-83 力学性能

牌号	质量等级	R_{eH}/MPa 厚度/mm			R_m/MPa	A/%	屈强比 R_{eH}/R_m	试验温度/℃	吸收能量 A_{KV_2}/J
		≤16	>16～63	>63～100					
Q235FR	B	≥235	235～355	225～345	≥400	≥23	≤0.80	20	≥34
	C							0	
	D							－20	
	E							－40	

续表

| 牌号 | 质量等级 | R_{eH}/MPa 厚度/mm | | | R_m /MPa | A /% | 屈强比 R_{eH}/R_m | 试验温度 /℃ | 吸收能量 A_{KV_2}/J |
		≤16	>16~63	>63~100					
Q345FR	B	≥345	345~465	335~455	≥499	≥22	≤0.83	20	≥34
	C							0	
	D							−20	
	E							−40	
Q390FR	C	≥390	390~510	380~500	≥490	≥20	≤0.85	0	≥34
	D							−20	
	E							−40	
Q420FR	C	≥420	420~550	410~540	≥520	≥19	≤0.85	0	≥34
	D							−20	
	E							−40	
Q460FR	C	≥460	460~600	450~590	≥550	≥17	≤0.85	0	≥34
	D							−20	
	E							−40	

注：1. 当屈服不明显时，可测量 $R_{P0.2}$ 代替上屈服强度。

2. 拉伸取横向试样、冲击试验取纵向试样。

3. 厚度不大于 12mm 钢材，可不作屈强比。

表 7-84　高温力学性能

| 牌号 | $R_{P0.2}$/MPa(600℃) | |
	厚度≤63mm	厚度>63~100mm
Q235FR	≥157	≥150
Q345FR	≥230	≥223
Q390FR	≥260	≥253
Q420FR	≥280	≥273
Q460FR	≥307	≥300

四十四、建筑屋面和幕墙用冷轧不锈钢钢板和钢带（GB/T 34200—2017）

1. 规格

钢板和钢带的公称尺寸范围见表 7-85，推荐的公称尺寸应符合 GB/T 708—2006 中 5.2 的规定。根据需方要求，经供需双方协商，可供应其他尺寸的产品。

表 7-85 公称尺寸范围

形态	公称厚度/mm	公称宽度/mm
宽钢带、卷切钢板	0.30～4.00	600～2100
纵剪宽钢带	0.30～4.00	＜600

2. 力学性能

表 7-86 经固溶处理的奥氏体不锈钢的力学性能

牌号	拉伸试验			硬度试验		
	规定塑性延伸强度 $R_{P0.2}$/MPa	抗拉强度 R_m/MPa	断后伸长率 A_{50mm}/%	HBW	HRB	HV
	不小于			不大于		
06Cr19Ni10	205	515	40	201	92	210
022Cr19Ni10	180	485	40	201	92	210
022Cr17Ni12Mo2	180	485	40	217	95	220

表 7-87 经固溶处理的奥氏体-铁素体不锈钢的力学性能

牌号	拉伸试验			硬度试验		
	规定塑性延伸强度 $R_{P0.2}$/MPa	抗拉强度 R_m/MPa	断后伸长率 A_{50mm}/%	HBW	HRC	HV
	不小于			不大于		
022Cr23Ni5Mo3N	450	655	25	293	31	—

表 7-88　经退火处理的铁素体不锈钢的力学性能和工艺性能

牌号	拉伸试验			硬度试验			180°弯曲试验
	规定塑性延伸强度 $R_{\text{P0.2}}$/MPa	抗拉强度 R_{m}/MPa	断后伸长率 A_{50mm}/%	HBW	HRB	HV	
	不小于			不大于			
019Cr21CuTi	205	390	22	192	90	200	$D=1a$
019Cr23MoTi	245	410	20	217	96	230	$D=1a$
019Cr23Mo2Ti	245	410	20	217	96	230	$D=1a$

注：D——弯曲压头直径；a——试样厚度。

四十五、建筑结构用钢板（GB/T 19879—2015）

1. 品种规格

本标准适用于制造高层建筑结构、大跨度结构及其他重要建筑结构用厚度 6～200mm 的 Q345GJ、厚度 6～150mm 的 Q235GJ、Q390GJ、Q420GJ、Q460GJ 及厚度 12～40mm 的 Q500GJ、Q550GJ、Q620GJ、Q690GJ 热轧钢板。

钢的牌号由代表屈服强度的汉语拼音字母（Q）、规定的最小屈服强度数值、代表高性能建筑结构用钢的汉语拼音字母（GJ）、质量等级符号（B、C、D、E）组成，如 Q345GJC。对于厚度方向性能钢板，在质量等级后加上厚度方向性能级别（Z15、Z25 或 Z35），如 Q345GJCZ25。

钢板的尺寸、外形及允许偏差应符合 GB/T 709—2006 的规定。

2. 力学性能

表 7-89　力学性能（Q235GJ 等）

牌号	质量等级	钢板厚度/mm										A/% (≥)	温度/℃	A_{KV_2}/J(≥)
		R_{eL}/MPa					R_m/MPa			R_{eL}/R_m				
		6~16	>16~50	>50~100	>100~150	>150~200	≤100	>100~150	>150~200	6~150	>150~200			
Q235GJ	B	≥235	235~345	225~335	215~325	—	400~510	380~510	—	≤0.80	—	23	20	47
	C												0	
	D												−20	
	E												−40	
Q345GJ	B	≥345	345~455	335~445	325~435	305~415	490~610	470~610	470~610	≤0.80	≤0.80	22	20	47
	C												0	
	D												−20	
	E												−40	
Q390GJ	B	≥390	390~510	380~500	370~490	—	510~660	490~640	—	≤0.83	—	20	20	47
	C												0	
	D												−20	
	E												−40	
Q420GJ	B	≥420	420~550	410~540	400~530	—	530~680	510~660	—	≤0.83	—	18	20	47
	C												0	
	D												−20	
	E												−40	
Q460GJ	B	≥460	460~600	450~590	440~580	—	570~720	550~720	—	≤0.83	—	18	20	47
	C												0	
	D												−20	
	E												−40	

表 7-90 力学性能（Q500GJ 等）

牌号	质量等级	R_{eL}/MPa 厚度/mm		R_m /MPa	A/% ($\geqslant$)	屈强比 R_{eL}/R_m ($\leqslant$)	纵向冲击试验	
		12～20	>20～40				温度 /℃	A_{KV_2} /J($\geqslant$)
Q500GJ	C	$\geqslant$500	500～640	610～770	17	0.85	0	55
	D						−20	47
	E						−40	31
Q550GJ	C	$\geqslant$550	550～690	670～830	17	0.85	0	55
	D						−20	47
	E						−40	31
Q620GJ	C	$\geqslant$620	620～770	730～900	17	0.85	0	55
	D						−20	47
	E						−40	31
Q690GJ	C	$\geqslant$690	690～860	770～940	14	0.85	0	55
	D						−20	47
	E						−40	31

表 7-91 厚度方向性能

厚度方向性能级别	断面收缩率 Z/%	
	三个试样平均值	单个试样值
Z15	$\geqslant$15	$\geqslant$10
Z25	$\geqslant$25	$\geqslant$15
Z35	$\geqslant$35	$\geqslant$25

第八章　高温合金、耐蚀合金

一、高温合金热轧板（GB/T 14995—2010）

1. 品种规格

板材按轧制精度分为：a) 较高精度；b) 普通精度。

板材的厚度为 4.00～14.00mm，宽度为 600～1000mm，长度为 1000～2000mm。超出上述规定范围的尺寸由供需双方协商。

板材应以固溶处理、酸洗、平整、切边后交货。

2. 力学性能

表 8-1　力学性能

牌号	检验试样状态	试验温度/℃	R_m /MPa	A_5 /%	Z /%
GH1035	交货状态	室温	≥590	≥35.0	实测
		700	≥345	≥35.0	实测
GH1131	交货状态	室温	≥735	≥34.0	实测
		900	≥180	≥40.0	实测
		1000	≥110	≥43.0	实测
GH1140	交货状态	室温	≥635	≥40.0	≥45.0
		800	≥245	≥40.0	≥50.0
GH2018	交货状态＋时效 (800℃±10℃,保温 16h,空冷)	室温	≥930	≥15.0	实测
		800	≥430	≥15.0	实测
GH2132	交货状态＋时效 (700～720℃,保温 12～16h,空冷)	室温	≥880	≥20.0	实测
		650	≥735	≥15.0	实测
		550	≥785	≥16.0	实测

续表

牌号	检验试样状态	试验温度/℃	R_m/MPa	A_5/%	Z/%
GH2302	交货状态	室温	≥685	≥30.0	实测
	交货状态＋时效(800℃±10℃,保温 16h,空冷)	800	≥540	≥6.0	实测
GH3030	交货状态	室温	≥685	≥30.0	实测
		700	≥295	≥30.0	实测
GH3039	交货状态	室温	≥735	≥40.0	≥45.0
		800	≥245	≥40.0	≥50.0
GH3044	交货状态	室温	≥735	≥40.0	实测
		900	≥185	≥30.0	实测
GH3128	交货状态	室温	≥735	≥40.0	实测
	交货状态＋固溶(1200℃±10℃,空冷)	950	≥175	≥40.0	实测
GH4099	交货状态＋时效(900℃±10℃,保温 5h,空冷)	900	≥295	≥23.0	—

二、高温合金冷轧板（GB/T 14996—2010）

1. 品种规格

表 8-2　板材厚度、长度和宽度

厚度/mm	宽度/mm	长度/mm
0.5～<0.8	600～1000	1200～2100
0.8～<1.8	600～1050	1200～2100
1.8～<3.0	600～1000	1200～2100
3.0～4.0	600～1000	900～1600

板材应经固溶处理、碱酸洗、平整、矫直和切边后交货。

2. 力学性能

表 8-3　冷轧板材的力学性能

牌号	检验试样状态	试验温度/℃	R_m /MPa	$R_{P0.2}$ /MPa	A_5 /%
GH1035	交货状态	室温	≥590	—	≥35.0
		700	≥345	—	≥35.0
GH1131	交货状态	室温	≥735	—	≥34.0
		900	≥180	—	≥40.0
		1000	≥110	—	≥43.0
GH1140	交货状态	室温	≥635	—	≥40.0
		800	≥225	—	≥40.0
GH2018	交货状态＋时效 （800℃±10℃,保温 16h,空冷）	室温	≥930	—	≥15.0
		800	≥430	—	≥15.0
GH2132	交货状态＋时效 （700～720℃,保温 12～16h,空冷）	室温	≥880	—	≥20.0
		650	≥735	—	≥15.0
		550	≥785	—	≥16.0
GH2302	交货状态	室温	≥685	—	≥30.0
	交货状态＋时效 （800℃±10℃,保温 16h,空冷）	800	≥540	—	≥6.0
GH3030	交货状态	室温	≥685	—	≥30.0
		700	≥295	—	≥30.0
GH3039	交货状态	室温	≥735	—	≥40.0
		800	≥245	—	≥40.0
GH3044	交货状态	室温	≥735	—	≥40.0
		900	≥196	—	≥30.0
GH3128	交货状态	室温	≥735	—	≥40.0
	交货状态＋固溶 （1200℃±10℃,空冷）	950	≥175	—	≥40.0

续表

牌号	检验试样状态	试验温度/℃	R_m/MPa	$R_{P0.2}$/MPa	A_5/%
GH4033	交货状态＋时效 (750℃±10℃,保温 4h,空冷)	室温	≥885	—	≥13.0
		700	≥685	—	≥13.0
GH4099	交货状态	室温	≤1130		≥35.0
	交货状态＋时效 (900℃±10℃,保温 5h,空冷)	900	≥295	—	≥23.0
GH4145	厚度≤0.60mm,交货状态	室温	≤930	≤515	≥30.0
	厚度＞0.60mm,交货状态		≤930	≤515	≥35.0
	厚度 0.50～4.0mm,交货状态＋时效(730℃±10℃,保温 8h,炉冷到 620℃±10℃,保温＞10h,空冷)		≥1170	≥795	≥18.0

表 8-4　板材高温持久性能

牌号	试样状态及热处理制度	组别	板材厚度/mm	试验温度/℃	试验应力/MPa	试验时间/h	A_5/%
GH2132	交货状态＋时效(710℃±10℃,保温 12～16h,空冷)	—	所有	550	588	≥100	实测
				650	392	≥100	实测
GH2302	交货状态＋时效(800℃±10℃,保温 16h,空冷)	—	所有	800	215	≥100	实测
GH3128	交货状态＋固溶(1200℃±10℃,空冷)	Ⅰ	＞1.2	950	54	≥23	实测
			≤1.2			≥20	
		Ⅱ	≤1.0	950	39	≥100	实测
			1.0～＜1.5			≥80	
			≥1.5			≥70	

续表

牌号	试样状态及热处理制度	组别	板材厚度/mm	试验温度/℃	试验应力/MPa	试验时间/h	A_5/%
GH4099	交货状态		0.8~4.0	900	98	≥30	≥10

注：1. GH2132 高温持久性能只做一个温度，如合同中不注明时，供方按 650℃ 进行。

2. GH3128 初次检验按 I 组进行，I 组检验不合格时可按 II 组重新检验（试样不加倍）。

3. GH3128 每 10 炉提供一炉断后伸长率的实测数据，GH2132、GH2302 每 5 炉提供一炉断后伸长率的实测数据。

三、一般用途高温合金管（GB/T 15062—2008）

1. 品种规格

本标准适用于在高温下承力不大的冷拔（轧）高温合金管材。

表 8-5 管材可供的规格

公称外径/mm	公称壁厚/mm											
	0.5	0.75	1.0	1.5	2.0	2.5	3.0	3.5	4.0	4.5	5.0	5.5
4	●	●										
5~7	●	●	●	●								
8		●	●	●	●							
9			●	●	●							
10~15			●	●	●	●						
16~20				●	●	●	●					
21~30				●	●	●	●	●				
31~40					●	●	●	●	●			
41~57					●	●	●	●	●	●	●	●

管材通常长度：壁厚 0.5~1.0mm 者，长为 500~6000mm。壁

厚大于 1.0mm 者，长为 500～5000mm。定尺和倍尺长度应在通常长度范围内。定尺长度允许偏差为＋15mm，每一个倍尺应增加 5～10mm 的切口余量。定尺和倍尺长度应在合同中注明。

管材经固溶处理加酸洗交货或冷拔、冷轧状态交货。

2. 力学性能

表 8-6 室温力学性能

牌号	交货状态推荐热处理制度	R_m/MPa	$R_{P0.2}$/MPa	A/%
GH1140	1050～1080℃,水冷	≥590	—	≥35
GH3030	980～1020℃,水冷	≥590	—	≥35
GH3039	1050～1080℃,水冷	≥635	—	≥35
GH3044	1120～1210℃,水冷	≥685	—	≥30
GH3536	1130～1170℃,≤30min 保温,快冷	≥690	≥310	≥25

表 8-7 高温力学性能

牌号	交货状态＋时效热处理	管材壁厚/mm	温度/℃	R_m/MPa	$R_{P0.2}$/MPa	A/%
GH4163	交货状态＋时效：800℃±10℃,×8h,空冷	＜0.5	780	≥540	—	—
		≥0.5		≥540	≥400	≥9

表 8-8 GH4163 管坯试样热处理后的蠕变性能

热处理制度	试验温度/℃	蠕变性能	
		σ/MPa	50h 内总塑性变形量/%
固溶：1150℃±10℃,保温 1.5～2.5h,空冷＋时效：800℃±10℃,×8h,空冷	780	120	≤0.10

GH4163 合金管材交货状态，硬度应不大于 230（HV）。

四、GH4169 合金棒材、锻件和环形件（GB/T 30566—2014）

1. 品种规格

本标准适用于 GH4169 合金棒材、锻件和闪光焊环形件。

热加工圆棒经磨光或车光供应；其他形状不经加上供应，应进行固溶热处理。

冷加工圆棒经磨光或冷加工供应；其他形状不经加工供应，应进行固溶热处理。

锻件和内光焊接环：固溶处理，并经粗加工供应。当需方允许或零件图上有规定时，可供应闪光焊接环，闪光焊接环制造应符合AMS7490的要求。

2. 力学性能

表 8-9　室温拉伸性能

试样方向	R_m/MPa	$R_{P0.2}$/MPa	A/%	Z/%
纵向	≥1276	≥1034	≥12	≥15
长横向(锻件)	≥1241	≥1034	≥10	≥12
横向(棒材)	≥1241	≥1034	≥6	≥8

表 8-10　650℃拉伸性能

试样方向	R_m/MPa	$R_{P0.2}$/MPa	A/%	Z/%
纵向	≥1000	≥862	≥12	≥15
长横向(锻件)	≥965	≥862	≥10	≥12
横向(棒材)	≥965	≥862	≥6	≥8

产品硬度(HBS)≤277（固溶热处理）；≥331（HB，时效处理）。

五、焊接用高温合金冷拉丝（YB/T 5247—2012）

1. 品种规格

本标准适用于供电弧焊和气体保护焊等熔化焊用高温合金冷拉丝。

焊丝采用下列任意一种状态成盘状交货：a）硬态（冷拉状态）；b）半硬态（减面率不大于20%）；c）固溶处理＋酸洗；d）光亮固溶处理。

表 8-11　冷拉丝的公称直径、盘重

公称直径/mm	每盘重量/kg(不小于)	冷拉丝盘内圈尺寸/mm
≥0.20～0.80	0.3	公称直径≤1.00,内圈≥250 公称直径>1.00,内圈≥300
≥0.80～2.00	1.0	
≥2.00～3.50	2.0	
≥3.50～6.00	3.0	
≥6.00～10.00	4.0	

合金的牌号及化学成分（熔炼分析）应符合 GB/T 14992—2005 的规定。

2. 力学性能

根据需方要求，可提供焊丝力学性能和焊接性能试验数据。

六、冷镦用高温合金冷拉丝（YB/T 5249—2012）

1. 品种规格

本标准适用于制作铆钉、紧固件或其他零件使用的冷镦用高温合金冷拉丝。

表 8-12　合金丝盘重

公称直径/mm	每盘重量(不小于)/kg
≥2.00～<4.00	2.0
≥4.00～<6.50	3.0
≥6.50～8.00	4.0

直条合金丝长度不小于 2000mm，允许有小于 2000mm 但大于 1000mm 的短尺交货，但每批短尺支数不得超过该批总支数的 20%。

合金丝可采用下列任一种状态交货，具体要求应在合同中注明：a) 固溶酸洗盘卷；b) 固溶酸洗直条；c) 固溶磨光直条；d) 冷拉；e) 光亮固溶盘卷；f) 光亮固溶直条。

2. 力学性能

表 8-13　固溶交货合金丝的热处理制度和室温力学性能

合金牌号	热处理制度/℃	室温维氏硬度（HV）	室温力学性能	
			R_m/MPa	A/%
GH3030	980～1020,水(空)冷	—	≤785	≥30
GH2036	1130～1150,水冷	≤273	—	—
GH2132	980～1000,水(油)冷	≤194	—	—
GH1140	1050～1080,空冷	—	≤735	≥40

表 8-14　合金丝试样时效热处理制度和力学性能

合金牌号	热处理制度/℃	瞬时拉伸性能,室温				室温硬度（HV）	持久性能,650℃		
			R_m/MPa	$R_{P0.2}$/MPa	A/%	Z/%		应力/MPa	断裂时间/h	A/%
GH2036	交货状态＋650～670,14～16h;再升温至770～800,保温10～12h,空冷		≥835	实测	≥15	≥20	217～281	343	≥100	—
GH2132	交货状态＋700～720,16h,空冷	Ⅰ	≥900	实测	≥15	≥20	260～360	450	≥23	≥5
		Ⅱ	≥930	—	≥18	≥40	260～360	392	100	—

注：1. 冷拉状态交货的合金丝先按表 8-13 进行固溶处理，然后按本表规定处理，并测定力学性能。

2. GH2132 合金丝，如果需方要求Ⅱ组性能，应在合同中注明，未注明时按Ⅰ组要求。

七、耐蚀合金热轧板（YB/T 5353—2012）

1. 品种规格

本标准适用于厚度大于 4mm 的镍基、铁镍基耐蚀合金热轧板。

热轧板的尺寸、外形及允许偏差应符合 GB/T 709—2006 的规定。

热轧板热轧后，应经固溶酸洗交货。

2. 力学性能

表 8-15 推荐的热处理温度及热轧板室温力学性能

统一数字代号	牌号	推荐的热处理温度/℃	R_m/MPa	$R_{P0.2}$/MPa	A/%
			不小于		
H08800	NS1101	1000~1060	520	205	30
H08810	NS1102	1100~1170	450	170	30
H08811	NS1104	1120~1170	450	170	30
H01301	NS1301	1160~1210	590	240	30
H01401	NS1401	1000~1050	540	215	35
H08825	NS1402	940~1050	586	241	30
H08020	NS1403	980~1010	551	241	30
H03101	NS3101	1050~1100	570	245	40
H06600	NS3102	1000~1050	550	240	30
H03103	NS3103	1100~1160	550	195	30
H03104	NS3104	1080~1130	520	195	35
H08800	NS3201	1140~1190	690	310	40
H10665	NS3202	1040~1090	760	350	40
H03301	NS3301	1050~1100	540	195	35
H03303	NS3303	1160~1210	690	315	30
H10276	NS3304	1150~1200	690	283	40
H06455	NS3305	1050~1100	690	276	40
H06625	NS3306	1100~1150	690	276	30

八、耐蚀合金冷轧板（YB/T 5354—2012）

1. 品种规格

本标准适用于厚度 0.8～4mm 的镍基、铁镍基耐蚀合金冷轧板。

冷轧板的尺寸及允许偏差应符合 GB/T 708—2006 的规定。

冷轧板应经固溶酸洗交货。

2. 力学性能

表 8-16 推荐的热处理温度及冷轧板室温力学性能

统一数字代号	牌号	推荐的热处理温度/℃	R_m/MPa	$R_{P0.2}$/MPa	A/%
			不小于		
H08800	NS1101	1000～1060	520	205	30
H08810	NS1102	1100～1170	450	170	30
H08811	NS1104	1120～1170	450	170	30
H01301	NS1301	1160～1210	590	240	30
H01401	NS1401	1000～1050	540	215	35
H08825	NS1402	940～1050	586	241	30
H08020	NS1403	980～1010	551	241	30
H03101	NS3101	1050～1100	570	245	40
H06600	NS3102	1000～1050	550	240	30
H03103	NS3103	1100～1160	550	195	30
H03104	NS3104	1080～1130	520	195	35
H08800	NS3201	1140～1190	690	310	40
H10665	NS3202	1040～1090	760	350	40
H03301	NS3301	1050～1100	540	195	35
H03303	NS3303	1160～1210	690	315	30
H10276	NS3304	1150～1200	690	283	40
H06455	NS3305	1050～1100	690	276	40
H06625	NS3306	1100～1150	690	276	30

九、热交换器用耐蚀合金无缝管（GB/T 30059—2013）

1. 品种规格

本标准适用于在腐蚀性介质中使用的镍基、铁镍基热交换器用耐蚀合金冷轧（拔）无缝管。其他用途的合金管可参照使用。

合金管的通常尺寸：外径为 6～219mm，壁厚为 0.5～10mm，其尺寸规格应符合 GB/T 17395—2008（无缝钢管尺寸、外形、重量及允许偏差）中表3的规定。

合金管一般以通常长度交货，通常长度为 2000～12000mm。

合金管应经固溶处理并酸洗交货。凡经整体磨、镗的或经保护气氛热处理的合金管，可不经酸洗交货。

2. 力学性能

表 8-17   合金管的推荐固溶热处理制度及力学性能

序号	牌号	推荐固溶热处理制度 /℃	R_m/MPa	$R_{P0.2}$/MPa	A/%
			不小于		
1	NS1101	1000～1060,急冷	517	207	30
2	NS1102	1100～1170,急冷	448	172	30
3	NS1103	980～1050,急冷	515	205	30
4	NS1401	1000～1050,急冷	540	215	35
5	NS1402	960～1070,急冷	586	241	30
6	NS3102	1000～1050,急冷	552	241	30
7	NS3105	1000～1100,急冷	586	241	30
8	NS3306	960～1030,急冷	690	276	30

十、油气工程用高强度耐蚀合金棒（GB/T 36026—2018）

1. 品种规格

本标准适用于油气工程用公称直径为 15～400mm 锻制、热轧、冷拉（或冷拔）耐蚀合金棒材。

棒材的长度通常为 $1000 \sim 6000 \mathrm{mm}$。

棒材总锻造或轧制比应不小于 $4:1$。

锻制或热轧棒材应以固溶加时效热处理状态交货，表面一般以剥皮态或磨光态交货。

冷拉（或冷拔）棒材应以固溶加时效或直接时效热处理状态交货，表面一般以磨光态交货。

2. 力学性能

表 8-18　力学性能

合金牌号，统一数字代号	组别	公称直径/mm	热处理制度	瞬时拉伸性能				硬度(HRC)	A_{KV_2} /J		侧向膨胀值/mm
				R_{m} /MPa	$R_{\mathrm{P0.2}}$ /MPa	$A(4d)$ /%	Z /%		纵向	横向	
NS4301 (H07718)	A	15～400	固溶（1020～1050℃，保温1～3h，水冷或空冷）+时效（720～800℃保温6～8h，空冷）	≥1034	≥827	≥20	≥25	30～40	—	≥47	—
	B	15～<76	固溶（1020～1050℃，保温1～3h，水冷或空冷）+时效（770～800℃保温6～8h，空冷）	≥1034	827～1000	≥20	≥35	32～40	≥68	—	≥0.38
		76～250		≥1034	827～1000	≥20	≥35	32～40		≥47	≥0.38
		>250～400		≥1034	827～1000	≥20	≥25	32～40		≥41	≥0.38
	C	15～<76	固溶（1020～1050℃，保温1～3h，水冷或空冷）+时效（760～800℃，保温6～8h，空冷）	≥1138	965～1034	≥20	≥35	34～40	≥68	—	≥0.38
		76～250		≥1138	965～1034	≥20	≥35	34～40		≥47	≥0.38
		>250～400		≥1103	965～1034	≥20	≥25	34～40		≥41	≥0.38
	D	15～400	固溶（960～1050℃，保温1～3h，水冷或空冷）+时效（720～760℃保温8h，以每小时55℃±5℃炉冷至620～650℃，保温8h，空冷）	≥1240	≥1034	≥12	≥15	36～42	—	—	—

| 合金牌号,统一数字代号 | 组别 | 公称直径/mm | 热处理制度 | 瞬时拉伸性能 | | | | 硬度(HRC) | A_{KV_2}/J | | 侧向膨胀值/mm |
				R_m/MPa	$R_{P0.2}$/MPa	$A(4d)$/%	Z/%		纵向	横向	
	E	15～400	固溶（1020～1050℃,保温1～3h,水冷或空冷)＋时效（720～760℃保温8h,以每小时55℃±5℃炉冷至620～650℃,保温8h,空冷)	≥1240	≥1034	≥15	≥20	≥36	—	≥41	—
NS4301 (H07718)	F	15～400	固溶（960～1020℃,保温1～3h,水冷或空冷)＋时效（720～760℃保温8h,以每小时55℃±5℃炉冷至620～650℃,保温8h,空冷)	≥1275	≥1137	≥12	≥15	36～42	—	—	—
	G	15～400	时效（720～760℃保温8h,以每小时55℃±5℃炉冷至620～650℃,保温8h,空冷)	≤1647	≥1412	≥12	—	43～48	—	—	—

合金牌号，统一数字代号	组别	公称直径/mm	热处理制度	瞬时拉伸性能				硬度(HRC)	A_{KV_2}/J		侧向膨胀值/mm
				R_m/MPa	$R_{P0.2}$/MPa	$A(4d)$/%	Z/%		纵向	横向	
NS2401 (H09925)	A	15～<76	固溶（980～1020℃，保温0.5～3h,水冷或空冷）+时效（720～760℃保温6～9h,炉冷至610～660℃保温，总时效时间不少于12h,空冷）	≥965	758～965	≥18	≥25	26～38	≥68	—	≥0.38
		76～250		≥965	758～965	≥18	≥20	26～38	—	≥47	≥0.38
		>250～400		≥965	758～965	≥18	≥20	26～38	—	≥43	≥0.38
	B	15～400	固溶（980～1040℃，保温0.5～3h,水冷或空冷）+时效（720～760℃保温6～9h,炉冷至610～660℃保温，总时效时间不少于12h,空冷）	≥965	≥827	≥18	≥20	26～38	≥61	≥41	—

十一、耐蚀合金棒（GB/T 15008—2008）

1. 品种规格

本标准适用于供在腐蚀性介质中使用的镍基、铁镍基耐蚀合金热轧和锻制及磨光、剥皮和车光棒材。

表 8-19 棒材规格

产品类别	公称直径/mm	通常交货长度/mm
热轧棒材	5.5～150	2000～7000
热锻棒材	50～250	不小于1000
磨光、剥皮、车光棒材	3～250	公称直径>3～9　1200～3000 公称直径>9～30　1200～4000 公称直径>30　轧材≥1500 锻材≥700

2. 力学性能

以热轧（锻）状态交货的棒材，试样毛坯需经固溶处理。经过固溶处理毛坯制成的试样测得的力学性能指标应符合表 8-20、表 8-21 的规定。表 8-20、表 8-21 中的性能指标适用于直径不大于 80mm 的棒材。

以固溶处理状态交货的棒材，直接在交货状态的棒材上取样检验，其力学性能指标应符合表 8-20、表 8-21 的规定。

表 8-20　棒材的力学性能

合金牌号	推荐的固溶处理温度/℃	R_m/MPa（不小于）	$R_{P0.2}$/MPa（不小于）	A/%（不小于）
NS111	1000～1060	515	205	30
NS112	1100～1170	450	170	30
NS113	1000～1050	515	205	30
NS131	1150～1200	590	240	30
NS141	1000～1050	540	215	35
NS142	1000～1050	590	240	30
NS143	1000～1050	540	215	35
NS311	1050～1100	570	245	40
NS312	1000～1050	550	240	30
NS313	1100～1150	550	195	30
NS314	1080～1120	520	195	35
NS315	1000～1050	550	240	30
NS321	1140～1190	690	310	40
NS322	1040～1090	760	350	40
NS331	1050～1100	540	195	35
NS332	1160～1210	735	295	30
NS333	1160～1210	690	315	30
NS334	1150～1200	690	285	40
NS335	1050～1100	690	275	40

续表

合金牌号	推荐的固溶处理温度/℃	R_m/MPa（不小于）	$R_{P0.2}$/MPa（不小于）	A/%（不小于）
NS336	1100~1150	690	275	30
NS341	1050~1100	590	195	40

表 8-21　NS411 棒材的力学性能

合金牌号	推荐的固溶处理温度/℃	R_m/MPa（不小于）	$R_{P0.2}$/MPa（不小于）	A/%（不小于）	A_{KU}/J	硬度（HRC）
NS411	1080~1100,水冷,（750~780）×8h,空冷,（620~650）×8h,空冷	910	690	20	≥80	≥32

十二、耐蚀合金焊丝（YB/T 5263—2014）

1. 品种规格

本标准适用于在腐蚀性介质中使用的镍基、铁镍基耐蚀合金焊丝。

焊丝按组成元素分为铁镍基合金和镍基合金。铁镍基合金含镍30%~50%，且镍加铁不小于60%。镍基合金含镍不小于50%。

焊丝按交货状态分为固溶态和冷拉态。

焊丝的公称直径范围：固溶态 0.80~12.00mm；冷拉态 0.30~9.00mm，焊丝通常成盘卷状交货。

2. 力学性能

表 8-22　推荐的焊丝力学性能

序号	统一数字代号	牌号	R_m/MPa	
			冷拉状态	固溶状态
			不小于	
1	H01401	HNS1401	1000	540

续表

序号	统一数字代号	牌号	R_m/MPa	
			冷拉状态	固溶状态
			不小于	
2	H08021	HNS1403	1000	540
3	H03101	HNS3101	1030	570
4	H06601	HNS3103	1000	550
5	H06690	HNS3105	1000	550
6	H06082	HNS3106	1000	550
7	H10001	HNS3201	1100	690
8	H10665	HNS3202	1100	760
9	H03301	HNS3301	1000	540
10	H03302	HNS3302	1080	735
11	H03303	HNS3303	1050	690
12	H06625	HNS3306	1050	690
13	H03307	HNS3307	1000	550

第九章 铝及铝合金

一、一般工业用铝及铝合金板、带材（GB/T 3880.1—2012、GB/T 3880.2—2012）

1. 品种规格

本标准适用于一般工业用铝及铝合金轧制板、带材。

铝及铝合金分为 A、B 两类，如表 9-1 所示。

表 9-1　铝及铝合金类别

牌号系列	铝及铝合金类别	
	A	B
1×××	所有	—
2×××	—	所有
3×××	Mn 的最大含量不大于 1.8%，Mg 的最大含量不大于 1.8%，Mn 的最大含量与 Mg 的最大含量之和不大于 2.3%。如 3003、3103	A 类外的其他合金，如 3004、3104
4×××	Si 的最大含量不大于 2%，如 4006、4007	A 类外的其他合金，如 3004、3104
5×××	Mg 的最大含量不大于 1.8%，Mn 的最大含量不大于 1.8%，Mg 的最大含量与 Mn 的最大含量之和不大于 2.3%。如 5005、5005A、5050	A 类外的其他合金。如 5A02、5A03、5A05、5A06、5040、5049、5449、5251、5052、5154A、5454、5754、5082、5182、5083、5383、5086
6×××	—	所有
7×××	—	所有
8×××	不可热处理强化的合金，如 8A06、8011、8011A、8079	可热处理强化的合金

表 9-2　与厚度对应的宽度和长度

板、带材厚度 /mm	板材的宽度和长度/mm		带材的宽度和内径/mm	
	板材宽度	板材长度	带材宽度	带材内径
>0.20~0.50	500.0~1660.0	500~4000	≤1800.0	75、150、200、300、405、505、605、650、750
>0.50~0.80	500.0~2000.0	500~10000	≤2400.0	
>0.80~1.20	500.0~2400.0	1000~10000	≤2400.0	
>1.20~3.00	500.0~2400.0	1000~10000	≤2400.0	
>3.00~8.00	500.0~2400.0	1000~15000	≤2400.0	
>8.00~15.00	500.0~2500.0	1000~15000	—	—
>15.0~250.00	500.0~3500.0	1000~20000	—	—

注：1. 带材是否带套筒及套筒材质，由供需双方商定后在订货单（或合同）中注明。

2. A 类合金最大宽度为 2000.0mm。

2. 力学性能

板、带材的室温拉伸试验结果应符合表 9-3 的规定。弯曲性能执行的弯曲半径应符合表 9-3 的规定，经弯曲试验，板、带材表面不应出现裂纹。厚度超过表 9-3 规定的板、带材，其力学性能应附实测结果。

表 9-3　力学性能

牌号	包铝分类	供应状态	试样状态	厚度/mm	室温拉伸试验结果				弯曲半径	
					R_m /MPa	$R_{P0.2}$ /MPa	断后伸长率/%		90°	180°
							A_{50mm}	A		
					不小于					
1A97 1A93	—	H112	H112	>4.50~80.00	附实测值				—	—
		F	—	>4.50~150.00	—				—	—

牌号	包铝分类	供应状态	试样状态	厚度/mm	室温拉伸试验结果				弯曲半径	
					R_m /MPa	$R_\mathrm{P0.2}$ /MPa	断后伸长率/%			
							$A_{50\mathrm{mm}}$	A	90°	180°
					不小于					
1A90 1A85	—	H112	H112	>4.50~12.50	60	—	21	—	—	—
				>12.50~20.00			—	19	—	—
				>20.00~80.00	附实测值				—	—
		F	—	>4.50~150.00	—				—	—
1080A	—	H16	H16	>0.20~0.50	110~150	90	2	—	0.5t	1.0t
				>0.50~1.50			2	—	1.0t	1.0t
				>1.50~4.00			3	—	1.0t	1.0t
		还可供 O、H111、H12、H22、H14、H24、H26、H18、H112、F 状态								
1070	—	H18	H18	>0.20~0.50	120	—	1		—	—
				>0.50~0.80			2		—	—
				>0.80~1.50			3		—	—
				>1.50~3.00			4		—	—
		还可供 O、H12、H22、H14、H24、H16、H26、H112、F 状态								

续表

牌号	包铝分类	供应状态	试样状态	厚度/mm	室温拉伸试验结果				弯曲半径	
					R_m /MPa	$R_{P0.2}$ /MPa	断后伸长率/%		90°	180°
							A_{50mm}	A		
					不小于					
1070A	—	H18	H18	>0.20~0.50	125	105	2	—	1.0t	—
				>0.50~1.50			2	—	2.0t	—
				>1.50~3.00			2	—	2.5t	—
	还可供 O、H111、H12、H22、H14、H24、H16、H26、H112、F 状态									
1060	—	H18	H18	>0.20~0.30	125	85	1	—	—	—
				>0.30~0.50			2	—	—	—
				>0.50~1.50			3	—	—	—
				>1.50~3.00			4	—	—	—
	还可供 O、H12、H22、H14、H24、H16、H26、H112、F 状态									
1050	—	H18	H18	>0.20~0.50	130	—	1	—	—	—
				>0.50~0.80			2	—	—	—
				>0.80~1.50			3	—	—	—
				>1.50~3.00			4	—	—	—
	还可供 O、H12、H22、H14、H24、H16、H26、H112、F 状态									

续表

牌号	包铝分类	供应状态	试样状态	厚度/mm	室温拉伸试验结果				弯曲半径	
					R_m/MPa	$R_{P0.2}$/MPa	断后伸长率/%			
							A_{50mm}	A	90°	180°
					不小于					
1050A	—	H18	H18	>0.20~0.50	135	120	1	—	1.0t	—
				>0.50~1.50	140		2	—	2.0t	—
				>1.50~3.00			2	—	3.0t	—
	还可供 O、H111、H12、H22、H14、H24、H16、H26、H28、H19、H112、F 状态									
1145	—	H18	H18	>0.20~0.50	125	—	1	—	—	—
				>0.50~0.80			2	—	—	—
				>0.80~1.50			3	—	—	—
				>1.50~4.50			4	—	—	—
	还可供 O、H12、H22、H14、H24、H16、H26、H112、F 状态									
1235	—	H18	H18	>0.20~0.50	145	—	1	—	—	—
				>0.50~1.50			2	—	—	—
				>1.50~3.00			3	—	—	—
	还可供 O、H12、H22、H14、H24、H16、H26 状态									

续表

牌号	包铝分类	供应状态	试样状态	厚度/mm	室温拉伸试验结果				弯曲半径	
					R_m/MPa	$R_\mathrm{P0.2}$/MPa	断后伸长率/%		90°	180°
							$A_{50\mathrm{mm}}$	A		
					不小于					
1100	—	H18 H28	H18 H28	>0.20~0.32	150	—	1	—	—	—
				>0.32~0.63			1	—	—	—
				>0.63~1.20			2	—	—	—
				>1.20~3.20			4	—	—	—
	还可供 O、H12、H22、H14、H24、H16、H26、H112、F 状态									
1200	—	H18	H18	>0.20~0.50	150	130	1	—	1.0t	—
				>0.50~1.50			2	—	2.0t	—
				>1.50~3.00			2	—	3.0t	—
	还可供 O、H111、H12、H22、H14、H24、H16、H26、H19、H112、F 状态									
包铝2A11 2A11	正常包铝或工艺包铝	T4	T4	>0.50~3.00	360	185	15	—	—	—
				>3.00~10.00	370	195	15	—	—	—
	还可供 O、T1、T3、F 状态									
包铝2A12 2A12	正常包铝或工艺包铝	T3	T3	>0.50~1.60	405	270	15	—	—	—
				>1.60~10.00	420	275	15	—	—	—
	还可供 O、T1、T4、F 状态									

牌号	包铝分类	供应状态	试样状态	厚度/mm	室温拉伸试验结果				弯曲半径	
					R_m /MPa	$R_{P0.2}$ /MPa	断后伸长率/%		90°	180°
							A_{50mm}	A		
					不小于					
2A14	工艺包铝	T6	T6	0.50~10.00	430	340	5	—	—	—
		还可供 O、T1、F 状态								
包铝 2E12 2E12	正常包铝或工艺包铝	T3	T3	0.80~1.50	405	270	—	15	—	5.0t
				>1.50~3.00	≥420	275	—	15	—	5.0t
				>3.00~6.00	425	275	—	15	—	8.0t
2014	工艺包铝或不包铝	T3	T3	>0.40~1.50	395	245	14	—	—	—
				>1.50~6.00	400	245	14	—	—	—
		还可供 O、T4、T6、F 状态								
包铝 2014	正常包铝	T3	T3	>0.50~0.63	370	230	14	—	—	—
				>0.63~1.00	380	235	14	—	—	—
				>1.00~2.50	395	240	15	—	—	—
				>2.50~6.30	395	240	15	—	—	—
		还可供 O、T4、T6、F 状态								

牌号	包铝分类	供应状态	试样状态	厚度/mm	室温拉伸试验结果				弯曲半径	
					R_m/MPa	$R_{P0.2}$/MPa	断后伸长率/%			
							A_{50mm}	A	90°	180°
					不小于					
包铝 2014A 2014A	正常包铝、工艺包铝或不包铝	T4	T4	>0.20~0.50	400	225	—	—	3.0t	—
				>0.50~1.50			13	—	3.0t	—
				>1.50~6.00			14	—	5.0t	—
				>6.00~12.50		250	14	—	—	—
				>12.50~25.00			—	12	—	—
				>25.00~40.00			—	10	—	—
				>40.00~80.00	395		—	7	—	—
				还可供 O、T6 状态						
2024	工艺包铝或不包铝	T4	T4	>0.40~1.50	425	275	12	—	—	4.0t
				>1.50~6.00	425	275	14	—	—	5.0t
				还可供 O、T3、T8、F 状态						
包铝 2024	正常包铝	T4	T4	>0.20~0.50	400	245	—	—	—	—
				>0.50~1.60	400	245	15	—	—	—
				>1.60~3.20	420	260	15	—	—	—
				还可供 O、T3、F 状态						

续表

牌号	包铝分类	供应状态	试样状态	厚度/mm	室温拉伸试验结果				弯曲半径	
					R_m/MPa	$R_{P0.2}$/MPa	断后伸长率/%		90°	180°
							A_{50mm}	A		
					不小于					
包铝 2017 2017	正常包铝、工艺包铝或不包铝	T4	T4	>0.40~0.50		—	12		1.5t	—
				>0.50~1.60			15	—	2.5t	—
				>1.60~2.90			17	—	3t	—
				>2.90~6.00			15	—	3.5t	—
	还可供 O、T3、F 状态									
包铝 2017A 2017A	正常包铝、工艺包铝或不包铝	T4	T4	0.40~1.50	390	245	14	—	3.0t	3.0t
				>1.50~6.00		245	15	—	5.0t	5.0t
				>6.00~12.50		260	13	—	8.0t	—
				>12.50~40.00		250	—	12	—	—
				>40.00~60.00	385	245	—	12	—	—
				>60.00~80.00	370		—	7	—	—
				>80.00~120.00	360	240	—	6	—	—
				>120.00~150.00	350		—	4	—	—
				>150.00~180.00	330	220	—	2	—	—
				>180.00~200.00	300	200	—	2	—	—

续表

牌号	包铝分类	供应状态	试样状态	厚度/mm	室温拉伸试验结果				弯曲半径	
					R_m/MPa	$R_{P0.2}$/MPa	断后伸长率/%			
							A_{50mm}	A	90°	180°
					不小于					
包铝2219 2219	正常包铝、工艺铝或不包铝	T81	T81	>0.50~1.00	340	255	6	—	—	—
				>1.00~2.50	380	285	7	—	—	—
				>2.50~6.30	400	295	7	—	—	—
				还可供 O、T87 状态						
3A21	—	H14	H14	>0.80~1.30	145~215	—	6			
				>1.30~4.50			6			
				还可供 O、H24、H18、H112、F 状态						
3102	—	H18	H18	>0.20~0.50	160	—	3	—	—	—
				>0.50~3.00			2	—	—	—
3003	—	H18	H18	>0.20~0.50	190	170	1	—	1.5t	—
				>0.50~1.50				—	2.5t	—
				>1.50~3.00			2	—	3.0t	—
				还可供 O、H111、H12、H22、H14、H24、H16、H26、H28、H19、H112、F 状态						

续表

牌号	包铝分类	供应状态	试样状态	厚度/mm	室温拉伸试验结果				弯曲半径	
					R_m /MPa	$R_{P0.2}$ /MPa	断后伸长率/%			
							A_{50mm}	A	90°	180°
					不小于					
3103	—	H18	H18	>0.20~0.50			1	—	1.5t	—
				>0.50~1.50			2	—	2.5t	—
				>1.50~3.00			2	—	3.0t	—
	还可供 O、H111、H12、H22、H14、H24、H16、H26、H28、H19、H112、F 状态									
3004	—	H18	H18	>0.20~0.50	260	230	1	—	1.5t	—
				>0.50~1.50			1	—	2.5t	—
				>1.50~3.00			2	—	—	—
	还可供 O、H111、H12、H22、H32、H14、H24、H34、H16、H26、H36、H112 等状态									
3104	—	H18 H38	H18 H38	>0.20~0.50	265	215	1	—	—	—
	还可供 O、H111、H12、H32、H22、H14、H34、H24、H16、H36、H26、H19、F 等状态									
3005	—	H18	H18	>0.20~0.50	220	200	1	—	1.5t	—
				>0.50~1.50			2	—	2.5t	—
				>1.50~3.00			2	—	—	—
	还可供 O、H111、H12、H22、H14、H24、H16、H26、H28、H19、F 等状态									
3105	—	H18	H18	>0.20~3.00	195	180	1	—	—	—
	还可供 O、H111、H12、H22、H14、H24、H16、H26、H28、H19、F 等状态									

续表

牌号	包铝分类	供应状态	试样状态	厚度/mm	室温拉伸试验结果				弯曲半径	
					R_m/MPa	$R_{P0.2}$/MPa	断后伸长率/%		90°	180°
							A_{50mm}	A		
					不小于					
4006	—	H14	H14	>0.20~0.50	140~180	120	3	—	—	2.0t
				>0.50~1.50			3	—	—	2.0t
				>1.50~3.00			3	—	—	2.0t
		还可供 O、H12、H14、F 状态								
4007	—	H12	H12	>0.20~0.50	140~180	110	4	—	—	—
				>0.50~1.50			4	—	—	—
				>1.50~3.00			5	—	—	—
		还可供 O、H111、F 状态								
4015	—	H14	H14	>0.20~0.50	150~200	120	2	—	—	—
				>0.50~3.00			3	—	—	—
		还可供 O、H111、H12、H16、H18 状态								

本标准还规定可供如下牌号板、带材：

5A02、5A03、5A05、5A06、5005、5005A、5040、5049、5449、5050、5251、5052、5154A、5454、5754、5082、5182、5083、5383、5086、6A02、6061、6016、6063、6082、包铝 7A04、包铝 7A09、7A04、7A09、7020、7021、7022、7075、包铝 7075、包铝 7475、7475、8A06、8011、8011A、8079

二、轨道交通用铝及铝合金板材（GB/T 32182—2015）

1. 品种规格

表 9-4 牌号、类别、状态及厚度

牌号	铝及铝合金类别	状态	厚度/mm
1050A	A	O	＞0.20～80.00
		H24	＞0.20～6.00
		H28	＞0.20～3.00
1060	A	O	＞0.20～80.00
1100	A	O	＞0.20～80.00
3003	A	O	＞0.20～10.00
5005	A	O	＞0.20～50.00
		H14	＞0.20～6.00
		H32	＞0.20～6.00
5A05	B	O	＞0.50～4.50
		H112	＞4.50～50.00
5052	B	O，H111	＞0.20～80.00
		H22,H32,H24,H34	＞0.20～6.00
5083	B	O	＞0.20～200.00
		H111	＞0.20～200.00
		H22,H32,H24,H34	＞0.20～6.00
		H321	＞1.50～80.00
		H112	＞6.00～120.00
5383	B	H321	＞5.00～30.00
5754	B	O，H111	＞0.20～100.00
		H22,H32,H24,H34	＞0.20～6.00
		H112	6.00～80.00
6005A	B	T6	1.00～80.00
		T651	6.30～80.00

续表

牌号	铝及铝合金类别	状态	厚度/mm
6061	B	O	0.40～25.00
		T4	0.40～80.00
		T451	6.30～80.00
		T6	0.40～100.00
		T651	6.30～100.00
6082	B	O	0.40～25.00
		T4	0.40～80.00
		T451	6.30～80.00
		T6	0.40～65.00
		T651	6.30～65.00
7005	B	T6	1.00～80.00
		T651	6.30～80.00
7020	B	O,T4	0.40～12.50
		T451	6.30～12.50
		T6	0.40～200.00
		T651	6.30～200.00
7B05	B	O,T4,T6	1.50～75.00

表 9-5　与厚度对应的宽度和长度

厚度/mm	宽度/mm	长度/mm
0.20～0.50	500.0～2000.0	500～4000
＞0.50～0.80	500.0～2000.0	500～10000
＞0.80～1.20	500.0～2500.0	1000～10000
＞1.20～3.00	500.0～2500.0	1000～10000
＞3.00～8.00	500.0～2500.0	1000～15000
＞8.00～15.00	500.0～2500.0	1000～15000
＞15.00～100.00	500.0～3500.0	1000～20000
＞100.00～200.00	500.0～3500.0	1000～20000

2. 力学性能

表 9-6　板材的室温力学性能

牌号	状态代号	厚度 t /mm	R_m /MPa	$R_{P0.2}$ /MPa	A_{50mm} /%	A /%	弯曲半径 90°	弯曲半径 180°	硬度 (HBW)
1050A	O	0.20~0.50	65~95	≥20	≥20	—	$0t$	$0t$	20
		>0.50~1.50			≥22	—	$0t$	$0t$	
		>1.50~3.00			≥26	—	$0t$	$0t$	
		>3.00~6.00			≥29	—	$0.5t$	$0.5t$	
		>6.00~12.50			≥35	—	$1.0t$	$1.0t$	
		>12.50~80.00			—	≥32	—	—	
	H24	0.20~0.50	105~145	≥75	≥3	—	$0t$	$1.0t$	33
		>0.50~1.50			≥4		$0.5t$	$1.0t$	
		>1.50~3.00			≥5	—	$1.0t$	$1.0t$	
		>3.00~6.00			≥8		$1.5t$	$1.5t$	
		>6.00~12.50			≥8		$2.5t$		
	H28	0.20~0.50	≥140	≥110	≥2	—	—	$1.0t$	41
		>0.50~1.50			≥2			$2.0t$	
		>1.50~3.00			≥3			$3.0t$	
1060	O	0.20~0.30	60~100	≥15	≥15	—	—	—	—
		>0.30~0.50			≥18	—			
		>0.50~1.50			≥23	—			
		>1.50~6.00			≥25	—			
		>6.00~12.50			≥25	≥22			
1100	O	0.20~0.32	75~105	≥25	≥15	—	$0t$		—
		>0.32~0.63			≥17	—			
		>0.63~1.20			≥22	—			
		>1.20~6.30			≥30	—			
		>6.30~80.00			≥28	≥25			

续表

牌号	状态代号	厚度 t /mm	R_m /MPa	$R_{P0.2}$ /MPa	A_{50mm} /%	A /%	弯曲半径 90°	弯曲半径 180°	硬度 (HBW)
3003	O	0.20～0.50	95～135	≥35	≥15	—	0t	0t	28
		＞0.50～1.50			≥17	—	0t	0t	
		＞1.50～3.00			≥20	—	0t	0t	
		＞3.00～6.00			≥23	—	1.0t	1.0t	
		＞6.00～12.50			≥24	—	1.5t	—	
		＞12.50～50.00			—	≥23	—	—	
5005	O	0.20～0.50	100～145	≥35	≥15	—	0t	0t	29
		＞0.50～1.50			≥19	—	0t	0t	
		＞1.50～3.00			≥20	—	0t	0.5t	
		＞3.00～6.00			≥22	—	1.0t	1.0t	
		＞6.00～12.50			≥24	—	—	—	
		＞12.50～50.00			—	≥20	1.5t	—	
	H14	0.20～0.50	145～185	≥120	≥2	—	0.5t	2.0t	48
		＞0.50～1.50			≥2		1.0t	2.0t	
		＞1.50～3.00			≥3		1.0t	2.5t	
		＞3.00～6.00			≥4		2.0t	—	
	H32	0.20～0.50	125～165	≥80	≥4	—	0t	1.0t	38
		＞0.50～1.50			≥5		0.5t	1.0t	
		＞1.50～3.00			≥6		1.0t	1.5t	
		＞3.00～6.00			≥8		1.0t	—	
5A05	O	0.50～4.50	≥275	≥145	≥16	—	—	—	—
	H112	＞4.50～10.00	≥275	≥125	≥16	—	—	—	—
		＞10.00～12.50	≥265	≥115	≥14	—			
		＞12.50～25.00	≥265	≥115	—	≥14			
		＞25.00～50.00	≥255	≥105	—	≥13			

续表

牌号	状态代号	厚度 t /mm	R_m /MPa	$R_{P0.2}$ /MPa	A_{50mm} /%	A /%	弯曲半径 90°	弯曲半径 180°	硬度 (HBW)
5052	O H111	0.20～0.50	170～215	≥65	≥12	—	0t	0t	47
		＞0.50～1.50	170～215		≥14	—	0t	0t	47
		＞1.50～3.00	170～215		≥16	—	0.5t	0.5t	47
		＞3.00～6.00	170～215		≥18	—		1.0t	47
		＞6.00～12.50	165～215		≥19	—		2.0t	46
		＞12.50～80.00	165～215		—	≥18			46
	还可供 H22、H32、H24、H34 状态								
5083	H112	4.00～6.50	≥275	≥125	≥12	—			75
		＞6.50～40.00		≥125	—	≥10			75
		＞40.00～75.00		≥120	—	≥10			73
	还可供 O、H22、H32、H321、H111、H24、H34 状态								
5754	H112	6.00～12.50	≥190	≥100	≥12	—			62
		＞12.50～25.00		≥90	—	≥10			68
		＞25.00～40.00		≥80	—	≥12			52
		＞40.00～80.00		≥80	—	≥14			52
	还可供 O、H111、H22、H32、H24、H34 状态								
6005A	T6	3.00～5.00	≥270	≥225	≥8	—			—
		＞5.00～10.00	≥260	≥215					
		＞10.00～25.00	≥250	≥210					
	还可供 T651 状态								
6061	T4 T451	0.40～1.50	≥205	≥110	≥12	—	1.0t	1.5t	58
		＞1.50～3.00			≥14	—	1.5t	2.0t	
		＞3.00～6.00			≥16	—	3.0t	—	
		＞6.00～12.50			≥18	—	4.0t	—	
		＞12.50～40.00			—	≥15			
		＞40.00～80.00			—	≥14			
	还可供 O、T6、T651 状态								

续表

牌号	状态代号	厚度 t /mm	R_m /MPa	$R_{P0.2}$ /MPa	A_{50mm} /%	A /%	弯曲半径 90°	弯曲半径 180°	硬度 (HBW)
6082	T4 T451	0.40~1.50	≤150	≥110	≥12	—	1.5t	3.0t	58
		>1.50~3.00			≥14	—	2.0t	3.0t	
		>3.00~6.00			≥15	—	3.0t	—	
		>6.00~12.50			≥14	—	4.0t	—	
		>12.50~40.00			—	≥13	—	—	
		>40.00~80.00			—	≥12	—	—	
	还可供 O、T6、T651 状态								
7005	T6	6.00~12.50	≥350	≥290	≥10	—	—	—	—
		>12.50~30.00			—	≥9	—	—	
7020	T4 T451	0.40~1.50	≥320	≥210	≥11	—	2.0t	—	92
		>1.50~3.00			≥12	—	2.5t	—	
		>3.00~6.00			≥13	—	3.5t	—	
		>6.00~12.50			≥14	—	5.0t	—	
	还可供 O、T6、T651 状态								
7B05	T6	1.50~2.90	≥335	≥275	≥10	—	—	3.0t	—
		>2.90~6.50						4.0t	
		>6.50~12.00						5.0t	
		>12.00~75.00						—	
	还可供 O、T4 状态								

三、热等静压铝硅合金板材（GB/T 33880—2017）

1. 品种规格

本标准适用于喷射成形（或其他方法）经热等静压生产的电子封装等行业用高硅铝合金板。

表 9-7　牌号、状态及尺寸规格

牌号	状态	尺寸规格/mm		
		厚度	长度	宽度
AlSi22	O	1.00～30.00	10.00～300.00	10.00～300.00
AlSi27	O	1.00～30.00	10.00～300.00	10.00～300.00
AlSi42	O	2.00～30.00	10.00～300.00	10.00～300.00
AlSi50	O	2.00～30.00	10.00～300.00	10.00～300.00

2. 力学性能

表 9-8　室温拉伸力学性能

牌号	R_m/MPa
AlSi22	≥130
AlSi27	≥140
AlSi42	≥145
AlSi50	≥135

表 9-9　热膨胀系数

牌号	20～200℃时的参考热膨胀系数/$\times 10^{-4}$℃$^{-1}$
AlSi22	18.0±1
AlSi27	17.0±1
AlSi42	13.5±1
AlSi50	11.5±1

　　需方有密封性能要求时，应在订货单（或合同）中注明。板材的密封性能应达到 GJB 2440A—2006 的要求。

四、新能源动力电池壳及盖用铝及铝合金板、带材（GB/T 33824—2017）

1. 品种规格

本标准适用于电动汽车、电动自行车、电力储能、通信储能等领域用新能源动力电池壳及盖用铝及铝合金板、带材。

表 9-10　牌号、状态、尺寸规格及用途

牌号	状态	尺寸规格/mm				用途
		厚度	类型	宽度	长度	
1050	O、H12、H14	0.60～1.60	板材	100.0～2000.0	1000～3000	动力电池壳体
			带材		—	
3003	O、H12、H14	0.60～3.00	板材	100.0～2000.0	1000～3000	
			带材		—	
3005	O	0.60～2.00	板材	100.0～2000.0	1000～3000	
			带材		—	
1060	H14	1.00～4.00	板材	100.0～2000.0	1000～3000	动力电池盖板
			带材		—	
3003	H14	1.00～2.50	板材	70.0～2000.0	1000～3000	
			带材		—	
	H18	1.00～4.00	板材	70.0～2000.0	1000～3000	
			带材		—	

2. 力学性能

表 9-11　室温纵向拉伸力学性能

牌号	试样状态	厚度/mm	R_m/MPa	$R_{P0.2}$/MPa	A_{50mm}/%
1050	O	0.60～1.50	60～90	≥20	≥30
		>1.50～1.60			≥35
	H12	0.60～1.50	80～110	≥65	≥6
		>1.50～1.60			≥8
	H14	0.60～1.50	95～120	≥75	≥4
		>1.50～1.60			≥5
1060	H14	1.00～1.50	100～150	≥70	≥4
		>1.50～3.00			≥6
		>3.00～4.00			≥10

续表

牌号	试样状态	厚度/mm	R_m/MPa	$R_{P0.2}$/MPa	A_{50mm}/%
3003	O	0.60～1.50	100～130	≥40	≥25
		>1.50～3.00			≥30
	H12	0.60～1.50	125～155	≥90	≥5
		>1.50～3.00			≥7
	H14	0.60～1.50	140～175	≥125	≥4
		>1.50～3.00			≥6
	H18	1.00～1.50	≥185	≥155	≥2
		>1.50～4.00			≥3
3005	O	0.60～1.50	115～165	≥45	≥18
		>1.50～2.00			≥20

五、手机及数码产品外壳用铝及铝合金板、带材（YS/T 711—2009）

1. 品种规格

表 9-12 牌号、状态、规格

牌号	状态	规格/mm			
		厚度	宽度	板材长度	带材内径
1050、1060、1070、1100	H14、H24	0.250～1.000	800～1300	1500～3000	300、405、505
5052	H32				

2. 力学性能

表 9-13 室温力学性能

牌号	状态	厚度/mm	R_m/MPa	$R_{P0.2}$/MPa	A_{50mm}/%
1050、1060、1070、1100	H14、H24	0.250～0.500	115～145	≥105	≥4
		>0.500～1.000			≥5

续表

牌号	状态	厚度/mm	R_m/MPa	$R_{P0.2}$/MPa	A_{50mm}/%
5052	H32	0.250～0.500	225～250	≥160	≥5
		>0.500～1.000			≥6

六、干式变压器用铝带、箔材（YS/T 713—2009）

1. 品种规格

表 9-14　牌号、状态、规格

牌号	状态	规格/mm			
		厚度	内径	外径	宽度
1005、1005A、1060、1070、1070A、1350	O	0.08～0.20	150、300、400	700～980	16.0～1500.0
		>0.20～1.50	150、205、300、350、400、500		
		>1.50～3.00	300、400、500、600		

2. 力学性能

表 9-15　力学性能

牌号	厚度/mm	状态	室温纵向拉伸试验结果	
			R_m/MPa	A_{50mm}/%
1050、1050A、1060、1070、1070A、1350	0.08～0.20	O	60～95	≥20
	>0.20～3.00			≥25

退火状态的产品在 20℃时的电导率 $1/\rho_{20℃}$ 应不小于 35.4m/（Ω·mm²）。

七、瓶盖用铝及铝合金板、带、箔材（YS/T 91—2009）

1. 品种规格

本标准适用于扭断式防盗瓶盖用铝及铝合金板、带、箔材。

表 9-16　板、带、箔的牌号、状态、规格

牌号	状态	规格/mm				
		厚度	宽度		板材长度	带、箔材卷内径
			板材	带、箔		
1060	O	0.15～0.50	500～1500	50～1500	500～2000	75、150、200、300、350、405、485、505
	H22	0.40～0.50				
1100	H14、H24	0.20～0.50				
	H16、H26、H18	0.15～0.50				
8011、8011A	H14、H24、H16、H26	0.15～0.50				
	H18	0.20～0.50				
3003	H14、H24	0.20～0.50				
	H16、H26、H18	0.15～0.50				
3105	H14、H24、H16、H26、H18	0.15～0.50				
5052	H18、H19	0.20～0.50				

2. 力学性能

表 9-17　板、带、箔的力学性能

牌号	状态	厚度/mm	R_m/MPa	A_{50mm}/%（不小于）	工艺性能制耳率/%（不大于）
1060	O	0.15～0.32	55～95	15	6
		＞0.32～0.50	55～95	18	6
	H22	0.40～0.50	75～110	6	5
1100	H14、H24	0.20～0.32	110～145	1	3
		＞0.32～0.50	110～145	2	
	H16、H26	0.15～0.32	130～165	1	
		＞0.32～0.50	130～165	2	
	H18	0.15～0.50	≥150	1	

牌号	状态	厚度 /mm	R_m /MPa	A_{50mm}/% （不小于）	工艺性能 制耳率/% （不大于）
8011、 8011A	H14	0.15～0.50	125～165	2	3
	H24	0.15～0.20	125～165	2	
		＞0.20～0.50	125～165	3	
	H16	0.15～0.50	130～165	1	
	H26	0.15～0.20	130～165	1	
		＞0.20～0.50	130～165	2	
	H18	0.20～0.50	≥165	1	
3003	H14	0.20～0.50	145～185	2	4
	H24	0.20～0.50	145～185	4	
	H16	0.15～0.50	170～210	1	
	H26	0.15～0.20	170～210	1	
		＞0.20～0.50	170～210	2	
	H18	0.15～0.20	≥185	1	
		＞0.20～0.50	≥190	1	
3105	H14	0.20～0.50	150～200	2	
	H24	0.20～0.50	150～200	4	
	H16	0.20～0.50	175～225	1	
	H26	0.20～0.50	175～225	3	
	H18	0.20～0.50	≥195	1	
5052	H18	0.20～0.50	280～320	3	
	H19	0.20～0.50	≥285	2	

八、铠装电缆用铝合金带材（GB/T 33367—2016）

1. 品种规格

表 9-18　牌号、状态及尺寸规格

牌号	状态	尺寸规格/mm			
		宽度	厚度	外径	内径
5052、5154 5154A、5754	H24	9.0～100.0	0.4～2.0	≤1200	305、405
		＞100.0～1250.0		≤1800	305、405、505

2. 力学性能

表 9-19　室温拉伸力学性能

牌号	状态	厚度/mm	R_m/MPa	$R_{P0.2}$/MPa	A_{50mm}/%
5052	H24	0.40～2.00	240～280	≥150	≥8
5154、5154A			270～325	≥170	
5754			260～300	≥160	

九、电视机用铝合金带材（GB/T 33368—2016）

1. 品种规格

本标准主要适用于 LCD、LED 平板电视机的显示器、电路板支撑和散热用铝合金带材。

表 9-20　牌号、状态、规格

牌号	状态	规格/mm			
		厚度	宽度	内径	外径
3004、3104	O、H111	0.60～1.50	450.0～1700.0	305、405、505、508	≤1700
	H22、H32	0.49～0.60			
5052	O、H111	0.80～1.50			
	H22、H32	0.50～1.50			

2. 力学性能

表 9-21　室温拉伸力学性能

牌号	状态	厚度 t /mm	R_m /MPa	$R_{P0.2}$ /MPa	A_{50mm} /%	弯曲半径 90°	弯曲半径 180°
3004 3104	O、H111	0.60～0.80	160～200	70～125	≥18	0t	0t
		＞0.80～1.50	170～200	70～115	≥20	0t	0t
	H22、H32	0.49～0.60	190～240	115～150	≥10	0t	0t
5052	O、H111	0.80～1.50	170～215	≥90	≥18	0t	0t
	H22、H32	0.50～0.80	210～260	145～210	≥6	1.5t	1.0t
		＞0.80～1.50	210～260	130～190	≥10	1.5t	1.5t

注：弯曲半径中 t 表示带材的厚度。

十、计算机散热器用铝及铝合金带材（YS/T 772—2011）

1. 品种规格

表 9-22　牌号、状态、规格

牌号	状态	规格/mm 厚度	宽度	卷内径	卷外径
1060、1100、 1200、8011	H16 H26	0.210～ 1.500	150.0～ 1550.0	400、500	700～1400

2. 力学性能

表 9-23　室温力学性能和硬度

牌号	状态	厚度 /mm	R_m /MPa	$R_{P0.2}$ /MPa	A_{50mm} /%	硬度 (HV)
1060	H16 H26	0.21～0.50	120～145	100～130	≥3.0	—
		＞0.50～0.80			≥4.0	
		＞0.80～1.30			≥5.0	25～45

续表

牌号	状态	厚度 /mm	R_m /MPa	$R_{P0.2}$ /MPa	A_{50mm} /%	硬度 (HV)
1100、 1200、 8011	H16 H26	0.21～0.50	120～190	95～125	≥3.0	—
		＞0.50～0.80			≥5.0	
		＞0.80～1.30	110～165		≥7.0	25～45
		＞1.30～1.50			≥9.0	

十一、铝及铝合金箔（GB/T 3198—2010）

1. 品种规格

本标准适用于一般工业用铝及铝合金箔。

表 9-24 牌号、状态、规格

牌号	状态	规格/mm			
		厚度（T）	宽度	管芯内径	卷外径
1050、1060、 1070、1100、 1145、1200、 1235	O	0.0045～0.2000	50.0～ 1820.0	75.0、 76.2、 150.0、 152.4、 300.0、 400.0、 406.0	150～1200
	H22	＞0.0045～0.2000			
	H14、H24	0.0045～0.0060			
	H16、H26	0.0045～0.2000			
	H18	0.0045～0.2000			
	H19	＞0.0060～0.2000			
2A11、2A12	O、H18	0.0300～0.2000			100～1500
3003	O	0.0090～0.0200			100～1500
	H22	0.0200～0.2000			
	H14、H24	0.0300～0.2000			
	H16、H26	0.1000～0.2000			
	H18	0.0100～0.2000			
	H19	0.0180～0.1000			

牌号	状态	规格/mm			
		厚度（T）	宽度	管芯内径	卷外径
3A21	O	0.0300~0.0400	50.0~1820.0	75.0、76.2、150.0、152.4、300.0、400.0、406.0	100~1500
	H22	>0.0400~0.2000			
	H24	0.1000~0.2000			
	H18	0.0300~0.2000			
4A13	O、H18	0.0300~0.2000			
5A02	O	0.0300~0.2000			
	H16、H26	0.1000~0.2000			
	H18	0.0200~0.2000			
5052	O	0.0300~0.2000			
	H14、H24	0.0500~0.2000			
	H16、H26	0.1000~0.2000			
	H18	0.0500~0.2000			
	H19	>0.1000~0.2000			
5082、5083	O、H18、H38	0.1000~0.2000			
8006	O	0.0060~0.2000			250~1200
	H22	0.0350~0.2000			
	H24	0.0350~0.2000			
	H26	0.0350~0.2000			
	H18	0.0180~0.2000			
8011、8011A、8079	O	0.0060~0.2000			
	H22	0.0350~0.2000			
	H24	0.0350~0.2000			
	H26	0.0350~0.2000			
	H18	0.0180~0.2000			
	H19	0.0350~0.2000			

2. 力学性能

表 9-25　铝箔室温力学性能

牌号	状态	厚度(T)/mm	室温拉伸试验结果		
			R_m/MPa	伸长率/%(不小于)	
				A_{50mm}	A_{100mm}
1050、1060、1070、1100、1145、1200、1235	O	0.0045～＜0.0060	40～95	—	—
		0.0060～0.0090	40～100	—	—
		＞0.0090～0.0250	40～105	—	1.5
		＞0.0250～0.0400	50～105	—	2.0
		＞0.0400～0.0900	55～105	—	2.0
		＞0.0900～0.1400	60～115	12	—
		＞0.1400～0.2000	60～115	15	—
	H22	0.0045～0.0250	—	—	—
		＞0.0250～0.0400	90～135	—	2
		＞0.0400～0.0900	90～135	—	3
		＞0.0900～0.1400	90～135	4	—
		＞0.1400～0.2000	90～135	6	—
	H14、H24	0.0045～0.0250	—	—	—
		＞0.0250～0.0400	110～160	—	2
		＞0.0400～0.0900	110～160	—	3
		＞0.0900～0.1400	110～160	4	—
		＞0.1400～0.2000	110～160	6	—
	H16、H26	0.0045～0.0250	—	—	—
		＞0.0250～0.0900	125～180	—	1
		＞0.0900～0.2000	125～180	2	—
	H18	0.0045～0.0060	≥115	—	—
		＞0.0060～0.2000	≥140	—	—
	H19	＞0.0060～0.2000	≥150	—	—

续表

牌号	状态	厚度(T)/mm	室温拉伸试验结果		
			R_m/MPa	伸长率/%(不小于)	
				A_{50mm}	A_{100mm}
2A11	O	0.0300~0.0490	≤195	1.5	—
		>0.0490~0.2000	≤195	3.0	—
	H18	0.0300~0.0490	≥205	—	—
		>0.0490~0.2000	≥215	—	—
2A12	O	0.0300~0.0490	≤195	1.5	—
		>0.0490~0.2000	≤205	3.0	—
	H18	0.0300~0.0490	≥225	—	—
		>0.0490~0.2000	≥245	—	—
3003	O	0.0090~0.0120	80~135	—	—
		>0.0180~0.2000	80~140	—	—
	H22	0.0200~0.0500	90~130	—	3.0
		>0.0500~0.2000	90~130	10.0	—
	H14	0.0300~0.2000	140~170	—	—
	H24	0.0300~0.2000	140~170	1.0	—
	H16	0.1000~0.2000	≥180	—	—
	H26	0.1000~0.2000	≥180	1.0	—
	H18	0.0100~0.2000	≥190	1.0	—
	H19	0.0180~0.1000	≥200	—	—
3A21	O	0.0300~0.0400	85~140	—	3.0
	H22	>0.0400~0.2000	85~140	8.0	—
	H24	0.1000~0.2000	130~180	1.0	—
	H18	0.0300~0.2000	≥190	0.5	—
5A02	O	0.0300~0.0490	≤195	—	—
		0.0500~0.2000	≤195	4.0	—
	H16	0.0500~0.2000	≤195	4.0	—
	H16、H26	0.1000~0.2000	≥255	—	—
	H18	0.0200~0.2000	≥265	—	—

续表

牌号	状态	厚度(T)/mm	室温拉伸试验结果		
			R_{m}/MPa	伸长率/%(不小于)	
				$A_{50\mathrm{mm}}$	$A_{100\mathrm{mm}}$
5052	O	0.0300～0.2000	175～225	4	—
	H14、H24	0.0500～0.2000	250～300	—	—
	H16、H26	0.1000～0.2000	≥270	—	—
	H18	0.0500～0.2000	≥275	—	—
	H19	0.1000～0.2000	≥285	1	—
8006	O	0.0060～0.0090	80～135	—	1
		＞0.0090～0.0250	85～140	—	2
		＞0.0250～0.040	85～140	—	3
		＞0.040～0.0900	90～140	—	4
		＞0.090～0.1400	110～140	15	—
		＞0.1400～0.2000	110～140	20	—
	H22	0.0350～0.0900	120～150	5.0	—
		＞0.0900～0.1400	120～150	15	—
		＞0.1400～0.2000	120～150	20	—
	H24	0.0350～0.0900	125～150	5.0	—
		＞0.0900～0.1400	125～155	15	—
		＞0.1400～0.2000	125～155	18	—
	H26	0.0900～0.1400	130～160	10	—
		0.1400～0.2000	130～160	12	—
	H18	0.0060～0.0250	≥140	—	—
		＞0.0250～0.0400	≥150	—	—
		＞0.0400～0.0900	≥160	—	1
		＞0.0900～0.2000	≥160	0.5	—

续表

牌号	状态	厚度(T)/mm	室温拉伸试验结果		
			R_m/MPa	伸长率/%(不小于)	
				A_{50mm}	A_{100mm}
8011、8011A、8079	O	0.0060～0.0090	50～100	—	0.5
		＞0.0090～0.0250	55～100	—	1
		＞0.0250～0.0400	55～110	—	4
		＞0.0400～0.0900	60～120	—	4
		＞0.0900～0.1400	60～120	13	—
		＞0.1400～0.2000	60～120	15	—
	H22	0.0350～0.0400	90～150	—	1.0
		＞0.0400～0.0900	90～150	—	2.0
		＞0.0900～0.1400	90～150	5	—
		＞0.1400～0.2000	90～150	6	—
	H24	0.0350～0.0400	120～170	2	—
		＞0.0400～0.0900	120～170	3	—
		＞0.0900～0.1400	120～170	4	—
		＞0.1400～0.2000	120～170	5	—
	H26	0.0350～0.0900	140～190	1	—
		＞0.0900～0.2000	140～190	2	—
	H18	0.0350～0.2000	≥160	—	—
	H19	0.0350～0.2000	≥170	—	—

表 9-26 针孔个数

厚度/mm	针孔个数,不大于						针孔直径/mm（不大于）		
	任意 1m² 内			任意 4mm×4mm 或 1mm×16mm 面积上的针孔个数					
	超高精级	高精级	普通级	超高精级	高精级	普通级	超高精级	高精级	普通级
0.0045～<0.0060	供需双方商定								
0.0060	500	1000	1500	6	7	8	0.1	0.2	0.3
>0.0060～0.0065	400	600	1000						
>0.0065～0.0070	150	300	500						
>0.0070～0.0090	100	150	200						
>0.0090～0.0120	20	50	100						
>0.0120～0.0180	10	30	50						
>0.0180～0.0200	3	20	30	3					
>0.0200～0.0400	0	5	10						
>0.0400	0	0	0	0					

十二、电子、电力电容器用铝箔（GB/T 22642—2008）

1. 品种规格

本标准适用于电子电容器用铝箔和电力电容器用铝箔。

表 9-27 牌号、状态、规格

牌号	状态	规格/mm			
		厚度(T)	宽度	管芯内径	卷外径
1×××系列	O、H18	0.0045～0.0090	≤1050	75、76.2	150～450
				150、152.4	450～700

2. 力学性能

表 9-28 铝箔的室温力学性能

状态	R_m/MPa	A_{100mm}/%	
		厚度 0.0045～0.0060mm	厚度＞0.0060～0.0090mm
O	50～100	①	≥1.0
H18	＞115	—	—

① 厚度 0.0045～0.0060mm 的铝箔，A_{100mm} 的具体要求应由供需双方商定，该值通常不小于 0.5%。

表 9-29 针孔个数

公称厚度/mm	针孔个数			针孔直径/mm	
	任意 25mm×25mm 内	任意 1mm×16mm 内		高精级	普通级
		电子箔	其他		
≤0.0050	≤20	≤8	—	≤0.2	≤0.3
＞0.0050～0.0060	≤15				
＞0.0060～0.0065	≤10				
＞0.0065	≤5				

十三、锂离子电池用铝及铝合金箔（GB/T 33143—2016）

1. 品种规格

本标准适用于锂离子电池集流体用铝及铝合金箔。

表 9-30 牌号、状态、规格

牌号	状态	规格/mm			
		厚度	宽度	管芯内径	卷外径
1090、1085、1070、1060、1145、1235、1230、1100、3003、8011	H18、H19	0.010～0.025	≤1600.0	76.2、152.4	供需双方协商

2. 力学性能

表 9-31 室温拉伸力学性能

牌号	状态	厚度/mm	室温拉伸试验结果	
			R_m/MPa	A_{100mm}/%
1090	H18	>0.015~0.025	≥150	≥1.5
1085	H19		≥170	≥1.5
1070	H18	>0.012~0.016	≥150	≥1.5
1060	H19		≥170	≥2.0
1145	H18	0.010~0.025	≥150	≥1.5
1235	H19	0.010~0.025	≥180	≥1.5
1230	H18	0.010~0.012	≥165	≥1.0
		>0.012~0.016	≥165	≥2.0
	H19	0.010~0.012	≥200	≥1.0
		>0.012~0.016	≥200	≥2.0
1100	H18	0.010~0.015	≥170	≥1.5
	H19		≥200	≥1.5
3003	H18	0.010~0.015	≥200	≥1.5
	H19		≥240	≥2.0
8011	H18	0.010~0.015	≥170	≥1.5
	H19		≥190	≥1.5

针孔：厚度大于或等于 0.015mm 的铝箔，不准有针孔；厚度小于 0.015mm 的铝箔，任意 1m² 内针孔个数不大于 50 个。

十四、卡纸用铝及铝合金箔（GB/T 22644—2008）

1. 品种规格

本标准适用于烟酒、化妆品等外包装使用的铝及铝合金箔。

表 9-32　铝箔的牌号、状态、规格

牌号	状态	规格/mm			
		厚度(T)	宽度	管芯内径	卷外径
1×××、8×××系列	O	0.0060～0.0090	≥200	75.0、76.2	250～450
				150.0、152.4	400～800

铝箔的化学成分应符合 GB/T 3190 的规定。

2. 力学性能

表 9-33　铝箔室温力学性能

厚度/mm	R_m/MPa	A_{100mm}/%
0.0060～0.0090	50～100	≥1.0

表 9-34　针孔个数、针孔直径

厚度/mm	针孔个数		针孔直径/mm
	任意 1m² 内	任意 4mm×4mm 或 1mm×16mm 内	
0.0060	≤1500		
>0.0060～0.0065	≤1000	≤8	≤0.2
>0.0065～0.0070	≤300		
>0.0070～0.0090	≤100		

黏附性：铝箔开卷性能应良好，展开时不允许粘连或撕裂。铝箔借自重自然展开所需的脱落长度值应小于 1m。

刷水试验：铝箔表面刷水试验结果应达到 A 级。

十五、泡罩包装用铝及铝合金箔（GB/T 22645—2008）

1. 品种规格

本标准适用于与聚氯乙烯（PVC）、聚偏二氯乙烯（PVDC）等硬片黏合后用于固体药品（片剂、胶囊剂等）泡罩包装的铝及铝合金箔，也适用于医药、食品的遮光袋、瓶装密封盖等用的铝及铝合金箔。

表 9-35 牌号、状态、规格

牌号	状态	规格/mm			
		厚度	宽度	管芯内径	铝箔卷外径
1100、1200、1235、1145、3003、8006、8011、8011A、8079	O、H18	0.018～0.100	200～1500	75.0、76.2	300～600
				150.0、152.4	450～1200

2. 力学性能

表 9-36 铝箔室温力学性能

牌号	状态	厚度/mm	R_m/MPa	A_{100mm}/%(不小于)
1235	O	0.018～0.025	40～100	1
		＞0.025～0.040	50～110	4
		＞0.040～0.100	55～110	8
1100、1200、1235	H18	0.018～0.100	≥135	—
1100、1200	O	0.018～0.025	40～100	1
		＞0.025～0.040	50～110	3
		＞0.040～0.100	55～110	6
3003	O	0.018～0.025	80～130	1
		＞0.025～0.040	80～130	4
		＞0.040～0.100	80～130	8
8006	O	0.018～0.025	80～140	1
		＞0.025～0.040	85～140	2
		＞0.040～0.100	90～145	6
	H18	0.018～0.100	≥180	1
8011、8011A、8079	O	0.018～0.025	55～105	1
		＞0.025～0.040	60～110	4
		＞0.040～0.100	60～120	8
	H18	0.018～0.100	≥150	1

表 9-37 铝箔的热封强度

与铝箔黏合的材料	热封强度/N
PVC	≥7.0
PVDC	≥6.0

表 9-38 铝箔的针孔个数、针孔直径

厚度/mm	任意 1m² 内的针孔个数	针孔直径/mm
0.018～<0.020	≤3	≤0.3
0.020～0.100	0	—

十六、啤酒标用铝合金箔（GB/T 22646—2008）

1. 品种规格

本标准适用于啤酒瓶顶标、颈标用铝箔，还适用于其他瓶装的瓶顶标、颈标用铝箔。

表 9-39 铝箔的牌号、状态、规格

牌号	状态	规格/mm			
		厚度（T）	宽度	管芯内径	卷外径
8006、8011、8011A、8079	O	0.0090～0.0120	200～1500	75.0、76.2	300～600
				150.0、152.4	450～1000

2. 力学性能

表 9-40 铝箔室温力学性能

牌号	状态	厚度/mm	R_m/MPa	A_{100mm}/%
8011、8011A、8079	O	0.0090～0.0105	80～110	≥2.5
		0.0106～0.0120	85～115	≥3.0
8006		0.0090～0.0120	90～135	≥2.5

铝箔不允许有密集成行的针孔，针孔个数、针孔直径应符合表9-41规定。

表 9-41　铝箔的针孔个数、针孔直径

任意 1m² 内的针孔个数	针孔直径/mm
≤50	≤3.0

黏附性：铝箔开卷性能应良好，展开时不允许粘连或撕裂。铝箔借自重自然展开所需最小的脱落长度值不大于 1.5m。

刷水试验：铝箔刷水试验结果应达到 A 级。

十七、软包装用铝及铝合金箔（GB/T 22647—2008）

1. 品种规格

本标准适用于食品、饮料、医药等软包装方面使用的铝及铝合金箔。

表 9-42　铝箔的牌号、状态、规格

牌号	状态	规格/mm			
		厚度（T）	宽度	管芯内径	卷外径
1×××、8×××系列	O	0.0060～0.0120	≥260	75.0、76.2	300～450
				150.0、152.4	400～1000

2. 力学性能

表 9-43　铝箔室温力学性能

厚度/mm	R_m/MPa	A_{100mm}/%
0.0060～0.0090	50～100	≥1.0
＞0.0090～0.0120	60～100	≥1.5

表 9-44　铝箔的针孔个数、针孔直径

厚度/mm	针孔个数						针孔直径/mm		
	任意 1m² 内			任意 4mm×4mm 或 1mm×16mm 内					
	超高精级	高精级	普通级	超高精级	高精级	普通级	超高精级	高精级	普通级
0.0060	≤600	≤1000	≤1500	≤6	≤7	≤8	≤0.1	≤0.2	≤0.3

续表

厚度/mm	针孔个数						针孔直径/mm		
	任意 1m² 内			任意 4mm×4mm 或 1mm×16mm 内			超高精级	高精级	普通级
	超高精级	高精级	普通级	超高精级	高精级	普通级			
>0.0060~0.0065	≤400	≤600	≤1000	≤6	≤7	≤8	≤0.1	≤0.2	≤0.3
>0.0065~0.0070	≤150	≤300	≤500						
>0.0070~0.0090	≤100	≤150	≤200						
>0.0090~0.0120	≤20	≤50	≤100						

注：蒸煮包用铝箔宜选择超高精级；液体包用铝箔宜选择高精级；固体包用铝箔宜选择普通级。

十八、软管用铝及铝合金箔（GB/T 22648—2008）

1. 品种规格

本标准适用于软管用铝及铝合金箔。

表 9-45　铝箔的牌号、状态、规格

牌号	状态	规格/mm		
		厚度(T)	宽度	管芯内径
1235、3003、8011	O	0.009~0.040	≤1200	75、76.2
				150、152.4

2. 力学性能

表 9-46　铝箔室温力学性能

牌号	状态	厚度/mm	R_m/MPa	A_{100mm}/%
1235	O	0.009~0.012	50~90	≥0.5
		>0.012~0.040	50~90	≥1.0
3003		0.009~0.012	80~135	≥1.5
		>0.012~0.040	80~135	≥2.0

续表

牌号	状态	厚度/mm	R_m/MPa	A_{100mm}/%
8011	O	0.009～0.012	65～110	≥1.5
		＞0.012～0.040	65～110	≥2.0

表 9-47　铝箔的针孔个数、针孔直径

厚度/mm	针孔个数 任意 1m² 内	针孔直径/mm
≤0.012	≤50	
＞0.012～0.016	≤30	≤0.3
＞0.016～0.020	≤20	
＞0.020	≤5	

十九、铝合金建筑型材　第 1 部分：基材（GB/T 5237.1—2017）

1. 品种规格

本部分适用于门、窗、幕墙、护栏等建筑用的、未经表面处理的铝合金热挤压型材。用途相同的热挤压管也可参照执行。

表 9-48　牌号及状态

牌号	状态
6060、6063	T5、T6、T66
6005、6063A、6463、6463A	T5、T6
6061	T4、T6

横截面尺寸应符合供需双方签订的图样规定。长度应供需双方商定，并在订货单（或合同）中注明。

2. 力学性能

表 9-49　力学性能

牌号	状态		壁厚/mm	室温纵向拉伸试验结果				硬度		
				R_m /MPa	$R_{P0.2}$ /MPa	断后伸长率 /%		试样厚度 /mm	HV	HW
						A	A_{50mm}			
				不小于						
6005	T5		≤6.30	260	240	—	8	—	—	—
	T6	实心基材	≤5.00	270	225	—	6	—	—	—
			>5.00~10.00	260	215	—	6	—	—	—
			>10.00~25.00	250	200	8	6	—	—	—
		空心基材	≤5.00	255	215	—	6	—	—	—
			>5.00~15.00	250	200	8	6	—	—	—
6060	T5		≤5.00	160	120	—	6	—	—	—
			>5.00~25.00	140	100	8	6	—	—	—
	T6		≤3.00	190	150	—	6	—	—	—
			>3.00~25.00	170	140	8	6	—	—	—
	T66		≤3.00	215	160	—	6	—	—	—
			>3.00~25.00	195	150	8	6	—	—	—
6061	T4		所有	180	110	16	16	—	—	—
	T6		所有	265	245	8	8	—	—	—
6063	T5		所有	160	110	8	8	0.8	58	8
	T6		所有	205	180	8	8	—	—	—
	T66		≤10.00	245	200	—	6	—	—	—
			>10.00~25.00	225	180	8	6	—	—	—
6063A	T5		≤10.00	200	160	—	5	0.8	65	10
			>10.00	190	150	5	5	0.8	65	10
	T6		≤10.00	230	190	—	5	—	—	—
			>10.00	220	180	4	4	—	—	—

牌号	状态	壁厚/mm	室温纵向拉伸试验结果				硬度		
			R_m/MPa	$R_{P0.2}$/MPa	断后伸长率/%		试样厚度/mm	HV	HW
					A	A_{50mm}			
			不小于						
6463	T5	≤50.00	150	110	8	6	—	—	—
	T6	≤50.00	195	160	10	8	—	—	—
6463A	T5	≤12.00	150	110	—	6	—	—	—
	T6	≤3.00	205	170	—	—	—	—	—
		>3.00~12.00	205	170	—	8	—	—	—

二十、铝合金建筑型材 第 2 部分：阳极氧化型材（GB/T 5237.2—2017）

1. 品种规格

本部分适用于表面经阳极氧化、电解着色或染色的建筑用铝合金热挤压型材。用途和表面处理方式相同的其他铝合金加工材也可参照执行。

牌号、状态和尺寸规格应符合 GB/T 5237.1—2017 的规定。

表 9-50　型材表面纹理类型及特点

纹理类型	纹理特点
光面	保持与基材基本一样的表面纹理外观
砂面	通过对基材表面采用喷砂、抛丸或碱蚀等方法获得的表面纹理外观
抛光面	使用布轮、羊毛轮和砂纸等磨削基材表面获得的平滑且光亮的表面纹理外观
拉丝面	采用机械摩擦的方法加工基材表面获得的直线、乱纹、螺纹、波纹、旋纹型等表面纹理外观

表 9-51   膜层的膜厚级别、膜层颜色及表面处理方式

膜厚级别	膜层颜色	表面处理方式
AA10、AA15、 AA20、AA25	银白	阳极氧化＋封孔
	古铜色、黑色、金色等	阳极氧化＋电解着色＋封孔
		阳极氧化＋染色＋封孔

2. 力学性能

力学性能应符合 GB/T 5237.1—2017 的规定。

二十一、铝合金建筑型材　第 3 部分：电泳涂漆型材（GB/T 5237.3—2017）

1. 品种规格

本部分适用于表面经阳极氧化、着色和电泳涂漆（水溶性清漆或色漆）复合处理的建筑用铝合金热挤压型材。用途和表面处理方式相同的其他铝合金加工材也可参照执行。

牌号、状态和尺寸规格应符合 GB/T 5237.1—2017 的规定。

表 9-52   漆膜类型及特点

漆膜类型		漆膜特点
按漆膜光泽分类	有光漆膜	漆膜表面光亮,镜面反射率较高
	消光漆膜	漆膜表面光泽柔和,镜面反射率较低
按漆膜颜色分类	透明漆膜	漆膜无色透明,所用的电泳涂料未添加颜料
	有色漆膜	漆膜颜色多样,但因受到所用颜料的性能影响,耐候性、耐蚀性与透明漆膜有一定的区别

表 9-53   复合膜膜厚级别

膜厚级别	膜层代号	漆膜类型	备注
A	EA21	有光或消光 透明漆膜	复合膜膜厚级别分为 3 类:A、B 和 S。该分类是按膜厚和电泳涂料的颜色种类进行划分,而不是根据性能划分。对于同一厂家同型号电泳涂料采用相同生产工艺所形成的复合膜,漆膜膜厚高的比漆膜膜厚低的耐候性和耐腐蚀性通常会好些
B	EB16		
S	ES21	有光或消光 有色漆膜	

表 9-54　复合膜性能级别对应型材的适用环境

复合膜性能级别	型材的适用环境
Ⅳ级	太阳光辐射强烈,大气腐蚀严重的环境
Ⅲ级	太阳光辐射较强,大气腐蚀严重的环境
Ⅱ级	太阳光辐射强度一般,大气腐蚀轻微的环境

2. 力学性能

表 9-55　装饰面上的膜厚要求

膜厚级别	膜厚/μm		
	阳极氧化膜局部膜厚	漆膜局部膜厚	复合膜局部膜厚
A	≥9	≥12	≥21
B	≥9	≥7	≥16
S	≥6	≥15	≥21

色差:颜色应与供需双方商定的色板基本一致。

漆膜硬度:经铅笔划痕试验,漆膜硬度应不小于 3H。

漆膜附着性:漆膜干附着性和湿附着性应达到 0 级。

耐沸水性:经耐沸水浸渍试验后,漆膜表面应无皱纹、裂纹、气泡,并无脱落或变色现象,附着性应达到 0 级。

力学性能应符合 GB/T 5237.1—2017 的规定。

二十二、铝合金建筑型材　第 4 部分:喷粉型材(GB/T 5237.4—2017)

1. 品种规格

本部分适用于以热固性聚酯、聚氨酯、三氟氯乙烯-乙烯基醚(简称 FEVE)粉末和热塑性聚偏二氟乙烯(简称 PVDF)粉末等作涂料的建筑用静电喷粉型材。用途和表面处理方式相同的其他铝合金加工材也可参照执行。

牌号、状态和尺寸规格应符合 GB/T 5237.1—2017 的规定。

表 9-56　膜层类型及特点

膜层类型	膜层代号	膜层特点
聚酯类粉末膜层	GA40	膜层由饱和羧基聚酯为主成分的粉末涂料喷涂固化而成,具有较好的防腐性能及耐候性能
聚氨酯类粉末膜层	GU40	膜层由饱和羟基聚酯为主成分的粉末涂料喷涂固化而成,具有高耐磨性能,且膜层光滑、质感细腻。用于热转印时,油墨渗透性优于聚酯膜层
氟碳类粉末膜层	GF40	膜层由热固性 FEVE 树脂为主成分的粉末涂料喷涂固化而成,或者由热塑性的 PVDF 树脂为主成分的粉末涂料喷涂形成。具有更优良的耐候性能,适用于腐蚀气氛严重、太阳辐射强的环境
其他粉末膜层	GO40	见 YS/T 680—2016

注:膜层代号中的第一位英文字母表示喷粉处理;第二位英文字母表示粉末类型,其中 A 表示聚酯类粉末,U 表示聚氨酯类粉末,F 表示氟碳类粉末,O 表示其他粉末。字母后面的阿拉伯数字表示最小局部膜厚限定值。

表 9-57　膜层性能级别对应型材的适用环境

膜层性能级别	型材适用环境
Ⅲ级	优异的耐候性能,适合于太阳辐射强烈的环境
Ⅱ级	良好的耐候性能,适合于太阳辐射较强的环境
Ⅰ级	一般的耐候性能,适合于太阳辐射强度一般的环境

2. 力学性能

力学性能应符合 GB/T 5237.1—2017 的规定。

二十三、铝合金建筑型材　第 5 部分:喷漆型材(GB/T 5237.5—2017)

1. 品种规格

本部分适用于有机溶剂型或水性溶剂型聚偏二氟乙烯(PVDF)漆作膜层的建筑用静电喷涂铝合金热挤压型材。用途和表面处理方式相同的其他铝合金加工材也可参阅执行。

牌号、状态和尺寸规格应符合 GB/T 5237.1—2017 的规定。

表 9-58　膜层类型、膜层代号、膜层组成、特点及对应型材的适用环境

膜层类型	膜层代号	膜层组成	膜层特点及对应型材的适用环境
二涂层	LF2-25	底漆加面漆	二涂层一般为单色或珠光云母闪烁效果膜层,不需要额外的清漆保护,二涂层适用于太阳辐射较强,大气腐蚀较强的环境
三涂层	LF3-34	底漆、面漆加清漆	三涂层一般为金属效果的膜层,该膜层面漆中使用球磨铝粉以获得金属质感效果,其金属质感不同于二涂层的珠光云母膜层,因铝粉易氧化或剥落,膜层表面需要清漆保护,以保证膜层的综合性能。金属铝粉漆一般不做二涂层。三涂层适用于太阳辐射较强、大气腐蚀较强的环境
四涂层	LF4-55	底漆、阻挡漆、面漆加清漆	四涂层一般为性能要求更高的金属效果膜层,该膜层在三涂层的基础上,增加阻隔紫外线的阻挡漆膜层,提高了耐紫外线能力。四涂层适用于太阳辐射极强、大气腐蚀极强的环境

注：膜层代号中的"LF"表示喷漆处理,"LF"后的第一位阿拉伯数字表示膜层种类,"-"后面的阿拉伯数字表示膜层的最小局部膜厚。

2. 膜层性能

表 9-59　装饰面上的膜厚

膜层类型	平均膜厚/μm	局部膜厚/μm
二涂层	≥30	≥25
三涂层	≥40	≥34
四涂层	≥65	≥55

注：由于型材横截面形状的复杂性,在型材某些表面（如内角、凹槽等）的局部膜厚允许低于本表的规定值,但不准许出现露底现象。膜层的光泽值应与订货单（或合同一致）,其允许偏差为±5个光泽单位。经铅笔划痕试验,膜层硬度应不小于1H。

膜层的干附着性、湿附着性和沸水附着性应达到0级。

经落砂试验后,磨耗系数应不小于$1.6 L/\mu m$。

3. 力学性能

力学性能应符合 GB/T 5237.1—2017 的规定。

二十四、铝合金建筑型材　第 6 部分：隔热型材（GB/T 5237.6—2017）

1. 品种规格

本部分适用于穿条式隔热铝合金建筑型材或浇注式隔热铝合金建筑型材。其他行业的隔热铝合金型材也可参照执行。

牌号、状态和尺寸规格应符合 GB/T 5237.1—2017 的规定。

表 9-60　型材表面处理类别、膜层外观效果、膜层代号、膜层性能级别及推荐的适用环境

型材表面处理类别	膜层外观效果		膜层代号	膜层性能级别	推荐的适用环境
阳极氧化	光面、砂面、抛光面、拉丝面		AA10、AA15、AA20、AA25	—	阳极氧化膜适用于强紫外光辐射的环境。污染较重或潮湿的环境宜选用 AA20 或 AA25 的阳极氧化膜。海洋环境慎用
电泳涂漆	有光或消光透明漆膜		EA21、EB16	Ⅳ、Ⅲ、Ⅱ	复合膜适用于大多数环境，热带海洋性环境宜选用Ⅲ级或Ⅳ级复合膜
	有光或消光有色漆膜		ES21		
喷粉	平面效果		GA40、GU40、GF40、GO40	Ⅲ、Ⅱ、Ⅰ	粉末喷涂膜适用于大多数环境，潮湿的热带海洋环境宜选用Ⅱ级或Ⅲ级喷涂膜
	纹理效果	砂纹、木纹、大理石纹、立体彩雕、金属效果			
喷漆	单色或珠光云母闪烁效果		LF2-25	—	氟碳漆膜适用于绝大多数太阳辐射较强、大气腐蚀较强的环境，特别是靠近海岸的热带海洋环境
	金属效果		LF3-34、LF4-55		

注：电泳涂漆膜层性能级别符合 GB/T 5237.3—2017 的规定；喷粉膜层性能级别符合 GB/T 5237.4—2017 的规定。

表 9-61　传热系数级别及推荐的适用环境

传热系数级别	推荐的适用环境	推荐的聚酰胺型材高度/mm	推荐的浇注型材槽口型号	传热系数/[W/(m²·K)]
Ⅰ	温和地区或对产品隔热性能要求不高的环境(如昆明)	≤12	AA	>4.0
Ⅱ	夏热冬暖地区(如广州、厦门)	>12～14.8	BB	>3.2～4.0
Ⅲ	夏热冬冷地区(如上海、重庆)	>14.8～24	CC	2.5～3.2
Ⅳ	严寒和寒冷地区(如哈尔滨、北京)	>24	CC 以上	<2.5

2. 力学性能

铝合金型材的力学性能应符合 GB/T 5237.1—2017 的规定。铝合金型材膜层性能应符合 GB/T 5237.2—2017～GB/T 5237.5—2017 的相应规定。

隔热材料性能：穿条型材中的聚酰胺型材应符合 GB/T 23615.1—2017 的规定。浇注型材中的聚氨酯隔热胶应符合 GB/T 23615.2—2012 的规定。

穿条型材的复合性能如下。

表 9-62　纵向抗剪特征值

性能项目	试验温度/℃	纵向剪切试验结果/(N/mm)
室温纵向抗剪特征值	23±2	≥24
低温纵向抗剪特征值	−30±2	
高温纵向抗剪特征值	80±2	

表 9-63　室温横向抗拉特征值

性能项目	试验温度/℃	横向拉伸试验结果/(N/mm)
室温横向抗拉特征值	23±2	≥24

表 9-64　高温持久荷载性能

高温持久荷载拉伸试验结果		
隔热型材变形量平均值/mm	横向抗拉特征值（N/mm）	
	低温（−30℃±2℃）	高温（80℃±2℃）
≤0.6	≥24	

浇注型材的复合性能如下。

表 9-65　纵向抗剪特征值

性能项目	试验温度/℃	纵向剪切试验结果/(N/mm)
室温纵向抗剪特征值	23±2	≥24
低温纵向抗剪特征值	−30±2	
高温纵向抗剪特征值	70±2	

表 9-66　横向抗拉特征值

性能项目	试验温度/℃	横向拉伸试验结果/(N/mm)
室温横向抗拉特征值	23±2	≥24
低温横向抗拉特征值	−30±2	
高温横向抗拉特征值	70±2	

表 9-67　热循环变形性能

热循环试验结果	
隔热材料变形量平均值/mm	室温(23℃±2℃) 纵向抗剪特征值/(N/mm)
≤0.6	≥24

二十五、太阳能电池框架用铝合金型材（YS/T 773—2011）

1. 品种规格

表 9-68　牌号、状态、表面处理方式

合金牌号	状态	表面处理方式
6005、6063A、6463、6R53	T5、T6	阳极氧化、电泳涂漆
6060、6063	T5、T6、T66	
6061	T6	

2. 力学性能

表 9-69 室温力学性能

合金	状态	壁厚/mm	R_m/MPa（不小于）	$R_{P0.2}$/MPa（不小于）	A_{50mm}/%（不小于）	试样厚度/mm	硬度（HW）
						不小于	
6060	T66	≤3.0	215	160	8	1.2	12
6063	T66	≤3.0	245	200	8	1.2	14
6R63	T5	≤3.0	170	120	8	1.2	11
	T6		220	180	8	1.2	12

二十六、电机外壳用铝合金挤压型材（YS/T 780—2011）

1. 品种规格

表 9-70 产品牌号、状态

产品类别	牌号	状态	表面形式	用途
普通机壳型材、内孔免切削机壳型材	6063、6063A	T5、T6	挤压表面、阳极氧化处理的表面	非防爆电机
	6063			防爆电机

表 9-71 内孔免切削机壳型材的内孔壁厚和底脚壁厚

机座号/凸缘号	内孔直径(D)/mm	内孔壁厚(t)/mm		底脚壁厚(T)/mm	
		最小壁厚	尺寸偏差	最小壁厚	尺寸偏差
50	80	1.5	+0.3 −0.1	2.8	+0.3 −0.1
56	90	1.8	+0.3 −0.1	3.0	+0.3 −0.1
63	96	2.0	+0.3 −0.1	3.5	+0.3 −0.1
71	110	2.2	+0.35 −0.1	4.0	+0.4 −0.1
80	128	2.5	+0.35 −0.1	4.5	+0.4 −0.1

续表

机座号/ 凸缘号	内孔直径(D) /mm	内孔壁厚(t)/mm		底脚壁厚(T)/mm	
		最小壁厚	尺寸偏差	最小壁厚	尺寸偏差
90	145	2.8	+0.4 −0.1	5.0	+0.5 −0.1
100	155	3.0	+0.4 −0.1	5.5	+0.5 −0.1
112	175	3.2	+0.4 −0.1	6.0	+0.5 −0.1

2. 力学性能

防爆电机用机壳型材，其室温纵向拉伸性能应符合表 9-72 的规定。其他产品的室温纵向拉伸性能应符合 GB/T 6892—2015（一般工业用铝及铝合金挤压型材）的规定。

表 9-72　力学性能

状态	R_m/MPa （不小于）	$R_{P0.2}$/MPa （不小于）	A_{50mm}/% （不小于）
T5	120	80	8
T6	160	110	8

二十七、全铝桥梁结构用铝合金挤压型材（GB/T 34488—2017）

1. 品种规格

本标准适用于人行天桥等全铝桥梁结构用铝合金挤压型材。
型材按用途分为主承重结构型材和其他结构型材两类。

表 9-73　结构类型及牌号、状态

结构类型	牌号	状态
主承重结构	6082	T6
其他结构	6082、6005A、6061、6063	T6
	5083	H112

表 9-74　表面处理型材的类别、膜层代号及膜层性能级别

表面处理型材类别	膜层代号	膜层性能级别	备注
阳极氧化型材	AA20、AA25	—	符合 GB/T 5237.2—2017 的规定
电泳涂漆型材	EA21、ES21	Ⅳ、Ⅲ	符合 GB/T 5237.3—2017 的规定
喷粉型材	GA40、GU40、GF40	Ⅲ、Ⅱ	符合 GB/T 5237.4—2017 的规定
喷漆型材	LF3-34、LF4-55	—	符合 GB/T 5237.5—2017 的规定

2. 力学性能

表 9-75　室温拉伸力学性能

牌号	状态		壁厚/mm	R_m/MPa	$R_{P0.2}$/MPa	A	A_{50mm}
				不小于			
5083	H112		—	270	125	12	10
6005A	T6	实心型材	≤5.00	270	225	—	6
			>5.00～10.00	260	215	—	6
			>10.00～25.00	250	200	8	6
		空心型材	≤5.00	255	215	—	6
			>5.00～15.00	250	200	8	6
6082	T6		≤5.00	290	250	—	6
			>5.00～25.00	310	260	10	8
6061	T6		≤5.00	260	240	—	7
			>5.00～25.00	260	240	10	8
6063	T6		≤10.00	215	170	—	6
			>10.00～25.00	195	160	8	6

注：壁厚不大于 1.60mm 的型材不要求断后伸长率。如需方有要求，应供需双方商定，并在图样、订货单（或合同）中注明。

二十八、屋面结构用铝合金挤压型材和板材（GB/T 34489—2017）

1. 品种规格

产品按用途分为主承重结构产品和其他结构产品两类。

表 9-76 结构类型及牌号、状态

结构类型	牌号	状态
主承重结构	6061、6R03、6R66	T5、T6
其他结构	6061、6063	T5、T6
	5754	H112

表 9-77 表面处理产品的类别、膜层代号及膜层性能级别

表面处理产品类别	膜层代号	膜层性能级别	备注
电泳涂漆产品	EA21、ES21	IV、III	符合 GB/T 5237.3—2017 的规定
喷粉产品	GA40、GU40、GF40	III、II	符合 GB/T 5237.4—2017 的规定
喷漆产品	LF3-34、LF4-55	—	符合 GB/T 5237.5—2017 的规定

2. 力学性能

表 9-78 室温拉伸力学性能

牌号	状态	型材的壁厚或板材的厚度/mm	R_m /MPa	$R_{P0.2}$ /MPa	断后伸长率/%	
					A	A_{50mm}
			不小于			
6061	T5	≤16.00	240	205	9	7
	T6	≤5.00	260	240	—	7
		>5.00~25.00	260	240	10	8
6063	T5	≤3.00	175	130	—	6
		>3.00~25.00	160	110	7	5
	T6	≤10.00	215	170	—	6
		>10.00~25.00	195	160	8	6
6R66	T5	≤25.00	250	200	8	7
	T6	≤25.00	275	230	7	6
6R03	T5	≤25.00	260	215	7	6
	T6	≤25.00	290	250	7	5
5754	H112	≤25.00	180	80	14	12

表 9-79　高温持久拉伸力学性能

牌号	温度/℃	试验应力/MPa	试验保持时间/h
6061、6R03、6R66	100	168	100

二十九、喷射成形锭坯挤制的铝合金挤压型材、棒材和管材 （GB/T 34506—2017）

1. 品种规格

表 9-80　牌号、状态及尺寸规格

牌号	状态			尺寸规格				长度/mm
	型材	棒材	管材	截面尺寸/mm				
				圆棒直径	方棒、六角棒内切圆直径	型材	管材	
7034	—	T6	T6	25～160	25～120	符合 GB/T 14846—2014 规定	符合 GB/T 4436—2012 规定	1000～6000
7055	T6、T76	T6、T76	T6、T76	25～350	25～200			

2. 力学性能

表 9-81　室温力学性能

牌号	状态	型材、管材的壁厚，圆棒的直径，方棒或六角棒的内切圆直径/mm	R_m/MPa	$R_{P0.2}$/MPa	断后伸长率/%	
					A	A_{50mm}
			不小于			
7034	T6	＞30.00～100.00	730	710	2	
		＞100.00～150.00	720	690	2	
7055	T6	≤12.50	625	590	—	7
		＞12.50～76.00	640	595	8	
		＞76.00～150.00	650	600	8	
		＞150.00～250.00	630	575	5	
	T76	≤12.50	621	586	—	7
		＞12.50～76.00	627	595	9	
		＞76.00～150.00	630	595	8	
		＞150.00～250.00	605	575	6	

三十、铝及铝合金挤压棒材（GB/T 3191—2010）

1. 品种规格

本标准适用于截面为圆形的棒材、截面为正方形的棒材和截面为正六边形的棒材。

表 9-82　棒材的牌号、类别、状态和规格

牌号		供货状态	试样状态	规格
Ⅱ类(2×××系、7×××系合金及含 Mg 量平均值大于或等于 3%的5×××系合金的棒材)	Ⅰ类(除Ⅱ类外的其他棒材)			
—	1070A	H112	H112	圆棒直径5～600mm,方棒、六角棒对边距离5～200mm,长度1～6m
—	1060	O	O	
		H112	H112	
—	1050A	H112	H112	
—	1350	H112	H112	
—	1035	O	O	
		H112	H112	
—	1200	H112	H112	
2A02	—	T1、T6	T62、T6	
2A06	—	T1、T6	T62、T6	
2A11	—	T1、T4	T42、T4	
2A12	—	T1、T4	T42、T4	
2A13	—	T1、T4	T42、T4	
2A14	—	T1、T6、T6511	T62、T6、T6511	
2A16	—	T1、T6、T6511	T62、T6、T6511	
2A50	—	T1、T6	T62、T6	
2A70	—	T1、T6	T62、T6	

续表

牌号		供货状态	试样状态	规格
Ⅱ类(2×××系、7×××系合金及含 Mg 量平均值大于或等于 3% 的 5××× 系合金的棒材)	Ⅰ类(除Ⅱ类外的其他棒材)			
2A80	—	T1、T6	T62、T6	圆棒直径 5～600mm，方棒、六角棒对边距离 5～200mm，长度 1～6m
2A90	—	T1、T6	T62、T6	
2014、2014A	—	T4、T4510、T4511	T4、T4510、T4511	
		T6、T6510、T6511	T6、T6510、T6511	
2017	—	T4	T42、T4	
2017A	—	T4、T4510、T4511	T4、T4510、T4511	
2024	—	O	O	
		T3、T3510、T3511	T3、T3510、T3511	
—	3A21	O	O	
		H112	H112	
—	3102	H112	H112	
—	3003、3103	O	O	
		H112	H112	
—	4A11	T1	T62	
—	4032	T1	T62	
—	5A02	O	O	
		H112	H112	
5A03	—	H112	H112	
5A05	—	H112	H112	
5A06	—	H112	H112	
5A12	—	H112	H112	

续表

牌号		供货状态	试样状态	规格
Ⅱ类(2×××系、7×××系合金及含 Mg 量平均值大于或等于3%的5×××系合金的棒材)	Ⅰ类(除Ⅱ类外的其他棒材)			
—	5005、5005A	H112	H112	圆棒直径5～600mm,方棒、六角棒对边距离5～200mm,长度1～6m
—	5005、5005A	O	O	
5019	—	H112	H112	
5019	—	O	O	
5049	—	H112	H112	
—	5251	H112	H112	
—	5251	O	O	
—	5052	H112	H112	
—	5052	O	O	
5154A	—	H112	H112	
5154A	—	O	O	
—	5454	H112	H112	
—	5454	O	O	
5754	—	H112	H112	
5754	—	O	O	
5083	—	H112	H112	
5083	—	O	O	
5086	—	H112	H112	
5086	—	O	O	
—	6A02	T1、T6	T62、T6	
—	6101A	T6	T6	
—	6005、6005A	T5	T5	
—	6005、6005A	T6	T6	

续表

牌号		供货状态	试样状态	规格
Ⅱ类(2×××系、7×××系合金及含 Mg 量平均值大于或等于3％的5×××系合金的棒材)	Ⅰ类(除Ⅱ类外的其他棒材)			
7A04	—	T1、T6	T62、T6	圆棒直径5～600mm,方棒、六角棒对边距离5～200mm,长度1～6m
7A09	—	T1、T6	T62、T6	
7A15	—	T1、T6	T62、T6	
7003	—	T5	T5	
		T6	T6	
7005	—	T6	T6	
7020	—	T6	T6	
7021	—	T6	T6	
7022	—	T6	T6	
7049A	—	T6、T6510、T6511	T6、T6510、T6511	
7075	—	O	O	
		T6、T6510、T6511	T6、T6510、T6511	
—	8A06	O	O	
		H112	H112	

2. 力学性能

表 9-83　力学性能

牌号	供货状态	试样状态	直径(方棒、六角棒指内切圆直径)/mm	R_m/MPa (不小于)	$R_{P0.2}$/MPa (不小于)	断后伸长率/％ (不小于)	
						A	A_{50mm}
1070A	H112	H112	≤150.00	55	15	—	—
1060	O	O	≤150.00	60～95	15	22	—
	H112	H112		60	15	22	—

牌号	供货状态	试样状态	直径(方棒、六角棒指内切圆直径)/mm	R_m/MPa (不小于)	$R_{P0.2}$/MPa (不小于)	断后伸长率/% (不小于)	
						A	A_{50mm}
1050A	H112	H112	≤150.00	65	20	—	—
1350	H112	H112	≤150.00	60	—	25	—
1200	H112	H112	≤150.00	75	20	—	—
1035、8A06	O	O	≤150.00	60~120	—	25	—
	H112	H112		60	—	25	—
2A02	T1、T6	T62、T6	≤150.00	430	275	10	—
2A06	T1、T6	T62、T6	≤22.00	430	285	10	—
			>22.00~100.00	440	295	9	—
			>100.00~150.00	430	285	10	—
2A11	T1、T4	T42、T4	≤150.00	370	215	12	—
2A12	T1、T4	T42、T4	≤22.00	390	255	12	—
			>22.00~150.00	420	255	12	—
2A13	T1、T4	T42、T4	≤22.00	315	—	4	—
			>22.00~150.00	345	—	4	—
2A14	T1、T6、T6511	T62、T6、T6511	≤22.00	440	—	10	—
			>22.00~150.00	450	—	10	—
2014、2014A	T4、T4510、T4511	T4、T4510、T4511	≤25.00	370	230	13	11
			>25.00~75.00	410	270	12	—
			>75.00~150.00	390	250	10	—
			>150.00~200.00	350	230	8	—
	T6、T6510、T6511	T6、T6510、T6511	≤25.00	415	370	6	5
			>25.00~75.00	460	415	7	—
			>75.00~150.00	465	420	7	—
			>150.00~200.00	430	350	6	—
			>200.00~250.00	420	320	5	—

续表

牌号	供货状态	试样状态	直径(方棒、六角棒指内切圆直径)/mm	R_{m}/MPa (不小于)	$R_{\mathrm{P0.2}}$/MPa (不小于)	断后伸长率/% (不小于)	
						A	$A_{50\mathrm{mm}}$
2A16	T1、T6、T6511	T62、T6、T6511	≤150.00	355	235	8	—
2017	T4	T42、T4	≤120.00	345	215	12	—
2017A	T4、T4510、T4511	T4、T4510、T4511	≤25.00	380	260	12	10
			>25.00~75.00	400	270	10	—
			>75.00~150.00	390	260	9	—
			>150.00~200.00	370	240	8	—
			>200.00~250.00	360	220	7	—
2024	O	O	≤150.00	≤250	≤150	12	10
	T3、T3510、T3511	T3、T3510、T3511	≤50.00	450	310	8	6
			>50.00~100.00	440	300	8	—
			>100.00~200.00	420	280	8	—
			>200.00~250.00	400	270	8	—
2A50	T1、T6	T62、T6	≤150.00	355	—	12	—
2A70、2A80、2A90	T1、T6	T62、T6	≤150.00	355	—	8	—
3102	H112	H112	≤250.00	80	30	25	23
3003	O	O	≤250.00	95~130	35	25	20
	H112	H112		90	30	25	20
3103	O	O	≤250.00	95	35	25	20
	H112	H112		95~135	35	25	20
3A21	O	O	≤150.00	≤165	—	20	20
	H112	H112		90	—	20	—
4A11、4032	T1	T62	100.00~200.00	360	290	2.5	2.5
5A02	O	O	≤150.00	≤225	—	10	—
	H112	H112		170	70	—	—

牌号	供货状态	试样状态	直径（方棒、六角棒指内切圆直径）/mm	R_m/MPa（不小于）	$R_{P0.2}$/MPa（不小于）	断后伸长率/%（不小于）	
						A	A_{50mm}
5A03	H112	H112	≤150.00	175	80	13	13
5A05	H112	H112	≤150.00	265	120	15	15
5A06	H112	H112	≤150.00	315	155	15	15
5A12	H112	H112	≤150.00	370	185	15	15
5052	H112	H112	≤250.00	170	70	—	—
	O	O		170～230	70	17	15
5005、5005A	H112	H112	≤200.00	100	40	18	16
	O	O	≤60.00	100～150	40	18	16
5019	H112	H112	≤200.00	250	110	14	12
	O	O		250～320	110	15	13
5049	H112	H112	≤250.00	180	80	15	15
5251	H112	H112	≤250.00	160	60	16	14
	O	O		160～220	60	17	15
5154A、5154	H112	H112	≤250.00	200	85	16	16
	O	O		200～275	85	18	18
5754	H112	H112	≤150.00	180	80	14	12
			＞150.00～250.00	180	70	13	—
	O	O	≤150.00	180～250	80	17	15
5083	O	O	≤200.00	270～350	110	12	10
	H112	H112		270	125	12	10
5086	O	O	≤250.00	240～320	95	18	15
	H112	H112	≤200.00	240	95	12	10
6101A	T6	T6	≤150.00	200	170	10	10
6A02	T1、T6	T62、T6	≤150.00	295	—	12	12
6005、6005A	T5	T5	≤25.00	260	215	8	—
	T6	T6	≤25.00	270	225	10	8
			＞25.00～50.00	270	225	8	—
			＞50.00～100.00	260	215	8	—

续表

牌号	供货状态	试样状态	直径(方棒、六角棒指内切圆直径)/mm	R_m/MPa (不小于)	$R_{P0.2}$/MPa (不小于)	断后伸长率/% (不小于)	
						A	A_{50mm}
6110A	T5	T5	≤120.00	380	360	10	8
	T6	T6	≤120.00	410	380	10	8
6351	T4	T4	≤150.00	205	110	14	12
	T6	T6	≤20.00	295	250	8	6
			>20.00~75.00	300	255	8	—
			>75.00~150.00	310	260	8	—
			>150.00~200.00	280	240	6	—
			>200.00~250.00	270	200	6	—
6060	T4	T4	≤150.00	120	60	16	14
	T5	T5		160	120	8	6
	T6	T6		190	150	8	6
6061	T6	T6	≤150.00	260	240	9	—
	T4	T4		180	110	14	—
6063	T4	T4	≤150.00	130	65	14	12
			>150.00~200.00	120	65	12	—
	T5	T5	≤200.00	175	130	8	6
	T6	T6	≤150.00	215	170	10	8
			>150.00~200.00	195	160	10	—
6063A	T4	T4	≤150.00	150	90	12	10
			>150.00~200.00	140	90	10	—
	T5	T5	≤200.00	200	160	7	5
	T6	T6	≤150.00	230	190	7	5
			>150.00~200.00	220	160	7	—
6463	T4	T4	≤150.00	125	75	14	12
	T5	T5		150	110	8	6
	T6	T6		195	160	10	8

续表

牌号	供货状态	试样状态	直径(方棒、六角棒指内切圆直径)/mm	R_m/MPa (不小于)	$R_{P0.2}$/MPa (不小于)	断后伸长率/% (不小于) A	A_{50mm}
6082	T6	T6	≤20.00	295	250	8	6
			>20.00~150.00	310	260	8	—
			>150.00~200.00	280	240	6	—
			>200.00~250.00	270	200	6	—
7003	T5	T5	≤250.00	310	260	10	8
	T6	T6	≤50.00	350	290	10	8
			>50.00~150.00	340	280	10	8
7A04、7A09	T1、T6	T62、T6	≤22.00	490	370	7	—
			>22.00~150.00	530	400	7	—
7A15	T1、T6	T62、T6	≤150.00	490	420	6	—
7005	T6	T6	≤50.00	350	290	10	8
			>50.00~150.00	340	270	10	—
7020	T6	T6	≤50.00	350	290	10	8
			>50.00~150.00	340	275	10	—
7021	T6	T6	≤40.00	410	350	10	8
7022	T6	T6	≤80.00	490	420	7	5
			>80.00~200.00	470	400	7	—
7049A	T6、T6510、T6511	T6、T6510、T6511	≤100.00	610	530	5	4
			>100.00~125.00	560	500	5	—
			>125.00~150.00	520	430	5	—
			>150.00~180.00	450	400	3	—
7075	O	O	≤200	≤275	≤165	10	8
	T6、T6510、T6511	T6、T6510、T6511	≤25.00	540	480	7	5
			>25.00~100.00	560	500	7	—
			>100.00~150.00	530	470	6	—
			>150.00~250.00	470	400	5	—

三十一、易切削铝合金挤压棒材（GB/T 34493—2017）

1. 品种规格

表 9-84　牌号、状态及尺寸规格

牌号	供应状态	尺寸规格/mm		
		直径	长度	
			不定尺	定尺
6023、6026、6043、6262A、6065	T6	≤50.00	1000～5800	1000～10000
		＞50～150.00	500～5800	

2. 力学性能

表 9-85　室温拉伸力学性能

牌号	状态	直径/mm	R_m/MPa	$R_{P0.2}$/MPa	断后伸长率/%	
					A	A_{50mm}
			不小于			
6023	T6	≤150.00	320	270	10	8
6026	T6	≤80.00	370	300	8	6
6043	T6	≤80.00	280	250	8	6
6262A	T6	≤150.00	250	240	10	8
6065	T6	≤150.00	250	240	10	8

棒材经车床（或数控车床）切削加工时，切屑应细碎，不粘刀。碎屑长度应不大于 30mm。

表 9-86　剪切性能

牌号	状态	直径/mm	抗剪强度/MPa
6023	T6	≤150.00	≥150
6026	T6	≤80.00	≥185
6043	T6	≤80.00	≥140
6262A	T6	≤150.00	≥130
6065	T6	≤150.00	≥130

三十二、衡器用铝合金挤压扁棒（YS/T 689—2009）

1. 品种规格

表 9-87　牌号、状态

牌号	状态	厚度或宽度/mm
2024、2A12	T4	5～85

2. 力学性能

表 9-88　力学性能

牌号	状态	厚度/mm	R_m/MPa（不小于）	$R_{P0.2}$/MPa（不小于）	断后伸长率/%（不小于）	
					$A_{5.65}$	A_{50mm}
2024、2A12	T4	5～85	500	315	10	8

扁棒的洛氏硬度不小于 74。

三十三、铝及铝合金热挤压管　第 1 部分：无缝圆管（GB/T 4437.1—2015）

1. 品种规格

本部分适用于一般工业用铝及铝合金热挤压无缝圆管。

除 O、H111 及淬火状态供货的管材外，其他状态供货的管材尺寸偏差应符合 GB/T 4436—2012 中普通级的规定，需要高精级、超高精级或需方有特殊要求时，应在订货单（或合同）中注明。

2. 力学性能

表 9-89　室温拉伸力学性能

牌号	供应状态	试样状态	壁厚/mm	R_m/MPa	$R_{P0.2}$/MPa	断后伸长率/%	
						A_{50mm}	A
				不小于			
1100	O	O	所有	75～105	20	25	22
1200	H112	H112	所有	75	25	25	22
	F	—	所有	—	—	—	—

续表

牌号	供应状态	试样状态	壁厚/mm	R_m/MPa	$R_{P0.2}$/MPa	断后伸长率/%	
						A_{50mm}	A
				不小于			
1035	O	O	所有	60~100	—	25	23
1050A	O、H111	O、H111	所有	60~100	20	25	23
	H112	H112	所有	60	20	25	23
	F	—	所有	—	—	—	—
1060	O	O	所有	60~95	15	25	22
	H112	H112	所有	60		25	22
1070A	O	O	所有	60~95		25	22
	H112	H112	所有	60	20	25	22
2014	O	O	所有	≤205	≤125	12	10
	T4、T4510、T4511	T4、T4510、T4511	所有	345	240	12	10
			所有	345	240	12	10
		T42	所有	345	200	12	10
	T1	T62	≤18.00	415	365	7	6
			>18	415	365	—	6
	T6、T6510、T6511	T6、T6510、T6511	≤12.50	415	365	7	6
			12.50~18.00	440	400	—	6
			>18.00	470	400	—	6
2017	O	O	所有	≤245	≤125	16	16
	T4	T4	所有	345	215	12	12
	T1	T42	所有	335	195	12	—

续表

牌号	供应状态	试样状态	壁厚/mm	R_m/MPa	$R_{P0.2}$/MPa	断后伸长率/%	
						A_{50mm}	A
				不小于			
2024	O	O	全部	≤240	≤130	12	10
	T3、T3510、T3511	T3、T3510、T3511	≤6.30	395	290	10	—
			>6.30~18.00	415	305	10	9
			>18.00~35.00	450	315	—	9
			>35.00	470	330	—	7
	T4	T4	≤18.00	395	260	12	10
			>18.00	395	260	—	9
	T1	T42	≤18.00	395	260	12	10
			>18.00~35.00	395	260	—	9
			>35.00	395	260	—	7
	T81、T8510、T8511	T81、T8510、T8511	>1.20~6.30	440	385	4	—
			>6.30~35.00	455	400	5	4
			>35.00	455	400	—	4
2219	O	O	所有	≤220	≤125	12	10
	T31、T3510、T3511	T31、T3510、T3511	≤12.50	290	180	14	12
			>12.50~80.00	310	185	—	12
	T1	T62	≤25.00	370	250	6	5
			>25.00	370	250	—	5
	T81、T8510、T8511	T81、T8510、T8511	≤80.00	440	290	6	5

续表

牌号	供应状态	试样状态	壁厚/mm	R_m/MPa	$R_{P0.2}$/MPa	断后伸长率/%	
						A_{50mm}	A
				不小于			
2A11	O	O	所有	≤245	—	—	10
	T1	T1	所有	350	195	—	10
2A12	O	O	所有	≤245	—	—	10
	T1	T42	所有	390	255	—	10
	T4	T4	所有	390	255	—	10
2A14	T6	T6	所有	430	350	6	—
2A50	T6	T6	所有	380	250	—	10
3003	O	O	所有	95~130	35	25	22
	H112	H112	≤1.60	95	35	—	—
			>1.60	95	35	25	22
	F	F	所有	—	—	—	—
包铝 3003	O	O	所有	90~125	30	25	22
	H112	H112	所有	90	30	25	22
	F	F	所有	—	—	—	—
3A21	H112	H112	所有	≤165			
5051A	O、H111	O、H111	所有	150~200	60	16	18
	H112	H112	所有	150	60	14	16
	F	—	所有	—	—	—	—
5052	O	O	所有	170~240	70	15	17
	H112	H112	所有	170	70	13	15
	F	—	所有	—	—	—	—
5083	O	O	所有	270~350	110	14	12
	H111	H111	所有	275	165	12	10
	H112	H112	所有	270	110	12	10
	F	—	所有	—	—	—	—

续表

牌号	供应状态	试样状态	壁厚/mm	R_m/MPa	$R_{P0.2}$/MPa	断后伸长率/%	
						A_{50mm}	A
				不小于			
5154	O	O	所有	205～285	75	—	—
	H112	H112	所有	205	75	—	—
5454	O	O	所有	215～285	85	14	12
	H111	H111	所有	230	130	12	10
	H112	H112	所有	215	85	12	10
5456	O	O	所有	285～365	130	14	12
	H111	H111	所有	290	180	12	10
	H112	H112	所有	285	130	12	10
5086	O	O	所有	240～315	95	14	12
	H111	H111	所有	250	145	12	10
	H112	H112	所有	240	95	12	10
	F	—	所有	—	—	—	—
5A02	H112	H112	所有	225	—	—	—
5A03	H112	H112	所有	175	70	—	15
5A05	H112	H112	所有	225	110	—	15
5A06	H112、O	H112、O	所有	315	145	—	15
6005	T1	T1	≤12.50	170	105	16	14
	T5	T5	≤3.20	260	240	8	—
			3.20～25.00	260	240	10	9
6005A	T1	T1	≤6.30	170	100	15	—
	T5	T5	≤6.30	260	215	7	—
			6.30～25.00	260	215	9	8
	T61	T61	≤6.30	260	240	8	—
			6.30～25.00	260	240	10	9

续表

牌号	供应状态	试样状态	壁厚/mm	R_m/MPa	$R_{P0.2}$/MPa	断后伸长率/%	
						A_{50mm}	A
				不小于			
6105	T1	T1	≤12.50	170	105	16	14
	T5	T5	≤12.50	260	240	8	7
6041	T5、T6511	T5、T6511	10.00～50.00	310	275	10	9
6042	T5、T5511	T5、T5511	10.00～12.50	260	240	10	—
			12.50～50.00	290	240	—	9
6061	O	O	所有	≤150	≤110	16	14
	T1	T1	≤16.00	180	95	16	14
		T42	所有	180	85	16	14
		T62	≤6.30	260	240	8	—
			＞6.30	260	240	10	9
	T4、T4510、T4511	T4、T4510、T4511	所有	180	110	16	14
	T51	T51	≤16.00	240	205	8	7
	T6、T6510、T6511	T6、T6510、T6511	≤6.30	260	240	8	—
			＞6.30	260	240	10	9
	F	—	所有	—	—	—	—
6351	O、H111	O、H111	≤25.00	≤160	≤110	12	14
	T4	T4	≤19.00	220	130	16	14
	T6	T6	≤3.20	290	255	8	—
			＞3.20～25.00	290	255	10	9
6162	T5、T5510、T5511	T5、T5510、T5511	≤25.00	255	235	7	6
	T6、T6510、T6511	T6、T6510、T6511	≤6.30	260	240	8	—
			＞6.30～12.50	260	240	10	9

续表

牌号	供应状态	试样状态	壁厚/mm	R_m/MPa	$R_{P0.2}$/MPa	断后伸长率/%	
						A_{50mm}	A
				不小于			
6262	T6、T6511	T6、T6511	所有	260	240	10	9
6063	O	O	所有	≤130	—	18	16
	T1	T1	≤12.50	115	60	12	10
			>12.50~25.00	110	55	—	10
		T42	≤12.50	130	70	14	12
			>12.50~25.00	125	60	—	12
	T4	T4	≤12.50	130	70	14	12
			>12.50~25.00	125	60	—	12
	T5	T5	≤25.00	175	130	6	8
	T52	T52	≤25.00	150~205	110~170	8	7
	T6	T6	所有	205	170	10	9
	T66	T66	≤25.00	245	200	8	10
	F	—	所有	—	—	—	—
6064	T6、T6511	T6、T6511	10.00~50.00	260	240	10	9
6066	O	O	所有	≤200	≤125	16	14
	T4、T4510、T4511	T4、T4510、T4511	所有	275	170	14	12
	T1	T42	所有	275	165	14	12
		T62	所有	345	290	8	7
	T6、T6510、T6511	T6、T6510、T6511	所有	345	310	8	7

续表

牌号	供应状态	试样状态	壁厚/mm	R_m/MPa	$R_{P0.2}$/MPa	断后伸长率/%	
						A_{50mm}	A
				不小于			
6082	O、H111	O、H111	≤25.00	≤160	≤110	12	14
	T4	T4	≤25.00	205	110	12	14
	T6	T6	≤5.00	290	250	6	8
			>5.00~25.00	310	260	8	10
6A02	O	O	所有	≤145	—	—	17
	T4	T4	所有	205	—	—	14
	T1	T62	所有	295	—	—	8
	T6	T6	所有	295	—	—	8
7050	T76510	T76510	所有	545	475	7	—
	T73511	T73511	所有	485	415	8	7
	T74511	T74511	所有	505	435	7	—
7075	O、H111	O、H111	≤10.00	≤275	≤165	10	10
	T1	T62	≤6.30	540	485	7	—
			>6.30~12.50	560	505	7	6
			>12.50~70.00	560	495	—	6
	T6、T6510、T6511	T6、T6510、T6511	≤6.30	540	485	7	—
			>6.30~12.50	560	505	7	6
			>12.50~70.00	560	495	—	6
	T73、T73510、T73511	T73、T73510、T73511	1.60~6.30	470	400	5	7
			>6.30~35.00	485	420	6	8
			>35.00~70.00	475	405	—	8

牌号	供应状态	试样状态	壁厚/mm	R_m/MPa	$R_{P0.2}$/MPa	断后伸长率/%	
						A_{50mm}	A
				不小于			
7178	O	O	所有	≤275	≤165	10	9
	T6、T6510、T6511	T6、T6510、T6511	≤1.60	565	525	—	—
			>1.60~6.30	580	525	5	—
			>6.30~35.00	600	540	5	4
			>35.00~60.00	580	515	—	4
			>60.00~80.00	565	490	—	4
	T1	T62	≤1.60	545	505	—	—
			>1.60~6.30	565	510	5	—
			>6.30~35.00	595	530	5	4
			>35.00~60.00	580	515	—	4
			>60.00~80.00	565	490	—	4
7A04 7A06	T1	T62	≤80	530	400	—	5
	T6	T6	≤80	530	400	—	5
7B05	O	O	≤12.00	245	145	12	—
	T4	T4	≤12.00	305	195	11	—
	T6	T6	≤6.00	325	235	10	—
			>6.00~12.00	335	225	10	—

续表

牌号	供应状态	试样状态	壁厚/mm	R_m/MPa	$R_{P0.2}$/MPa	断后伸长率/%	
						A_{50mm}	A
					不小于		
7A15	T1	T62	≤80	470	420	—	6
	T6	T6	≤80	470	420	—	6
8A06	H112	H112	所有	≤120	—		20

三十四、电站高频导电用铝合金挤压管材（GB/T 33228—2016）

1. 品种规格

本标准适用于输电、变电、配电等领域用分流模挤压法生产的铝合金圆管。

表 9-90 牌号、状态及尺寸规格

牌号	状态	尺寸规格/mm		
		外径	壁厚	长度
6101B	T7	78.0～250.0	5.00～35.00	1000～12000

2. 力学性能

表 9-91 室温纵向拉伸力学性能

合金牌号	状态	壁厚/mm	R_m/MPa	$R_{P0.2}$/MPa	断后伸长率/%		布氏硬度参考值（HBW）
					A	A_{50mm}	
					不小于		
6101B	T7	≤35.00	170	120	12	10	60

管材的电导率应不小于 32MS/m。

三十五、架空绞线用硬铝线（GB/T 17048—2017）

1. 品种规格

本标准规定了标称直径范围为 1.25～5.00mm 硬铝圆线和标称

等效直径范围为 2.00～6.00mm 硬铝型线的力学性能和电性能。硬铝线分为 4 个电阻等级，分别用 L、L1、L2、L3 表示。截面形状分为圆线和型线两种类别。

本标准适用于架空输电用绞线的硬铝线。

硬铝线应由铝含量不小于 99.5% 纯度的铝制成，以达到本标准规定的力学性能和电气性能。

每圈或每盘硬铝线的标称长度及其误差由供需双方协商确定。

2. 电性能、力学性能

表 9-92 20℃ 时的直流电阻率及电阻温度系数

型号	20℃时的直流电阻率,最大值 /($\Omega \cdot mm^2/m$)(%IACS)	20℃时的电阻温度系数 $I/℃^{-1}$
L、LX1、LX2	0.028264(61.0)	0.00403
L1、L1X1、L1X2	0.028034(61.5)	0.00407
L2、L2X1、L2X2	0.027808(62.0)	0.00410
L3、L3X1、L3X2	0.027586(62.5)	0.00413

注：型号代号 X1 表示梯形截面，X2 表示 Z（或 S）形截面。

表 9-93 硬铝圆线的力学性能

型号	标称直径 d/mm	抗拉强度/MPa(最小值)
L L1	$d=1.25$	200
	$1.25<d\leqslant1.50$	195
	$1.50<d\leqslant1.75$	190
	$1.75<d\leqslant2.000$	185
	$2.00<d\leqslant2.25$	180
	$2.25<d\leqslant2.50$	175
	$2.50<d\leqslant3.00$	170
	$3.00<d\leqslant3.50$	165
	$3.50<d\leqslant5.00$	160
L2 L3	$1.25\leqslant d\leqslant3.00$	170
	$3.00<d\leqslant3.50$	165
	$3.50<d\leqslant5.00$	160

表 9-94　硬铝型线的力学性能

型号	标称等效直径 d/mm	抗拉强度/MPa（最小值）
LX1 LX2 L1X1、L1X2	$d = 2.00$	185
	$2.00 < d \leqslant 2.25$	180
	$2.25 < d \leqslant 2.50$	175
	$2.50 < d \leqslant 3.00$	170
	$3.00 < d \leqslant 3.50$	165
	$3.50 < d \leqslant 6.00$	160
L2X1、L2X2 L3X1、 L3X2	$2.00 < d \leqslant 3.00$	170
	$3.00 < d \leqslant 3.50$	165
	$3.50 < d \leqslant 6.00$	160

三十六、电缆导体用铝合金线（GB/T 30552—2014）

1. 品种规格

本标准适用于制造额定电压 $0.6 \sim 1\mathrm{kV}$ 铝合金导体交联聚乙烯绝缘电缆导体的铝合金线。

表 9-95　电缆导体用铝合金线的型号规格

型号	标称直径或标称等效单线直径 d/mm
DLH1、DLH2、DLH3、 DLH4、DLH5、DLH6	$0.300 \sim 5.000$

2. 力学性能

表 9-96　电缆导体用铝合金线的力学性能

状态	抗拉强度/MPa	伸长率/%
R	$98 \sim 159$	$\geqslant 10$
Y	$\geqslant 185$	$\geqslant 1.0$

表 9-97　电缆导体用铝合金线的电阻率

状态	20℃时直流电阻率 ρ_{20}/($\Omega \cdot \mathrm{mm}^2$/m)
R	$\leqslant 0.028264 (\geqslant 61.0\% \ \mathrm{IACS})$
Y	$\leqslant 0.028976 (\geqslant 59.5\% \ \mathrm{IACS})$

三十七、轨道交通焊接用铝合金线材（GB/T 32181—2015）

1. 品种规格

表 9-98　牌号、类别、尺寸规格

合金牌号	类别	尺寸规格/mm			每盘（每盒）线材的净重量/kg
		线材典型直径	线材典型长度	线盘直径	
4043、4043A、5087、5183、5183A、5356、5356A	直条线材	1.6、2.4、3.0、3.2、4.0、5.0、6.0	1000	—	2.5、5、10、25
	盘装线材	0.8、1.0、1.2、1.6	—	100	0.3、0.5
				193、200	2.0、2.5
				270、300	5～12

表 9-99　线材与需焊接的铝合金材料的匹配关系

需焊接的铝合金材料牌号	需焊接的铝合金材料牌号		
	5083、5754	6005A、6060、6061、6063、6082	7004、7005、7020、7B05
	线材牌号		
5083、5754	5087、5183、5183A、5356、5356A	5087、5183、5183A、5356、5356A	
6005A、6060、6061、6063、6082		4043、4043A、5087、5183、5183A、5356、5356A	5087、5183、5183A、5356、5356A
7004、7005、7020、7B05		5087、5183、5183A、5356、5356A	

2. 力学性能

表 9-100　熔敷金属力学性能

合金牌号	试样状态	R_m/MPa（不小于）	$R_{P0.2}$/MPa（不小于）	A_5/%（不小于）	保护气体
5087	焊态	285	140	18	氩气

续表

合金牌号	试样状态	R_m/MPa（不小于）	$R_{P0.2}$/MPa（不小于）	A_5/%（不小于）	保护气体
5183、5183A	焊态	275	130	18	氩气
5356、5356A	焊态	250	120	18	氩气
4013、4013A	焊态	120	40	8	氩气

第十章　铜及铜合金

一、铜及铜合金板材（GB/T 2040—2017）

1. 品种规格

本标准适用于一般用途的加工铜及铜合金板材。

表 10-1　牌号、状态和规格

分类	牌号	代号	状态	规格/mm		
				厚度	宽度	长度
无氧铜 纯铜 磷脱氧铜	TU1、TU2 T2、T3 TP1、TP2	T10150、T10180 T11050、T11090 C12000、C12200	热轧（M20）	4～80	≤3000	≤6000
			软化退火（O60）、 1/4 硬（H01） 1/2 硬（H02） 硬（H04）、 特硬（H06）	0.2～12	≤3000	≤6000
铁铜	TFe0.1	C19210	O60、H01、 H02、H04	0.2～5	≤610	≤2000
	TFe2.5	C19400	O60、H02、 H04、H06	0.2～5	≤610	≤2000
镉铜	TCd1	C16200	H04	0.5～10	200～300	800～1500
铬铜	TCr0.5	T18140	H04	0.5～15	≤1000	≤2000
	TCr0.5-0.2-0.1	T18142	H04	0.5～15	100～600	≥300

续表

分类	牌号	代号	状态	规格/mm		
				厚度	宽度	长度
普通黄铜	H95	C21000	O60、H04	0.2～10	≤3000	≤6000
	H80	C24000	O60、H04			
	H90、H85	C22000、C23000	O60、H02、H04			
	H66、H65	C26800、C27000	O60、H01、H02、H04、H06 弹性(H08)	0.2～10	≤3000	≤6000
	H63、H62	T27300、T27600	热轧(M20)	4～60	≤3000	≤6000
			O60、H02、H04、H06	0.2～10		
	H59	T28200	热轧(M20)	4～60		
			O60、H04	0.2～10		
铅黄铜	HPb59-1	T38100	热轧(M20)	4～60	≤3000	≤6000
			O60、H02、H04	0.2～10		
	HPb60-2	C37700	H04、H06	0.5～10		
锰黄铜	HMn58-2	T67400	O60、H02、H04	0.2～10	≤3000	≤6000
锡黄铜	HSn62-1	T46300	热轧(M20)	4～60	≤3000	≤6000
			O60、H02、H04	0.2～10		
	HSn88-1	C42200	H02	0.4～2	≤610	≤2000

续表

分类	牌号	代号	状态	规格/mm		
				厚度	宽度	长度
锰黄铜	HMn55-3-1 HMn57-3-1	T67320 T67410	热轧(M20)	4～ 40	≤1000	≤2000
铝黄铜	HAl60-1-1 HAl67-2.5 HAl66-6-3-2	T69240 T68900 T69200				
镍黄铜	HNi65-5	T69900				
锡青铜	QSn6.5-0.1	T51510	热轧(M20)	9～ 50	≤610	≤2000
			O60、H01、H02、 H04、H06、 弹性(H08)	0.2～ 12		
	QSn6.5-0.4 QSn4-3 QSn4-0.3 QSn7-0.2	T51520 T50800 C51100 T51530	O60、H04、H06	0.2～ 12	≤600	≤2000
	QSn8-0.3	C52100	O60、H01、H02、 H04、H06	0.2～ 5	≤600	≤2000
	QSn4-4-2.5 QSn4-4-4	T53300 T53500	O60、H02、 H01、H04	0.8～ 5	200～ 600	800～ 2000
锰青铜	QMn1.5	T56100	O60	0.5～ 5	100～ 600	≤1500
	QMn5	T56300	O60、H04			
铝青铜	QAl5	T60700	O60、H04	0.4～ 12	≤1000	≤2000
	QAl7	C61000	H02、H04			
	QAl9-2	T61700	O60、H04			
	QAl9-4	T61720	H04			
硅青铜	QSi3-1	T64730	O60、H04、H06	0.5～ 10	100～ 1000	≥500
普通白铜 铁白铜	B5、B19	T70380、T71050 T70590	热轧(M20)	7～ 60	≤2000	≤4000
	BFe10-1-1 BFe30-1-1	T71510	O60、H04	0.5～ 10	≤600	≤1500

分类	牌号	代号	状态	规格/mm		
				厚度	宽度	长度
锰白铜	BMn3-12	T71620	O60	0.5～10	100～600	800～1500
	BMn40-1.5	T71660	O60、H04			
铝白铜	BAl6-1.5	T72400	H04	0.5～12	≤600	≤1500
	BAl13-3	T72600	固溶热处理＋冷加工(硬)＋沉淀热处理(TH04)			
锌白铜	BZn15-20	T74600	O60、H02、H04、H06	0.5～10	≤600	≤1500
	BZn18-17	T75210	O60、H02、H04	0.5～5	≤600	≤1500
	BZn18-26	C77000	H02、H04	0.25～2.5	≤610	≤1500

2. 力学性能

表 10-2　板材的力学性能

牌号	状态	厚度/mm	R_m/MPa	$A_{11.3}$/%	厚度/mm	硬度(HV)
T2、T3 TP1、TP2 TU1、TU2	M20	4～14	≥195	≥30	—	—
	O60	0.3～10	≥205	≥30	≥0.3	≤70
	H01		215～295	≥25		60～95
	H02		245～345	≥8		80～110
	H04		295～395	—		90～120
	H06		≥350	—		≥110
TFe0.1	O60	0.3～5	255～345	≥30	≥0.3	≤100
	H01		275～375	≥15		90～120
	H02		295～430	≥4		100～130
	H04		335～470	≥4		110～150
TFe2.5	O60	0.3～5	≥310	≥20	≥0.3	≤120
	H02		365～450	≥5		115～140
	H04		415～500	≥2		125～150
	H06		460～515	—		135～155

牌号	状态	厚度/mm	R_m/MPa	$A_{11.3}$/%	厚度/mm	硬度(HV)
TCd1	H04	0.5～10	≥390	—	—	—
TCr0.5 TCr0.5-0.2-0.1	H04	—	—	—	0.5～15	≥100
H95	O60 H04	0.3～10	≥215 ≥320	≥30 ≥3	—	—
H90	O60 H02 H04	0.3～10	≥245 330～440 ≥390	≥35 ≥5 ≥3	—	—
H85	O60 H02 H04	0.3～10	≥260 305～380 ≥350	≥35 ≥15 ≥3	≥0.3	≤85 80～115 ≥105
H80	O60 H04	0.3～10	≥265 ≥390	≥50 ≥3	—	—
H70、H68	M20	4～14	≥290	≥40	—	—
H70 H68 H66 H65	O60 H01 H02 H04 H06 H08	0.3～10	≥290 325～410 355～440 410～540 520～620 ≥570	≥40 ≥35 ≥25 ≥10 ≥3 —	≥0.3	≤90 85～115 100～130 120～160 150～190 ≥180
H63 H62	M20	4～14	≥290	≥30	—	—
	O60 H02 H04 H06	0.3～10	≥290 350～470 410～630 ≥585	≥35 ≥20 ≥10 ≥2.5	≥0.3	≤95 90～130 125～165 ≥155
H59	M20	4～14	≥290	≥25	—	—
	O60 H04	0.3～10	≥290 ≥410	≥10 ≥5	≥0.3	— ≥130
HPb59-1	M20	4～14	≥370	≥18	—	—
	O60 H02 H04	0.3～10	≥340 390～490 ≥440	≥25 ≥12 ≥5	—	—

续表

牌号	状态	厚度/mm	R_m/MPa	$A_{11.3}$/%	厚度/mm	硬度(HV)
HPb60-2	H04	—	—	—	0.5～2.5	165～190
					2.6～10	—
	H06	—	—	—	0.5～1.0	≥180
HMn58-2	O60	0.3～10	≥380	≥30	—	—
	H02		440～610	≥25		
	H04		≥585	≥3		
HSn62-1	M20	4～14	≥340	≥20	—	—
	O60	0.3～10	≥295	≥35	—	—
	H02		350～400	≥15		
	H04		≥390	≥5		
HSn88-1	H02	0.4～2	370～450	≥14	0.4～2	110～150
HMn55-3-1	M20	4～15	≥490	≥15	—	—
HMn57-3-1	M20	4～8	≥440	≥10	—	—
HAl60-1-1	M20	4～15	≥440	≥15	—	—
HAl67-2.5	M20	4～15	≥390	≥15	—	—
HAl66-6-3-2	M20	4～8	≥685	≥3	—	—
HNi65-5	M20	4～15	≥290	≥35	—	—
QSn6.5-0.1	M20	9～14	≥290	≥38	≥0.2	—
	O60	0.2～12	≥315	≥40		≤120
	H01	0.2～12	390～510	≥35		110～155
	H02	0.2～12	490～610	≥8		150～190
	H04	0.2～3	590～690	≥5		180～230
		＞3～12	540～690	≥5		180～230
	H06	0.2～5	635～720	≥1		200～240
	H08	0.2～5	≥690	—		≥210
QSn6.5-0.4 QSn7-02	O60	0.2～12	≥295	≥40	—	—
	H04		540～690	≥8		
	H06		≥665	≥2		

牌号	状态	厚度/mm	R_m/MPa	$A_{11.3}$/%	厚度/mm	硬度(HV)
QSn4-3 QSn4-0.3	O60 H04 H06	0.2～12	≥290 540～690 ≥635	≥40 ≥3 ≥2	—	—
QSn8-0.3	O60 H01 H02 H04 H06	0.2～5	≥345 390～510 490～610 590～705 ≥685	≥40 ≥35 ≥20 ≥5 —	≥0.2	≤120 100～160 150～205 180～235 ≥210
QSn4-4-2.5 QSn4-4-4	O60 H01 H02 H04	0.8～5	≥290 390～490 420～510 ≥635	≥35 ≥10 ≥9 ≥5	≥0.8	—
QMn1.5	O60	0.5～5	≥205	≥30	—	—
QMn5	O60 H04	0.5～5	≥290 ≥440	≥30 ≥3	—	—
QAl5	O60 H04	0.4～12	≥275 ≥585	≥33 ≥2.5	—	—
QAl7	H02 H04	0.4～12	585～740 ≥635	≥10 ≥5	—	—
QAl9-2	O60 H04	0.4～12	≥440 ≥585	≥18 ≥5	—	—
QAl9-4	H04	0.4～12	≥585	—	—	—
QSi3-1	O60 H04 H06	0.5～10	≥340 585～735 ≥685	≥40 ≥3 ≥1	—	—
B5	M20	7～14	≥215	≥20	—	—
	O60 H04	0.5～10	≥215 ≥370	≥30 ≥10	—	—
B19	M20	7～14	≥295	≥20	—	—
	O60 H04	0.5～10	≥290 ≥390	≥25 ≥3	—	—

牌号	状态	厚度/mm	R_m/MPa	$A_{11.3}$/%	厚度/mm	硬度(HV)
BFe10-1-1	M20	7~14	≥275	≥20	—	—
	O60	0.5~10	≥275	≥25	—	—
	H04		≥370	≥3		
BFe30-1-1	M20	7~14	≥345	≥15	—	—
	O60	0.5~10	≥370	≥20	—	—
	H04		≥530	≥3		
BMn3-12	O60	0.5~10	≥350	≥25	—	—
BMn40-1.5	O60	0.5~10	390~590	—	—	—
	H04		≥590	—		
BAl6-1.5	H04	0.5~12	≥535	≥3	—	—
BAl13-3	TH04	0.5~12	≥635	≥5	—	—
BZn15-20	O60	0.5~10	≥340	≥35	—	—
	H02		440~570	≥5		
	H04		540~690	≥1.5		
	H06		≥640	≥1		
BZn18-17	O60	0.5~5	≥375	≥20	≥0.5	—
	H02		440~570	≥5		120~180
	H04		≥540	≥3		≥150
BZn18-26	H02	0.25~2.5	540~650	≥13	0.5~2.5	145~195
	H04		645~750	≥5		190~240

二、铜及铜合金带材（GB/T 2059—2017）

1. 品种规格

本标准适用于一般用途的加工铜及铜合金带材。

表 10-3　牌号、状态和规格

分类	牌号	代号	状态	厚度/mm	宽度/mm
无氧铜 纯铜 磷脱氧铜	TU1、TU2 T2、T3 TP1、TP2	T10150、T10180 T11050、T11090 C12000、C12200	软化退火态(O60) 1/4 硬(H01)、 1/2 硬(H02)、 硬(H04)、 特硬(H06)	>0.15~ <0.50	≤610
				0.50~5.0	≤1200

分类	牌号	代号	状态	厚度/mm	宽度/mm
镉铜	TCd1	C16200	硬（H04）	＞0.15～1.2	≤300
普通黄铜	H95、H80 H59	C21000、C24000、 T28200	O60、H04	＞0.15～＜0.50	≤610
				0.5～3.0	≤1200
	H85、H90	C23000、C22000	O60、H02、H04	＞0.15～＜0.50	≤610
				0.5～3.0	≤1200
	H70、H68 H66、H65	T26100、T26300 C26800、C27000	O60、H01、H02、 H04、H06、 弹硬（H08）	＞0.15～＜0.50	≤610
				0.5～3.5	≤1200
	H63、H62	T27300、 T27600	O60、H02、 H04、H06	＞0.15～＜0.50	≤610
				0.5～3.0	≤1200
锰黄铜	HMn58-2	T67400	O60、H02、H04	＞0.15～0.20	≤300
铅黄铜	HPb59-1	T38100		＞0.20～2.0	≤550
	HPb59-1	T38100	H06	0.32～1.5	≤200
锡黄铜	HSn62-1	T46300	H04	＞0.15～0.20	≤300
				＞0.20～2.0	≤550
铝青铜	QAl5	T60700	O60、H04	＞0.15～1.2	≤300
	QAl7	C61000	H02、H04		
	QAl9-2	T61700	O60、H04、H06		
	QAl9-4	T61720	H04		
锡青铜	QSn6.5-0.1	T51510	O60、H01、H02、 H04、H06、H08	＞0.15～2.0	≤610
	QSn7-0.2、 QSn6.5-0.4、 QSn4-3、 QSn4-0.3	T51530 T51520 T50800 C51100	O60、H04、H06	＞0.15～2.0	≤610
	QSn8-0.3	C52100	O60、H01、H02、 H04、H06、H08	＞0.15～2.6	≤610
	QSn4-4-2.5、 QSn4-4-4	T53300 T53500	O60、H01、 H02、H04	0.80～1.2	≤200

分类	牌号	代号	状态	厚度/mm	宽度/mm
锰青铜	QMn1.5	T56100	O60	>0.15~1.2	≤300
	QMn5	T56300	O60、H04		
硅青铜	QSi3-1	T64730	O60、H04、H06	>0.15~1.2	≤300
普通白铜	B5、B19	T70380、T71050	O60、H04	>0.15~1.2	≤400
铁白铜	BFe10-1-1	T70590			
	BFe30-1-1	T71510			
锰白铜	BMn40-1.5	T71660			
	BMn3-12	T71620	O60	>0.15~1.2	≤400
铝白铜	BAl6-1.5	T72400	H04	>0.15~1.2	≤300
	BAl13-3	T72600	固溶热处理+ 冷加工(硬)+ 沉淀热处理 (TH04)		
锌白铜	BZn15-20	T74600	O60、H02、 H04、H06	>0.15~1.2	≤610
	BZn18-18	C75200	O60、H01、 H02、H04	>0.15~1.0	≤400
	BZn18-17	T75210	O60、H02、H04	>0.15~1.2	≤610
	BZn18-26	C77000	H01、H02、H04	>0.15~2.0	≤610

2. 力学性能

表 10-4　带材的室温力学性能

牌号	状态	厚度 /mm	R_m /MPa	$A_{11.3}$ /%	硬度 (HV)
TU1、TU2 T2、T3 TP1、TP2	O60	>0.15	≥195	≥30	≤70
	H01		215~295	≥25	60~95
	H02		245~345	≥8	80~110
	H04		295~395	≥3	90~120
	H06		≥350	—	≥110

牌号	状态	厚度 /mm	R_m /MPa	$A_{11.3}$ /%	硬度 (HV)
TCd1	H04	≥0.2	≥390	—	—
H95	O60	≥0.2	≥215	≥30	—
	H04		≥320	≥3	
H90	O60	≥0.2	≥245	≥35	—
	H02		330～440	≥5	
	H04		≥390	≥3	
H85	O60	≥0.2	≥260	≥40	≤85
	H02		305～380	≥15	80～115
	H04		≥350	—	≥105
H80	O60	≥0.2	≥265	≥50	—
	H04		≥390	≥3	
H70、H68 H66、H65	O60	≥0.2	≥290	≥40	≤90
	H01		325～410	≥35	85～115
	H02		355～460	≥25	100～130
	H04		410～540	≥13	120～160
	H06		520～620	≥4	150～190
	H08		≥570	—	≥180
H63、H62	O60	≥0.2	≥290	≥35	≤95
	H02				
	H04				
	H06				
H59	O60	≥0.2	≥290	≥10	—
	H04		≥410	≥5	≥130
HPb59-1	O60	≥0.2	≥340	≥25	—
	H02		390～490	≥12	
	H04		≥440	≥5	
	H06	≥0.32	≥590	≥3	

续表

牌号	状态	厚度/mm	R_m/MPa	$A_{11.3}$/%	硬度(HV)
HMn58-2	O60	≥0.2	≥380	≥30	—
	H02		440～610	≥25	
	H04		≥585	≥3	
HSn62-1	H04	≥0.2	390	≥5	—
QAl5	O60	≥0.2	≥275	≥33	—
	H04		≥585	≥2.5	
QAl7	H02	≥0.2	585～740	≥10	—
	H04		≥635	≥5	
QAl9-2	O60	≥0.2	≥440	≥18	—
	H04		≥585	≥5	
	H06		≥880	—	
QAl9-4	H04	≥0.2	≥635		—
QSn4-3 QSn4-0.3	O60	>0.15	≥290	≥40	—
	H04		540～690	≥3	
	H06		≥635	≥2	
QSn6.5-0.1	O60	>0.15	≥315	≥40	≤120
	H01		390～510	≥35	110～155
	H02		490～610	≥10	150～190
	H04		590～690	≥8	180～230
	H06		635～720	≥5	200～240
	H08		≥690	—	≥210
QSn7-0.2 QSn6.5-0.4	O60	>0.15	≥295	≥40	—
	H04		540～690	≥8	
	H06		≥665	≥2	
QSn8-0.3	O60	>0.15	≥345	≥45	≤120
	H01		390～510	≥40	100～160
	H02		490～610	≥30	150～205
	H04		590～705	≥12	180～235
	H06		685～785	≥5	210～250
	H08		>735	—	≥230

续表

牌号	状态	厚度 /mm	R_m /MPa	$A_{11.3}$ /%	硬度 （HV）
QSn4-4-2.5 QSn4-4-4	O60	≥0.8	≥290	≥35	—
	H01		390～490	≥10	—
	H02		420～510	≥9	—
	H04		≥490	≥5	—
QMn1.5	O60	≥0.2	≥205	≥30	—
QMn5	O60	≥0.2	≥290	≥30	—
	H04		≥440	≥3	
QSi3-1	O60	>0.15	≥370	≥45	—
	H04		635～785	≥5	
	H06		735	≥2	
B5	O60	≥0.2	≥215	≥32	—
	H04		≥370	≥10	
B19	O60	≥0.2	≥290	≥25	—
	H04		≥390	≥3	
BFe10-1-1	O60	≥0.2	≥275	≥25	—
	H04		≥370	≥3	
BFe30-1-1	O60	≥0.2	≥370	≥23	—
	H04		≥540	≥3	
BMn3-12	O60	≥0.2	≥350	≥25	—
BMn40-1.5	O60	≥0.2	390～590	—	—
	H04		≥635	—	
BAl6-1.5	H04	≥0.2	≥600	≥5	—
BAl13-3	TH04	≥0.2	实测值		—
BZn15-20	O60	>0.15	≥340	≥35	—
	H02		440～570	≥5	
	H04		540～690	≥1.5	
	H06		≥640	≥1	

续表

牌号	状态	厚度 /mm	R_m /MPa	$A_{11.3}$ /%	硬度 (HV)
BZn18-18	O60	≥0.2	≥385	≥35	≤105
	H01		400～500	≥20	100～145
	H02		460～580	≥11	130～180
	H04		≥545	≥3	≥165
BZn18-17	O60	≥0.2	≥375	≥20	—
	H02		440～570	≥5	120～180
	H04		≥540	≥3	≥150
BZn18-26	H01	≥0.2	≥475	≥25	≤165
	H02		540～650	≥11	140～195
	H04		≥645	≥4	≥190

三、端子连接器用铜及铜合金带箔材（GB/T 34497—2017）

1. 品种规格

表 10-5　牌号、状态、规格

牌号	代号	状态	厚度/mm	宽度/mm
T2	T11050	1/4硬(H01)、1/2硬(H02)、硬(H04)、特硬(H06)	0.1～3.0	10～620
TP2	C12200	1/4硬(H01)、1/2硬(H02)、硬(H04)、特硬(H06)	0.1～3.0	10～620
TSn0.1	C14415	1/2硬(H02)、硬(H04)、特硬(H06)	0.1～3.0	10～620
TZr0.1	C15100	1/4硬(H01)、1/2硬(H02)、3/4硬(H03)、硬(H04)、特硬(H06)、弹性(H08)	0.1～3.0	10～620
TBe1.7	C17000	加工余热淬火＋冷加工(1/4硬)(TM01)、加工余热淬火＋冷加工(1/2硬)(TM02)、加工余热淬火＋冷加工(硬)(TM04)、加工余热淬火＋冷加工(特硬)(TM06)、加工余热淬火＋冷加工(弹性)(TM08)	0.1～3.0	10～620

续表

牌号	代号	状态	厚度/mm	宽度/mm
TBe2.0	C17200	TM01、TM02、TM04、TM06、TM08、TM10[加工余热淬火＋冷加工(高弹性)]	0.1～3.0	10～620
TMg0.5	C18665	H01、H02、H04、H06、H08	0.1～3.0	10～620
TSi1-0.25	C19010	TM03[加工余热淬火＋冷加工(3/4硬)]、TM04、TM06、TM08	0.1～3.0	10～620
TSn2-0.2-0.06	—	1/2硬(H02)、硬(H04)、特硬(H06)、弹性(H08)	0.1～3.0	10～620
TSn2-0.6-0.15	C19020	1/2硬(H02)、硬(H04)、特硬(H06)、弹性(H08)	0.1～3.0	10～620
TSn1.5-0.8-0.06	C19040	硬(H04)、特硬(H06)	0.1～3.0	10～620
TFe0.1	C19210	1/4硬(H01)、1/2硬(H02)、3/4硬(H03)、硬(H04)、特硬(H06)、弹性(H08)	0.1～3.0	10～620
TFe2.5	C19400	1/4硬(H01)、1/2硬(H02)、硬(H04)、特硬(H06)、弹性(H08)	0.1～3.0	10～620
TFe0.75	C19700	1/2硬(H02)、硬(H04)、特硬(H06)、弹性(H08)	0.1～3.0	10～620
H63	T27300	1/4硬(H01)、1/2硬(H02)、硬(H04)、特硬(H06)	0.1～3.0	10～620
H65	C27000	1/4硬(H01)、1/2硬(H02)、硬(H04)、特硬(H06)、弹性(H08)	0.1～3.0	10～620
H66	C26800	1/4硬(H01)、1/2硬(H02)、硬(H04)、特硬(H06)、弹性(H08)	0.1～3.0	10～620
H68	T26300	H01、H02、H04、H06、H08	0.1～3.0	10～620
H70	T26100	H01、H02、H03、H04、H06、H08	0.1～3.0	10～620

续表

牌号	代号	状态	厚度/mm	宽度/mm
H80	C24000	H01、H02、H04、H06	0.1～3.0	10～620
H85	C23000	H01、H02、H03、H04、H06、H08	0.1～3.0	10～620
HSn71-1	C44500	H02、H03、H04、H06	0.1～3.0	10～410
HSn75-1	C44250	H01、H02、H03、H04、H06、H08	0.1～3.0	10～410
HSn88-1	C42200	H01、H02、H03、H04、H06、H08	0.1～3.0	10～410
HSn88-2	C42500	H01、H02、H03、H04、H06、H08	0.1～3.0	10～410
QSn4-0.15-0.10-0.03	C51180	H02、H04、H06、H08	0.1～3.0	10～620
QSn4-0.3	C51100	H01、H02、H03、H04、H06、H08	0.1～3.0	10～620
QSn6.5-0.1	T51510	H02、H03、H04、H06、H08	0.1～3.0	10～620
QSn6.5-0.4	T51520	H01、H02、H04、H06	0.1～3.0	10～620
QSn8-0.3	C52100	H01、H02、H03、H04、H06、H08	0.1～3.0	10～620
QSn10-0.3	C52400	H02、H04、H06、H08、H10（高弹性）	0.1～3.0	10～410
BSi2-0.45	C70260	TM01、TM02、TM03、TM04	0.1～3.0	10～620
BSi3.2-0.7	C70250	加工余热淬火＋冷加工（1/8硬）（TM00）、TM02、TM03、TM04	0.1～3.0	10～620
BZn18-18	C75210	H01、H02、H03、H04、H06、H08	0.1～3.0	10～620
BZn18-26	C77000	H01、H02、H04、H06、H08	0.1～3.0	10～620

注：1. 根据 GB/T 11086—2013，厚度＞0.15mm 的为带材，厚度≤0.15mm 的为箔材。

2. 经供需双方协商，也可供应其他状态、规格的产品。

2. 力学性能

表 10-6　力学性能

牌号	状态	R_m/MPa	$R_{P0.2}/MPa$	$A_{11.3}/\%$	硬度(HV)
T2	H01	215～275	≥120	≥25	60～90
	H02	245～345	≥180	≥8	80～110
	H04	295～380	≥250	≥3	90～120
	H06	≥350	≥320	—	≥110
TP2	H01	220～260	≥140	≥25	40～65
	H02	240～300	≥180	≥8	65～95
	H04	290～360	≥250	≥3	90～110
	H06	≥360	≥360	—	≥110
TSn0.1	H02	300～370	≥220	≥4	85～110
	H04	360～430	≥310	≥3	105～130
	H06	≥420	≥390	—	≥120
TZr0.1	H01	280～310	≥190	≥13	80～100
	H02	300～360	≥280	≥6	95～115
	H03	320～390	≥310	≥5	100～125
	H04	360～430	≥350	≥4	120～145
	H06	400～450	≥390	≥3	125～150
	H08	≥440	≥430	≥2	≥135
TBe1.7	TM01	760～830	550～760	≥20	210～290
	TM02	830～930	660～860	≥16	250～320
	TM04	930～1040	760～930	≥12	280～360
	TM06	1030～1100	860～970	≥10	330～380
	TM08	≥1070	≥930	≥4	≥340
TBe2.0	TM01	760～830	550～760	≥20	220～295
	TM02	830～930	660～860	≥16	255～320
	TM04	930～1040	760～930	≥12	295～360
	TM06	1030～1100	860～970	≥10	320～380
	TM08	1070～1210	930～1170	≥5	335～410
	TM10	≥1210	≥1030	≥4	≥360

续表

牌号	状态	R_m/MPa	$R_{P0.2}$/MPa	$A_{11.3}$/%	硬度（HV）
TMg0.5	H01	380～460	≥320	≥14	115～145
	H02	460～520	≥380	≥10	140～165
	H04	520～570	≥430	≥7	160～180
	H06	570～620	≥470	≥5	175～195
	H08	≥620	≥520	—	≥190
TSi1-0.25	TM03	460～520	≥360	≥16	135～165
	TM04	490～560	≥410	≥14	145～175
	TM06	520～590	≥440	≥10	150～180
	TM08	≥580	≥510	≥8	≥170
TSn2-0.2-0.06	H02	430～530	≥385	≥10	140～170
	H04	520～580	≥485	≥6	160～190
	H06	570～640	≥540	≥4	180～210
	H08	≥630	≥605	—	≥200
TSn2-0.6-0.15	H02	400～485	≥435	≥9	—
	H04	450～510	≥460	≥7	—
	H06	490～550	≥505	≥6	—
	H08	≥530	≥510	≥3	—
TSn1.5-0.8-0.06	H04	500～590	≥430	≥7	155～180
	H06	≥540	≥500	≥6	≥160
TFe0.1	H01	300～365	≥135	≥20	90～105
	H02	325～410	≥310	≥10	95～115
	H03	355～425	≥345	≥5	105～125
	H04	385～455	≥355	≥4	115～130
	H06	410～480	≥400	≥2	120～140
	H08	≥440	≥425	—	≥130
TFe2.5	H01	320～400	≥210	≥15	100～120
	H02	365～435	≥250	≥6	110～140
	H04	415～485	≥365	≥5	120～150
	H06	460～505	≥440	≥3	130～150
	H08	≥485	≥460	≥2	≥140

续表

牌号	状态	R_m/MPa	$R_{P0.2}/MPa$	$A_{11.3}/\%$	硬度(HV)
	H02	365~435	≥250	≥10	130~150
	H04	415~485	≥365	≥5	160~185
TFe0.75	H06	460~505	≥440	≥4	165~190
	H08	≥485	≥460	≥3	≥170
	H01	340~430	≥200	≥23	85~120
	H02	410~480	≥280	≥19	110~150
H63	H04	470~550	≥420	≥6	145~170
	H06	≥540	≥500	—	≥165
	H01	340~410	≥200	≥35	85~120
	H02	380~460	≥280	≥25	105~130
H65、H66	H04	420~540	≥390	≥13	120~160
	H06	520~620	≥480	≥4	150~190
	H08	≥595	≥550	—	≥170
	H01	325~410	≥220	≥35	85~115
	H02	355~460	≥275	≥25	100~130
H68	H04	410~540	≥340	≥13	120~160
	H06	520~620	≥460	≥4	150~190
	H08	≥570	≥520	—	≥180
	H01	320~405	≥230	≥35	85~115
	H02	395~460	≥290	≥25	110~140
	H03	440~510	≥380	≥15	125~155
H70	H04	490~560	≥460	≥12	140~170
	H06	570~635	≥545	≥3	160~190
	H08	≥625	≥565	—	≥180
	H01	330~410	≥200	≥30	75~110
	H02	400~480	≥310	≥13	110~150
H80	H04	440~560	≥350	≥8	135~180
	H06	≥510	≥460	≥4	≥150

续表

牌号	状态	R_m/MPa	$R_{P0.2}/MPa$	$A_{11.3}/\%$	硬度（HV）
H85	H01	305~370	≥160	≥25	80~105
	H02	350~420	≥295	≥13	90~115
	H03	395~460	≥350	≥10	125~150
	H04	435~495	≥395	≥7	140~165
	H06	495~550	≥450	≥5	150~175
	H08	≥540	≥475	—	≥165
HSn71-1	H02	430~510	≥320	≥25	130~170
	H03	490~570	≥410	≥12	150~190
	H04	560~640	≥480	≥4	180~220
	H06	≥620	≥550	—	≥190
HSn75-1	H01	430~500	≥340	≥25	125~165
	H02	470~540	≥390	≥15	140~180
	H03	530~610	≥460	≥8	160~200
	H04	600~660	≥520	≥5	180~220
	H06	660~750	≥580		195~235
	H08	≥730	≥680	—	≥200
HSn88-1	H01	325~395	≥145	≥17	80~125
	H02	370~450	≥330	≥6	110~135
	H03	415~495	≥400	≥4	135~150
	H04	460~545	≥460	≥3	140~155
	H06	515~585	≥495	≥2	150~170
	H08	≥565	≥530	—	≥155
HSn88-2	H01	340~405	≥140	≥24	100~140
	H02	395~475	≥350	≥13	125~150
	H03	425~510	≥400	≥10	145~175
	H04	485~565	≥455	≥5	160~185
	H06	525~605	≥505	≥3	170~195
	H08	≥580	≥560	—	≥180

续表

牌号	状态	R_m/MPa	$R_{P0.2}$/MPa	$A_{11.3}$/%	硬度(HV)
QSn4-0.15-0.10-0.03	H02	570～675	≥540	≥19	140～175
	H04	670～770	≥640	≥10	155～210
	H06	705～805	≥675	≥7	170～220
	H08	≥725	≥710	≥3	≥185
QSn4-0.3	H01	315～400	≥140	≥25	120～150
	H02	380～485	≥290	≥15	130～160
	H03	460～565	≥440	≥10	150～180
	H04	495～600	≥485	≥8	170～195
	H06	580～685	≥560	≥3	190～215
	H08	≥625	≥605	—	≥210
QSn6.5-0.1	H02	420～520	360～460	≥25	125～165
	H03	500～590	460～550	≥15	160～190
	H04	590～690	530～620	≥9	180～210
	H06	640～730	610～700	≥6	200～230
	H08	≥720	≥690	—	≥220
QSn6.5-0.4	H01	420～520	≥350	≥22	120～170
	H02	500～590	≥450	≥15	160～190
	H04	560～650	≥520	≥10	180～210
	H06	≥640	≥590	≥5	≥200
QSn8-0.3	H01	435～515	≥240	≥35	100～160
	H02	475～580	≥350	≥25	145～190
	H03	550～635	≥485	≥20	165～220
	H04	585～690	≥540	≥15	185～225
	H06	670～770	≥635	≥9	210～240
	H08	≥725	≥690	≥3	≥220
QSn10-0.3	H02	525～625	≥460	≥25	160～210
	H04	650～750	≥580	≥13	200～240
	H06	740～840	≥650	≥9	≥230
	H08	795～890	≥700	≥5	≥240
	H10	≥825	≥750	—	≥250

续表

牌号	状态	R_m/MPa	$R_{P0.2}$/MPa	$A_{11.3}$/%	硬度(HV)
BSi2-0.45	TM01	620～720	≥515	≥9	—
	TM02	660～760	≥585	≥6	—
	TM03	720～825	≥655	≥3	—
	TM04	≥760	≥685	—	—
BSi3.2-0.7	TM00	620～760	≥450	≥10	180～220
	TM02	655～825	≥585	≥7	190～240
	TM03	690～860	≥655	≥5	210～250
	TM04	≥760	≥720	≥2	≥220
BZn18-18	H01	400～495	≥180	≥20	100～140
	H02	455～550	≥330	≥10	120～160
	H03	510～595	≥475	≥4	135～170
	H04	540～625	≥515	≥3	150～180
	H06	595～675	≥585	—	170～200
	H08	≥620	≥605	—	≥175
BZn18-26	H01	475～600	≥270	≥15	120～180
	H02	540～655	≥440	≥8	150～190
	H04	635～750	≥545	≥3	200～240
	H06	700～810	≥650	—	210～250
	H08	≥740	≥690	—	≥220

四、弹性元件和接插件用铜合金带箔材（GB/T 26007—2017）

1. 品种规格

本标准适用于制作弹性元件和接插件用铜合金带箔材。

表 10-7　牌号、状态和规格

牌号	代号	状态	厚度/mm	宽度/mm
H85	C23000	1/4 硬（H01）、1/2 硬（H02）、硬（H04）、特硬（H06）	0.07～2.0	6～620
H80	C24000			
H70	T26100			

续表

牌号	代号	状态	厚度/mm	宽度/mm
H68	T26300	1/4 硬(H01)、1/2 硬(H02)、硬(H04)、特硬(H06)	0.07～2.0	6～620
H66	C26800			
H65	C27000			
H63	T27300			
H62	T27600			
QSn4-0.3	C51100	1/4 硬(H01)、1/2 硬(H02)、硬(H04)、特硬(H06)	0.07～2.0	6～620
QSn5-0.3	T51010			
QSn6.5-0.1	T51510			
QSn8-0.3	C52100	1/4 硬(H01)、1/2 硬(H02)、硬(H04)、特硬(H06)、弹性(H08)		
BZn12-24	T76200	1/2 硬(H02)、硬(H04)、特硬(H06)	0.07～2.0	6～620
BZn12-29	T76220			
BZn18-18	C75200			
BZn18-20	T76300			
BZn18-26	C77000			

注：1. 经供需双方协商，可以供应其他牌号、状态和规格的带箔材。

2. 按 GB/T 11086 规定，厚度＞0.15mm 的为带材，厚度＜0.15mm 的为箔材。

2. 力学性能

表 10-8　力学性能和弯曲性能

牌号	状态	R_m /MPa	A_{50mm}/%		硬度 (HV)	最小弯曲内侧半径			
						平行于轧制方向(BW)		垂直于轧制方向(GW)	
			厚度/mm			厚度/mm		厚度/mm	
			0.1～0.25	＞0.25～2.0		0.1～0.25	＞0.25～1.0	0.1～0.25	＞0.25～1.0
H85	H01	300～370	≥16	≥20	85～115	0×t	0×t	0×t	0×t
	H02	350～420	≥8	≥12	105～135	0×t	0×t	0×t	0×t
	H04	410～490	≥3	≥4	125～155	0×t	1×t	0×t	0×t
	H06	480～560	—	≥2	150～180	1×t	3×t	0×t	0×t

续表

牌号	状态	R_m/MPa	A_{50mm}/% 厚度/mm 0.1~0.25	A_{50mm}/% 厚度/mm >0.25~2.0	硬度(HV)	最小弯曲内侧半径 平行于轧制方向(BW) 厚度/mm 0.1~0.25	平行于轧制方向(BW) 厚度/mm >0.25~1.0	垂直于轧制方向(GW) 厚度/mm 0.1~0.25	垂直于轧制方向(GW) 厚度/mm >0.25~1.0
H80	H01	330~410	≥14	≥18	90~120	$0×t$	$0×t$	$0×t$	$0×t$
	H02	380~460	≥7	≥10	110~140	$0×t$	$0×t$	$0×t$	$0×t$
	H04	440~530	≥3	≥4	130~160	$0×t$	$1×t$	$0×t$	$0×t$
	H06	≥510	—	≥2	155~185	$1×t$	$3×t$	$0×t$	$0×t$
H70 H68	H01	350~430	≥21	≥25	95~125	$0×t$	$0×t$	$0×t$	$0×t$
	H02	410~490	≥9	≥12	120~155	$0×t$	$1×t$	$0×t$	$0×t$
	H04	480~560	≥4	≥6	150~180	$1×t$	$2×t$	$0×t$	$0×t$
	H06	550~640	—	≥2	170~200	$2×t$	$3×t$	$0×t$	$1×t$
H66 H65 H63 H62	H01	350~430	≥19	≥23	95~125	$0×t$	$0×t$	$0×t$	$0×t$
	H02	410~490	≥8	≥10	120~155	$0×t$	$1×t$	$0×t$	$0×t$
	H04	480~560	≥3	≥5	150~180	$1×t$	$2×t$	$0×t$	$0×t$
	H06	550~640	—	≥2	170~200	$2×t$	$3×t$	$0×t$	$1×t$
QSn4-0.3	H01	390~490	≥11	≥13	115~155	$0×t$	$0×t$	$0×t$	$0×t$
	H02	480~570	≥4	≥5	150~180	$0×t$	$1×t$	$0×t$	$0×t$
	H04	540~630	≥3	≥4	170~200	$1×t$	$2×t$	$0×t$	$0×t$
	H06	≥610	—	≥2	≥190	—	—	—	—
QSn5-0.3	H01	400~500	≥14	≥17	120~160	$0×t$	$0×t$	$0×t$	$0×t$
	H02	490~580	≥8	≥10	160~190	$0×t$	$1×t$	$0×t$	$0×t$
	H04	550~640	≥4	≥6	180~210	$1×t$	$2×t$	$0×t$	$0×t$
	H06	630~720	—	≥3	200~230	$2×t$	$3×t$	$0×t$	$1×t$
QSn 6.5-0.1	H01	420~520	≥17	≥20	125~165	$0×t$	$0×t$	$0×t$	$0×t$
	H02	500~590	≥8	≥10	160~190	$0×t$	$1×t$	$0×t$	$0×t$
	H04	560~650	≥5	≥7	180~210	$1×t$	$2×t$	$0×t$	$0×t$
	H06	640~730	≥3	≥4	200~230	$2×t$	$3×t$	$0×t$	$1×t$
QSn8-0.3	H01	450~550	≥20	≥23	135~175	$0×t$	$0×t$	$0×t$	$0×t$
	H02	540~630	≥13	≥15	170~200	$0×t$	$1×t$	$0×t$	$0×t$
	H04	600~690	≥5	≥7	190~220	$1×t$	$2×t$	$0×t$	$1×t$
	H06	660~750	≥3	≥4	210~240	$2×t$	$4×t$	$1×t$	$2×t$
	H08	≥740	—	—	≥230	—	—	—	—

续表

牌号	状态	R_{m} /MPa	$A_{50\mathrm{mm}}$/% 厚度/mm 0.1～0.25	$A_{50\mathrm{mm}}$/% 厚度/mm ＞0.25～2.0	硬度 (HV)	最小弯曲内侧半径 平行于轧制方向(BW) 厚度/mm 0.1～0.25	平行于轧制方向(BW) 厚度/mm ＞0.25～1.0	垂直于轧制方向(GW) 厚度/mm 0.1～0.25	垂直于轧制方向(GW) 厚度/mm ＞0.25～1.0
BZn12-24	H02	490～580	≥5	≥6	150～180	0×t	0×t	0×t	0×t
	H04	550～640	—	≥3	170～200	0×t	1×t	0×t	0×t
	H06	620～710	—	≥2	190～220	—	—	—	—
BZn12-29	H02	520～610	≥3	≥4	170～200	0×t	1×t	0×t	0×t
	H04	600～690	—	≥2	190～220	1×t	3×t	0×t	1×t
	H06	670～760	—	—	210～240	3×t	—	1×t	2×t
BZn18-20 BZn18-18	H02	500～590	≥3	≥5	160～190	0×t	1×t	0×t	0×t
	H04	580～670	—	≥2	180～210	0×t	2×t	0×t	0×t
	H06	640～730	—	—	200～230	—	—	—	—
BZn18-26	H02	540～630	≥3	≥5	170～200	0×t	1×t	0×t	0×t
	H04	600～700	—	≥2	190～220	1×t	3×t	0×t	1×t
	H06	≥700	—	≥2	≥220	—	—	—	—

注：1. 超出表中规定厚度范围的带箔材，其性能由供需双方商定。

2. t 为带材厚度。

3. 0×t 表示弯曲内侧半径≤0.1mm。

4. $n×t$ 表示 n 倍带厚。

五、电缆用铜带（GB/T 11091—2014）

1. 品种规格

本标准适用于制作通讯电缆产品用铜带。

表 10-9　牌号、状态和规格

牌号	代号	供应状态	规格/mm 厚度	规格/mm 宽度
TU1	T10150			
TU2	T10180	软化退火(O60)、		
TU3	C10200	退火到1/8硬(O80)、	0.07～0.80	15～305
TUP0.003	C10300	退火到1/4硬(O81)		
T2	T11050			
TP1	C12000			

2. 力学性能

表 10-10　带材的力学性能

牌号	状态	R_m/MPa	$R_{P0.2}$/MPa	$A_{11.3}$/%	硬度（HV）
TU1、TU2、 TU3、TUP0.003	O60	200～260	65～100	≥35	50～60
	O80	220～275	70～105	≥32	50～65
	O81	235～290	—	≥30	55～70
T2、TP1	O60	220～270	70～110	≥30	50～65
	O80	230～285	75～120	≥28	55～70
	O81	245～300	—	≥25	—

注：厚度小于 0.2mm 的带材，其试验结果仅供参考或由供需双方商定。

表 10-11　电性能（20℃）

牌号	状态	电导率/% IACS	电阻系数/(Ω·mm²/m)
TU1、TU3	O60	≥100	≤0.017241
	O80	≥99	≤0.017415
	O81	≥98	≤0.017593
TU2	O60	≥99	≤0.017415
	O80	≥98	≤0.017593
	O81	≥97	≤0.017774
T2、TUP0.003	O60	≥98	≤0.017593
	O80	≥97	≤0.017774
	O81	≥96	≤0.017959
TP1	O60	≥90	≤0.019156
	O80	≥89	≤0.019372
	O81	≥88	≤0.019592

注：电导率＝100％×0.017241/电阻系数。

六、太阳能装置用铜带（YS/T 808—2012）

1. 品种规格

本标准适用于光伏太阳能电池互联条、汇流带用铜带。

表 10-12　带材的牌号、状态和规格

牌号	供应状态	规格/mm	
		厚度	宽度
TU0、TU1	特软(O70)、软(O60)、1/4 硬(H01) 1/2 硬(H02)、硬(H04)、特硬(H06)	0.05～0.50	15～400

2. 力学性能

表 10-13　带材力学性能

牌号	状态		R_m/MPa	$A_{11.3}$/%	硬度(HV)
TU0、TU1	特软(O70)	厚度<0.15	≥210	≥20	≤52
		厚度≥0.15	≥220	≥30	
	软(O60)	厚度<0.15	220～250	≥25	≤60
		厚度≥0.15	230～270	≥35	
	1/4 硬(H01)		215～275	≥25	55～85
	1/2 硬(H02)		245～345	≥8	80～100
	硬(H04)		275～380	≥3	90～120
	特硬(H06)		≥330	—	≥110

注：厚度小于 0.1mm 时，力学性能仅供参考，由供需双方协商制定。

表 10-14　电性能

牌号	状态	电阻系数 /(Ω·mm²/m)	电导率 /%IACS
TU0、TU1	特软(O70)、软(O60)、 1/4 硬(H01)	≤0.017241	≥100
	1/2 硬(H02)	≤0.017415	≥99
	硬(H04)	≤0.017593	≥98
	特硬(H06)	≤0.017774	≥97

七、断路器用铜带（GB/T 33816—2017）

1. 品种规格

本标准适用于断路器用铜带材。

表 10-15　牌号、状态、规格

牌号	代号	供应状态	规格/mm	
			厚度	宽度
TU0 TU1 T1 TUAg0.05	T10130 T10150 T10900 T10510	硬态（H04）	3.0～8.0	50～150

2. 力学性能

表 10-16　带材的室温力学性能

牌号	状态	R_m/MPa	A/%	硬度（HV）
TU0、TU1、T1、TUAg0.05	硬态（H04）	340～380	≥3	100～120

表 10-17　电性能（20℃）

牌号	状态	电阻系数 /(Ω·mm²/m)	电导率/%IACS
TU0、TU1、T1、TUAg0.05	硬态（H04）	≤0.017593	≥98

八、散热器散热片专用铜及铜合金箔材（GB/T 2061—2013）

1. 品种规格

本标准适用于农业机械、工程机械和汽车制造等工业部门制造散热器散热片专用铜及铜合金箔材。

表 10-18　牌号、状态和规格

牌号	代号	状态	规格/mm	
			厚度	宽度
TSn0.08-0.01	T14405	特硬（H06） 弹性（H08）	0.03～0.15	15～200
TSn0.12	C14415			
TSn0.1-0.03	C14420			
TTe0.02-0.02	C14530			
H90	T22000	硬（H04），特硬（H06）	0.04～0.15	
H70	T26100	1/2 硬（H02） 硬（H04） 特硬（H06）		
H66	T26800			
H65	T27000			
H62	T27600			

2. 力学性能

表 10-19　室温力学性能

牌号	状态	R_m/MPa	硬度(HV)
TSn0.08-0.01、 TSn0.12、TSn0.1-0.03、 TTe0.02-0.02	H06	350～420	100～130
	H08	380～480	110～140
H90	H04	360～430	110～145
	H06	440～500	130～160
H70、H66、H65、H62	H02	380～460	115～160
	H04	440～540	135～185
	H06	≥560	≥180

九、散热器水室和主片用黄铜带（GB/T 2532—2014）

1. 品种规格

本标准适用于农业机械、工程机械和汽车制造等工业部门制造散热器水室和主片专用黄铜带。

表 10-20　牌号、状态、规格

牌号	代号	状态	规格/mm	
			厚度	宽度
H70	T26100	软化退火(O60) 完全软化退火(O70)	0.5～2.0	50～600
H68	T26300			
H66	C26800			
H65	C27000			
H63	T27300			
H62	T27600			

2. 力学性能

表 10-21 带材的力学性能

牌号	状态	R_m/MPa	$A_{11.3}/\%$ （不小于）	硬度（HV）
H70、H68、H66、 H65、H63、H62	O60	310～380	45	65～85
	O70	280～350	50	55～75

十、散热器冷却管专用黄铜带（GB/T 11087—2012）

1. 品种规格

本标准适用于农业机械、工程机械和汽车制造等工业部门制造散热器冷却管专用黄铜带。

表 10-22 牌号、状态、规格

牌号	状态	规格/mm	
		厚度	宽度
H90、H85、H70、HAs70-0.05 H68、HAs68-0.04	1/4 硬（H01）、 1/2 硬（H02） 硬（H04）	0.10～0.20	20～100

2. 力学性能

表 10-23 带材的力学性能

牌号	状态	R_m/MPa	$A_{50mm}/\%$ （不小于）	硬度（HV）
H90	H01	285～365	10	90～125
	H02	345～435	5	110～145
	H04	415～515	—	130～165
H85	H01	305～370	18	85～115
	H02	350～420	8	105～135
	H04	410～490	—	125～155

续表

牌号	状态	R_m/MPa	A_{50mm}/% (不小于)	硬度(HV)
H70 HAs70-0.05	H01	340~405	12	95~125
	H02	400~470	10	120~165
	H04	450~560	—	140~180
H68 HAs68-0.04	H01	340~400	16	95~125
	H02	380~460	10	120~165
	H04	440~550	—	140~180

十一、光电倍增管用铍青铜带（YS/T 1102—2016）

1. 品种规格

本标准适用于航空航天、光学测量、光谱分析、激光检测、影视发射和图像传送等仪器或装备的光电倍增管用铍青铜带材。

表 10-24　牌号、状态、规格

牌号	状态	规格/mm	
		厚度	宽度
TBe2.4、TBe2.8	固溶热处理＋冷加工 1/4 硬（TD01）	0.10~0.30	25~200

2. 力学性能

表 10-25　带材室温纵向力学性能

牌号	状态	R_m/MPa	A/%	维氏硬度(HV)
TBe2.4	TD01	750~880	≥13	120~150
TBe2.8		800~950	≥11	

注：维氏硬度试验负荷为 9.8N，允许带材用显微硬度计测定硬度值，显微硬度试验负荷为 0.98N。

表 10-26　带材 20℃ 的电性能

牌号	状态	电阻系数/($\Omega \cdot mm^2$/m)	电导率/%IACS
TBe2.4	TD01	≤0.0588	≥17
TBe2.8		≤0.0667	≥15

表 10-27 杯突试验

牌号	状态	冲头半径/mm	带材厚度/mm	
			0.10～0.15	>0.15～0.30
TBe2.4、TBe2.8	TD01	8	≥4.5	≥5.5

十二、谐振器用锌白铜带（YS/T 1040—2015）

1. 品种规格

表 10-28 牌号、状态和规格

牌号	代号	状态	规格/mm	
			厚度	宽度
BZn10-25	C74500	退火(O61)、1/4 硬(H01)	0.10～0.50	10～400
BZn12-24	T76200			
BZn15-20	T74600			
BZn18-18	C75200			
BZn18-26	C77000			

2. 力学性能

表 10-29 带材的室温力学性能

牌号	状态	R_m/MPa	$A_{11.3}$/%	硬度(HV)
BZn10-25	O61	330～450	≥35	85～120
	H01	385～505	≥25	90～150
BZn12-24	O61	360～430	≥35	85～120
	H01	430～510	≥25	110～150
BZn15-20	O61	340～430	≥35	85～120
	H01	420～500	≥25	110～150
BZn18-18	O61	355～450	≥35	90～120
	H01	400～495	≥25	110～150
BZn18-26	O61	415～510	≥35	90～130
	H01	475～550	≥20	120～160

十三、锂离子电池用压延铜箔（GB/T 36146—2018）

1. 品种规格

本标准适用于锂离子电池用的压延铜箔。

表 10-30　铜箔的牌号、状态及规格

牌号	代号	状态	规格	
			名义厚度/μm	宽度/mm
TU1	T10150	硬（H04）	8～20	300～650
TU2	T10180			
TSn0.12	C14415			

2. 力学性能

表 10-31　铜箔的室温力学性能

牌号	代号	状态	名义厚度/μm	R_m/MPa	A_{50mm}/%
TU1 TU2	T10150 T10180	H04	8	≥380	≥0.8
			9		
			10		
			12		
			15	≥400	≥1.0
			20		
TSn0.12	C14415	H04	8	≥400	≥1.0
			9		
			10		
			12		
			15	≥420	≥1.5
			20		

注：TSn0.12 的化学成分 Cu≥99.96（包括 Cu＋Ag＋Sn），Sn 0.10～0.15。

铜箔的表面润湿张力不小于 38×10^{-3} N/m。

铜箔在 140℃±2℃保温 15min 条件下，应无氧化、无变色。

铜箔的表面粗糙度（Ra 值）不大于 0.2μm。

十四、铜及铜合金拉制管（GB/T 1527—2017）

1. 品种规格

本标准适用于一般用途的圆形、矩（方）形铜及铜合金拉制管材。

表 10-32　牌号、状态和规格

分类	牌号、代号	状态	规格/mm			
			圆形		矩（方）形	
			外径	壁厚	对边距	壁厚
纯铜	T2(T11050) T3(T11090) TU1(T10150) TU2(T10180) TP1(C12000) TP2(C12200)	软化退火(O60)、 轻退火(O50)、 硬(H04)、 特硬(H06)	3～350	0.3～20	3～100	1～10
		1/2 硬(H02)	3～100			
高铜	TCr1(C18200)	固溶热处理＋ 冷加工(硬)＋ 沉淀热处理(TH04)	40～105	4～12	—	—
黄铜	H95(C21000) H90(C22000)	软化退火(O60)、 轻退火(O50)、 退火到 1/2 硬(O82)、 硬＋应力消除(HR04)				
	H85(C23000) H80(C24000) HAs85-0.05(T23030)		3～200			
	H70(T26100) H68(T26300) H59(T28200) HPb59-1(T38100) HSn62-1(T46300) HSn70-1(T45000) HAs70-0.05(C26130) HAs68-0.04(T26330)		3～100	0.2～10	3～100	0.2～7
	H65(C27000) H63(T27300) H62(T27600) HPb56-0.5(C33000) HAs65-0.04		3～200			
	HPb63-0.1(T34900)	退火到 1/2 硬(O82)	18～31	6.5～13	—	—

续表

分类	牌号、代号	状态	规格/mm			
			圆形		矩(方)形	
			外径	壁厚	对边距	壁厚
白铜	BZn15-20(T74600)	软化退火(O60)、退火到1/2硬(O82)硬+应力消除(HR04)	4~40	0.5~8	—	—
	BFe10-1-1（T70590）	软化退火(O60)、退火到1/2硬(O82)、硬(H80)	8~160			
	BFe30-1-1（T71510）	软化退火(O60)、退火到1/2硬(O82)	8~80			

表 10-33 管材的长度

管材形状		管材外径/mm	管材壁厚/mm	管材长度/mm
直管	圆形	≤100	≤20	≤15000
		>100	≤20	≤8000
	矩(方)形	3~100	≤10	≤15000
盘管	圆形	≤30	<3	≥6000
	矩(方)形	周长与壁厚之比≤15		≥6000

2. 力学性能

纯铜、高铜圆形管材的纵向室温力学性能应符合表 10-34 的规定，纯铜、高铜矩（方）形管材的室温力学性能由供需双方协商确定。黄铜、白铜管材的纵向室温力学性能应符合表 10-35 的规定。

表 10-34　纯铜、高铜圆形管材的力学性能

牌号	状态	壁厚 /mm	R_m/MPa (不小于)	A/% (不小于)	硬度	
					HV②	HBW③
T2、T3、TU1、TU2、TP1、TP2	O60	所有	200	41	40～65	35～60
	O50	所有	220	40	45～75	40～70
	H02①	≤15	250	20	70～100	65～95
	H04①	≤6	290	—	95～130	90～125
		>6～10	265	—	75～110	70～105
		>10～15	250	—	70～100	65～95
	H06①	≤3	360	—	≥110	≥105
TCr1	TH04	5～12	375	11	—	—

① H02、H04 状态壁厚>15mm 的管材、H06 状态壁厚>3mm 的管材，其性能由供需双方协商确定。

② 维氏硬度试验负荷由供需双方协商确定。软化退火（O60）状态的维氏硬度试验适用于壁厚≥1mm 的管材。

③ 布氏硬度试验仅适用于壁厚≥5mm 的管材，壁厚<5mm 的管材布氏硬度试验供需双方协商确定。

表 10-35　黄铜、白铜管材的力学性能

牌号	状态	R_m/MPa (不小于)	A/% (不小于)	硬度	
				HV①	HBW②
H95	O60	205	42	45～70	40～65
	O50	220	35	50～75	45～70
	O82	260	18	75～105	70～100
	HR04	320	—	≥95	≥90
H90	O60	220	42	45～75	40～70
	O50	240	35	50～80	45～75
	O82	300	18	75～105	70～100
	HR04	360	—	≥100	≥95

续表

牌号	状态	R_m/MPa（不小于）	A/%（不小于）	硬度	
				HV[①]	HBW[②]
H85、HAs85-0.05	O60	240	43	45～75	40～70
	O50	260	35	50～80	45～75
	O82	310	18	80～110	75～105
	HR04	370	—	≥105	≥100
H80	O60	240	43	45～75	40～70
	O50	260	40	55～85	50～80
	O82	320	25	85～120	80～115
	HR04	390	—	≥115	≥110
H70、H68、HAs70-0.05、HAs68-0.04	O60	280	43	55～85	50～80
	O50	350	25	85～120	80～115
	O82	370	18	95～135	90～130
	HR04	420	—	≥115	≥110
H65、HPb56-0.5、HAs65-0.04	O60	290	43	55～85	50～80
	O50	360	25	80～115	75～110
	O82	370	18	90～135	85～130
	HR04	430	—	≥110	≥105
H63、H62	O60	300	43	60～90	55～85
	O50	360	25	75～110	70～105
	O82	370	18	85～135	80～130
	HR04	440	—	≥115	≥110
H59、HPb59-1	O60	340	35	75～105	70～100
	O50	370	20	85～115	80～110
	O82	410	15	100～130	95～125
	HR04	470	—	≥125	≥120
HSn70-1	O60	295	40	60～90	55～85
	O50	320	35	70～100	65～95
	O82	370	20	85～135	80～130
	HR04	455	—	≥110	≥105

续表

牌号	状态	R_m/MPa（不小于）	$A/\%$（不小于）	硬度	
				HV①	HBW②
HSn62-1	O60	295	35	60～90	55～85
	O50	335	30	75～105	70～100
	O82	370	20	85～110	80～105
	HR04	455	—	≥110	≥105
HPb63-0.1	O82	353	20	—	110～165
BZn15-20	O60	295	35	—	—
	O82	390	20	—	—
	HR04	490	8	—	—
BFe10-1-1	O60	290	30	75～110	70～105
	O82	310	12	≥105	≥100
	H80	480	8	≥150	≥145
BFe30-1-1	O60	370	35	85～120	80～115
	O82	480	12	≥135	≥130

① 维氏硬度试验负荷由供需双方协商确定。软化退火（O60）状态的维氏硬度试验仅适用于壁厚≥0.5mm 的管材。

② 布氏硬度试验仅适用于壁厚≥3mm 的管材，壁厚＜3mm 的管材布氏硬度试验供需双方协商确定。

十五、电缆用无缝铜管（GB/T 19849—2014）

1. 品种规格

本标准适用于制作通讯电缆、防火电缆产品用无缝铜管。

表 10-36　牌号、状态和规格

牌号	代号	状态	种类	用途	规格/mm		
					外径	壁厚	长度
TU1 TU2 T2	T10150 T10180 T11050	软化退火 （O60）	盘管	通讯电缆	4～22	0.25～1.50	≥10000
TP2 TP3	C12200 T12210	硬 （H80）	直管	防火电缆	30～75	2.5～4.0	6000～14000

注：管材的长度（或重量）由供需双方协商确定。

2. 力学性能

表 10-37　力学性能

牌号	状态	R_m/MPa	A/%	硬度（HV）
TU1、TU2、T2	O60	205～260	≥40	—
TP2、TP3	H80	≥290	—	90～130

表 10-38　通讯电缆用管材（盘管）的电性能（20℃）

牌号	状态	电导率/%IACS
TU1、TU2、T2	O60	≥100

十六、导电用无缝铜管（GB/T 19850—2013）

1. 品种规格

本标准适用于电炉、电机、输变电等设备用导电圆形、矩（方）形无缝铜管。

表 10-39　牌号、状态、规格

牌号	代号	状态	规格/mm 圆形 外径	圆形 壁厚	矩（方）形 对边距	矩（方）形 壁厚	长度
TU0 TU1 TU2 TU3 TUAg0.1 TAg0.1 T1 T2 TP1	T10130 T10150 T10180 C10200 T10630 T11210 T10900 T11050 C12000	软化退火 （O60） 轻拉 （H55） 硬度拉拔 （H80）	直管 5～178	0.5～10.0	10～150	0.5～10.0	900～8500
			盘管 5～22	0.5～6.0	10～35	0.5～6.0	>8500

2. 力学性能

表 10-40 管材的室温纵向力学性能

状态	尺寸范围 /mm	R_m /MPa	$A/\%$	硬度	
				HB	HV
退火（O60）	全部	200～255	≥40	—	—
轻拉（H55）	壁厚≤5.0	250～300	—	60～90	65～95
	壁厚＞5.0	240～290	≥15	—	—
硬态拉拔（H80）	壁厚≤5.0	290～360	—	85～105	90～110
	壁厚＞5.0	270～320	≥6	—	—

表 10-41 管材的电性能

状态	尺寸范围 /mm	20℃电导率/%IACS（不小于）			
		TU0	TU1、TU2、TU3 T1、TUAg0.1、 TAg0.1	T2	TP1
退火（O60）	全部	101.0	100.0	98.0	90.0
轻拉（H55）	壁厚≤5.0	98.3	97.0	96.0	88.0
	壁厚＞5.0	98.8	98.0	97.0	89.0
硬态拉拔（H80）	壁厚≤5.0	97.5	97.0	95.0	87.0
	壁厚＞5.0	98.0	98.0	96.0	88.0

十七、空调与制冷设备用铜及铜合金无缝管（GB/T 17791—2017）

1. 品种规格

本标准适用于家用空调、冰箱（冰柜）、中小型中央空调及制冷设备用铜及铜合金无缝管。

表 10-42 牌号、状态和规格

牌号	代号	状态	种类	规格/mm		
				外径	壁厚	长度
TU0	T10130	拉拔硬(H80)	直管	3.0～54	0.25～2.5	400～10000
TU1	T10150	轻拉(H55)				
TU2	T10180					
TP1	C12000	表面硬化(O60-H)	盘管	3.0～32	0.25～2.0	—
TP2	C12200	轻退火(O50)				
T2	T11050	软化退火(O60)				
QSn0.5-0.025	T50300					

注：表面硬化（O60-H）是指软化退火状态（O60）经过加工率为 1%～5% 的冷加工使其表面硬化的状态。

表 10-43 盘卷内外径尺寸

类型	最小内径/mm	最大外径/mm	卷宽/mm
层绕盘卷	610;560	1230	75～450

2. 力学性能

表 10-44 管材的室温力学性能

牌号	状态	R_m/MPa	$R_{P0.2}$/MPa	A/%
TU00	拉拔硬(H80)	≥315	≥250	—
TU0	轻拉(H55)	245～325	≥120	—
TU1				
TU2	表面硬化(O60-H)	220～280	≥80	≥40
TP1	轻退火(O50)	≥215	40～90	≥40
TP2				
T2	软化退火(O60)	≥205	35～85	≥43
QSn0.5-0.025	软化退火(O60)	≥255	50～100	≥40

十八、医用气体和真空用无缝铜管（YS/T 650—2007）

1. 品种规格

本标准适用于外径从 $\phi6$～$\phi159$mm 的分配输送医用气体（氧气、

一氧化氮、氮气、氦气、二氧化碳、氩气、呼吸气体、上述气体的特殊混合气体、外科器械用气体、麻醉气体、蒸汽、压缩空气）或真空用无缝铜管。

表 10-45 管材的牌号、状态、规格

牌号	状态	种类	规格/mm		
			外径	壁厚	长度
TU1、TP2	硬（Y）	直管	6~159	0.7~4.0	1000~6100
	半硬（Y$_2$）				
	软（M）				
	软（M）	盘管	≤28		≥15000

2. 力学性能

表 10-46 管材室温纵向力学性能

牌号	状态	R_m/MPa（不小于）	A/%（不小于）	硬度（HV5）
TU1、TP2	硬（Y）	290	—	≥100
	半硬（Y$_2$）	250	25	75~100
	软（M）	220	40	40~70

注：硬度为参考值。

十九、磁控管用无氧铜管（GB/T 20301—2015）

1. 品种规格

本标准适用于微波磁控管、高保真通讯、电导、高真空部件用无氧铜管。

表 10-47 牌号、状态、规格

牌号	代号	状态	规格/mm		
			外径	内径	长度
TU00	C10100	轻拉（H55）			
TU0	C10130	拉拔（硬）	8~50	6~48	1000~3000
TU1	C10150	（H80）			

表 10-48　推荐规格的名义尺寸

序号	规格/mm	壁厚/mm	理论重量/(kg/m)	用途
1	$\phi12.5\times\phi6.2\times1200$	3.15	0.993	排气管
2	$\phi16.5\times\phi14.5\times2500$	1	1.053	均压环
3	$\phi19.5\times\phi18\times2500$	0.75	0.987	均压环
4	$\phi39.5\times\phi34.5\times1200$	2.5	3.118	阳极筒

注：本标准铜的密度取 $8.94g/cm^3$。

2. 力学性能

表 10-49　管材的室温力学性能

牌号	状态	R_m/MPa	$R_{P0.2}$/MPa	硬度(HV1)
TU00、TU0、TU1	H55	250~325	≥205	—
	H80	≥315	≥275	≥80

表 10-50　电性能（20℃）

牌号	状态	电导率(20℃)/%IACS
TU00、TU0、TU1	H55	≥100
	H80	≥98

二十、热交换器用铜合金无缝管（GB/T 8890—2015）

1. 品种规格

本标准适用于火力发电、舰艇船舶、海上石油、机械、化工等工业部门制造热交换器及冷凝器用的铜合金无缝圆形管材。

表 10-51　牌号、状态和规格

牌号	代号	供应状态	种类	外径	壁厚	长度
BFe10-4-4 BFe10-1.4-1	T70590 C70600	软化退火(O60)、软	盘管	3~20	0.3~1.5	—

牌号	代号	供应状态	种类	规格/mm		
				外径	壁厚	长度
BFe10-1-1	T70590	软化退火(O60)	直管	4～160	0.5～4.5	≤6000
		退火至1/2硬(O82)、硬(H80)		6～76	0.5～4.5	<18000
BFe30-0.7 BFe30-1-1	C71500 T71510	软化退火(O60) 退火至1/2 硬(O82)	直管	6～76	0.5～4.5	<18000
HAl77-2 HSn72-1 HSn70-1 HSn70-1-0.01 HSn70-1-0.01-0.04 HAs68-0.04 HAs70-0.05 HAs85-0.05	C68700 C44300 T45000 T45010 T45020 T26330 C26130 T23030	软化退火(O60) 退火至1/2 硬(O82)	直管	6～76	0.5～4.5	<18000

2. 力学性能

表 10-52 管材的室温力学性能

牌号	状态	R_m/MPa (不小于)	A/% (不小于)
BFe30-1-1、 BFe30-0.7	O60	370	30
	O82	490	10
BFe10-1-1、 BFe10-1.4-1	O60	290	30
	O82	345	10
	H80	480	—
HAl77-2	O60	345	50
	O82	370	45
HSn72-1、HSn70-1、 HSn70-1-0.01、 HSn70-1-0.01-0.04	O60	295	42
	O82	320	38

续表

牌号	状态	R_m/MPa（不小于）	A/%（不小于）
HAs68-0.04 HAs70-0.05	O60	295	42
	O82	320	38
HAs85-0.05	O60	245	28
	O82	295	22

二十一、舰船用铜镍合金无缝管（GB/T 26291—2010）

1. 品种规格

本标准适用于舰船制造等海洋工程管路系统用铜镍合金无缝管材。

表 10-53　管材的牌号、状态和规格

牌号	状态	规格/mm		
		外径	壁厚	长度
BFe10-1-1 BFe10-1.6-1	M Y$_2$	8～458	0.6～12.0	≤8000
BFe30-1-1	M			

2. 力学性能

表 10-54　管材的力学性能

牌号	状态	公称外径/mm	R_m/MPa	$R_{P0.2}$/MPa	A_{50mm}/%
BFe10-1-1 BFe10-1.6-1	M	<115	≥270	≥105	≥35
	M	≥115	≥270	≥90	≥35
	Y$_2$	所有尺寸	≥310	≥240	≥15
BFe30-1-1	M	<115	≥345	≥125	≥30
	M	≥115	≥345	≥110	≥30

二十二、易切削铜合金棒（GB/T 26306—2010）

1. 品种规格

表 10-55　产品的牌号、状态、规格

牌号	状态	直径（或对边距）/mm	长度/mm
HPb57-4、HPb58-2、HPb58-3、HPb59-1、HPb59-2、HPb59-3、HPb60-3、HPb60-2、HPb62-3、HPb63-3	半硬（Y₂）、硬（Y）	3～80	500～6000
HBi59-1、HBi60-1.3、HBi60-2、HMg60-1、HSi75-3、HSi80-3	半硬（Y₂）	3～80	500～6000
HSb60-0.9、HSb61-0.8-0.5	半硬（Y₂）、硬（Y）	4～80	500～6000
HBi60-0.5-0.01、HBi60-0.8-0.01、HBi60-1.1-0.01	半硬（Y₂）	5～60	500～5000
QTe0.3、QTe0.5、QTe0.5-0.008、QS0.4、QSn4-4-4、QPb1	半硬（Y₂）、硬（Y）	4～80	500～5000

2. 力学性能

表 10-56　棒材的室温纵向力学性能

牌号	状态	直径（或对边距）/mm	R_m/MPa	A/%
			不小于	
HPb57-4、HPb58-2、HPb58-3	Y₂	3～20	350	10
		>20～40	330	15
		>40～80	315	20
	Y	3～20	380	8
		>20～40	350	12
		>40～80	320	15

续表

牌号	状态	直径(或对边距)/mm	R_m/MPa	A/%
			不小于	
HPb59-1、 HPb59-2、 HPb60-2	Y_2	3～20	420	12
		>20～40	390	14
		>40～80	370	19
	Y	3～20	480	5
		>20～40	460	7
		>40～80	440	10
HPb59-3、 HPb60-3、 HPb62-3 HPb63-3	Y_2	3～20	390	12
		>20～40	360	15
		>40～80	330	20
	Y	3～20	490	6
		>20～40	450	9
		>40～80	410	12
HBi59-1、HBi60-2、 HBi60-1.3、HMg60-1、 HSi75-3	Y_2	3～20	350	10
		>20～40	330	12
		>40～80	320	15
HBi60-0.5-0.01、 HBi60-0.8-0.01、 HBi60-1.1-0.01	Y_2	5～20	400	20
		>20～40	390	22
		>40～60	380	25
HSb60-0.9、 HSb61-0.8-0.5	Y_2	4～12	390	8
		>12～25	370	10
		>25～80	300	18
	Y	4～12	480	4
		>12～20	450	6
		>25～80	420	10

续表

牌号	状态	直径（或对边距）/mm	R_m/MPa	A/%
			不小于	
QSn4-4-4	Y_2	4～12	430	12
		＞12～20	400	15
	Y	4～12	450	5
		＞12～20	420	7
HSi80-3	Y_2	4～80	295	28
QTe0.3、QTe0.5、QTe0.5-0.008、QS0.4、QPb1	Y_2	4～80	260	8
	Y	4～80	330	4

注：矩形棒按短边长分档。

二十三、耐磨黄铜棒（GB/T 36161—2018）

1. 品种规格

本标准适用于圆形、正方形、矩形、正多边形的连续铸造、热挤压和拉拔状态的耐磨黄铜棒材。

表 10-57 棒材的牌号、代号、状态及规格

分类	牌号、代号	状态	直径（或对边距）/mm	长度/mm
锰黄铜	HMn57-2-2-1（T67422）	拉拔+应力消除（HR50）	5～80	500～6000
		热挤压（M30）	5～150	
	HMn57-3-1（T67410）	拉拔+应力消除（HR50）	5～50	
		热挤压（M30）	5～150	
	HMn58-2-1-0.5（T67401）	连续铸造（M07）	12～150	
		拉拔+应力消除（HR50）	5～80	
		热挤压（M30）	5～150	
	HMn58-3-1-1（C67400）	拉拔+应力消除（HR50）	5～50	
		热挤压（M30）	5～80	

续表

分类	牌号、代号	状态	直径(或对边距)/mm	长度/mm
锰黄铜	HMn58-2-2-0.5（T67402）	连续铸造（M07）	12～150	500～6000
		拉拔＋应力消除（HR50）	5～60	
		热挤压（M30）	5～80	
	HMn58-3-2-0.8（T67403）	拉拔＋应力消除（HR50）	5～80	
		热挤压（M30）	5～150	
	HMn60-3-1.7-1（C67300）	拉拔＋应力消除（HR50）	5～50	
		热挤压（M30）	5～150	
	HMn61-2-1-0.5（T67210）	连续铸造（M07）	12～150	
		拉拔＋应力消除（HR50）	5～50	
		热挤压（M30）	5～150	
	HMn61-2-1-1（T67211）	拉拔＋应力消除（HR50）	5～50	
		热挤压（M30）	50～80	
	HMn62-3-3-1（T67300）	拉拔＋应力消除（HR50）	12～50	1500～6000
		热挤压（M30）	12～120	
铝黄铜	HAl61-4-3-1（T69230）	拉拔＋应力消除（HR50）	5～50	500～6000
		热挤压（M30）	5～150	
	HAl66-6-3-2（T69200）	连续铸造（M07）	12～150	
硅黄铜	HSi68-1.5（T68341）	拉拔＋应力消除（HR50）	5～80	
		热挤压（M30）	5～150	
	HSi75-3（T68320）	拉拔＋应力消除（HR50）	5～50	
		热挤压（M30）	5～150	

2. 力学性能

表 10-58　棒材的力学性能

牌号	状态	直径（或对边距）/mm	硬度（HBW）	R_m/MPa	A/%
HMn57-2-2-1	HR50	5～25	≥135	≥510	≥15
		>25～50	≥130	≥490	≥15
		>50～80	≥130	≥470	≥12
	M30	5～25	≥130	≥470	≥10
		>25～50	≥125	≥450	≥12
		>50～80	≥125	≥450	≥20
		>80～150	≥125	实测值	
HMn57-3-1	HR50	5～25	≥170	≥570	≥8
		>25～50	≥160	≥550	≥12
	M30	5～25	≥130	≥450	≥20
		>25～50	≥130	≥450	≥20
		>50～80	≥125	≥430	≥20
		>80～150	≥125	实测值	
HMn58-2-1-0.5	M07	12～50	≥125	≥460	≥20
		>50～150	≥120	≥460	≥20
	HR50	5～50	≥135	≥490	≥5
		>50～80	≥130	≥490	≥15
	M30	5～50	≥125	≥460	≥20
		>50～150	≥110	≥410	≥20
HMn58-3-1-1	HR50	5～25	≥180	≥620	≥6
		>25～50	≥175	≥600	≥8
	M30	5～25	≥165	≥540	≥10
		>25～50	≥155	≥520	≥12
		>50～80	≥150	≥500	≥15

续表

牌号	状态	直径(或对边距)/mm	硬度（HBW）	R_m/MPa	A/%
HMn58-2-2-0.5	M07	12～25	≥140	≥540	≥6
		>25～80	≥130	≥520	≥8
		>80～150	≥130	实测值	
	HR50	5～15	≥160	≥620	≥8
		>15～60	≥160	≥590	≥12
	M30	5～15	≥160	≥550	≥15
		>15～60	≥150	≥530	≥15
		>60～80	≥140	≥510	≥15
HMn58-3-2-0.8	HR50	5～25	≥180	≥620	≥6
		>25～50	≥175	≥600	≥8
		>50～80	≥170	≥580	≥8
	M30	5～25	≥165	≥540	≥10
		>25～50	≥155	≥520	≥12
		>50～80	≥150	≥500	≥15
		>80～150	≥140	实测值	
HMn60-3-1.7-1	HR50	5～25	≥120	≥485	≥15
		>25～50	≥110	≥440	≥15
	M30	5～25	≥95	≥400	≥18
		>25～80	≥95	≥380	≥20
		>80～150	≥95	实测值	
HMn61-2-1-0.5	M07	12～25	≥130	≥510	≥12
		>25～80	≥125	≥480	≥15
		>80～150	≥120	实测值	
	HR50	5～25	≥160	≥590	≥10
		>25～50	≥150	≥560	≥12
	M30	5～25	≥120	≥480	≥15
		>25～80	≥110	≥450	≥20
		>80～150	≥110	实测值	

牌号	状态	直径(或对边距)/mm	硬度(HBW)	R_m/MPa	A/%
HMn61-2-1-1	HR50	5～25	≥150	≥560	≥10
		>25～50	≥140	≥520	≥12
	M30	50～80	≥120	≥460	≥15
HMn62-3-3-1	HR50	12～25	≥165	≥590	≥8
		>25～50	≥160	≥570	≥9
	M30	12～80	≥160	≥530	≥12
		>80～120	≥160	实测值	
HAl61-4-3-1	HR50	5～25	≥185	≥630	≥2
		>25～50	≥180	≥600	≥3
	M30	5～25	≥180	≥600	≥2
		>25～80	≥180	≥580	≥3
		>80～150	≥170	实测值	
HAl66-6-3-2	M07	12～25	≥180	≥630	≥5
		>25～80	≥170	≥590	≥6
		>80～150	≥160	实测值	
HSi68-1.5	HR50	5～25	≥120	≥500	≥6
		>25～50	≥115	≥450	≥8
		>50～80	≥110	≥420	≥10
	M30	5～25	≥100	≥400	≥12
		>25～80	≥95	≥360	≥15
		>80～150	≥90	实测值	
HSi75-3	HR50	5～25	≥140	≥480	≥12
		>25～50	≥130	≥450	≥15
	M30	5～25	≥110	≥380	≥18
		>25～80	≥100	≥360	≥20
		>80～150	≥90	实测值	

二十四、液压元件用铜合金棒、型材（GB/T 36166—2018）

1. 品种规格

本标准适用于加工生产液压泵和电机用的缸体、滑靴、配油盘、球铰、衬套、滑块、回程盘挡块、主板、副板、侧板等铜合金棒、型材。

表 10-59　棒、型材的牌号及状态

牌号	代号	状态
ZQSn7-7-3	—	M07(水平连铸)
ZQSn10-10	—	
ZQSn10-5-1	—	
ZQSn10-7-3	—	
ZQPb15-5-1	—	
ZQPb15-7-1	—	
HMn57-2-1.7-0.5	T67420	M30(热挤压) HR50(拉拔＋应力消除)
HMn57-2-2-1	T67422	
HMn58-2-2-0.5	T67402	
HMn60-3-1.7-1	C67300	
HMn61-3-1	T67212	
HMn62-3-3-1	T67300	
HAl61-4-3-1	T69230	
QAl9-4	T61720	
QAl10-3-1.5	T61760	

表 10-60　主板型材的规格

牌号	状态	规格/mm				
		内圆 (R1)	外圆 (R2)	外圆 (R3)	凹弧 (R4)	长度 (l)
HMn57-2-1.7-0.5、HMn57-2-2-1、HMn58-2-2-0.5、HMn60-3-1.7-1、HMn61-3-1、HAl61-4-3-1	M07	20.0～40.0	20.0～40.0	25.0～50.0	1.0～3.0	200～3000

表 10-61 侧板型材的规格

牌号	状态	规格/mm				
		外圆(R)	内圆(r)	中心距(S)	高度(H)	长度(l)
ZQSn7-7-3、ZQSn10-10、ZQSn10-5-1、ZQSn10-7-3、ZQPb15-5-1、ZQPb15-7-1	M07	20.0~60.0	10.0~30.0	30.0~100.0	70.0~220.0	200~3000

表 10-62 棒材（圆形、矩形、方形）的规格

牌号	状态	直径(对边距)/mm	长度/mm
ZQSn7-7-3、ZQSn10-10、ZQSn10-5-1、ZQSn10-7-3、ZQPb15-5-1、ZQPb15-7-1	M07	15.0~120.0	1000~3700
HMn57-2-1.7-0.5、HMn57-2-2-1、HMn58-2-2-0.5、HMn60-3-1.7-1、HMn61-3-1	HR50	6.0~50.0	
	M30	>50.0~150.0	
HMn62-3-3-1	M30	15.0~150.0	
HAl61-4-3-1	HR50	15.0~30.0	
	M30	>30.0~150.0	
QAl9-4	HR50	12.0~80.0	
	M30	>80.0~150.0	
QAl10-3-1.5	HR50	12.0~50.0	
	M30	15.0~80.0	

2. 力学性能

表 10-63 棒材的力学性能

牌号	状态	直径(对边距)/mm	R_m/MPa	$R_{P0.2}$/MPa	A/%	硬度(HBW)
			不小于			
ZQSn7-7-3	M07	15.0~120.0	245	140	10	65
ZQSn10-10			245	140	6	65
ZQSn10-5-1			200	100	6	65
ZQSn10-7-3			215	100	6	65
ZQPb15-5-1			180	100	6	60
ZQPb15-7-1			200	—	8	65

续表

牌号	状态	直径(对边距)/mm	R_m /MPa	$R_{P0.2}$ /MPa	$A/\%$	硬度 (HBW)
			不小于			
HMn57-2-1.7-0.5	HR50	6.0~15.0	640	280	10	160
		>15.0~50.0	590	280	14	150
	M30	>50.0~120.0	540	280	16	140
		>120.0~150.0	实测值			
HMn57-2-2-1	HR50	6.0~15.0	530	320	15	135
		>15.0~50.0	510	300	15	
	M30	>50.0~120.0	450	175	20	
		>120.0~150.0	实测值			
HMn58-2-2-0.5	HR50	6.0~15.0	640	340	10	160
		>15.0~50.0	590	320	14	160
	M30	>50.0~120.0	540	270	18	140
		>120.0~150.0	实测值			
HMn60-3-1.7-1 HMn61-3-1	HR50	6.0~15.0	485	345	15	120
		>15.0~50.0	440	320	15	110
	M30	>50.0~120.0	380	172	20	95
		>120.0~150.0	实测值			
HMn62-3-3-1	M30	15.0~120.0	590	—	8	160
		>120.0~150.0	实测值			
HAl61-4-3-1	HR50	15.0~30.0	650	450	5	200
	M30	>30.0~120.0	600	400	5	180
		>120.0~150.0	实测值			
QAl9-4	HR50	12.0~25.0	605	305	15	150
		>25.0~50.0	580	275	15	
		>50.0~80.0	525	255	20	
	M30	>80.0~120.0	515	205	20	110
		>120.0~150.0	实测值			
QAl10-3-1.5	HR50	12.0~50.0	690	340	7	180
	M30	15.0~80.0	590	250	12	150

表 10-64　型材的力学性能

牌号	状态	主板型材内圆(R1)/mm	侧板型材高度(H)/mm	R_m/MPa	$R_{P0.2}$/MPa	A/%	硬度(HBW)
				不小于			
ZQSn7-7-3	M07	—	70～220	245	140	10	65
ZQSn10-10				245	140	6	65
ZQSn10-5-1				200	100	6	65
ZQSn10-7-3				215	100	6	65
ZQPb15-5-1				180	100	6	60
ZQPb15-7-1				200	—	8	65
HMn57-2-2-1	M30	20～40	—	450	175	20	135
HMn57-2-1.7-0.5				540	280	16	140
HMn58-2-2-0.5				540	270	18	160
HMn60-3-1.7-1				380	172	20	95
HMn61-3-1							
HAl61-4-3-1				600	400	5	180

二十五、电磁推射装置用铜合金型、棒材（GB/T 33946—2017）

1. 品种规格

本标准适用于高铁城际列车、航天飞行器、陆基电磁推射兵器、海洋舰船、工程机械、爆破消防和中央空调等行业用的电磁推射装置所需的高强高导铜合金型、棒材。

表 10-65　型、棒材的牌号、状态

牌号	代号	状态
TCr0.5-0.15-0.1	C18080	固溶热处理＋冷加工硬＋沉淀热处理(TH04) 固溶热处理＋沉淀热处理(TF00)
TCr0.3-0.1-0.02-0.03	C18141	
TCr0.3-0.1-0.02	C18143	
TCr1-0.15	C18150	
TCr1-0.18	T18160	
TCr1	C18200	
HB90-0.1	—	硬(H04)

表 10-66　型、棒材的规格

外形	型材						棒材(圆形、矩形、正方形)	
	型材厚 a /mm	型材宽 b /mm	V 形角深 h /mm	V 形角 α /(°)	V 形弧半径 R /mm	型材长 L /mm	直径(或对边距)/mm	棒材长 L /mm
V1 形	20.0～150.0	50.0～500.0	10.0～60.0	20.0～60.0	—	1500～12000	10.0～150.0	1500～12000
V2 形	20.0～150.0	50.0～500.0	10.0～60.0	20.0～60.0	5.0～15.0	1500～12000	10.0～150.0	1500～12000

注：经双方协商，可供其他规格的型、棒材。

2. 力学性能

表 10-67　型、棒材力学性能

牌号	状态	$R_{P0.2}$ /MPa	R_{m} /MPa	A /%	硬度 (HRB)
TCr0.5-0.15-0.1、 TCr0.3-0.1-0.02-0.03、 TCr0.3-0.1-0.02	TH04	≥360	≥450	≥13	≥75
	TF00	≥350	≥420	≥15	≥70
TCr1-0.15、TCr1-0.18、 TCr1	TH04	≥340	≥410	≥13	≥68
	TF00	≥320	≥380	≥15	≥65
HB90-0.1	H04	≥220	≥330	≥15	—

注：抗拉强度的指标仅做参考。

表 10-68　型、棒材电性能

合金牌号	状态	电阻系数 /(Ω·mm²/m)	电导率 /%IACS	电导率 /(MS/m)
TCr0.5-0.15-0.1、 TCr0.3-0.1-0.02-0.03、 TCr0.3-0.1-0.02	TH04、 TF00	≤0.02210	≥78	≥45.2
TCr1-0.15、TCr1-0.18、 TCr1	TH04	≤0.02210	≥78	≥45.2
	TF00	≤0.02155	≥80	≥46.4
HB90-0.1	H04	≤0.04310	≥40	≥23.2

二十六、精密模具材料用铜合金棒材（YS/T 1112—2016）

1. 品种规格

本标准适用于精密模具用铜合金圆形、方形、六角形棒材。

表 10-69 牌号、状态和规格

牌号	代号	产品种类	状态	规格/mm 直径（或对边距）	长度
TBe0.6-2.5	C17500		固溶热处理＋冷加工（硬）＋沉淀热处理（TH04）、固溶热处理＋沉淀热处理（TF00）	10～75	
TBe0.4-1.8	C17510			10～120	
TBe0.2-1.8	C17200			10～75	
TNi2.4-0.6-0.5	C18000		固溶热处理＋冷加工（硬）＋沉淀热处理（TH04）	10～120	
TCr1-0.15、TCr1	C18150 C18200		TH04	10～120	
			沉淀热处理＋冷加工（硬）（TL04）	10～80	
QAl11-3	C62400	圆棒 方棒 六角棒	热锻—空冷（M10）	30～160	500～5000
			热挤压（M30）	10～120	
			拉拔＋应力消除（HR50）	5～80	
			淬火硬化＋调质退火（TQ50）	10～120	
QAl13-4	C62500		热锻—空冷（M10）	30～160	
			热挤压（M30）	10～120	
			拉拔＋应力消除（HR50）	5～80	
QAl14-3	—		热挤压（M30）	10～120	
QAl10-5-3	C63000		拉拔＋应力消除（HR50）	5～80	
			淬火硬化＋调质退火（TQ50）	10～120	
QAl10-6-5	C63020		热挤压（M30） 淬火硬化＋调质退火（TQ50）	10～120	
			热锻—空冷（M10）	30～160	
BSi7-2-1	—		固溶热处理＋冷加工（硬）＋沉淀热处理（TH04）	10～80	

2. 力学性能

表 10-70 棒材的室温力学性能和电性能

牌号	状态	直径或对边距/mm	R_m/MPa	$A/\%$	硬度(HBW)	电导率/%IACS
TBe0.2-1.8	TF00	≤75	≥1140	≥4	≥340	≥22
		>75	≥1140	≥3	≥340	
	TH04	≤25	≥1240	≥2	≥360	
		>25~75	≥1210	≥4	≥350	
TBe0.4-1.8 TBe0.6-2.5	TF00	所有规格	≥690	≥10	≥200	≥45
	TH04		≥760	≥10	≥200	
TNi2.4-0.6-0.5	TH04	10~25	≥650	≥10	≥180	≥43
		>25~50	≥630	≥10	≥180	
		≥50	≥615	≥10	≥180	
TCr1-0.15, TCr1	TH04	10~25	≥480	≥10	≥130	≥75
		>25~50	≥460	≥12	≥130	≥75
		>50~120	≥420	≥12	≥130	≥75
	TL04	10~25	≥500	≥10	≥150	≥75
		>25~50	≥480	≥12	≥140	
		>50	≥465	≥12	≥125	
QAl11-3	M30、M10	10~160	≥620	≥12	≥180	—
	HR50	≤15	≥655	≥10	≥200	—
		>15~30	≥655	≥12	≥190	—
		>30~80	≥620	≥12	≥180	—
	TQ50	10~120	≥650	≥10	≥200	—
QAl13-4	M30、M10	所有规格	≥700	≥1.5	≥280	—
	HR50	5~50	≥750	≥1	≥280	—
		>50~80	≥720	≥1	≥280	—
QAl14-3	M30	10~120	≥720	≥0.5	≥330	—

续表

牌号	状态	直径或对边距/mm	R_m/MPa	$A/\%$	硬度(HBW)	电导率/%IACS
QAl10-5-3	HR50	≤25	≥760	≥10	≥220	—
		>25~50	≥760	≥10	≥215	—
		>50~80	≥725	≥10	≥210	—
	TQ50	>80~120	≥690	≥12	≥210	—
QAl10-6-5	M30、M10	所有规格	≥860	≥6	≥280	—
	TQ50	≤25	≥930	≥6	≥280	—
		>25~50	≥890	≥6	≥280	—
		>50	≥890	≥6	≥280	—
BSi7-2-1	TH04	10~80	≥800	≥5	≥230	≥30

二十七、热锻水暖管件用黄铜棒（YS/T 583—2016）

1. 品种规格

本标准适用于热锻水暖管件用圆形、矩（方）形、正六角形黄铜棒。

表 10-71 牌号、状态、规格

牌号	代号	状态	直径(或对边距)/mm	长度/mm
H59	T28200			
HPb58-2	T38210			
HPb58-3	T38310			
HPb59-1	T38100	热挤压（M30）连续铸造（M07）1/2 硬（H02）	10~80	1000~6000
HPb59-2	T38200			
HPb59-3	T38300			
HPb61-1	C37100			
HPb60-2	C37700			
HPb61-2-0.1	T36230			
HPb61-2-1	T36220			
HPb62-2	C35300			

牌号	代号	状态	直径(或对边距)/mm	长度/mm
HPb62-2-0.1	T36210			
HPb62-1-0.6	—			
HPb63-1-0.6	—			
HPb63-1.5	—			
HPb63-1.5-0.6	—			
HPb65-1.5	—			
HPb66-0.5	C33000			
HBi59-1	T49360			
HBi60-1.3	T49240	热挤压		
HBi60-0.5-0.01	T49310	(M30)		1000～
HBi60-0.8-0.01	T49320	连续铸造	10～80	6000
HBi60-1.0-0.05	C49260	(M07)		
HBi60-1.1-0.01	T49330	1/2硬(H02)		
HSi62-0.6	C68350			
HSi63-3-0.06	—			
HSi68-1	—			
HAs63-0.1	—			
HAl63-0.6-0.2	—			
HSn60-0.4-0.2	—			
HSn60-0.8	—			
HSn60-1-0.04	—			

注：含铅、铋元素的牌号不推荐用于饮用水系统。

2. 力学性能

表 10-72 室温纵向力学性能

牌号	状态	直径(或对边距)/mm	R_m/MPa	A/%
			不小于	
H59	M30	10～80	360	20
	M07	10～80	475	8
	H02	10～80	350	10

续表

牌号	状态	直径(或对边距)/mm	R_m/MPa	A/%
			不小于	
HPb58-2	M30	10～80	250	10
	M07	10～80	250	10
	H02	3～20	350	10
		＞20～40	330	15
		＞40～80	315	20
HPb58-3	M30	10～80	380	16
	M07	10～80	280	10
	H02	3～20	350	10
		＞20～40	330	15
		＞40～80	315	20
HPb59-1 HPb59-2	M30	10～80	320	10
	M07	10～80	300	10
	H02	3～20	420	12
		＞20～40	390	14
		＞40～80	370	19
HPb59-3	H02	10～20	390	12
		＞20～40	360	15
		＞40～80	330	20
HPb61-1 HPb60-2	M30	10～80	320	12
	M07	10～80	300	10
	H02	3～20	420	12
		＞20～40	390	14
		＞40～80	370	19
HPb61-2-0.1 HPb61-2-1	M30	10～80	315	20
	H02	10～80	365	15
HPb62-2	H02	10～20	350	7
		＞12～25	330	10
		25	315	15

牌号	状态	直径(或对边距)/mm	R_m/MPa	A/%
			不小于	
HPb62-2-0.1	M30	10~80	315	20
	M07	10~80	250	10
	H02	10~80	330	15
HPb63-1.5	H02	10~80	280	20
HPb65-1.5	H02	10~80	280	20
HPb66-0.5	H02	10~80	280	10
HBi59-1 HBi60-1.3	M07	10~80	300	10
	H02	3~20	350	10
		>20~40	330	12
		>40~80	320	15
HBi60-0.5-0.01 HBi60-0.8-0.01 HBi60-1.0-0.05 HBi60-1.1-0.01	H02	5~20	400	20
		>20~40	399	22
		>40~60	380	25
HSi62-0.6	M30	10~80	360	20
	M07	10~80	300	15
	H02	10~80	320	15
HSn60-0.4-0.2	M30	10~80	360	20
	M07	10~80	475	8
HSn60-0.8	M30	10~80	280	30
	M07	10~80	390	17
HPb63-1-0.6	M30	10~80	400	12
	M07	10~80	370	10
HSn60-1-0.04	M30	10~80	315	15
	M07	10~80	280	10
HSi62-0.8	M30	10~80	360	30
	M07	10~80	350	20

续表

牌号	状态	直径（或对边距）/mm	R_m/MPa	A/%
			不小于	
HAl63-0.6-0.2	M30	10～80	380	16
	M07	10～80	360	20
HAs63-0.1	M30	10～80	280	30
	M07	10～80	390	17
	H02	10～80	320	20
HSi63-3-0.06	M30	10～80	500	7
	M07	10～80	400	20
HPb63-1.5-0.6	M30	10～80	460	10
	H07	10～80	450	8
HPb62-1-0.6	M30	10～80	520	8
	M07	100～80	500	10

注：矩形棒按短边长分档。

二十八、精密仪器仪表和电讯器材用铜合金棒线（GB/T 33951—2017）

1. 品种规格

表 10-73 牌号、状态、规格

牌号	代号	品种	状态	直径/mm	长度/mm
BMn3-12	T71620	棒	软化退火（O60）	2～10	≥1000
		线	硬（H04）	0.02～6	
BMn43-0.5	T71670	棒	软化退火（O60）	2～10	
		线		0.02～6	
BMn40-1.5	T71660	棒	软化退火（O60）、硬（H04）	2～40	
			热挤压（M30）	40～50	
		线	软化退火（O60）、硬（H04）	0.02～6	
QMn11-3.5-1.5	—	棒	软化退火（O60）	2～10	
		线		0.1～6	
BZn15-20	T74600	棒	热挤（M30）	25～80	
		棒线	1/2硬（H02）	0.1～6	
			硬（H04）、软化退火（O60）	0.1～40	
B19	T71050	线	硬（H04）、软化退火（O60）	0.1～6	
B0.6	T70110	线	硬（H04）、软化退火（O60）	0.1～3	

2. 力学性能

表 10-74　棒线材的室温力学性能

牌号	状态	直径/mm	R_m/MPa	A_{100mm}/%	A/%
BMn3-12	O60	0.10~1.0	≥440	≥12	—
		>1.0~4.0	≥390	≥20	—
		>4.0~10.0	≥360	—	≥25
	H04	0.10~1.0	≥785	—	—
		>1.0~6.0	≥685	—	—
BMn43-0.5	O60	0.10~4.0	≥410	≥25	—
		>4.0~10.0	≥410	—	≥25
QMn11-3.5-1.5	O60	0.10~4.0	≥240	≥15	—
		>4.0~10.0	≥240	—	≥15
BMn40-1.5	M30	40~50	≥345	—	≥28
	H04	0.02~6.0	≥650	—	—
		>6.0~20	≥540	—	≥5
		>20~30	≥490	—	≥7
		>30~40	≥440	—	≥10
	O60	≤0.05	≥390	≥6	—
		>0.05~0.10	≥390	≥8	—
		>0.10~0.50	≥390	≥12	—
		>0.50~4.0	≥390	≥15	—
		>4.0~40	≥390	—	≥15
BZn15-20	H02	>0.10~0.50	490~735	—	—
		>0.50~2.0	440~680	—	—
		>2.0~6.0	440~635	—	—
	H04	0.10~0.50	735~960	—	—
		>0.5~2.0	635~880	—	—
		>2.0~6.0	540~785	—	—
		>6.0~20	≥450	—	≥5
		>20~30	≥400	—	≥7
		>30~40	≥350	—	≥12
	O60	0.10~0.20	≥350	≥15	—
		>0.2~0.50	≥350	≥20	—
		>0.5~2.0	≥350	≥25	—
		>2.0~4.0	≥350	≥30	—
		>4.0~40	≥300	—	≥30
	M30	25~80	≥300	—	≥30

牌号	状态	直径/mm	R_m/MPa	A_{100mm}/%	A/%
B19	O60	0.10～0.50	≥295	≥20	—
		>0.50～4.0	≥295	≥25	—
		>4.0～6.0	≥295	—	≥25
	H04	0.10～0.50	595～880	—	—
		>0.5～6.0	490～785	—	—
B0.6	O60	0.10～0.50	≥190	≥20	—
		>0.50～3.0	≥190	≥25	—

二十九、船舶压缩机零件用铝白铜棒（YS/T 1101—2016）

1. 品种规格

本标准适用于船舶压缩机零件用铝白铜圆形棒材，也可用于造船、电力、化工等工业部门中制作各种高强耐蚀件。

表 10-75　牌号、状态和规格

牌号	代号	状态	直径/mm	长度/mm
BAl13-3	T72600	热挤压（M30）	10～50	1000～5000
			>50～120	500～5000
		热锻（M10）	30～50	1000～5000
			>50～75	500～5000
			>75～120	500～3000
			>120～300	300～2500

注：热锻（M10）状态后的棒材可以经过表面车光处理。

2. 力学性能

表 10-76　棒材的力学性能

牌号	状态	直径/mm	R_m/MPa	A/%
BAl13-3	M30、M10	10～40	≥780	≥8
		>40～120	≥740	≥8
		>120～300	≥685	≥7

三十、铜及铜合金线材（GB/T 21652—2017）

1. 品种规格

本标准适用于一般用途的圆形、正方形、正六角形的铜及铜合金线材。

表 10-77　产品的牌号、状态、规格

分类	牌号	代号	状态	直径（对边距）/mm
无氧铜	TU0	T10130	软（O60）、硬（H04）	0.05～8.0
	TU1	T10150		
	TU2	T10180		
纯铜	T2	T11050	软（O60）、1/2 硬（H02）、硬（H04）	0.05～8.0
	T3	T11090		
镉铜	TCd1	C16200	软（O60）、硬（H04）	0.1～6.0
镁铜	TMg0.2	T18658	硬（H04）	1.5～3.0
	TMg0.5	T18664	硬（H04）	1.5～7.0
普通黄铜	H95	C21000	软（O60）、1/2 硬（H02）、硬（H04）	0.05～12.0
	H90	C22000		
	H85	C23000		
	H80	C24000		
	H70	T26100	软（O60）、1/8 硬（H00）、1/4 硬（H01）、1/2 硬（H02）、3/4 硬（H03）、硬（H04）、特硬（H06）	0.05～8.5 特硬 0.1～6.0 软态 0.05～18.0
	H68	T26300		
	H66	C26800		
	H65	C27000		0.05～13 特硬 0.05～4.0
	H63	T27300		
	H62	T27600		
铅黄铜	HPb63-3	T34700	软（O60）、1/2 硬（H02）、硬（H04）	0.5～6.0
	HPb62-0.8	T35100	1/2 硬（H02）、硬（H04）	0.5～6.0
	HPb61-1	C37100	H02、H04	0.5～8.5
	HPb59-1	T38100	O60、H02、H04	0.5～6.0
	HPb59-3	T38300	H02、H04	1.0～10.0

续表

分类	牌号	代号	状态	直径(对边距)/mm
硼黄铜	HB90-0.1	T22130	H04	1.0～12.0
锡黄铜	HSn62-1	T46300	O60、H04	0.5～6.0
	HSn60-1	T46410		
锰黄铜	HMn62-13	T67310	O60、H01、H02、H03、H04	0.5～6.0
锡青铜	QSn4-3	T50800	O60、H01、H02、H03	0.1～8.5
			H04	0.1～6.0
	QSn5-0.2	C51000	O60、H01、H02、H03、H04	0.1～8.5
	QSn4-0.3	C51100		
	QSn6.5-0.1	T51510		
	QSn6.5-0.4	T51520		
	QSn7-0.2	T51530		
	QSn8-0.3	C52100		
	QSn15-1-1	T52500	O60、H01、H02、H03、H04	0.5～6.0
	QSn4-4-4	T53500	H02、H04	0.1～8.5
铬青铜	QCr4.5-2.5-0.6	T55600	O60、固溶热处理＋沉淀热处理(TF00)、固溶热处理＋冷加工(硬)＋沉淀热处理(TH04)	0.5～6.0
铝青铜	QAl7	C61000	H02、H04	1.0～6.0
	QAl9-2	T61700	H04	0.6～6.0
硅青铜	QSi3-1	T64730	H02、H03、H04	0.1～8.5
			O60、H01	0.1～18.0
普通白铜	B19	T71050	O60、H04	0.1～6.0
铁白铜	BFe10-1-1	T70590	O60、H04	0.1～6.0
	BFe30-1-1	T71510		

续表

分类	牌号	代号	状态	直径(对边距)/mm
锰白铜	BMn3-12	T71620	O60、H04	0.05～6.0
	BMn40-1.5	T71660		
锌白铜	BZn9-29	T76100	O60、H00、H01、H02、H03、H04、H06	0.1～8.0 特硬规格 0.5～4.0
	BZn12-24	T76200		
	BZn12-26	T76210		
	BZn15-20	T74600	O60、H00、H01、H02、H03、H04、H06	0.1～8.0 特硬规格 0.5～4.0 软态规格 0.1～18.0
	BZn18-20	T76300		
	BZn22-16	T76400	O60、H00、H01、H02、H03、H04、H06	0.1～8.0 特硬规格 0.1～4.0
	BZn25-18	T76500		
	BZn40-20	T77500	O60、H01、H02、H03、H04	1.0～6.0
	BZn12-37-1.5	C79860	H02、H04	0.5～9.0

2. 力学性能

表 10-78　线材抗拉强度和断后伸长率

牌号	状态	直径(或对边距)/mm	抗拉强度 R_m/MPa	断后伸长率/%	
				A_{100mm}	A
TU0、TU1、TU2	O60	0.05～8.0	195～255	≥25	—
	H04	0.05～4.0	≥345	—	—
		＞4.0～8.0	≥310	≥10	—
T2、T3	O60	0.05～0.3	≥195	≥15	—
		＞0.3～1.0	≥195	≥20	—
		＞1.0～2.5	≥205	≥25	—
		＞2.5～8.0	≥205	≥30	—
	H02	0.05～8.0	255～365	—	—
	H04	0.05～2.5	≥380	—	—
		＞2.5～8.0	≥365	—	—

续表

牌号	状态	直径(或对边距)/mm	抗拉强度 R_m/MPa	断后伸长率/%	
				A_{100mm}	A
TCd1	O60	0.1~6.0	≥275	≥20	—
	H04	0.1~0.5	590~880	—	—
		>0.5~4.0	490~735	—	—
		>4.0~6.0	470~685	—	—
TMg0.2	H04	1.5~3.0	≥530	—	—
TMg0.5	H04	1.5~3.0	≥620	—	—
		>3.0~7.0	≥530	—	—
H95	O60	0.05~12.0	≥220	≥20	—
	H02	0.05~12.0	≥340	—	—
	H04	0.05~12.0	≥420	—	—
H90	O60	0.05~12.0	≥240	≥20	—
	H02	0.05~12.0	≥385	—	—
	H04	0.05~12.0	≥485	—	—
H85	O60	0.05~12.0	≥280	≥20	—
	H02	0.05~12.0	≥455	—	—
	H04	0.05~12.0	≥570	—	—
H80	O60	0.05~12.0	≥320	≥20	—
	H02	0.05~12.0	≥540	—	—
	H04	0.05~12.0	≥690	—	—
H70、H68、H66	H04	0.05~0.25	735~930	—	—
		>0.25~1.0	685~885	—	—
		>1.0~2.0	635~835	—	—
		>2.0~4.0	590~785	—	—
		>4.0~6.0	540~735	—	—
		>6.0~8.5	490~685	—	—
	还可供 O60、H00、H01、H02、H03、H06 状态				

牌号	状态	直径(或对边距)/mm	抗拉强度 R_m/MPa	断后伸长率/%	
				A_{100mm}	A
H65	H04	0.05~0.25	685~885	—	—
		>0.25~1.0	635~835	—	—
		>1.0~2.0	590~785	—	—
		>2.0~4.0	540~735	—	—
		>4.0~6.0	490~685	—	—
		>6.0~13.0	440~635	—	—
	还可供 O60、H00、H01、H02、H03、H06 状态				
H63、H62	H04	0.05~0.25	785~980	—	—
		>0.25~1.0	685~885	—	—
		>1.0~2.0	635~835	—	—
		>2.0~4.0	590~785	—	—
		>4.0~6.0	540~735	—	—
		>6.0~13.0	490~685	—	—
	还可供 O60、H00、H01、H02、H03、H06 状态				
HB90-0.1	H04	1.0~12.0	≥500	—	—
HPb63-3	H04	0.5~6.0	570~735	—	—
	还可供 O60、H02 状态				
HPb62-0.8	H02	0.5~6.0	410~540	≥12	—
	H04	0.5~6.0	450~560	—	—
HPb59-1	H04	0.5~2.0	490~735	—	—
		>2.0~4.0	490~685	—	—
		>4.0~6.0	440~635	—	—
	还可供 O60、H02 状态				
HPb61-1	H04	0.5~2.0	≥520	—	—
		>2.0~4.0	≥490	—	—
		>4.0~6.0	≥465	—	—
		>6.5~8.5	≥440	—	—
	还可供 H02 状态				

续表

牌号	状态	直径（或对边距）/mm	抗拉强度 R_m /MPa	断后伸长率/%	
				A_{100mm}	A
HPb59-3	H04	1.0～2.0	≥480	—	—
		＞2.0～4.0	≥460	—	—
		＞4.0～6.0	≥435	—	—
		＞6.0～10.0	≥430	—	—
	还可供 H02 状态				
HSn60-1 HSn62-1	H04	0.5～2.0	590～835	—	—
		＞2.0～4.0	540～785	—	—
		＞4.0～6.0	490～735	—	—
	还可供 O60 状态				
HMn62-13	H04	0.5～6.0	≥650	—	—
	还可供 O60、H01、H02、H03 状态				
QSn4-3	H04	0.1～1.0	880～1130	—	—
		＞1.0～2.0	860～1060	—	—
		＞2.0～4.0	830～1030	—	—
		＞4.0～6.0	780～980	—	—
	还可供 O60、H01、H02、H03 状态				
QSn5-0.2 QSn4-0.3 QSn6.5-0.1 QSn6.5-0.4 QSn7-0.2 QSn3-1	H04	0.1～1.0	880～1130	—	—
		＞1.0～2.0	860～1060	—	—
		＞2.0～4.0	830～1030	—	—
		＞4.0～6.0	780～980	—	—
		＞6.0～8.5	690～950	—	—
	还可供 O60、H01、H02、H03 状态				
QSn8-0.3	H04	0.1～8.5	860～1035	—	—
	还可供 O60、H01、H02、H03 状态				
QSn3-1	O60	＞8.5～13.0	≥350	≥45	—
		＞13.0～18.0		—	≥50
	H01	＞8.5～13.0	380～580	≥22	—
		＞13.0～18.0		—	≥26

续表

牌号	状态	直径（或对边距）/mm	抗拉强度 R_m /MPa	断后伸长率/%	
				A_{100mm}	A
QSn15-1-1	H04	0.5～1.0	850～1080	—	—
		＞1.0～2.0	840～980	—	—
		＞2.0～4.0	830～960	—	—
		＞4.0～6.0	820～950	—	—
	还可供 O60、H01、H02、H03 状态				
QSn4-4-4	H02	0.1～6.0	≥360	≥8	—
		＞6.0～8.5		≥12	—
	H04	0.1～6.0	≥420		—
		＞6.0～8.5		≥10	—
QCr4.5-2.5-0.6	O60	0.5～6.0	400～600	≥25	—
	TH04、TF00	0.5～6.0	550～850	—	—
QAl7	H02	1.0～6.0	≥550	≥8	—
	H04	1.0～6.0	≥600	≥4	—
QAl9-2	H04	0.6～1.0	≥580		—
		＞1.0～2.0		≥1	—
		＞2.0～5.0		≥2	—
		＞5.0～6.0	≥530	≥3	—
B19	O60	0.1～0.5	≥295	≥20	—
		＞0.5～6.0		≥25	—
	H04	0.1～0.5	590～880	—	—
		＞0.5～6.0	490～785	—	—
BFe10-1-1	O60	0.1～1.0	≥450	≥15	—
		＞1.0～6.0	≥400	≥18	—
	H04	0.1～1.0	≥780	—	—
		＞1.0～6.0	≥650	—	—

续表

牌号	状态	直径(或对边距)/mm	抗拉强度 R_m/MPa	断后伸长率/%	
				A_{100mm}	A
BFe30-1-1	O60	0.1~0.5	≥345	≥20	—
		>0.5~6.0		≥25	—
	H04	0.1~0.5	685~980	—	—
		>0.5~6.0	590~880	—	—
BMn3-12	O60	0.05~1.0	≥440	≥12	—
		>1.0~6.0	≥390	≥20	—
	H04	0.05~1.0	≥785	—	—
		>1.0~6.0	≥685	—	—
BMn40-1.5	O60	0.05~0.20	≥390	≥15	—
		>0.20~0.50		≥20	—
		>0.50~6.0		≥25	—
	H04	0.05~0.20	685~980	—	—
		>0.20~0.50	685~880	—	—
		>0.50~6.0	635~835	—	—
BZn9-29 BZn12-24 BZn12-26	H04	0.1~0.2	680~880	—	—
		>0.2~0.5	630~820	—	—
		>0.5~2.0	600~800	—	—
		>2.0~8.0	580~700	—	—
	还可供 O60、H00、H01、H02、H03、H06 状态				
BZn22-16 BZn25-18	H06	0.1~1.0	≥820	—	—
		>1.0~2.0	≥810	—	—
		>2.0~4.0	≥800	—	—
	还可供 O60、H00、H01、H02、H03、H04 状态				
BZn40-20	H04	1.0~6.0	800~1000	—	—
	还可供 O60、H01、H02、H03 状态				
BZn12-37-1.5	H02	0.5~9.0	600~700	—	—
	H04	0.5~9.0	650~750	—	—

三十一、封装键合用镀钯铜丝（GB/T 34507—2017）

1. 品种规格

本标准适用于半导体封装用镀钯铜丝。

表 10-79 型号、状态、直径

型号	状态	直径/mm
HCP1-n	半硬态	0.013，0.015，0.016，0.017，0.018，0.019，0.020，0.021，0.022，0.023，0.024，0.025，0.028，0.030，0.032，0.033，0.035，0.038，0.040，0.042，0.043，0.044，0.045，0.050

注：1. 可根据需方要求生产其他直径的产品。

2. 各生产厂家可根据不同的化学成分自行分配型号。

2. 力学性能

表 10-80 力学性能

公称直径及允许偏差/mm	最小拉断力/10^{-2}N	伸长率/%	伸长率波动范围/%($\leqslant$)
0.013±0.001	1.0	2.0～12.0	2.0
0.015±0.001	1.5	3.0～13.0	3.0
0.016±0.001	2.0	4.0～14.0	3.0
0.017±0.001	2.5	5.0～15.0	3.0
0.018±0.001	3.0	6.0～16.0	3.0
0.019±0.001	3.5	6.0～16.0	3.0
0.020±0.001	4.0	7.0～17.0	3.0
0.021±0.001	4.0	7.0～18.0	3.0
0.022±0.001	4.5	7.0～18.0	3.0
0.023±0.001	5.5	7.0～19.0	3.0
0.024±0.001	7.0	7.0～20.0	3.0
0.025±0.001	8.0	7.0～20.0	3.0
0.028±0.001	10.0	7.0～21.0	3.0
0.030±0.001	10.0	8.0～22.0	3.0

续表

公称直径及允许 偏差/mm	最小拉断力/ 10^{-2}N	伸长率 /%	伸长率波动范围 /%(≤)
0.032±0.001	10.0	8.0～22.0	3.0
0.033±0.001	10.0	8.0～22.0	3.0
0.035±0.001	10.0	9.0～23.0	3.0
0.038±0.001	14.0	9.0～23.0	4.0
0.040±0.001	14.0	9.0～23.0	4.0
0.042±0.001	18.0	10.0～24.0	4.0
0.043±0.001	18.0	10.0～24.0	4.0
0.044±0.001	20.0	10.0～24.0	4.0
0.045±0.001	20.0	10.0～24.0	4.0
0.050±0.002	26.0	11.0～25.0	4.0

产品的镀层厚度可根据客户要求控制，一般在50～100nm之间，同一批的镀层厚度公差范围控制在±5nm。

三十二、圆珠笔芯用易切削锌白铜线材（YS/T 1100—2016）

1. 品种规格

表 10-81　产品牌号、状态、规格

牌号	代号	状态	直径/mm
BZn12-37-1.5	C79860	1/2 硬（H02）、 硬（H04）	0.5～9.0
BZn12-38-2	—		

2. 力学性能

表 10-82　线材的室温纵向力学性能

牌号	状态	直径/mm	R_m/MPa	A_{100mm}/%
BZn12-37-1.5、 BZn12-38-2	H02	0.5～9.0	600～700	≥5
	H04	0.5～9.0	650～750	≥2

线材可进行切削性的检验，其相对切削率应大于85%（以世界公认的美国 C36000 合金的 100% 切削性指数为基准）。

第十一章 镁及镁合金

一、3C 产品用镁合金薄板（GB/T 24481—2009）

1. 品种规格

本标准规定了厚度为 0.40～2.00mm 的、适用于 3C 产品（即计算机类、通讯类、消费类电子产品）用镁合金薄板。

表 11-1 板材的牌号、状态、规格

牌号	供应状态	规格/mm		
		厚度	宽度	长度
AZ31B AZ40M ME20M	O、H22、H14	0.40～0.8	100～600	300～1200
AZ41M	O、H24、H16	>0.8～2.0	100～700	300～1500
M2M	O、H24、H18			

2. 力学性能

表 11-2 板材室温力学性能

牌号	供应状态	板材厚度 /mm	R_m/MPa （不小于）	$R_{P0.2}$/MPa （不小于）	A_{50mm}/% （不小于）
AZ31B	O	0.40～0.8	225	130	12
		>0.8～2.0	225	130	12
	H22	0.40～0.8	245	190	6
		>0.8～2.0	240	180	6
	H14	0.40～0.8	260	—	2
		>0.8～2.0	260	—	2

牌号	供应状态	板材厚度/mm	R_m/MPa（不小于）	$R_{P0.2}$/MPa（不小于）	A_{50mm}/%（不小于）
AZ40M	O	0.40～0.8	240	150	12
		＞0.8～2.0	235	140	12
	H22	0.40～0.8	255	190	6
		＞0.8～2.0	255	180	6
	H14	0.40～0.8	270	—	2
		＞0.8～2.0	270	—	2
AZ41M	O	0.40～0.8	240	150	12
		＞0.8～2.0	235	140	12
	H24	0.40～0.8	275	200	6
		＞0.8～2.0	270	190	6
	H16	0.40～0.8	290	—	2
		＞0.8～2.0	290	—	2
ME20M	O	0.40～0.8	230	120	12
		＞0.8～2.0	225	110	12
	H22	0.40～0.8	245	160	8
		＞0.8～2.0	240	150	8
	H14	0.40～0.8	260	—	2
		＞0.8～2.0	260	—	2
M2M	O	0.40～0.8	190	110	6
		＞0.8～2.0	180	100	6
	H24	0.40～0.8	215	90	4
		＞0.8～2.0	210	90	4
	H18	0.40～0.8	240	—	2
		＞0.8～2.0	240	—	2

二、镁及镁合金铸轧板材（YS/T 698—2009）

1. 品种规格

表 11-3   牌号、状态、规格

牌号	供应状态	规格/mm		
		厚度	宽度	长度
Mg99.50、AZ31B、ME20M	O、F	3.00～8.00	≤1000	≤2000

2. 力学性能

当需方对力学性能有要求时，其数值由供需双方协商确定，并在合同中注明。

铸轧板材的低倍组织不允许有裂纹、夹杂、气孔、分层等影响使用的缺陷。

三、镁锂合金板材（YS/T 1159—2016）

1. 品种规格

本标准适用于镁锂合金板材。

表 11-4   产品的牌号、状态和规格

牌号	状态	规格/mm		
		厚度	宽度	长度
LZ91M	O	5	215	315

2. 力学性能

表 11-5   板材的室温力学性能

牌号	状态	屈服强度 $R_{0.2}$ /MPa	R_m/MPa	A/%	硬度 （HV0.05）
LZ91M	O	≥100	≥130	≥32	≥46

四、镁合金热挤压管材（YS/T 495—2005）

1. 品种规格

本标准适用于组合模生产的镁合金热挤压有缝管材。

表 11-6 牌号、状态、规格

牌号	状态	尺寸规格
AZ31B	H112	
AZ61A	H112	由供需双方协商
M2S	H112	
ZK61S	H112、T5	

注：牌号表示方法符合 GB/T 5153—2016 的规定，状态代号表示方法按 GB/T 16475—2008 的规定。

2. 力学性能

表 11-7 室温力学性能

牌号	状态	管材壁厚 /mm	R_m/MPa	$R_{P0.2}$/MPa	断后伸长率/%
			不小于		
AZ31B	H112	0.70～6.30	220	140	8
		>6.30～20.00	220	140	4
AZ61A	H112	0.70～20.00	250	110	7
M2S	H112	0.70～20.00	195	—	2
ZK61S	H112	0.70～20.00	275	195	5
	T5	0.70～6.30	315	260	4
		2.50～30.00	305	230	4

注：壁厚<1.60mm 的管材不要求 $R_{P0.2}$。

五、镁合金热挤压无缝管（YS/T 697—2009）

1. 品种规格

本标准适用于通过挤压生产的镁合金无缝圆形截面管材。

表 11-8　牌号、状态、规格

牌号	状态	直径(外径或内径)/mm	公称壁厚/mm
AZ31B	F		
AZ61A	F	10～120mm	≥1.0mm
ZK61S	F、T5		

2. 力学性能

表 11-9　力学性能

牌号	状态	R_m/MPa	$R_{P0.2}$/MPa	断后伸长率/%
		不小于		
AZ31B	F	220	140	10
AZ61A	F	260	150	10
ZK61S	F	275	195	4
	T5	315	260	4

六、镁合金热挤压棒材（GB/T 5155—2013）

1. 品种规格

本标准适用于镁合金热挤压圆棒、方棒、六角棒。

表 11-10　棒材的合金牌号、状态

合金牌号	状态
AZ31B、AZ40M、AZ41M、AZ61A、AZ61M、ME20M	H112
AZ80A	H112、T5
ZK61M、ZK61S	T5

表 11-11　棒材直径及其允许偏差

棒材直径(方棒、六角棒为内切圆直径)/mm	直径允许偏差/mm		
	A级	B级	C级
5～6	−0.30	−0.48	—
＞6～10	−0.36	−0.58	—

棒材直径(方棒、六角棒为内切圆直径)/mm	直径允许偏差/mm		
	A 级	B 级	C 级
>10～18	−0.43	−0.70	−1.10
>18～30	−0.52	−0.84	−1.30
>30～50	−0.62	−1.00	−1.60
>50～80	−0.74	−1.20	−1.90
>80～120	—	−1.40	−2.20
>120～180	—	—	−2.50
>180～250	—	—	−2.90
>250～300	—	—	−3.30

2. 力学性能

表 11-12　力学性能

合金牌号	状态	棒材直径(方棒、六角棒为内切圆直径)/mm	R_m/MPa	$R_{P0.2}$/MPa	A/%
			不小于		
AZ31B	H112	≤130	220	140	7.0
AZ40M	H112	≤100	245	—	6.0
		>100～130	245	—	5.0
AZ41M	H112	≤130	250	—	5.0
AZ61A	H112	≤130	260	160	6.0
AZ61M	H112	≤130	265	—	8.0
AZ80A	H112	≤60	295	195	6.0
		>60～130	290	180	4.0
	T5	≤60	325	205	4.0
		>60～130	310	205	2.0
ME20M	H112	≤50	215	—	4.0
		>50～100	205	—	3.0
		>100～130	195	—	2.0

续表

合金牌号	状态	棒材直径(方棒、六角棒为内切圆直径)/mm	R_m/MPa	$R_{P0.2}$/MPa	$A/\%$
			不小于		
ZK61M	T5	≤100	315	245	6.0
		>100~130	305	235	6.0
ZK61S	T5	≤130	310	230	5.0

七、镁及镁合金挤制矩形棒材（YS/T 588—2006）

1. 品种规格

表 11-13　牌号、状态、规格

合金牌号	状态	规格
AZ31B、AZ61A、M1A	H112	
ZK60A、ZK61A、AZ80A	H112、T5	供需双方商定
ZK40A	T5	

2. 力学性能

表 11-14　矩形棒室温纵向力学性能

牌号	供应状态	公称厚度/mm	横截面积/mm²	R_m/MPa (不小于)	$R_{P0.2}$/MPa (不小于)	断后伸长率/% (不小于)
AZ31B	H112	≤6.30	所有	240	145	7
AZ61A	H112	≤6.30	所有	260	145	8
AZ80A	H112	≤6.30	所有	295	195	9
	T5	≤6.30	所有	325	205	4
M1A	H112	≤6.30	所有	205	—	2
ZK40A	T5	所有	≤3200	275	255	4
ZK60A	H112	所有	≤3200	295	215	5
	T5	所有	≤3200	310	250	4

八、镁合金热挤压型材（GB/T 5156—2013）

1. 品种规格

表 11-15　牌号、状态

牌号	状态
AZ31B、AZ40M、AZ41M、AZ61A、AZ61M、ME20M	H112
AZ80A	H112、T5
ZK61M、ZK61S	T5

2. 力学性能

表 11-16　力学性能

合金牌号	供货状态	产品类型	R_m/MPa	$R_{P0.2}$/MPa	A/%	硬度（HBS）
			不小于			
AZ31B	H112	实心型材	220	140	7.0	—
		空心型材	220	110	5.0	—
AZ40M	H112	型材	240	—	5.0	
AZ41M	H112	型材	250	—	5.0	45
AZ61A	H112	实心型材	260	160	6.0	—
		空心型材	250	110	7.0	—
AZ61M	H112	型材	265	—	8.0	50
AZ80A	H112	型材	295	195	4.0	—
	T5	型材	310	215	4.0	—
ME20M	H112	型材	225	—	10.0	40
ZK61M	T5	型材	310	245	7.0	60
ZK61S	T5	型材	310	230	5.0	—

注：1. AZ31B、AZ61A、AZ80A 的力学性能仅供参考。

2. 截面积大于 140cm^2 的型材力学性能附实测结果。

九、镁合金铸件（GB/T 13820—2018）

1. 品种规格

本标准适用于采用砂型铸造和金属型铸造生产的镁合金铸件。

根据铸件工作条件和用途以及在使用过程中损坏所造成的危害程度分为三类。

表 11-17　铸件分类

铸件类别	定义
I	承受重载荷,工作条件复杂,用于关键部位,铸件损坏将危及整机安全运行的重要铸件
II	承受中等载荷,用于重要部位,铸件损坏将影响部件的正常工作,造成事故的铸件
III	承受轻载荷或不承受载荷,用于一般部位的铸件

铸件的供货状态由需方在图样上注明或在协议中明确。

除另有规定外，铸件的热处理按 HB 5462—1990（镁合金铸件热处理）的规定执行。

2. 力学性能

I 类铸件本体或附铸试样的力学性能应符合表 11-18 的规定，II 类铸件本体或附铸试样的力学性能由供需双方商定，III 类铸件可不检验力学性能。I 类、II 类铸件单铸试样的力学性能应符合 GB/T 1177—2018 的规定。

表 11-18　力学性能

合金牌号	合金代号	取样部位	铸造方法	取样部位厚度/mm	热处理状态	R_m/MPa 平均值	R_m/MPa 最小值	$R_{P0.2}$/MPa 平均值	$R_{P0.2}$/MPa 最小值	A/% 平均值	A/% 最小值
ZMgZn5Zr	ZM1	无规定	S,J	无规定	T1	205	175	120	100	2.5	—
ZMgZn4RE1Zr	ZM2		S		T1	165	145	100	—	1.5	—
ZMgRE3ZnZr	ZM3		S,J		T2	105	90	—	—	1.5	1.0
ZMgRE3Zn3Zr	ZM4		S		T1	120	100	90	80	2.0	1.0

续表

合金牌号	合金代号	取样部位	铸造方法	取样部位厚度/mm	热处理状态	R_m/MPa 平均值	最小值	$R_{P0.2}$/MPa 平均值	最小值	A/% 平均值	最小值
ZMgAl8Zn ZMgAl8ZnA	ZM5 ZM5A	I 类铸件指定部位	S	≤20	T4	175	145	70	60	3.0	1.5
				≤20	T6	175	145	90	80	1.5	1.0
				>20	T4	160	125	70	60	2.0	1.0
				>20	T6	160	125	90	80	1.0	—
			J	无规定	T4	180	145	70	60	3.5	2.0
				无规定	T6	180	145	90	80	2.0	1.0
		I 类铸件非指定部位；II 类铸件	S	≤20	T4	165	130	—		2.5	
				≤20	T6	165	130	—		1.0	
				>20	T4	150	120	—		1.5	
				>20	T6	150	120	—		1.0	
			J	无规定	T4	170	135	—		2.5	1.5
				无规定	T6	170	135	—		1.0	
ZMgNd2ZnZr	ZM6	无规定	S、J	无规定	T6	180	150	120	100	2.0	1.0
ZMgZn8AgZr	ZM7	I 类铸件指定部位	S	无规定	T4	220	190	110	—	4.0	3.0
				无规定	T6	235	205	135	—	2.5	1.5
		I 类铸件非指定部位；II 类铸件		无规定	T4	205	180	—		3.0	2.0
				无规定	T6	230	190	—		2.0	—
ZMgAl10Zn	ZM10	无规定	S、J	无规定	T4	180	150	70	60	2.0	—
				无规定	T6	180	150	110	90	0.5	—
ZMgNd2Zr	ZM11	无规定	S、J	无规定	T6	175	145	120	100	2.0	1.0

注：1. "S"表示砂型铸件，"J"表示金属型铸件；当铸件某一部分的两个主要散热面在砂芯中成形时，按砂型铸件的性能指标。

2. 平均值是指铸件上三根试样的平均值，最小值是指三根试样中允许有一根低于平均值但不低于最小值。

十、摩托车和电动自行车用镁合金车轮铸件（GB/T 26650—2011）

1. 品种规格

本标准适用于摩托车和电动自行车用镁合金车轮铸件。

轮辋或轮辐其中一件或全部是由镁合金材料铸造的电动车车轮铸件，称为镁合金电动车车轮铸件。

原则上，车轮铸件材料化学成分应符合 GB/T 1177—2018 或等同材料的标准，采用其他材料，应由供需双方商定材料的化学成分。

车轮铸件尺寸应符合图样的规定，尺寸公差应符合 GB/T 6414—2017 的规定。

2. 力学性能

车轮铸件本体试样在室温下的力学性能应符合表 11-19。

表 11-19　力学性能

R_m/MPa	$R_{P0.2}$/MPa	A/%	硬度（HBW）
≥175	≥120	≥4	≥60

十一、镁合金汽车车轮铸件（GB/T 26649—2011）

1. 品种规格

本标准适用于镁合金汽车车轮铸件。

轮辋或轮辐其中一件或全部是由铸造镁合金材料制造的汽车车轮铸件，称之为镁合金汽车车轮铸件。

铸件化学成分应符合 GB/T 26654—2011（汽车车轮用铸造镁合金）的规定。

铸件尺寸应符合图样的规定，尺寸公差应符合 GB/T 6414—2017 的规定。

2. 力学性能

铸件力学性能应符合表 11-20 的规定。

表 11-20 T6 热处理状态下的力学性能

R_m/MPa	$R_{P0.2}$/MPa	A/%	硬度（HBW）
≥220	≥130	≥5	≥65

十二、镁合金压铸件（GB/T 25747—2010）

1. 品种规格

本标准适用于镁合金压铸件。

压铸件的几何形状和尺寸应符合铸件图样的规定。压铸件的尺寸公差应按 GB/T 6414—2017 的规定。

2. 力学性能

如果没有特殊规定，力学性能不作为验收依据。

表 11-21 列出的力学性能是采用 GB/T 13822—2017 规定的压铸单铸试棒确定的典型力学性能，其数值供参考。

表 11-21 压铸镁合金试样的力学性能

合金牌号	合金代号	R_m/MPa	$R_{P0.2}$/MPa	A/%（L_0＝50）	硬度（HBW）
YZMgAl2Si	YM102	230	120	12	55
YZMgAl2Si(B)	YM103	231	122	13	55
YZMgAl4Si(A)	YM104	210	140	6	55
YZMgAl4Si(B)	YM105	210	140	6	55
YZMgAl4Si(S)	YM106	210	140	6	55
YZMgAl2Mn	YM202	200	110	10	58
YZMgAl5Mn	YM203	220	130	8	62
YZMgAl6Mn(A)	YM204	220	130	8	62
YZMgAl6Mn	YM205	220	130	8	62

合金牌号	合金代号	R_m/MPa	$R_{P0.2}$/MPa	$A/\%$ ($L_0=50$)	硬度 （HBW）
YZMgAl8Zn1	YM302	230	160	3	63
YZMgAl9Zn1（A）	YM303	230	160	3	63
YZMgAl9Zn1（B）	YM304	230	160	3	63
YZMgAl9Zn1（D）	YM305	230	160	3	63

注：表中未特殊说明的数值均为最小值。

第十二章　铅及铅合金

一、铅及铅锑合金板（GB/T 1470—2014）

1. 品种规格

本标准适用于医疗、核工业放射性防护和工业耐腐蚀用的铅及铅锑合金板。

表 12-1　牌号、规格

牌号	加工方式	规格/mm		
		厚度	宽度	长度
Pb1、Pb2	轧制	0.3～120.0	≤2500	≥1000
PbSb0.5、PbSb1、PbSb2、PbSb4、PbSb6、PbSb8、PbSb1-0.1-0.05、PbSb2-0.1-0.05、PbSb3-0.1-0.05、PbSb4-0.1-0.05、PbSb5-0.1-0.05、PbSb6-0.1-0.05、PbSb7-0.1-0.05、PbSb8-0.1-0.05、PbSb4-0.2-0.5、PbSb6-0.2-0.5、PbSb8-0.2-0.5		1.0～120.0		

2. 性能

PbSb2、PbSb4、PbSb6、PbSb8 的铅锑合金板材硬度应符合表 12-2 的规定，其他牌号的铅锑合金板材硬度由供需双方协商。

表 12-2　硬度

牌号	维氏硬度（HV）（不小于）
PbSb2	6.6
PbSb4	7.2
PbSb6	8.1
PbSb8	9.5

二、铅及铅锑合金棒和线材（YS/T 636—2007）

表 12-3 牌号、状态、规格

牌号	状态	品种	规格/mm	
			直径	长度
Pb1、Pb2、PbSb0.5、PbSb2、PbSb4、PbSb6	挤制（R）	盘线	0.5～6.0	—
		盘棒	＞6.0～＜20	≥2500
		直棒	20～180	≥1000

表 12-4 直径允许偏差

名称	直径/mm	直径允许偏差/mm	
		普通级	高精级
线	＞0.5～1.0	±0.10	±0.05
	＞1.0～3.0	±0.20	±0.10
	＞3.0～6.0	±0.30	±0.15
棒	＞6.0～15	±0.40	±0.25
	＞15～30	±0.50	±0.30
	＞30～45	±0.60	±0.35
	＞45～60	±0.70	±0.45
	＞60～75	±0.80	±0.55
	＞75～100	±1.00	±0.65
	＞100～180	±2.00	±1.50

棒、线材的表面应光滑、清洁。不允许有裂纹、气泡、起皮和夹杂等缺陷。

棒、线材的表面允许有轻微的、局部的、不影响使用的划痕和凹坑。

每批棒、线材应进行化学成分、外形尺寸和表面质量的检验。

三、锡、铅及其合金箔和锌箔（YS/T 523—2011）

本标准适用于电气、仪表、医疗器械等工业部门制造零件使用的锡、铅及其合金箔和锌箔。

表 12-5　箔材的牌号、状态和规格

牌号	供应状态	厚度/mm	宽度/mm	长度/mm
Sn1、Sn2、Sn3、SnSb1.5、SnSb2.5、SnSb12-1.5、SnSb13.5-2.5、Pb2、Pb3、Pb4、Pb5、PbSb3-1、PbSb6-5、PbSn45、PbSb3.5、PbSn2-2、PbSn4.5-2.5、PbSn6.5	轧制	0.010~0.100	≤350	≥5000
Zn2、Zn3				

表 12-6　箔材的尺寸及其允许偏差

牌号	厚度/mm	厚度允许偏差/mm		宽度/mm	宽度允许偏差/mm
		普通精度	较高精度		
Sn1、Sn2、Sn3、SnSb1.5、SnSb2.5、SnSb12-1.5、SnSb13.5-2.5、Pb2、Pb3、Pb4、Pb5、PbSb3-1、PbSb6-5、PbSn45、PbSb3.5、PbSn2-2、PbSn4.5-2.5、PbSn6.5	0.010~0.030	±0.002	—	≤220	±1
	>0.030~0.100	±0.004	±0.002	>200~≤350	
	>0.030~0.100	±0.005	±0.004		
Zn2、Zn3	0.010~0.030	±0.003	±0.002	≤200	±1
	>0.030~0.100	±0.004	±0.003		
	>0.030~0.100	±0.005	±0.004	>200~≤350	

　　箔材表面应光滑、清洁，不应有辊印、压折和磨痕。允许有轻微的氧化色、油迹和暗斑。箔材表面不应有超出厚度允许公差之半的缺陷。厚度不大于 0.03mm 的箔材，对光用肉眼观察时，局部每 $0.1m^2$ 不允许有超过 3 个小针眼，且不形成条状和聚积的小针眼。

　　每批箔材均应进行化学成分、外形尺寸和表面质量的检验。

表 12-7 箔材的化学成分

牌号	主要成分(质量分数)/%				杂质(质量分数)/%(不大于)											
	Sn	Pb	Sb	Zn	As	Fe	Cu	Pb	Bi	Sb	S	Ag	Sn	Zn	Cd	杂质总和
Sn1	≥99.90	—	—	—	0.01	0.007	0.008	0.045	0.015	0.02	0.001	—	—			0.10
Sn2	≥99.80	—	—	—	0.02	0.01	0.02	0.065	0.05	0.05	0.005	—	—	—		0.20
Sn3	≥99.5	—	—	—	0.02	0.02	0.03	0.35	0.05	0.08	0.01	—	—	—		0.50
Pb2	—	≥99.99	—	—	0.001	0.001	0.001	—	0.005	0.001	—	0.0005	0.001	0.001		0.01
Pb3	—	≥99.98	—	—	0.002	0.002	0.001	—	0.005	0.004	—	0.001	0.002	0.001		0.02
Pb4	—	≥99.95	—	—	0.002	0.003	0.001	—	0.03	0.005	—	0.0015	0.002	0.002		0.05
Pb5	—	≥99.9	—	—	0.005	0.005	0.002	—	0.06	Sb+Sn 0.01	—	0.002	—	0.005		0.1
SnSb2.5	余量	—	1.9~3.1	—	—	—	Pb+Cu 0.5	—	—	—	—	—	—	—		—
SnSb1.5	余量	—	1.0~2.0	—	—	—	Pb+Cu 0.5	—	—	—	—	—	—	—		—
SnSb13.5-2.5	12.0~15.0	—	1.75~3.25	—	—	—	—	—	—	—	—	—	—	—		—

续表

牌号	主要成分（质量分数）/%				杂质（质量分数）/%（不大于）											
	Sn	Pb	Sb	Zn	As	Fe	Cu	Pb	Bi	Sb	S	Ag	Sn	Zn	Cd	杂质总和
SnSb12-1.5	余量	10.5~13.5	1.0~2.0	—	—	—	—	—	—	—	—	—	—	—	—	—
PbSb3.5	—	余量	3.0~4.5	—	—	—	—	—	—	—	—	—	Sn+Cu 0.5	—	—	—
PbSb3-1	0.5~1.5	余量	2.5~3.5	—	—	—	—	—	—	—	—	—	—	—	—	—
PbSb6-5	4.5~5.5	余量	5.5~6.5	—	—	—	—	—	—	—	—	—	—	—	—	—
PbSn2-2	1.5~2.5	余量	1.5~2.5	—	—	—	—	—	—	—	—	—	—	—	—	—
PbSn4.5-2.5	4.0~5.0	余量	2.0~3.0	—	—	—	—	—	—	—	—	—	—	—	—	—
PbSn6.5	5.0~8.0	余量	—	—	—	—	—	—	—	—	—	—	—	—	—	—
PbSn45	44.5~45.5	余量	—	—	—	—	—	—	—	—	—	—	—	—	—	—
Zn2	—	—	—	≥99.95	—	0.010	0.001	0.020	—	—	—	—	—	—	0.02	0.05
Zn3	—	—	—	≥99.9	—	0.020	0.002	0.05	—	—	—	—	—	—	0.02	0.10

第十三章 锌及锌合金

一、照相制版用微晶锌板（YS/T 225—2010）

1. 品种规格

本标准适用于无粉腐蚀照相制版用微晶锌板。

表 13-1 牌号、型号、规格

牌号	型号	非工作面状况	工作面状况	厚度/mm	宽度/mm	长度/mm
X_{12}	W_1	无保护涂层	非磨光	0.80～5.0	381～510	550～1200
	W_2		磨光			
	W_3		抛光			
	Y_1	有保护涂层	非磨光			
	Y_2		磨光			
	Y_3		抛光			

2. 力学性能

锌板的布氏硬度应大于 50（HBW）。

板材非工作表面保护层在热稳定性试验、强度试验、化学稳定性试验时应无脱落，但允许涂层色彩变化。

腐蚀形成的印刷单元的剖面应有与基面成 $40°～80°$ 角的正常光滑腐蚀侧面。腐蚀速度应大于 0.05mm/min，溶锌量应大于 40g/L。

二、锌及锌合金棒材和型材（YS/T 1113—2016）

1. 品种规格

本标准适用于各工业部门用的锌及锌合金圆形、正方形及正六角形棒材和型材。

表 13-2　产品的牌号及规格

牌号	状态	规格/mm	
		公称尺寸 a、b、d、s 和 R	长度
Zn99.95、ZnAl2.5Cu1.5Mg、ZnAl4CuMg、ZnAl4Cu1Mg、ZnAl10Cu2Mg、ZnCu1Ti、ZnCu3.5Ti、ZnCu4.5MnBiTi、ZnCu7Mn	硬态(Y)、退火态(M)	3.0~65.0	500~3000
ZnAl10Cu、ZnCu1.2、ZnCu1.5	硬态(Y)		500~3000
ZnAl22、ZnAl22Cu	Y、M		500~3000
ZnAl22CuMg	硬态(Y) 淬火+人工时效(CS)	3.0~25.0	500~3000
ZnAl22、ZnAl22Cu、ZnAl22CuMg	挤制(R)	>25.0~65.0	500~3000

注：a——正方形边长、矩形厚度、锁形短轴、D形高度。

b——矩形宽度、锁形长轴、D形宽度。

d——圆形直径。

s——正六角形对边距。

表 13-3　矩形棒的宽厚比

厚度/mm	宽度(b)/厚度(a)(不大于)
3.0~12.0	5.0
>12.0~20.0	3.0

2. 力学性能

表 13-4　棒、型材室温纵向力学性能

牌号	状态	公称尺寸 a、d 和 s /mm	抗拉强度 R_m /MPa	断后伸长率/%	
				A	A_{100mm}
			不小于		
Zn99.95	Y	3.0~15.0	120	—	8
		>15.0~65.0	120	10	—
	M	3.0~15.0	70	—	35
		>15.0~65.0	70	40	—

牌号	状态	公称尺寸 a、d 和 s /mm	抗拉强度 R_m /MPa	断后伸长率/%	
				A	A_{100mm}
				不小于	
ZnAl2.5Cu1.5Mg	Y	3.0～15.0	250	—	8
		＞15.0～65.0	280	10	—
	M	3.0～15.0	220	—	10
		＞15.0～65.0	250	12	—
ZnAl4CuMg ZnAl4Cu1Mg	Y	3.0～15.0	250	—	8
		＞15.0～65.0	280	10	—
	M	3.0～15.0	220	—	10
		＞15.0～65.0	250	12	—
ZnAl10Cu	Y	3.0～15.0	280	—	6
		＞15.0～65.0	280	8	—
ZnAl10Cu2Mg	Y	3.0～15.0	280	—	4
		＞15.0～65.0	330	5	—
	M	3.0～15.0	250	—	6
		＞15.0～65.0	280	8	—
ZnAl22	R	＞25.0～65.0	215	10	—
	Y	3.0～15.0	135	—	35
		＞15.0～25.0	135	40	—
	M	3.0～15.0	195	—	12
		＞15.0～25.0	195	14	—
ZnAl22Cu	R	＞25.0～65.0	275	10	—
	Y	3.0～15.0	245	—	18
		＞15.0～25.0	245	20	—
	M	3.0～15.0	295	—	12
		＞15.0～25.0	295	15	—

续表

牌号	状态	公称尺寸 a、d 和 s /mm	抗拉强度 R_m /MPa	断后伸长率/%	
				A	A_{100mm}
				不小于	
ZnAl22CuMg	R	>25.0~65.0	310	5	—
	Y	3.0~15.0	295	—	8
		>15.0~25.0	295	10	—
	CS	3.0~15.0	390	—	1
		>15.0~25.0	390	2	—
ZnCu1Ti	Y	3.0~15.0	160	—	12
		>15.0~65.0	200	15	—
	M	3.0~15.0	120	—	18
		>15.0~65.0	160	20	—
ZnCu1.2	Y	3.0~15.0	160	—	16
		>15.0~65.0	160	18	—
ZnCu1.5	Y	3.0~15.0	160	—	18
		>15.0~65.0	160	20	—
ZnCu3.5Ti	Y	3.0~15.0	180	—	12
		>15.0~65.0	220	15	—
	M	3.0~15.0	150	—	18
		>15.0~65.0	180	20	—
ZnCu4.5MnBiTi	Y	3.0~15.0	280	—	4
		>15.0~65.0	250	5	—
	M	3.0~15.0	250	—	8
		>15.0~65.0	230	10	—
ZnCu7Mn	Y	3.0~15.0	330	—	4
		>15.0~65.0	300	5	—
	M	3.0~15.0	280	—	8
		>15.0~65.0	250	10	—

注：ZnAl22、ZnAl22Cu、ZnAl22CuMg 是超塑性锌合金，超塑热处理制度：在 350℃±15℃加热 1h，迅速淬水（最好冰盐水）然后在 200℃±15℃时效 10~30min。

三、锌粉（GB/T 6890—2012）

本标准适用于以金属锌或含锌物料为原料，用蒸馏法、雾化法、电热还原法生产的金属锌粉，主要供冶金、涂料、染料、化工及制药等工业部门使用。

锌粉按化学成分分为一级、二级、三级、四级四个等级。

锌粉按粒度分为 $30\mu m$、$45\mu m$、$90\mu m$、$125\mu m$ 四种规格。

表 13-5 锌粉的粒度

规格/μm	筛余物(不大于)		粒度分布/%(不小于)	
	最大粒径/μm	含量/%	$30\mu m$ 以下	$10\mu m$ 以下
30	45	—	99.5	80
45	90	0.3	—	—
90	125	0.1	—	—
125	200	1.0	—	—

四、锌合金铸件（GB/T 16746—2018）

1. 品种规格

本标准适用于采用砂型铸造和特种铸造工艺（不含压力铸造）生产的锌合金铸件。

表 13-6 铸件的分类

类别	定义
Ⅰ类	承受重载荷,工作条件复杂,用于关键部位,铸件损坏将危及整机安全运行的重要铸件
Ⅱ类	承受中等载荷,用于重要部位,铸件损坏将影响部件的正常工作,造成事故的铸件
Ⅲ类	承受轻载荷或不承受载荷,用于一般部位的铸件

铸件尺寸、尺寸公差应符合图样的要求。

2. 力学性能

铸件的力学性能应符合 GB/T 1175—2018（铸造锌合金）的规定。当有特殊要求时，允许本体取样检验铸件力学性能，切取试样的力学性能应符合表 13-7 的规定。

表 13-7　铸件本体试样的力学性能

合金牌号	合金代号	铸造方法及状态	I 类铸件指定部位		I 类铸件非指定部位、II 类、III 类铸件	
			抗拉强度平均值 R_m /MPa（最小）	伸长率平均值 A /%（最小）	抗拉强度平均值 R_m /MPa（最小）	伸长率平均值 A /%（最小）
ZZnAl4Cu1Mg	ZA4-1	JF	140(114)	0.3(0.2)	131(105)	0.3(0.2)
ZZnAl4Cu3Mg	ZA4-3	SF	176(143)	0.3(0.2)	165(132)	0.3(0.2)
		JF	192(156)	0.5(0.4)	180(144)	0.5(0.4)
ZZnAl6Cu1	ZA6-1	SF	144(117)	0.5(0.4)	135(108)	0.5(0.4)
		JF	176(143)	0.8(0.6)	165(132)	0.8(0.6)
ZZnAl8Cu1Mg	ZA8-1	SF	200(163)	0.5(0.4)	188(150)	0.5(0.4)
		JF	180(146)	0.5(0.4)	169(135)	0.5(0.4)
ZZnAl9Cu2Mg	ZA9-2	SF	220(179)	0.4(0.3)	206(165)	0.4(0.3)
		JF	252(205)	0.8(0.6)	236(189)	0.8(0.6)
ZZnAl11Cu1Mg	ZA11-1	SF	224(182)	0.5(0.4)	210(168)	0.5(0.4)
		JF	248(202)	0.5(0.4)	233(186)	0.5(0.4)
ZZnAl11Cu5Mg	ZA11-5	SF	220(179)	0.3(0.2)	206(165)	0.3(0.2)
		JF	236(192)	0.5(0.4)	221(177)	0.5(0.4)
ZZnAl27Cu2Mg	ZA27-2	SF	320(260)	1.5(1.2)	300(240)	1.5(1.2)
		ST3	248(202)	4(3.2)	233(186)	4(3.2)
		JF	336(273)	0.5(0.4)	315(252)	0.5(0.4)

注：1. 平均值是指铸件上三根试样的算术平均值；括号中的最小值（min）是指试样中允许有一根的试验值低于平均值，但不低于括号中的最小值（min）。

2. ST3 工艺为加热到320℃后保温3h，然后随炉冷却。

附录　中外金属材料牌号对照表

一、碳素结构钢钢号中外对照表

中国 GB/T	美国 ASTM	日本 JIS	德国 DIN EN	英国 BS EN	法国 NF EN	俄罗斯 ГОСТ	ISO
Q195	Grade A	SS330 SPHC	S185(1.0035)			Ст1КП Ст1ПС Ст1СП	
Q215A Q215B	Grade C， CS Type B	SS330 SPHC	—			Ст2КП Ст2ПС Ст2СП	—
Q235A	Grade D	SS400	S235JR(1.0038)			Ст3КП	—
Q235B	Grade D	SS400	S235JO(1.0114)			Ст3КП	S235B
Q235C	Grade D	SS400	S235J2(1.0117)			Ст3СП	S235C
Q235D	—	SS400	S235JR(1.0038)			Ст3СП	S235D
Q275A			—				—
Q275B	SS Grade 40[275]	SS 490	S 275JR(1.0044)			Ст5ПС Ст5СП	S275B
Q275C			S275JO(1.0143)				S275C
Q275D			S275J2(1.0145)				S275D

二、优质碳素结构钢钢号中外对照表

中国 GB YB	美国 ASTM	日本 JIS	德国 DIN EN	英国 BS EN	法国 NF EN	俄罗斯 ГОСТ	ISO
08	1008	SPHE,S10C	DC01(1.0330), DC03(1.0347)			08	C10
08Al		参照08与国外钢号对照					
10	1010	S10C	DC01(1.0330), C10E(1.1121)			10	C10
15	1015	S15C	C15E(1.1141)			15	C15E4,C15M2
20	1020	S20C	C22E(1.1151),C20C(1.0411)			20	C20E4
25	1025	S25C	—			25	C25E4
30	1030	S30C	—			30	C30E4
35	1035	S35C	C35(1.0501)			35	C35E4
40	1040	S40C	C40(1.0511)			40	C40E4
45	1045	S45C	C45(1.0503)			45	C45E4
50	1050	S50C	C50E(1.1206)			50	C50E4
55	1055	S55C	C55(1.0535)			55	C55E4
60	1060	S58C	C60(1.0601)			60	C60E4
65	1065	SWRH67B	C66D(1.0612)			65	FDC
70	1070	SWRH72A SWRH72B	C70D(1.0615)			70	FDC
75	1075	SWRH77A SWRH77B	C76D(1.0614)			75	—
80	1080	SWRH82A SWRH82B	C80D(1.0622)			80	—
85	1084	SWRH82A SWRH82B	C86D(1.0616)			85	SH,DH,DM
15Mn	1016	SWRCH16K	C16E(1.1148)			15Г	CC15K
15MnA						15ГА	
15MnE						15ГШ	

中国 GB YB	美国 ASTM	日本 JIS	德国 DIN EN	英国 BS EN	法国 NF EN	俄罗斯 ГОСТ	ISO
20Mn						20Г	C20E4
20MnA	1022	SWRCH22K		C22E(1.1151)		20ГА	—
20MnE						20ГШ	—
25Mn						25Г	C25E4
25MnA	1026	SWRCH22K		C26D(1.0415)		25ГА	—
25MnE						25ГШ	—
30Mn						30Г	C30E4
30MnA	1030	SWRCH30K		—		30ГА	—
30MnE						30ГШ	—
35Mn						35Г	C35E4
35MnA	1037	SWRCH35K		C35(1.0501)		35ГА	—
35MnE						35ГШ	—
40Mn						40Г	C40E4
40MnA	1039	SWRCH40K		C40(1.0511)		40ГА	—
40MnE						40ГШ	—
45Mn						45Г	C45E4
45MnA	1046	SWRCH45K		C45(1.0503)		45ГА	—
45MnE						45ГШ	—
50Mn						50Г	C50E4
50MnA	1053	SWRCH50K		C50E(1.1206)		50ГА	—
50MnE						50ГШ	—
55Mn	1055	S55C		C55(1.0535)		55	C55E4
60Mn						60Г	C60E4
60MnA	1060	SWRH62B		C60(1.0601)		60ГА	—
60MnE						—	—
65Mn						65Г	FDC
65MnA	1566	SWRH67B		—		65ГА	—
65MnE						—	—
70Mn						70Г	FDC
70MnA	1572	SWRH72B		—		70ГА	
70MnE						—	
C3D2	1005	—		—		—	C3D2

三、低合金高强度结构钢钢号中外对照表

中国 GB/T	美国 ASTM	日本 JIS	德国 DIN EN	英国 BS EN	法国 NF EN	俄罗斯 ГОСТ	ISO
Q345A			E335(1.0060)				
Q345B			S355JR(1.0045)				
Q345C	Grade 50[345]	SPFC590	S355JO(1.0553)			15ХСНД,С345	E355
Q345D			S355J2(1.0577)				
Q345E			S355NL(1.0546)				
Q390A							
Q390B		STKT540					
Q390C	Grade 55[380]		—			15Г2СФ,С390	HS390
Q390D		—					
Q390E							
Q420A							
Q420B							
Q420C	Grade 60[415]	SEV295	S420NL(1.8912) S420ML(1.8836)			16Г2АФД,С440	HS420D
Q420D							
Q420E							
Q460C		SM570					
Q460D	Grade 65[450]	SMA570W	S460NL(1.8903) S460ML(1.8838)			С440	E460
Q460E		SMA570P					
Q500C			S500Q(1.8924)				
Q500D	—	SPFC980Y	S500QL(1.8909)			—	HS490
Q500E			S500QL1(1.8984)				
Q550C			S550Q(1.8904)				
Q550D	Type 8 Grade 80[550]	—	S550QL(1.8926)			С590	E550
Q550E			S550QL1(1.8986)				
Q620C			S620Q(1.8914)				
Q620D	100[690] Type F	SNCM616	S620QL(1.8927)			—	
Q620E			S620QL1(1.8987)				
Q690C	100[690]Type Q		S690Q(1.8931)				
Q690D	100W[690W]	SHY685	S690QL(1.8928)				E690
Q690E	TypeQ		S690QL1(1.8988)				

注：在 GB/T 1591—2008 中，取消了 Q295 牌号。

四、耐候结构钢钢号中外对照表

中国 GB/T	美国 ASTM	日本 JIS	德国 DIN EN	英国 BS EN	法国 NF EN	俄罗斯 ГОСТ	ISO
Q265GNH	—	—	P265GH(1.0425)			C275	HR275D
Q295GNH	42[290]	SYW295	P295GH(1.0481)			C285	—
Q310GNH	种类 4	SPA-C	S355J2WP(1.8946)			12ГС	—
Q355GNH	50[345]	SPA-C	S355J2WP(1.8946)			17Г1С	S355WP
Q235NH	SS Grade33[230]	SMA400AW SMA400BW	S235JO(1.0114)			C235	S235W (A,B,C,D)
Q295NH	Grade C	SYW295	P295GH(1.0481)			C285	—
Q355NH	Grade K	SMA490AW SMA490BW SMA490CW	S355N(1.0545)			17ГС	E355DD
Q415NH	Type Ⅲ Grade 60	—	S420N(1.8902)			—	S415W (A,B,C,D)
Q460NH	Type Ⅲ Grade 65	SMA570W SMA570P	S460N(1.8901) S460NL(1.8903)			16Г2АФД	E460DD E460E
Q500NH	Grade D	SPFC 980Y	S500Q(1.8924) S500QL(1.8909) S500QL1(1.8984)			—	HS490D
Q550NH	Type8 Grade 80 [550]	—	S550Q(1.8904) S550QL(1.8926) S550QL1(1.8986)			C590	E550DD E550E

五、合金结构钢钢号中外对照表

中国 GB,YB	美国 ASTM	日本 JIS	德国 DIN EN	英国 BS EN	法国 NF EN	俄罗斯 ГОСТ	ISO
20Mn2	1524	SMn420	—			—	22Mn6
20Mn2E			P355GH(1.0473)				
30Mn2	1330	SMn433	28Mn6(1.1170)			35Г2	28Mn6
30Mn2E						35Г2А	
						30Г2Ш	
35Mn2	1335	SMn438	38MnB 5(1.5532)			35Г2	36Mn6
35Mn2E						35Г2А	
						35Г2Ш	
40Mn2	1340	SMn438	38MnB 5(1.5532)			40Г2	42Mn6
40Mn2E						40Г2А	
						40Г2Ш	
45Mn2	1345	SMnC443	—			45Г2	—
45Mn2E						45Г2А	
						45Г2Ш	
50Mn2	1552	—	—			50Г2	—
50Mn2E						50Г2А	
						50Г2Ш	
20MnV	50[345] Type2	—	—			—	—
27SiMn	—	—	—			27ГС	—
35SiMn	—	—	—			35ГС	—
42SiMn	—	—	—			—	—
20SiMo2MoV	—	—	—			—	—
25SiMo2MoV	—	—	—			—	—
37SiMn2MoV	—	—	—			—	—
40B	50B44	—	38B2(1.5515)				
40BE							

中国 GB，YB	美国 ASTM	日本 JIS	德国 DIN EN	英国 BS EN	法国 NF EN	俄罗斯 ΓOCT	ISO
45B	50B46	—	—			—	—
45BE							
50B	50B50	—	—			—	—
50BE							
25MnB	—	—	20MnB5(1.5530)			—	—
35MnB	—	—	30MnB5(1.5531)			—	—
40MnB	—	—	38MnB5(1.5532)			—	—
40MnBE							
45MnB	—	—	—			—	—
45MnBE							
20MnMoB	—	—	—			—	—
20MnMoBE							
15MnVB	—	—	—			—	—
15MnVBE							
20MnVB	—	—	—			—	—
20MnVBE							
40MnVB	—	—	—			—	—
40MnVBE							
20MnTiB	—	—	—			20XΓHTP	—
20MnTiBE							
25MnTiBRE	—	—	—			—	—
25MnTiBREE							
15Cr	5115	SCr415	17Cr3(1.7016)			15X	—
15CrE						15XⅢ	
20Cr	5120	SCr420	17Cr3(1.7016)			20X	20Cr4
20CrE						20XA	
						20XⅢ	
30Cr	5130	SCr430	28Cr4(1.7030)			30X	34Cr4
30CrE						30XA	
						30XⅢ	
35Cr	5135	SCr435	34Cr4(1.7033)			35X	34Cr4
35CrE						35XA	
						35XⅢ	
40Cr	5140	SCr440	41Cr4(1.7035)			40X	41Cr4
40CrE						40XA	
						40XⅢ	

续表

中国 GB,YB	美国 ASTM	日本 JIS	德国 DIN EN	英国 BS EN	法国 NF EN	俄罗斯 ГОСТ	ISO
45Cr	5145	SCr445	—			45X	41Cr4
45CrE						45XA	
						45XⅢ	
50Cr	5150	—	—			50X	—
50CrE						50XA	
						50XⅢ	
38CrSi	—	—	—			38XC	—
38CrSiE						38XCA	
						38XCⅢ	
12CrMo	—		13CrMo 4-5(1.7335)			—	
12CrMoE							
15CrMo		SCM415	18CrMo4(1.7243)			15XM	
15CrMoE						15XMA	
						15XMⅢ	
20CrMo	4120	SCM420	18CrMo4(1.7243)			20XM	18CrMo4,
20CrMoE						20XMA	18CrMoS4
						20XMⅢ	
25CrMo							
30CrMo	4130	SCM430	25CrMo4(1.7218)			30XM	25CrMo4
30CrMoE						30XMⅢ	
35CrMo	4135	SCM435	34CrMo4(1.7220)			35XM	34CrMo4,
35CrMoE						35XMA	34CrMoS4
						35XMⅢ	
42CrMo	4142	SCM440	42CrMo4(1.7225)			38XM	42CrMo4,
42CrMoE							42CrMoS4
50CrMo							
12CrMoV	—	—	—			12X1MФ	—
12CrMoVE							
35CrMoV	—	—	—			—	—
35CrMoVE						40XMФA	
12Cr1MoV	—	—	—			12X1MФ	—
12Cr1MoVE							
25Cr2MoV	—					25X1MФ	
25Cr2Mo1V	—	—	—			25X2M1Ф	—

中国 GB,YB	美国 ASTM	日本 JIS	德国 DIN EN	英国 BS EN	法国 NF EN	俄罗斯 ГОСТ	ISO
38CrMoAl	A 级	SACM645	—			—	—
38CrMoAlE							
40CrV	6140	—	—			40ХФА	—
40CrVE							
50CrV	6150	—	51CrV4(1.8159)			50ХФА	51CrV4
50CrVE							
15CrMn	5115	SMnC420	16MnCr5(1.7131)			—	16MnCr5, 16MnCrS5
15CrMnE							
20CrMn	5120	SMnC420	20MnCr5(1.7147)			18ХГ	20MnCr5,
20CrMnE						18ХГ Ⅲ	20MnCrS5
40CrMn	5140	—	41Cr4(1.7035)				41Cr4,
40CrMnE							41CrS4
20CrMnSi	—	—	—			20ХГСА	—
20CrMnSiE							
25CrMnSi	—	—	—			25ХГСА	—
25CrMnSiE							
30CrMnSi						30ХГС	
30CrMnSiE						30ХГС Ⅲ	
35CrMnSi	—					35ХГСА	—
20CrMnMo	4121	SCM421	—			—	
20CrMnMoE							
40CrMnMo	4140	SCM440	42CrMo4(1.7225)			—	42CrMo4, 42CrMoS4
40CrMnMoE							
20CrMnTi	—	—				18ХГТ	
20CrMnTiE						18ХГТ Ⅲ	
30CrMnTi						30ХГТ	—
30CrMnTiE						30ХГТ Ⅲ	
20CrNi	—	—	18NiCr5-4(1.5810)			20ХН	—
20CrNiE						20ХН Ⅲ	
40CrNi	3140	SNC236	—			40ХН	—
40CrNiE						40ХН Ⅲ	
45CrNi	3145	—	—			45ХН	—
45CrNiE						45ХН Ⅲ	
50CrNi	3150	—	—			50ХН	—
50CrNiE						50ХН Ⅲ	

续表

中国 GB、YB	美国 ASTM	日本 JIS	德国 DIN EN	英国 BS EN	法国 NF EN	俄罗斯 ГОСТ	ISO
12CrNi2	3215	SNC415	10NiCr5-4(1.5805)			12XH2	—
12CrNi2E						12XH2Ⅲ	
34CrNi2	—	—	35NiCr6(1.5815)			—	—
12CrNi3	3415	SNC815	15NiCr13(1.5752)			12XH3A	—
12CrNi3E							
20CrNi3	3415		15NiCr13(1.5752)			20XH3A	—
20CrNi3E							
30CrNi3	3435	SNC631				30XH3A	—
30CrNi3E							
37CrNi3	3335	SNC836	—				—
37CrNi3E							
12Cr2Ni4	3312					12X2H4A	—
12Cr2Ni4E							
20Cr2Ni4	3316	SNC815				20X2H4A	—
20Cr2Ni4E							
15CrNiMo							
20CrNiMo	8620	SNCM220	20NiCrMo2-2(1.6523)			20XH2M	20NiCrMo2,
20CrNiMoE						20XH2MⅢ	20NiCrMoS2
30CrNiMo	—	—					
40CrNiMo	—	—	39NiCrMo3			40XH2MA	—
40CrNi2Mo	4340	SNCM439					
30Cr2Ni2Mo	—	SNCM431	30CrNiMo8(1.6580)			—	31CrNiMo8
34Cr2Ni2Mo	—		34CrNiMo6(1.6582)				
30Cr2Ni4Mo	—		30NiCrMo16-6(1.6747)				
35Cr2Ni4Mo			36NiCrMo16(1.6773)				
18CrMnNiMo	—	—	—			—	
45CrNiMoV	—	—	—			45XH2MФA	
18Cr2Ni4W	—	—				18X2H4MA	
25Cr2Ni4W	—	—				25X2H4MA	—

六、不锈钢和耐热钢钢号中外对照表

中国 GB/T	美国 ASTM	日本 JIS	德国 DIN EN	英国 BS EN	法国 NF EN	俄罗斯 ГОСТ	ISO
12Cr17Mn6Ni5N (旧牌号 1Cr17Mn6Ni5N) (S35350)	S20100， 201	SUS201	X12CrMnNiN17-7-5， 1.4372			—	X12Cr- MnNiN 17-7-5
10Cr17Mn9Ni4N (S35950)			—			12Х17Г- 9АН4	—
12Cr18Mn9Ni5N (旧牌号 1Cr18Mn8Ni5N) (S35450)	S20200， 202	SUS202	X12CrMnNiN18-9-5， 1.4373			12Х17Г- 9АН4	—
20Cr13Mn9Ni4 (旧牌号 2Cr13Mn9Ni4) (S35020)						20Х13Н- 4Г9	
20Cr15Mn15Ni2N (旧牌号 2Cr15Mn15Ni2N) (S35550)							
53Cr21Mn9Ni4N (旧牌号 5Cr21Mn9Ni4N) (S35650)	21-4N (S63008)	SUH35	X53CrMnNiN21-9， 1.4871			55Х20Г- 9А	X53Cr- MnNiN 21-9
26Cr18Mn12Si2N (旧牌号 3Cr18Mn12Si2N) (S35750)	—	—	—			—	—
22Cr20Mn10Ni3Si2N (旧牌号 2Cr20Mn9Ni3Si2N) (S35850)	—	—	—			—	—
12Cr17Ni7 (旧牌号 1Cr17Ni7) (S30110)	S30100， 301	SUS301	X5CrNi17-7，1.4319			—	X5Cr- Ni17-7

续表

中国 GB/T	美国 ASTM	日本 JIS	德国 DIN EN	英国 BS EN	法国 NF EN	俄罗斯 ГОСТ	ISO
022Cr17Ni7 (S30103)	S30103, 301L	SUS301L	—			—	—
022Cr17Ni7N (S30153)	S30153, 301LN	—	X2CrNiN18-7, 1.4318				X2CrNiN 18-7
17Cr18Ni9 (旧牌号 2Cr18Ni9) (S30220)	—		—			17X18H9	—
12Cr18Ni9 (旧牌号 1Cr18Ni9) (S30210)	S30200, 302	SUS302	X10CrNi18-8, 1.4310			12X18H9	X10CrNi 18-8
12Cr18Ni9Si3 (旧牌号 1Cr18Ni9Si3) (S30240)	S30215, 302B	SUS302B	X9CrNi18-9 (1.4325)			17X18H9	X12Cr- NiSi 18-9-3
Y12Cr18Ni9 (旧牌号 Y1Cr18Ni9) (S30317)	S30300, 303	SUS303	X8CrNiS18-9, 1.4305			—	X10Cr- NiS 18-9
Y12Cr18Ni9Se (旧牌号 Y1Cr18Ni9Se) (S30327)	S30323, 303Se	SUS303Se	德国— 英国 303S42 法国—			12X18H- 10E	—
06Cr19Ni10 (旧牌号 0Cr18Ni9) (S30408)	S30400, 304	SUS304	X5CrNi18-10, 1.4301			08X18- H10	X5CrNi 18-9
022Cr19Ni10 (旧牌号 00Cr19Ni10) (S30403)	S30403, 304L	SUS304L	X2CrNi19-11, 1.4306			03X18- H11	X2CrNi 19-11
07Cr19Ni10 (S30409)	S30409, 304H	SUS304	X6CrNi18-10, 1.4948			—	X7CrNi 18-9
05Cr19Ni10Si2CeN (S30450)	S30415	—	X6CrNiSiNCe19-10, 1.4818			—	X6CrNi- SiNCe 19-10
06Cr18Ni9Cu2 (旧牌号 0Cr18Ni9Cu2) (S30480)	—	SUS304J3	—			—	—
06Cr18Ni9Cu3 (旧牌号 0Cr18Ni9Cu3) (S30488)	—	SUSXM7	X3CrNiCu18-9-4, 1.4567			—	X3Cr- NiCu 18-9-4

中国 GB/T	美国 ASTM	日本 JIS	德国 DIN EN	英国 BS EN	法国 NF EN	俄罗斯 ГОСТ	ISO
06Cr19Ni10N (旧牌号 0Cr19Ni9N) (S30458)	S30451, 304N	SUS304N1	X5CrNiN19-9,1.4315			—	X5CrNiN 18-8
06Cr19Ni9NbN (旧牌号 0Cr19Ni10NbN) (S30478)	S30452, XM-21	SUS304N2	—				
022Cr19Ni10N (旧牌号 00Cr18Ni10N) (S30453)	S30453, 304LN	SUS304LN	X2CrNiN18-10,1.4311			—	X2CrNiN 18-9
10Cr18Ni12 (旧牌号 1Cr18Ni12) (S30510)	S30500, 305	SUS305	X4CrNi18-12,1.4303			12X18- H12T	X6CrNi 18-12
06Cr18Ni12 (旧牌号 0Cr18Ni12) (S30508)	—	SUS305J1					
06Cr16Ni18 (旧牌号 0Cr16Ni18) (S38408)	S38400	SUS384	—			—	X3NiCr 18-16
06Cr20Ni11 (S30808)	S30800, 308	SUSY308	—			—	
22Cr21Ni12N (旧牌号 2Cr21Ni12N) (S30850)	S63017, 21-12N	SUH37	X15CrNiSi20-12, 1.4828			—	X15Cr- NiSi 20-12
16Cr23Ni13 (旧牌号 2Cr23Ni13) (S30920)	S30900, 309	SUH309	X12CrNi23-13, 1.4833			20X23- H13	X12CrNi 23-13
06Cr23Ni13 (旧牌号 0Cr23Ni13) (S30908)	S30908, 309S	SUS309S	X12CrNi23-13, 1.4833			10X23- H18	X12CrNi 23-13
14Cr23Ni18 (旧牌号 1Cr23Ni18) (S31010)	—	—	—			20X23- H18	—
20Cr25Ni20 (旧牌号 2Cr25Ni20) (S31020)	S31000, 310	SUH310	X15CrNiSi25-21, 1.4841			20X25- H20C2	X8CrNi 25-21

续表

中国 GB/T	美国 ASTM	日本 JIS	德国 DIN EN	英国 BS EN	法国 NF EN	俄罗斯 ГОСТ	ISO
06Cr25Ni20 （旧牌号 0Cr25Ni20） （S31008）	S31008， 310S	SUS310S	X8CrNi25-21， 1.4845			10X23- H18	X8CrNi 25-21
022Cr25Ni22Mo2N （S31053）	S31050， 310MoLN	—	X1CrNiMoN25-22-2， 1.4466			—	X1CrNi- MoN 25-22-2
015Cr20Ni18Mo6CuN （S31252）	S31254	—	X1CrNiMoCuN20-18-7， 1.4547			—	X1CrNi- MoCuN 20-18-7
06Cr17Ni12Mo2 （旧牌号 0Cr17Ni12Mo2） （S31608）	S31600， 316	SUS316	X5CrNiMo17-12-2， 1.4401			—	X5Cr- NiMo 17-12-2
022Cr17Ni12Mo2 （旧牌号 00Cr17Ni14Mo2） （S31603）	S31603， 316L	SUS316L	X2CrNiMo17-12-2， 1.4404			03X17- H14M2	X2Cr- NiMo 17-12-2
07Cr17Ni12Mo2 （旧牌号 1Cr17Ni12Mo2） （S31609）	S31609， 316H	—	X3CrNiMo17-13-3， 1.4436			—	—
06Cr17Ni12Mo3Ti （旧牌号 0Cr18Ni12Mo3Ti） （S31668）	S31635， 316Ti	SUS316Ti	X6CrNiMoTi17-12-2， 1.4571			08X17- H13M2T	X6CrNi- MoTi 17-12-2
06Cr17Ni12Mo2Nb （S31678）	S31640， 316Nb	—	X6CrNiMoNb17-12-2， 1.4580			08X16- H13M2Б	X6CrNi- MoNb 17-12-2
06Cr17Ni12Mo2N （旧牌号 0Cr17Ni12Mo2N） （S31658）	S31651， 316N	SUS316N	—			—	—
022Cr17Ni12Mo2N （旧牌号 00Cr17Ni13Mo2N） （S31653）	S31653， 316LN	SUS316LN	X2CrNiMoN17-13-3， 1.4429			—	X2CrNi- MoN 17-12-3
06Cr18Ni12Mo2Cu2 （旧牌号 0Cr18Ni12Mo2Cu2） （S31688）	—	SUS316J1	—			—	—
022Cr18Ni14Mo2Cu2 （旧牌号 00Cr18Ni14Mo2Cu2） （S31683）	—	SUS316 J1L	—			—	—

中国 GB/T	美国 ASTM	日本 JIS	德国 DIN EN	英国 BS EN	法国 NF EN	俄罗斯 ГОСТ	ISO
022Cr18Ni15Mo3N (旧牌号 00Cr18Ni15Mo3N) (S31693)	—	—	—		—	—	—
015Cr21Ni26Mo5Cu2 (S31782)	N08904	—	—			—	—
06Cr19Ni13Mo3 (旧牌号 0Cr19Ni13Mo3) (S31708)	S31700, 317	SUS317	—			—	—
022Cr19Ni13Mo3 (旧牌号 00Cr19Ni13Mo3) (S31703)	S31703, 317L	SUS317L	X2CrNiMo18-15-4, 1.4438			03Х16- Н15М3	X2Cr- NiMo 19-14-4
022Cr18Ni14Mo3 (旧牌号 00Cr18Ni14Mo3) (S31793)	—	—	—			—	—
03Cr18Ni16Mo5 (旧牌号 0Cr18Ni16Mo5) (S31794)	—	SUS317J1				—	—
022Cr19Ni16Mo5N (S31723)	S31726, 317LMN	—	X2CrNiMoN17-13-3, 1.4439		—		X2CrNi- MoN 18-15-5
022Cr19Ni13Mo4N (S31753)	S31753, 317LN	SUS317- LN	X2CrNiMoN18-12-4, 1.4434			—	X2CrNi- MoN 18-12-4
06Cr18Ni11Ti (旧牌号 0Cr18Ni10Ti) (S32168)	S32100, 321	SUS321	X6CrNiTi18-10, 1.4541			08Х18- Н10Т	X6Cr- NiTi 18-10
07Cr19Ni11Ti (旧牌号 1Cr18Ni11Ti) (S32169)	S32109, 321H	SUS321H TB	X6CrNiTi18-10, 1.4541			08Х18- Н12Т	X7Cr- NiTi 18-10
45Cr14Ni14W2Mo (旧牌号 4Cr14Ni14W2Mo) (S32590)	—	—				45Х14Н- 14В2М	
015Cr24Ni22Mo8Mn3CuN (S32652)	S32654	—	X1CrNiMoCuN 24-22-8,1.4652		—		X1CrNi- MoCuN 24-22-8

中国 GB/T	美国 ASTM	日本 JIS	德国 DIN EN	英国 BS EN	法国 NF EN	俄罗斯 ГОСТ	ISO
24Cr18Ni8W2 （旧牌号 2Cr18Ni8W2） （S32720）	—	—	—			25X18- H8B2	—
12Cr16Ni35 （旧牌号 1Cr16Ni35） （S33010）	MT-330	SUH330	X12CrNiSi35-16， 1.4864			—	X12Ni- CrSi 35-16
022Cr24Ni17Mo5Mn6NbN （S34553）	S34565		X2CrNiMnMoN 25-18-6-5，1.4565			—	X2CrNi- MnMoN 25-18-6-5
06Cr18Ni11Nb （旧牌号 0Cr18Ni11Nb） （S34778）	S34700， 347	SUS347	X6CrNiNb18-10， 1.4550			08X18- H12Б	X6Cr- NiNb 18-10
07Cr18Ni11Nb （旧牌号 1Cr19Ni11Nb） （S34779）	S34709， 347H	SUS347H FB	X7CrNiNb18-10， 1.4912			—	X7Cr- NiNb 18-10
06Cr18Ni13Si4 （旧牌号 0Cr18Ni13Si4） （S38148）	—	SUS XM15J1	—			—	—
16Cr20Ni14Si2 （旧牌号 1Cr20Ni14Si2） （S38240）	—	—	X15CrNiSi20-12， 1.4828			20X20- H14C2	X15Cr- NiSi 20-12
16Cr25Ni20Si2 （旧牌号 1Cr25Ni20Si2） （S38340）	—	—	X8CrNiSi25-21， 1.4841			20X25- H20C2	X15Cr- NiSi 25-21
14Cr18Ni11Si4AlTi （旧牌号 1Cr18Ni11Si4AlTi） （S21860）	—	—	—			15X18- H12C4- ТЮ	—
022Cr19Ni5Mo3Si2N （旧牌号 00Cr18Ni5Mo3Si2） （S21953）	S31500		—			—	—
12Cr21Ni5Ti （旧牌号 1Cr21Ni5Ti） （S22160）	—	—	—			12X21- H5T	—
022Cr22Ni5Mo3N （S22253）	S31803	SUS329- J3L	X2CrNiMoN22-5-3， 1.4462			—	X2CrNi- MoN 22-5-3

中国 GB/T	美国 ASTM	日本 JIS	德国 DIN EN	英国 BS EN	法国 NF EN	俄罗斯 ГОСТ	ISO
022Cr23Ni5Mo3N (S22053)	S32205, 2205	—	—	—	—	—	—
022Cr23Ni4MoCuN (S23043)	S32304, 2304	—	X2CrNiN23-4,1.4362		—		X2CrNiN 23-4
022Cr25Ni6Mo2N (S22553)	S31200	—	X3CrNiMoN27-5-2, 1.4460		—		X3CrNi-MoN 27-5-2
022Cr25Ni7Mo3WCuN (S22583)	S31260	SUS329J4 LTB	—		—		—
03Cr25Ni6Mo3Cu2N (S25554)	S32550, 255	SUS329-J4L	X2CrNiMoCuN25-6-3, 1.4507		—		X2CrNi-MoCuN 25-6-3
022Cr25Ni7Mo4N (S25073)	S32750, 2507	—	X2CrNiMoN25-7-4, 1.4410		—		X2CrNi-MoN 25-7-4
022Cr25Ni7Mo4WCuN (S27603)	S32760	—	X2CrNiMoWN25-7-4, 1.4501		—		X2CrNi-MoWN 25-7-4
06Cr13Al (旧牌号 0Cr13Al) (S11348)	S40500, 405	SUS405	X6CrAl13,1.4002		—		X6Cr-Al13
06Cr11Ti (旧牌号 0Cr11Ti) (S11168)	S40900, 409	SUH409	—		—		X6Cr-Ti12
022Cr11Ti (S11163)	S40900, 409	SUH409L	X2CrTi12,1.4512		—		X2Cr-Ti12
022Cr11NbTi (S11173)	S40930	—	—		—		—
022Cr12Ni (S11213)	S40977	—	X2CrNi12,1.4003		—		X2Cr-Ni12
022Cr12 (旧牌号 00Cr12) (S11203)	—	SUS410L	—		—		—
10Cr15 (旧牌号 1Cr15) (S11510)	S42900, 429	SUS429	—		—		—

中国 GB/T	美国 ASTM	日本 JIS	德国 DIN EN	英国 BS EN	法国 NF EN	俄罗斯 ГОСТ	ISO
10Cr17 （旧牌号 1Cr17） （S11710）	S43000	SUS430	X6Cr17,1.4016			12X17	X6Cr17
Y10Cr17 （旧牌号 Y1Cr17） （S11717）	S43020, 430F	SUS430F	X14CrMoS17,1.4104			—	X14Cr- S17
022Cr18Ti （旧牌号 00Cr17） （S11863）	S43035, 439	SUS430- LX	X3CrTi17,1.4510			08X17T	X3Cr- Ti17
10Cr17Mo （旧牌号 1Cr17Mo） （S11790）	S43400, 434	SUS434	X6CrMo17-1,1.4113			—	X6CrMo 17-1
10Cr17MoNb （S11770）	S43600, 436	—	X6CrMoNb17-1, 1.4526			—	X6Cr- MoNb 17-1
019Cr18MoTi （S11862）	—	SUS436L	—			—	—
022Cr18NbTi （S11873）	S43940	—	X2CrTiNb18, 1.4509			—	X2Cr- TiNb18
019Cr19Mo2NbTi （旧牌号 00Cr18Mo2） （S11972）	S44400, 444	SUS444	X2CrMoTi18-2, 1.4521			—	X2Cr- MoTi 18-2
16Cr25N （旧牌号 2Cr25N） （S12550）	S44600, 446	(SUH446)	—			—	—
008Cr27Mo （旧牌号 00Cr27Mo） （S12791）	S44627, XM-27	SUSXM27	—			—	—
008Cr30Mo2 （旧牌号 00Cr30Mo2） （S13091）	—	SUS447J1	—			—	—
12Cr12 （旧牌号 1Cr12） （S40310）	S40300, 403	SUS403	—			—	—

中国 GB/T	美国 ASTM	日本 JIS	德国 DIN EN	英国 BS EN	法国 NF EN	俄罗斯 ГОСТ	ISO
06Cr13 （旧牌号 0Cr13） （S41008）	S41008， 410S	SUS410S	X6Cr13，1.4000			08Х13	X6Cr13
12Cr13 （旧牌号 1Cr13） （S41010）	S41000， 410	SUS410	X12Cr13，1.4006			12Х13	X12Cr13
04Cr13Ni5Mo （S41595）	S41500	SUS- F6NM	X3CrNiMo13-4， 1.4313			—	X3Cr- NiMo 13-4
Y12Cr13 （旧牌号 Y1Cr13） （S41617）	S41600， 416	SUS416	X12CrS13，1.4005			—	X12Cr- S13
20Cr13 （旧牌号 2Cr13） （S42020）	S42000， 420	SUS420J1	X20Cr13，1.4021			20Х13	X20Cr13
30Cr13 （旧牌号 3Cr13） （S42030）	S42000， 420	SUS420J2	X30Cr13，1.4028			30Х13	X30Cr13
Y30Cr13 （旧牌号 Y3Cr13） （S42037）	S42020， 420F	SUS420F	X29CrS13，1.4029			—	X30Cr- S13
40Cr13 （旧牌号 4Cr13） （S42040）	—	—	X39Cr13，1.4031			40Х13	X39Cr13
Y25Cr13Ni2 （旧牌号 Y2Cr13Ni2） （S41427）	—	—	—			25Х13Н2	—
14Cr17Ni2 （旧牌号 1Cr17Ni2） （S43110）	—	—	—			14Х17Н2	X17CrNi 16-2
17Cr16Ni2 （S43120）	S43100， 431	SUS431	X17CrNi16-2，1.4057			—	X17CrNi 16-2
68Cr17 （旧牌号 7Cr17） （S44070）	S44002， 440A	SUS440A					
85Cr17 （旧牌号 8Cr17） （S44080）	S44003， 440B	SUS440B	—			—	

续表

中国 GB/T	美国 ASTM	日本 JIS	德国 DIN EN	英国 BS EN	法国 NF EN	俄罗斯 ГОСТ	ISO
108Cr17 （旧牌号 11Cr17） （S44096）	S44004， 440C	SUS440C	X105CrMo17,1.4125			—	X105Cr- Mo17
Y108Cr17 （旧牌号 Y11Cr17） （S44097）	S44020， 440F	SUS440F	—			—	X105Cr- Mo17
95Cr18 （旧牌号 9Cr18） （S44090）	—	—	—			95X18	—
12Cr5Mo （旧牌号 1Cr5Mo） （S45110）	B5	SNB5	X15CrMo5-1,1.7390			15X5M	（TS37）
12Cr12Mo （旧牌号 1Cr12Mo） （S45610）	—	—	—			—	—
13Cr13Mo （旧牌号 1Cr13Mo） （S45710）	—	SUS410J1	—			—	—
32Cr13Mo （旧牌号 3Cr13Mo） （S45830）	—	—	—			—	—
102Cr17Mo （旧牌号 9Cr18Mo） （S45990）	S44004， 440C	SUS440C	X105CrMo17,1.4125			—	X105Cr- Mo17
90Cr18MoV （旧牌号 9Cr18MoV） （S46990）	S44003， 440B	SUS440B	X90CrMoV18,1.4112			—	—
14Cr11MoV （旧牌号 1Cr11MoV） （S46010）	—	—	—			15X11МФ	—
158Cr12MoV （旧牌号 1Cr12MoV） （S46110）	—	—	—			—	—
21Cr12MoV （旧牌号 2Cr12MoV） （S46020）	—	—	—			—	—

续表

中国 GB/T	美国 ASTM	日本 JIS	德国 DIN EN	英国 BS EN	法国 NF EN	俄罗斯 ГОСТ	ISO
18Cr12MoVNbN (旧牌号 2Cr12MoVNbN) (S46250)	—	SUH600	—		—	—	—
15Cr12WMoV (旧牌号 1Cr12WMoV) (S47010)	—	—	—		—	15X12B- HMФ	—
22Cr12NiWMoV (旧牌号 2Cr12NiMoWV) (S47220)	(616)	SUH616	—		—	—	—
13Cr11Ni2W2MoV (旧牌号 1Cr11Ni2W2MoV) (S47310)	—	—	—		—	11X11- H2B 2MФ	—
14Cr12Ni2WMoVNb (旧牌号 1Cr12Ni2WMoVNb) (S47410)	—	—	—		—	16X11- H2B 2MФ	—
10Cr12Ni3Mo2VN (S47250)	—	—	—		—	—	—
18Cr11NiMoNbVN (旧牌号 2Cr11NiMoNbVN)	—	—	—		—	—	—
13Cr14Ni3W2VB (旧牌号 1Cr14Ni3W2VB) (S47710)	—	—	—		—	13X14- H3B 2ФР	—
42Cr9Si2 (旧牌号 4Cr9Si2) (S48040)	—	—	—		—	40X9C2	—
45Cr9Si3 (S48045)	Sil 1 (S65007)	SUH1	X45CrSi9-3,1.4718			—	X45CrSi 9-3
40Cr10Si2Mo (旧牌号 4Cr10Si2Mo) (S48140)	—	SUH3	X40CrSiMo10-2, 1.4731			40X10- C2M	—
80Cr20Si2Ni (旧牌号 8Cr20Si2Ni) (S48380)	Sil XB (S65006)	SUH4	—		—	—	—
04Cr13Ni8Mo2Al (S51380)	S13800, XM-13	—	—		—	—	—
022Cr12Ni9Cu2NbTi (S51290)	S45500, XM-16	—	—		—	08X15- H5- Д2Т-Ⅲ	—
05Cr15Ni5Cu4Nb (S51550)	S15500, XM-12	—	—		—		

续表

中国 GB/T	美国 ASTM	日本 JIS	德国 DIN EN	英国 BS EN	法国 NF EN	俄罗斯 ГОСТ	ISO
05Cr17Ni4Cu4Nb (旧牌号 0Cr17Ni4Cu4Nb) (S51740)	S17400, 630	SUS630	X5CrNiCuNb16-4, 1.4542			—	X5CrNi- CuNb 16-4
07Cr17Ni7Al (旧牌号 0Cr17Ni7Al) (S51770)	S17700, 631	SUS631	X7CrNiAl17-7, 1.4568			09Х17- Н7Ю	X7Cr- NiAl 17-7
07Cr15Ni7Mo2Al (旧牌号 0Cr15Ni7Mo2Al) (S51570)	S15700, 632	—	—			—	X8Cr- NiMoAl 15-7-2
07Cr12Ni4Mn5Mo3Al (旧牌号 0Cr12Ni4Mn5Mo3Al) (S51240)			—				
09Cr17Ni5Mo3N (S51750)	S35000, 633	—	—			—	—
06Cr17Ni7AlTi (S51778)	S17600, 635	—	—			—	—
06Cr15Ni25Ti2MoAlVB (旧牌号 0Cr15Ni25Ti2MoAlVB) (S51525)	S66286, 660	SUH660	—			—	X6NiCr- TiMo VB25- 15-2

七、加工铜牌号中外对照表

中国 GB	美国 ASTM	日本 JIS	德国 DIN EN	英国 BS EN	法国 NF EN	俄罗斯 ГОСТ	ISO
TU00 (C10100)	C10100, Grade1	C1011	Cu-OFE(CW009A) Cu-PHCE(CW022A)			М00Б	Cu-OFE
TU0(T10130)							
TU1(T10150)						М0Б	
TU2(T10180)			Cu-OF(CW008A)			М1Б	Cu-OF
TU3(C10200)	C10200	C1020	Cu-OF(CW008A)				Cu-OF
TU00Ag0.06 (T10350)			CuAg0.07P(CW015A)				CuAg 0.05(P)
TUAg0.03 (C10500)	C10500		CuAg0.04(CW011A)				
TUAg0.05 (T10510)			CuAg0.04(CW011A)				CuAg0.05
TUAg0.1 (T10530)			CuAg0.10P(CW016A)				CuAg 0.1(P)

续表

中国 GB	美国 ASTM	日本 JIS	德国 DIN EN	英国 BS EN	法国 NF EN	俄罗斯 ГОСТ	ISO
TUAg0.2 (T10540)							
TUAg0.3 (T10550)							
TUZr0.15 (T10600)							
T1(T10900)	C10910	C1020	Cu-HCP(CW021A)			M1Б	Cu-HCP
T2(T11050)	C11000	C1100	Cu-FRHC(CW005A)			M1	Cu-FRHC
T3(T11090)						M2	
TAg0.1~0.01 (T11200)							
TAg0.1 (T11210)			CuAg0.10(CW013A)				CuAg0.1
TAg0.15 (T11220)							
TP1(T12000)	C12000	C1201	Cu-DLP(CW023A)				Cu-DLP
TP2(C12200)	C12200	C1220	Cu-DHP(CW024A)				Cu-DHP
TP3(T12210)		C1221					
TP4(T12400)							
TTe0.3 (T14440)							CuTe
TTe0.5-0.008 (T14450)			CuTeP(CW118C)				CuTe(P)
TTe0.5 (C14500)	C14500						CuTe
TTe0.5-0.02 (C14510)	C14510						
TS0.4(C14700)	C14700		CuSP(CW114C)				CuS (P0.03)
TZr0.15 (C15000)	C15100	C1510	CuZr(CW120C)				
TZr0.2 (T15200)							
TZr0.4 (T15400)							
TUAl0.12 (T15700)							

八、加工高铜合金[①]牌号中外对照表

中国 GB	美国 ASTM	日本 JIS	德国 DIN EN	英国 BS EN	法国 NF EN	俄罗斯 ГОСТ	ISO
TCd1 (C16200)	C16200						CuCd1
TBe1.9-0.4 (C17300)	C17300	C1720	CuBe2Pb(CW102C)				CuBe2Pb
TBe0.3-1.5 (T17490)							
TBe0.6-2.5 (C17500)	C17500		CuCo2Be(CW104C)				CuCo2Be
TBe0.4-1.8 (C17510)	C17510	C1751	CuNi2Be(CW110C)				CuNi2Be
TBe1.7 (T17700)							CuBe1.7
TBe1.9 (T17710)							
TBe1.9-0.1 (T17715)							
TBe2 (T17720)			CuBe2(CW101C)				CuBe2
TNi2.4-0.6- 0.5(C18000)							
TCr0.3-0.3 (C18135)							
TCr0.5 (T18140)							
TCr0.5-0.2-0.1 (T18142)							
TCr0.5-0.1 (T18144)							
TCr0.7 (T18146)							
TCr0.8 (T18148)							
TCr1-0.15 (C18150)							

续表

中国 GB	美国 ASTM	日本 JIS	德国 DIN EN	英国 BS EN	法国 NF EN	俄罗斯 ГOCT	ISO
TCr1-0.18 (T18160)			CuCr1Zr(CW106C)				CuCr1Zr
TCr0.6-0.4- 0.05(T18170)							
TCr1(C18200)			CuCr1(CW105C)				CuCr1
TMg0.2 (T18658)							
TMg0.4 (C18661)							
TMg0.5 (T18664)							
TMg0.8 (T18667)							
TPb1(C18700)	C18700						CuPb1
TFe1.0 (C19200)	C19200						
TFe0.1 (C19210)	C19210	C1921					
TFe2.5 (C19400)	C19400	C1940	CuFe2P(CW107C)				
TTi3.0-0.2 (C19910)		C1990					

① 高铜合金，指铜含量在 96.0%～99.3%之间的合金。

九、加工黄铜牌号中外对照表

中国 GB	美国 ASTM	日本 JIS	德国 DIN EN	英国 BS EN	法国 NF EN	俄罗斯 ГOCT	ISO
H95(C21000)	C21000	C2100	CuZn5(CW500L)			Л96	CuZn5
H90(C22000)	C22000	C2200	CuZn10(CW501L)			Л90	CuZn10
H85(C23000)	C23000	C2300	CuZn15(CW502L)			Л85	CuZn15
H80(C24000)	C24000	C2400	CuZn20(CW503L)			Л80	CuZn20
H70(T26100)	C26000	C2600	CuZn30(CW505L)			Л70	CuZn30
H68(T26300)			CuZn33(CW506L)			Л68	
H66(C26800)	C26800	C2680					

续表

中国 GB	美国 ASTM	日本 JIS	德国 DIN EN	英国 BS EN	法国 NF EN	俄罗斯 ГОСТ	ISO
H65(C27000)	C27000	C2700	CuZn36(CW507L)				CuZn35
H63(T27300)			CuZn37(CW508L)			Л63	CuZn37
H62(T27600)							
H59(T28200)			CuZn40(CW509L)				CuZn40
HB90-0.1 (T22130)							
HAs85-0.05 (T23030)							
HAs70-0.05 (C26130)							
HAs68-0.4 (T26330)						ЛМШ 68-0.05	
HPb89-2 (C31400)	C31400						
HPb66-0.5 (C33000)	C33000						CuZn32Pb1
HPb63-3 (T34700)			CuZn36Pb3(CW603N)			ЛС63-3	
HPb63-0.1 (T34900)							
HPb62-0.8 (T35100)	C35000	C3501	CuZn38Pb1(CW607N)				CuZn37Pb1
HPb62-2 (C35300)	C35300	C3501	CuZn37Pb2(CW606N)				CuZn37Pb2
HPb62-3 (C36000)	C36010	C3601	CuZn36Pb3(CW603N)				CuZn36Pb3
HPb62-2-0.1 (T36210)			CuZn36Pb2As(CW602N)				
HPb61-2-1 (T36220)							
HPb61-2-0.1 (T36230)			CuZn39Pb2Sn(CW613N)				
HPb61-1 (C37100)	C37000	C3710	CuZn39Pb1(CW611N)				CuZn39Pb1
HPb60-2 (C37700)	C37700	C3771	CuZn39Pb2(CW612N)				CuZn38Pb2

中国 GB	美国 ASTM	日本 JIS	德国 DIN EN	英国 BS EN	法国 NF EN	俄罗斯 ГОСТ	ISO
HPb60-3 (T37900)							
HPb59-1 (T38100)	C38000	C3771	CuZn39Pb1(CW611N)			ЛС59-1	CuZn39Pb1
HPb59-2 (T38200)	C38000	C3771	CuZn39Pb2(CW612N)			ЛС59-2	CuZn38Pb2
HPb58-2 (T38210)			CuZn40Pb2(CW617N)			ЛС58-2	CuZn40Pb2
HPb59-3 (T38300)			CuZn39Pb3(CW614N)				CuZn39Pb3
HPb58-3 (T38310)			CuZn40Pb2(CW617N)			ЛС58-3	CuZn40Pb2
HPb57-4 (T38400)	C38500		CuZn38Pb4(CW609N)				CuZn38Pb4
HSn90-1 (T41900)						ЛО90-1	
HSn72-1 (C44300)	C44300	C4430					
HSn70-1 (T45000)	C44500	C4450	CuZn28Sn1As(CW706R)			ЛО70-1	CuZn28Sn1
HSn70-1-0.01 (T45010)							
HSn70-1- 0.01-0.04 (T45020)							
HSn6.5-0.03 (T46100)							
HSn62-1 (T46300)	C46400	C4622	CuZn36Sn1Pb(CW712R)				CuZn38Sn1
HSn60-1 (T46410)	C46400	C4640	CuZn39Sn1(CW719R)			ЛО60-1	CuZn38Sn1
HBi60-2 (T49230)	C49250	C6801					
HBi60-1.3 (T49240)	C49250	C6801					

续表

中国 GB	美国 ASTM	日本 JIS	德国 DIN EN	英国 BS EN	法国 NF EN	俄罗斯 ГОСТ	ISO
HBi60-1. 0- 0. 05 （C49260）	C49260	C6801					
HBi60-0. 5- 0. 01 （T49310）	C49300						
HBi60-0. 8- 0. 01 （T49320）	C49265						
HBi60-1. 1- 0. 01 （T49330）	C49265						
HBi59-1 （T49360）	C49250						
HBi62-1 （C49350）	C49350						
HMn64-8- 5-1. 5 （T67100）							
HMn62-3- 3-0. 7 （T67200）							
HMn62-3-3-1 （T67300）							
HMn62-13 （T67310）							
HMn55-3-1 （T67320）							
HMn59-2- 1. 5-0. 5 （T67330）			CuZn35Ni3Mn2AlPb （CW710R）				
HMn58-2 （T67400）			CuZn39Mn1AlPbSi （CW718R）			ЛМц58-2	
HMn57-3-1 （T67410）							CuZn37Mn 3Al2Si

中国 GB	美国 ASTM	日本 JIS	德国 DIN EN	英国 BS EN	法国 NF EN	俄罗斯 ГОСТ	ISO
HMn57-2-2-0.5 (T67420)			CuZn40Mn2Fe1 (CW723R)				
HFe59-1-1 (T67600)	C67600					ЛЖСМЦ 59-1-1	
HFe58-1-1 (T67610)						ЛЖС58-1-1	
HSb61-0.8-0.5 (T68200)							
HSb60-0.9 (T68210)							
HSi80-3 (T68310)							
HSi75-3 (T68320)	C69300	C6932				ЛК75В	
HSi62-0.6 (C68350)						ЛК62-0.5	
HSi61-0.6 (T68360)							
HAl77-2 (C68700)	C68700	C6870	CuZn20Al2As(CW702R)			ЛА77-2	CuZn20Al2
HAl67-2.5 (T68900)							
HAl66-6-3-2 (T69200)							
HAl64-5-4-2 (T69210)			CuZn23Al6Mn4Fe3Pb (CW704R)				
HAl61-4-3-1.5 (T69220)							
HAl61-4-3-1 (T69230)							
HAl60-1-1 (T69240)						ЛАЖ60-1-1	CuZn39 AlFeMn
HAl59-3-2 (T69250)						ЛАН59-3-2	CuZn37 Mn3Al2Si

中国 GB	美国 ASTM	日本 JIS	德国 DIN EN	英国 BS EN	法国 NF EN	俄罗斯 ГОСТ	ISO
HMg60-1 （T69800）							
HNi65-5 （T69900）							
HNi56-3 （T69910）							

十、加工青铜牌号中外对照表

中国 GB	美国 ASTM	日本 JIS	德国 DIN EN	英国 BS EN	法国 NF EN	俄罗斯 ГОСТ	ISO
QSn0.4 （T50110）							
QSn0.6 （T50120）							
QSn0.9 （T50130）							
QSn0.5-0.025 （T50300）							
QSn1-0.5-0.5 （T50400）							
QSn1.5-0.2 （C50500）		C5050					
QSn1.8 （C50700）		C5071				БрОф 2-0.25	CuSn2
QSn4-3 （T50800）						БрОЦ4-3	CuSn4Zn2
QSn5-0.2 （C51000）	C51000	C5102	CuSn5Pb1（CW458K）				
QSn5-0.3 （T51000）	C51000	C5102	CuSn5（CW451K）				CuSn5
QSn4-0.3 （C51100）	C51100	C5111	CuSn4（CW450K）			БрОф 4-0.25	CuSn4
QSn6-0.05 （T51500）	C51900						

中国 GB	美国 ASTM	日本 JIS	德国 DIN EN	英国 BS EN	法国 NF EN	俄罗斯 ГОСТ	ISO
QSn6.5-0.1 (T51510)		C5191	CuSn6（CW452K）			БрОф 6.5-0.15	CuSn6
QSn6.5-0.4 (T51520)			CuSn6（CW452K）			БрОф 6.5-0.4	CuSn6
QSn7-0.2 (T51530)						БрОф 7-0.2	
QSn8-0.3 (C52100)	C52100	C5212	CuSn8（CW453K）			БрОф 8-0.3	CuSn8P
QSn15-1-1 (T52500)							
QSn4-4-2.5 (T53300)							
QSn4-4-4 (T53500)	C54400	C5441	CuSn4Pb4Zn4（CW456K）				CuSn4 Pb4Zn3
QCr4.5-2.5-0.6 (T55600)							
QMn1.5 (T56100)							
QMn2 (T56200)							
QMn5 (T56300)							
QAl5 (T60700)							
QAl6 (C60800)	C60800						
QAl7 (C61000)	C61300	C6140					
QAl9-2 (T61700)	C61900						CuAl9Mn2
QAl9-4 (T61720)	C61900	C6161					
QAl9-5-1-1 (T61740)		C6161					

续表

中国 GB	美国 ASTM	日本 JIS	德国 DIN EN	英国 BS EN	法国 NF EN	俄罗斯 ГОСТ	ISO
QAl10-3-1.5 （T61760）	C62300		CuAl10Fe3Mn2（CW306G）				CuAl10Fe3
QAl10-4-4 （T61780）	C63000						
QAl10-4-4-1 （T61790）	C63000						
QAl10-5-5 （T62100）		C6301	CuAl10Ni5Fe4（CW307G）				CuAl10 Ni5Fe4
QAl11-6-6 （T62200）			CuAl11Fe6Ni6（CW308G）				
QSi0.6-2 （C64700）	有类 似牌号						
QSi1-3 （T64720）							
QSi3-1 （T64730）							
QSi 3.5-3-1.5 （T64740）							

十一、加工白铜牌号中外对照表

中国 GB	美国 ASTM	日本 JIS	德国 DIN EN	英国 BS EN	法国 NF EN	俄罗斯 ГОСТ	ISO
B0.6（T70110）						МН0.6	
B5（T70380）	C70400						
B19（T71050）						МН19	
B23（C71100）		C7100					
B25（T71200）			CuNi25（CW350H）			МН25	CuNi25
B30 （T71400）	C71500		CuNi30Mn1Fe（CW354H）				CuNi30 Mn1Fe
BFe5-1.5-0.5 （C70400）	C70400						
BFe7-0.4-0.4 （T70510）							
BFe10-1-1 （T70590）	C70600	C7060	CuNi10Fe1Mn（CW352H）			МНЖМЦ 10-1-1	CuNi10 Fe1Mn

中国 GB	美国 ASTM	日本 JIS	德国 DIN EN	英国 BS EN	法国 NF EN	俄罗斯 ГОСТ	ISO
BFe10-1.5-1 (C70610)	C70620	C7060	CuNi10Fe1Mn(CW352H)				CuNi10 Fe1Mn
BFe10-1.6-1 (T70620)	C70620	C7060					
BFe16-1-1-0.5 (T70900)							
BFe30-0.7 (C71500)	C71500	C7150					
BFe30-1-1 (T71510)	C71500	C7150	CuNi30Mn1Fe(CW354H)			МНЖМЦ 30-1-1	CuNi30 Mn1Fe
BFe30-2-2 (T71520)	C71520		CuNi30Fe2Mn2(CW353H)				CuNi30 Fe2Mn2
BMn3-12 (T71620)						МНМЦ 3-12	
BMn40-1.5 (T71660)						МНМЦ 40-1.5	
BMn43-0.5 (T71670)						МНМЦ 43-0.5	
BAl6-1.5 (T72400)						МНА6-1.5	
BAl13-3 (T72600)						МНА13-3	
BZn18-10 (C73500)	C73500	C7351					
BZn15-20 (T74600)						МНЦ 15-20	CuNi15 Zn21
BZn18-18 (C75200)	C75200	C7521					
BZn18-17 (T75210)	C75200	C7521					
BZn9-29 (T76100)							
BZn12-24 (T76200)			CuNi12Zn24(CW403J)			МНЦ 12-24	CuNi12 Zn24
BZn12-26 (T76210)			CuNi12Zn25Pb1(CW404J)				

续表

中国 GB	美国 ASTM	日本 JIS	德国 DIN EN	英国 BS EN	法国 NF EN	俄罗斯 ГОСТ	ISO
BZn12-29 （T76220）	C76200						CuNi12 Zn29
BZn18-20 （T76300）			CuNi18Zn20（CW409J）			МНЦ18-20	CuNi18 Zn20
BZn22-16 （T76400）							
BZn25-18 （T76500）							
BZn18-26 （C77000）	C77000	C7701	CuNi18Zn27（CW410J）			МНЦ18-27	CuNi18 Zn27
BZn40-20 （T77500）							
BZn15-21-1.8 （T78300）							
BZn15-24-1.5 （T79500）							
BZn10-41-2 （C79800）							
BZn12-37-1.5 （C79860）							

十二、变形铝及铝合金牌号中外对照表

中国 GB	美国 ASTM	日本 JIS	德国 DIN EN	英国 BS EN	法国 NF EN	俄罗斯 ГОСТ	ISO
1035	1035	—		—		—	—
1040	1040（A91040）	—		—		—	—
1045	1045（A91045）	—		—		—	—
1050	1050（A91050）	1050	EN AW-1050A［Al 99.5］			АД0（1011）	1050
1050A	—	1050A	EN AW-1050A［Al 99.5］			АД0（1011）	1050A

续表

中国 GB	美国 ASTM	日本 JIS	德国 DIN EN	英国 BS EN	法国 NF EN	俄罗斯 ГОСТ	ISO
1060	1060	—				含 Al 99.60	—
1065	1065	—				—	—
1070	1070	1070	EN AW-1070A[Al 99.7]			АД00(1010)	1070
1070A	—	—	EN AW-1070A[Al 99.7]			АД00(1010)	1070A
1080	1080	1080	EN AW-1080A[Al 99.8(A)]			—	1080
1080A	—	—	EN AW-1080A[Al 99.8(A)]			—	1080A
1085	1085(A91085)	1085				—	1085
1100	1100	1100				—	1100
1200	1200	1200	EN AW-1200[Al 99.0]			АД(1015)	1200
1200A	—	—				—	—
1120	—	—				—	—
1230	—	—					1230A
1235	1235	—					
1435							
1145	1145	—					
1345	—	—					
1350	—	—					
1450	—	—					
1260	—	—					
1370	—	—					
1275	—	—					
1185	—	—					
1285	—	—					
1385	—	—					
2004	—	—					
2011	2011	2011	EN AW-2011[Al Cu6BiPb]			—	2011
2014	2014	2014	EN AW-2014[Al Cu4SiMg]			АК8(1380)	2014
2014A	—	2014A	EN AW-2014A[Al Cu4SiMg(A)]			АК8(1380)	2014A
2214	—						
2017	2017	2017	EN AW-2017A[Al Cu4MgSi(A)]			Д1(1110)	2017
2017A	—	2017A	EN AW-2017A[Al Cu4MgSi(A)]			—	2017A
2117	2117	2117				Д18(1180)	2117
2218	2218	2218				—	—
2618	2618	2618				АК4－1Ч	—
2618A	—	—	EN AW-2618A[Al Cu2Mg1.5Ni]			АК4-1Ч	2618A
2219	2219	2219				1201	2219

续表

中国 GB	美国 ASTM	日本 JIS	德国 DIN EN	英国 BS EN	法国 NF EN	俄罗斯 ΓOCT	ISO
2519	—	—				—	—
2024	2024	2024	EN AW-2024［Al Cu4Mg1］			Д16(1160)	2024
2024A	—	—				—	—
2124	—	—		—		Д16ч	2124
2324	—	—				—	—
2524	—	—				—	—
3002	—	—		—		—	—
3102	3102	—		—		—	—
3003	3003	3003	EN AW-3003［AlMn1Cu］			AMц(1400)	3003
3103	—	3103	EN AW-3103［Al Mn1Cu］			—	3103
3103A	—	—				—	—
3203	—	3203				—	3203
3004	3004	3004	EN AW-3004［Al Mn1Mg1］			Д12(1521)	3004
3004A	—	—				—	—
3104	—	3104		—		—	3104
3204	—	—				—	—
3005	3005	3005	EN AW-3005［Al Mn1Mg0.5］			MM(1403)	3005
3105	3105	3105	EN AW-3105［Al Mn0.5Mg0.5］			—	3105
3105A	—	—				—	—
3006	—	—		—		—	—
3007	—	—		—		—	—
3107	—	—		—		—	—
3207	—	—		—		—	—
3207A	—	—		—		—	—
3307	—	—		—		—	—
4004	—	—		—		—	—
4032	4032	4032		—		—	—
4043	—	—		—		—	—
4043A	—	—		—		—	—
4343	—	—		—		—	—
4045	—	—		—		—	—
4047	—	—		—		—	—
4047A	—	—		—		—	—
5005	5005	5005	EN AW-5005［Al Mg1(B)］			AMr1(1510)	5005
5005A	—	—	EN AW-5005A［Al Mg1(C)］			—	5005A
5205	—	—		—		—	—

续表

中国 GB	美国 ASTM	日本 JIS	德国 DIN EN	英国 BS EN	法国 NF EN	俄罗斯 ГOCT	ISO
5006	—	—					—
5010	5010	—	EN AW-5010[Al Mg0.5Mn]			—	5010
5019	—	—	EN AW-5019[Al Mg5]			—	5019
5049	—	—	EN AW-5049[Al Mg2Mn0.8]			—	5049
5050	5050	5050	EN AW-5050[Al Mg1.5(C)]			AMr1.5	5050
5050A	—	—	—			—	—
5150	—	—	—			—	—
5250	—	—	—			—	—
5051	—	—	—			—	5051A
5251		5251	EN AW-5251[Al Mg2Mn0.3]			AMr2(1520)	5251
5052	5052	5052	EN AW-5052[Al Mg2.5]			AMr2.5	5052
5154	5154	5154	EN AW-5154A[Al Mg3.5(A)]			AMr3.5	5154
5154A	—	—	EN AW-5154A[Al Mg3.5(A)]			—	5154A
5454	5454	5454	EN AW-5454[Al Mg3Mn]			—	5454
5554	—	—	—			—	—
5754	5754	5754	EN AW-5754[Al Mg3]			有类似牌号	5754
5056	5056	5056				有类似牌号	5056
5356	—	—	—			—	—
5456	5456		—			—	5456
5059	5059	—	—			—	5059
5082	—	5082	—			—	5082
5182	—	5182	—			—	5182
5083	5083	5083	EN AW-5083[Al Mg4.5Mn0.7]			AMr4.5	5083
5183	—	—	—			—	—
5383	—	—	—			—	5383
5086	5086	5086	EN AW-5086[Al Mg4]			AMr4.0(1540)	5086
6101	—	6101	—			AД31E(1310E)	6101
6061	6061	6061	EN AW-6061[Al Mg1SiCu]			AД33(1330)	6061
6063	6063	6063	EN AW-6063[Al Mg0.7Si]			AД31(1310)	6063
7075	7075	7075	EN AW-7075[Al Zn5.5MgCu]			有类似产品	7075